普通高等教育“十二五”规划教材

水利工程监理

主　编　姜国辉　胡必武
副主编　王艳艳　梁冬玲　李春生　徐　伟

中国水利水电出版社
www.waterpub.com.cn

内 容 提 要

本书以现代水利工程监理的基本理论知识为核心，重点突出了施工阶段的监理。全书共分11章，从监理的起源与发展、建设项目管理体制、工程监理单位、监理工程师、工程监理组织、建设项目监理招标投标、监理规划、施工准备阶段监理、施工实施阶段监理的目标控制、施工实施阶段监理的管理工作、竣工验收阶段监理等10个方面，系统阐述了水利工程监理的内容、方法，并通过二十几个典型案例分析了工程监理的特点，附图、附表中规范化、程序化的文件和表格体现了本书的实用性和可操作性。

本书可作为水利水电工程、农业水利工程、水利工程管理等高等学校水利类专业“水利工程监理”课程的本科学生用书，也可供从事水利工程监理的工作人员及有关工程技术人员学习、培训参考。

图书在版编目（CIP）数据

水利工程监理 / 姜国辉，胡必武主编. -- 北京 : 中国水利水电出版社，2012.3（2019.12重印）
普通高等教育“十二五”规划教材
ISBN 978-7-5084-9405-0

Ⅰ. ①水… Ⅱ. ①姜… ②胡… Ⅲ. ①水利工程－监理工作－高等学校－教材 Ⅳ. ①TV523

中国版本图书馆CIP数据核字(2012)第044459号

书　　名	普通高等教育“十二五”规划教材 **水利工程监理**
作　　者	主编　姜国辉　胡必武　　副主编　王艳艳　梁冬玲　李春生　徐伟
出版发行	中国水利水电出版社 （北京市海淀区玉渊潭南路1号D座　100038） 网址：www.waterpub.com.cn E-mail：sales@waterpub.com.cn 电话：（010）68367658（营销中心）
经　　售	北京科水图书销售中心（零售） 电话：（010）88383994、63202643、68545874 全国各地新华书店和相关出版物销售网点
排　　版	中国水利水电出版社微机排版中心
印　　刷	清淞永业（天津）印刷有限公司
规　　格	184mm×260mm　16开本　23.75印张　563千字
版　　次	2012年3月第1版　2019年12月第4次印刷
印　　数	8001—9500册
定　　价	**58.00**元

前　言

本书是根据普通高等教育“十二五”规划教材编审委员会的编写要求，并结合《水利工程建设项目施工监理规范》(SL 288—2003)，以先进、实用为目标进行编写的。

工程建设项目实施工程监理制是我国工程建设管理体制改革与国际接轨的一项重要举措，通过实行工程监理制对加强工程建设管理，控制工程质量、工期、造价，提高经济效益，具有十分重要的作用。工程监理的实施需要大量高素质、多层次的监理人才，我国高等教育就是要培养和造就一批适应生产、建设、管理，服务第一线的高等技术应用型人才。为满足教学与生产的需求，编写了《水利工程监理》这本教材，力求缩短高等学校人才培养与社会生产实践的距离。

本书以《水利工程建设项目施工监理规范》(SL 288—2003) 和有关法律、法规及规范性文件为主要依据，反映水利工程监理的实务，注重实用性、可操作性，重点突出了施工阶段的工程监理。通过规范化、程序化、科学化的监理文件与表格，培养学生理论联系实际的能力；通过一些集实践性、启发性、针对性和综合性于一体的工程建设案例分析，培养学生解决实际问题的能力及严谨、求实的科学态度。本书的编写既考虑了学校自身人才培养的特点，更考虑了社会对人才的需要，即将现行监理规范和国家职业资格的技能要求与理论要求融入到教材中去，使学校教育真正符合社会需求，使学生通过掌握基础理论知识，具备一定的现场监理能力，并具有通过自学进一步提高本学科知识的能力。

本书由沈阳农业大学姜国辉和宁夏大学胡必武担任主编，山东农业大学王艳艳、东北农业大学梁冬玲、沈阳农业大学李春生、徐伟担任副主编。编写人员有：沈阳农业大学高等职业技术学院崔瑞、辽宁水利土木咨询有限公司李雷、中铁隧道股份有限公司陈昕、辽宁省观音阁水库管理局魏鸣冬。姜国辉编写了绪论、第一章、第八章；胡必武编写了第九章、第十章；王艳艳编写了第四章、第六章；梁冬玲编写了第二章、第三章；李春生编写了第五章；徐伟、崔瑞编写了第七章；李雷、陈昕、魏鸣冬编写了第十一章。全书由姜国辉负责统稿、修改，辽宁省水利工程质量监督中心站总工程师朱明昕教授级高级工程师主审。朱明昕总工程师对教材送审稿认真审阅，并对教材内容的取舍及教材的编写都提出了宝贵意见，在此表示衷心感谢。

本书的编写融会了编者多年的监理实践和教学经验，同时还参考了许多专家学者的论著，谨向他们表示衷心感谢。

工程监理是一门新学科，尚有许多问题值得人们去研究和探讨。由于笔者学术见识有限，书中不足之处，敬请各位专家、读者批评指正。

作 者

2011 年 10 月

目 录

绪 论

我国自1988年开始，在建设领域推行工程监理制，这是我国工程建设管理体制的重大改革，是市场经济发展的必然结果和实际需要。工程监理是一门融工程勘察设计、工程经济、工程施工、项目组织、民事法律与建设管理各种学科于一体的项目管理科学，即工程监理是工程项目实施过程中一种行之有效的、科学的管理制度。它把工程项目的管理纳入了社会化、专业化和法制化的轨道。实行工程监理制，目的在于提高工程建设的投资效益和社会效益，这项制度已经纳入《中华人民共和国建筑法》的调整范畴。

我国的工程建设监理，简称工程监理，因行业不同可分为：水利工程监理、公路工程监理、建设工程监理、铁路工程监理、民航工程监理、工程环境监理及设备监理等之分。水利行业的监理又分为：水利工程施工监理、水土保持工程施工监理、机电及金属结构设备制造监理和水利工程建设环境保护监理。

一、工程监理的历史沿革

对工程建设活动进行管理是一项专业性很强的工作。对于工程项目法人而言，他们通常可能缺乏工程建设方面的专业知识和工程项目管理方面的经验，因此，需委托一个机构为其提供专业化的项目管理服务，这就是工程监理的基本思想。

工程监理作为建设领域的一项科学的管理制度，起源于16世纪前的欧洲。当时建筑师受项目法人聘用，负责设计、采购材料、雇用工匠，并组织管理工程施工，起总营造师的作用。16世纪后，随着社会对建筑技术的要求不断提高，传统的建筑师队伍出现了专业分工，一部分建筑师专门向社会传授技艺，为项目法人提供建筑咨询、工程管理等服务，这就是监理行业的萌芽，但其业务范围仅限于施工过程中的质量监督、计算工程量等。

进入18世纪60年代，社会上大兴土木带来了建筑业的空前繁荣，技术日趋复杂，工程建设规模不断扩大，项目法人自己来监督、管理工程建设越来越感觉力不从心，监理服务的必要性逐步为人们所认识。19世纪初，总承包制度的实行，导致了招标交易方式的出现，促进了工程监理的发展，监理业务内容得到了进一步扩充，主要任务是帮助项目法人计算标底，协助招标，控制工程投资、进度、质量，进行合同管理以及项目的组织和协调等。

20世纪50年代末至60年代初，由于科学技术的发展，工业和国防建设以及人民生活水平不断提高，需要建设许多大型工程，如水利工程、航天工程、大型钢铁企业、石油化工企业以及新型城市开发等。这些工程投资多、规模大、技术复杂，无论对投资者还是承建者都难以承担由于投资不当或项目管理失误而造成的损失。巨大的风险迫使项目法人重视项目的科学决策，项目法人为减少投资风险，节约工程费用，需要聘请有经验的咨询人员，对工程建设前期的可行性进行研究论证，帮助项目法人进行决策分析。这样工程监理的业务范围由项目实施阶段向前延伸至项目决策阶段，工程监理工作便贯穿于建设活动的全过程。

进入20世纪70年代后，西方发达国家对工程监理的内容、方法以及从事监理的社会组织以法规的形式作了详尽的规定，使工程监理向制度化、程序化、法制化方向发展。工程建设活动中形成了项目法人、承包商和监理工程师三足鼎立的基本格局。80年代后，工程监理制度在国际上有了很大的发展，世界银行等国际金融组织的贷款条件之一就是要实行工程监理制和招标投标制，工程监理国际化，并已形成了国际惯例。例如国际咨询工程师联合会（即FIDIC）汇编的土木工程施工合同条件，已被国际工程承包市场普遍认可和采用，为工程监理制度的规范化和国际化起到了重要作用。

二、我国工程监理制度的发展

我国的工程监理制度是参照国际惯例，并结合国情而建立起来的。由原国家计委和原建设部共同负责推进工程监理事业的发展，建设部归口管理全国工程建设监理工作，水利部主管全国水利水电工程监理工作。工程监理制度在我国大致经历了以下几个阶段。

（一）工程监理试点阶段

20世纪80年代（1982年），我国首次利用世界银行贷款兴建的鲁布革水电站项目，是我国第一次采用国际招标程序授予外国企业（日本大成公司）承包权的工程，这项工程对引水隧洞工程的施工及主要机电设备进行了国际招标，同时实行了工程监理制和项目法人责任制等国际通行的工程建设管理模式，项目实施后，取得了工程投资省、工期短、质量优的效果。1987年国务院要求在我国建筑业推广鲁布革水电站的建设经验，即“鲁布革经验”。由此催生了我国工程建设监理制等系列管理模式的发展。1988年7月建设部发出《关于开展建设监理工作的通知》，在北京、上海、天津、宁波、沈阳、哈尔滨、深圳等8个城市和交通、能源两部的公路和水电系统开展监理试点工作，标志着我国工程监理进入第一阶段，即试点阶段（1988～1992年）。建设部相继制定了一套监理队伍的资质管理与培训制度、监理取费的规定和工程监理规定，水利部也先后颁发了一系列部门规章和规范性文件，监理试点工作得到迅速发展。经过几年的试点工作，建设部于1993年5月在天津召开了第五次全国工程监理工作会议。会议总结了试点工作的经验，对各地区、各部门的工程监理工作给予了充分肯定，并决定在全国结束工程监理制度的试点，转入稳步推行阶段。

（二）工程监理稳步推行阶段

1993年3月18日，中国工程监理协会成立，我国工程监理行业初步形成。1993年5月，建设部第五次全国工程监理工作会议，决定工程监理进入第二阶段，即稳步推行阶段（1993～1995年）。此后，全国大型水电工程、铁路工程、大部分国道和高等级公路工程全部实行了监理，并形成了一支具有较高素质的监理队伍，监理工作取得了很大的发展。1995年12月，建设部召开了第六次全国工程监理工作会议，并配合出台了《工程建设监理规定》和《工程建设监理合同示范文本》，进一步完善了我国的工程监理制度。

（三）工程监理全面推行阶段

1995年12月建设部在北京召开了第六次全国工程监理工作会议，会上建设部和国家计委联合颁布了737号文件，即《工程建设监理规定》。这次会议标志着我国工程监理工作进入第三阶段，即全面推行阶段（1995～2003年）。1997年11月，全国人大通过的《中华人民共和国建筑法》载入了工程监理的内容，使工程监理在建设体制中的重要地位得到了国家法律的保障，水利部也制定了工程监理规章和实施细则，形成了上下衔接的法律体系。

（四）工程监理完善发展阶段

1. 建设监理管理方式的重大变化

根据《国务院关于取消第二批行政审批项目和改变一批行政审批项目管理方式的决定》（国发［2003］5号）、《国务院关于第三批取消和调整行政审批项目的决定》（国发［2004］16号）和《国务院对确保需保留的行政审批项目设定行政许可的决定》，行政许可保留了水利工程建设监理单位资质审批，要求水利工程建设监理人员资格审批等原行政审批转变管理方式，由行业自律组织或中介机构管理。

2005年6月，水利部以《关于将一批改变管理方式的行政审批项目移交有关行业自律组织（或中介机构）的通知》（水建管［2005］244号），正式将水利工程建设监理人员审批移交到中国水利工程协会。

2. 质量、安全、环境保护等管理法规赋予建设监理新的职责

近年来，国务院颁布施行的《建设工程质量管理条例》，对监理单位的资质条件、业务范围、质量责任等提出了新的要求。

《中华人民共和国安全生产法》、《建设工程安全生产管理条例》和《水利工程建设安全生产管理规定》的实施，对监理单位提出了新的安全管理要求。《建设工程安全生产管理条例》第14条规定："工程监理单位应当审查施工组织设计中的安全技术措施或者专项施工方案是否符合工程建设强制性标准。工程监理单位在实施监理过程中，发现存在安全事故隐患的，应当要求施工单位整改；情况严重的，应当要求施工单位暂时停止施工，并及时报告建设单位。施工单位拒不整改或者不停止施工的，工程监理单位应当及时向有关主管部门报告。工程监理单位和监理工程师应当按照法律、法规和工程建设强制性标准实施监理，并对建设工程安全生产承担监理责任。"

随着我国环境保护法律法规的健全和环境保护工作的深入，施工期的环境保护引起了广泛的重视并在实践中取得了成绩。2002年10月，国家环境保护总局等六部委联合发布了《关于在重点建设项目中开展工程环境监理试点的通知》（环发［2002］141号），并指出："为贯彻《建设项目环境保护管理条例》，落实国务院第五次全国环境保护会议精神，严格执行环境保护'三同时'制度，进一步加强建设项目设计和施工阶段的环境管理，控制施工阶段的环境污染和生态破坏，逐步推行施工期工程环境监理制度，决定在生态环境影响突出的国家十三个重点建设项目中开展工程环境监理试点。"

因此，工程建设发展新的需要，赋予建设监理新的使命，应重新界定监理单位和监理人员在工程建设监理中的责任、权利和义务。

3. 水利工程建设监理法规得到进一步完善

监理法规是规范工程建设监理行为的依据，只有制定了科学、合理、完善且可操作的监理法规，才能做到有法可依，依法惩戒监理违规行为，规范监理市场秩序。原有监理法

规设定的法则条款粗放，缺乏可操作性，不利于惩处监理违规行为。

因此修订并以部长令发布《水利工程建设监理规定》（水利部〔2006〕第28号令）、《水利工程建设监理单位资质管理办法》（水利部〔2006〕第29令），将有利于推进依法行政、转变政府职能，有利于加强政府监督，有利于规范水利工程建设监理市场秩序，严格市场准入制度，有利于促进提高监理单位水平和能力，强化监理单位的作用和地位，确保监理单位在项目的质量、资金、进度、安全生产、环境保护等方面发挥重要作用，进而确保工程建设质量和工程投资效益得到充分发挥。

依据《水利工程建设监理规定》中对水利工程建设监理人员的管理方式，水利部建设与管理司印发了《水利工程建设监理工程师注册管理办法》（水建管〔2006〕600号），中国水利工程协会印发了《水利工程建设监理人员资格管理办法》（中水协〔2007〕3号）。

目前全国已形成了一支素质较高、规模较大的水利工程监理队伍。据统计，到2009年，全国有水利工程监理单位600多家，监理工程师33000余名，这些单位和人员为提高水利工程建设管理水平、控制水利工程建设质量和提高投资效益发挥了重要作用，受到了社会的广泛关注和普遍认可。

三、我国实行工程监理制度的必要性

（一）传统的工程建设管理体制已经不适应我国经济发展的要求

我国的工程监理制度，源于对我国传统工程建设管理体制的反思。长期以来我国一直沿用建设单位自筹、自建、自管和工程指挥部负责的工程建设管理模式（1949年新中国成立初期至70年代末）。建设投资是国家无偿拨给，建设任务是行政分配，主要建材是按计划供给，建设单位、施工单位和设计单位是被动地接受任务。建设单位不仅负责组织设计、施工、申请材料设备，还直接承担了工程建设的监督和管理职能，政府只采取单项的行政监督。其弊端是在工程建设过程中，不注重费用盈亏核算，为保进度，不顾投资的多少和对质量目标会造成多大的冲击。工程质量的好坏，往往取决于企业领导的质量意识，当工期、产量与质量要求产生矛盾时，往往牺牲质量。这种缺乏专业化和社会化的建设项目管理体制给工程建设带来的不良后果是工程项目建设始终处于低水平管理状态，工程建设项目投资、进度、质量严重失控。因此，改革传统的建设项目管理体制，建立一种新型的、适应市场经济和生命力发展的建设项目管理体制成为必然趋势。

（二）工程建设领域体制改革深化需要工程监理

虽然早在20世纪80年代初，我国基本建设就引进了竞争机制，投资开始有偿使用，建设任务逐步实行招标承包制，工程建设监督已转向政府专业质量监督与企业的自检相结合，但是政府的专业质量监督无法对建设工程不间断、全方位进行监督管理，建筑市场还不规范，约束机制尚不完善。如招标投标工作中，存在规避招标、假招标和工程转包现象，各种关系工程、人情工程、领导工程和地方保护工程等，导致施工偷工减料，投资失控，质量下降，给工程安全留下隐患。因此，仅有竞争机制，没有约束机制，这种改革是不完善、不匹配的，改革的深化呼唤着工程监理制的诞生。

（三）对外开放需要工程监理

随着改革开放的深入发展，我国传统的建设项目管理体制缺少监理这个环节，难与国际通行的管理体制相衔接。因为涉外工程往往要求按照国际惯例实行监理，世界银行等国际金融组织都把实行工程监理制作为提供贷款的必要条件之一，实行工程监理制度，能够改善吸引外资环境。如果没有自己的监理人员，涉外工程就要聘请外国监理人员，需向每人每月支付6万～10万元外汇人民币。据有关资料估计：从1979～1988年仅支付监理费就达15亿～20亿美元，京津唐高速公路是世界银行贷款项目，聘了5名丹麦监理工程师，3年支付监理费135万美元。多年来，我国有许多建筑队伍进入了国际建筑市场，由于缺乏监理知识和被监理的经验，结果不该罚的被罚了，而该索赔的又没索要。因此，实行工程监理制度是扩大对外开放和与国际接轨的需要。

（四）提高工程建设项目管理水平需要工程监理

在传统的指挥部形式的管理体制下，指挥部人员是临时从各单位抽调来的，工程完工，指挥部解散。这种带有行政指挥能力的指挥部，通常协调能力很强，技术力量不足，管理经验缺乏，只有一次教训，没有二次经验，不利于经验积累。专业化的工程监理单位，可以在工程建设的实践中不断积累经验，提高建设项目管理水平，并发挥专长，有效地控制工程的进度、质量和投资，公正地管理合同，使工程建设的目标得以最优的实现。同时，推行工程监理制，建设单位可以大大减少人员编制，并充分发挥自己的优势，协调解决好工程建设的外部关系和关键问题。实行工程监理制，有利于形成高水平的，以技术、管理水平和服务质量为竞争基础的大批管理中介服务实体；有利于培养大批高水平的项目管理人才；有利于为建设单位提供高质量的技术、管理服务。

实行工程监理成效是显著的，但工程建设过程中依然存在管理漏洞。有关调查研究表明，我国的工程监理制仍然处在初级阶段，主要的问题：一是工程监理市场不规范，监理的竞争机制尚未完全形成，系统内同体监理现象大量存在，个别地方甚至存在低资质监理单位越级承担工程项目监理业务的问题；二是监理单位管理水平和监理人员素质不高，多数监理单位尚未独立于母体单位，监理人员不稳定，离退休人员多，缺乏必要的高素质监理人才；三是监理工作在地区间发展不平衡，监理单位和监理工程师队伍分布不合理，不能满足实际工作需要；四是监理工作大多只侧重质量控制，未真正实现投资、进度和质量的全方位监理；五是部分监理人员未做到持证上岗。这些均需要通过增强执法力度或在实践中探索解决，随着我国社会主义市场经济的进一步建立完善，我国工程监理事业必将得到更大的发展。

第一章　工程项目与工程监理制

第一节　项目与项目管理

一、项目

（一）项目的定义

“项目”一词已越来越广泛地被人们应用于社会经济和文化生活的各个方面，人们把许多的活动或工作都称为项目。从概念上讲，项目的定义也是逐步发展而来的，比如项目一般是指有组织的活动，随着社会的发展，有组织的活动又逐步分化成两类：一类是连续不断、周而复始的活动，人们称之为“运作”（Operation）；另一类是临时性、一次性的活动，人们称之为“项目”（Project），如企业的技术改造活动、一项工程建设活动等。

关于项目的定义很多，许多管理专家和标准化组织都企图用简单通俗的语言对项目进行抽象性概括和描述。最典型的有：

（1）在项目管理领域比较传统的对项目的定义是：“项目为一个具有规定开始和结束时间的任务，它需要使用一种或多种资源，具有许多个为完成该任务（或者项目）所必须完成的互相独立、互相联系、互相依赖的活动。”

但是，这个定义还不能将项目与人们常见的一些生产过程相区别。

（2）《质量管理——项目管理质量指南（ISO10006）》定义项目为：“由一组有起止时间的、相互协调的受控活动所组成的特定过程，该过程要达到符合规定要求的目标，包括时间、成本和资源的约束条件。”

（3）德国国家标准DIN69901将项目定义为“项目是指在总体上符合如下条件的具有唯一性的任务（计划）：具有预定的目标；具有时间、财务、人力和其他限制条件；具有专门的组织。”

（二）项目的特性

项目的定义有几十种之多，虽然人们对项目定义的角度和描述各不相同，但通常都体现出如下特性。

1. 非重现性（或一次性）

这是项目的最主要特征。所谓非重现性或一次性，是指就任务本身和最终成果而言，没有与这项任务完全相同的另一项任务。例如，建设一项工程或一项新产品的开发，不同于其他工业产品的批量性，也不同于其他生产过程的重复性。因此，项目一般都具备特定的开头、结尾和实施过程，有些项目活动甚至是空前绝后的。例如，阿波罗登月项目，历时长达11年，耗资达250亿美元，涉及2万多个企业和120多所大学和研究单位，其管理协调工作的难度可想而知。一个项目结束后，即使是为了同样的目标实施在建项目，项目在实施过程中设计的风格、实施人员、甚至建筑材料等都有与前一项目不同之处，所以项目的非重现性也是客观条件所要求的，同时也包括竞争机遇或市场机会的不同。只有认识项目的一次性，才能有针对地根据项目的特殊情况和要求进行科学的、有效的管理。

2. 目的性

项目的目的性是指任何一个项目都是为实现特定的组织目标和产出物目标服务的。任何一个项目都必须有确定的组织目的和项目目标。项目目标包括两个方面：一是项目工作本身的目标，是项目实施的过程；二是项目产出物的目标，是项目实施的结果。例如，对一项水工建筑物的建设项目而言，项目工作的目标包括：项目工期、造价、质量、安全等各方面工作的目标，项目产出物的目标包括建筑物的功能、特性、使用寿命、安全性等指标。同样，对于一个软件开发项目，项目工作的目标包括开发周期、成本、质量、文档化程度等，项目产出物（软件产品）的目标包括软件的功能、可靠性、可扩展性、可移植性等。一般而言，项目的目的性是最重要和最需要项目管理者注意的特性。

3. 独特性

项目的独特性是指项目所生成的产品或服务与其他产品或服务相比所具有的特殊性。通常一个项目的产出物或实施过程，即项目所生成的产品或服务至少在一些关键特性上与其他的产品和服务是不同的。每个项目都有一些以前没有做过的、独特的内容。例如，我国已经建设了6万余座不同等级的水库，但没有两座完全相同的水库，这些水库在某个或某些方面都有一定的独特性，包括不同的自然条件（气象、水文、地质、地理条件等）、不同的设计、不同的项目法人、不同的承包商、不同的施工方法和施工时间等。当然许多项目会有一些共性的东西，但是它们并不影响整个项目的独特性。

4. 时限性（生命周期）

项目的时限性是指每一个项目都有自己明确的时间起点和终点，都是有始有终的，是不能被重现的。起点是项目开始的时间，终点是项目的目标已经实现，或者项目的目标已经无法实现，从而中止项目的时间。无论项目持续时间的长短，都是有自己的生命周期的。当然，项目的生命周期与项目所创造出的产品或服务的全生命周期是不同的，多数项目本身相对是短暂的，而项目所创造的产品或服务是长期的。例如，三峡工程项目实施的时间是有限的，但工程投入运行后的有效时间可能是几代人。树立一座纪念碑所用的时间是短暂的，但是这一项目所创造出的产出物（纪念碑），人们会期望其持续数个世纪；国际互联网项目研发的时间相对是短暂的，而该网络系统本身的寿命是相对长远的。任何项目都随着其目标的实现而终结，决不会周而复始地持续下去。

5. 制约性（或约束性）

项目的制约性是指每个项目都在一定程度上受到内在和外在条件的制约。项目只有在满足约束条件下获得成功才有意义。内在条件的制约主要是对项目质量、寿命和功能的约束（要求）。外在条件的制约主要是对于项目资源的约束，包括：人力资源、财力资源、物力资源、时间资源、技术资源、信息资源等方面。项目的制约性是决定一个项目成功与失败的关键特性。

6. 不确定性

项目的不确定性主要是由于项目的独特性造成的，因为一个项目的独特之处多数需要进行不同程度的创新，而创新就包括各种不确定性；其次，项目的非重复性也是造成项目不确定性的原因，因为项目活动的非重复性使得人们没有改进工作的机会，所以使项目的不确定性增高；另外，项目的环境多数是开放的和相对变动较大的，这也是造成项目不确定性的主要原因之一。

7. 其他特性

例如，项目过程的渐进性、项目成果的不可挽回性、项目组织的临时性和开放性等。

二、项目管理

（一）管理的概念

管理是一种特殊的社会劳动，它是由社会分工、共同协作引起的，它与生产力的发展水平相适应，又受占统治地位的生产关系的制约和影响。所以，管理一方面具有与生产力、与社会化大生产相联系的自然属性；另一方面又具有与生产关系、社会制度相联系的社会属性。认识管理的自然属性，就要重视发挥管理对于合理组织生产力的作用，认真研究现代化、社会化生产的技术经济特点，掌握其规律。认识管理的社会属性，就要重视管理对促进和改革生产关系的要求，逐步建立适合我国生产建设和发展社会主义市场经济需要的、具有中国特色的社会主义生产建设管理体制和体系。

对于建设项目的参与方或管理者而言，所谓管理是指通过组织、计划、协调、控制等行动，将一定的人力、财力、物力资源充分加以运用，使之发挥最大的效果，以达到所规定或预期的目标。

（二）项目管理的概念

项目管理是指系统地进行项目的计划、决策、组织、协调与控制的系统的管理活动。对于项目管理的定义，各种说法不尽相同。美国项目管理专家 Harold Kerzher 将项目管理定义为："项目管理是为限期实现一次性特定目标，对有限资源进行计划、组织、指导、控制的系统管理方法。"也有人认为，"项目管理就是费用目标控制，时间目标控制和质量目标控制，其核心是控制项目的目标。"根据以上几种说法，可以将项目管理归纳为：在建设项目生命周期内所进行的有效的规划、组织、协调、控制等系统的管理活动。其目的是在一定的约束条件下（限定的投资、限定的时间、限定的质量标准、合同条件等），最优实现建设项目，达到预定的目标。目前，我国对项目管理的解释是一种广义上的项目管理，也就是说，通过一定的组织形式，采取各种措施、手段和方法，对建设项目的所有工作，包括项目建议书、可行性研究、项目的决策、设计、设备询价、施工招标承包、建设实施、竣工验收等系统的过程进行规划、协调、监督、控制和总评价，以达到保证建设项目的质量，缩短建设工期，提高投资效益的目的。

（三）项目管理的主要特征

项目管理与非项目管理活动相比，有以下主要特征。

1. 目标明确

项目管理的目标，就是在限定的时间、限定的资源和规定的质量标准范围内，高效率地实现项目法人规定的项目目标。项目管理的一切活动都要围绕这一目标进行。项目管理的好坏，主要看项目目标的实现程度。

2. 项目经理负责制

项目管理十分强调项目经理个人负责制，项目经理是项目成功的关键人物。项目法人为项目经理规定了要实现的项目目标，并委托其对目标的实施全权负责。有关的一切活动均需置于项目经理的组织与控制之下，以避免多头负责、相互扯皮、职责不清和效率低下。

3. 充分的授权保证系统

项目管理的成功必须以充分的授权为基础。为项目经理的授权，应与其承担责任相适应。特别是对于复杂的大型项目，协调难度很大，没有统一的责任者和相应的授权，势必难以协调配合，甚至导致项目失败。

4. 具有全面的项目管理职能

项目管理的基本职能是：计划、组织、协调和控制。

(1) 计划职能。即是把项目活动全过程、全部目标都列入计划，通过统一的、动态的计划系统来组织、协调和控制整个项目，使项目协调有序地达到预期目标。

(2) 组织职能。即建立一个高效率的项目管理体系和组织保证系统，通过合理的职责划分、授权，动用各种规章制度以及合同的签订与实施，确保项目目标的实现。

(3) 协调职能。项目的协调管理，即是在项目存在的各种结合部或界面之间，对所有的活动及力量进行连接、联合、调和，以实现系统目标的活动。项目经理在协调各种关系特别是主要的人际关系中，应处于核心地位。

(4) 控制职能。项目的控制就是在项目实施的过程中，运用有效的方法和手段，不断分析、决策、反馈，不断调整实际值与计划值之间的偏差，以确保项目总目标的实现。项目控制往往是通过目标的分解、阶段性目标的制订和检验、各种指标定额的执行，以及实施中的反馈与决策来实现的。

第二节　工程项目管理及建设程序

一、工程项目管理

(一) 工程项目的概念

工程项目是以实物形态表示的具体项目，一个工程项目就是指一项固定资产投资项目，即可能是基本建设项目（新建、扩建等扩大再生产的建设项目），也可能是技术改造项目（以节约资金、增加产品品种、提高质量、治理“三废”、劳动安全等为主要目的的项目）。工程项目的实现是指投入一定量的资金，经过决策、实施等一系列程序，在一定的约束条件下形成固定资产的一次性过程。

(二) 工程项目的管理

工程项目管理是以工程项目为对象，以实现工程项目投资目标、工期目标和质量目标为目的，对工程项目进行高效率的计划、组织、协调、控制和系统的、有限的循环管理过程。工程项目之所以需要进行管理，与建筑产品的特征密切相关。

工程项目的管理者应由参与工程建设活动的各方组成，即项目法人、设计单位和施工单位等。因其所处的角度不同，职责不同，形成的项目管理类型也不同。

（1）项目法人的工程项目管理。从编制项目建议书至项目竣工验收、投产使用全过程进行管理，为项目法人的工程项目管理。如果委托监理单位进行具体管理，则称为工程监理。工程监理是监理单位受项目法人委托，按合同规定为项目法人服务，并非代表项目法人。

（2）设计单位的工程项目管理。由设计单位进行的项目管理，一般限于设计阶段。

（3）施工单位的工程项目管理。由施工单位进行的项目管理，一般限于施工阶段。

项目法人在进行项目管理时，与设计单位和施工单位的项目管理目标和出发点不同，只有当工程项目管理的主体是项目法人时，工程项目管理目标才与项目目标一致。

（三）工程项目的划分

为了便于工程建设项目管理，根据 SL 176《水利水电工程施工质量评定规程》的规定，水利工程建设项目可逐级分解为单位工程、分部工程和单元工程。某水电站项目划分如图 1－1 所示。

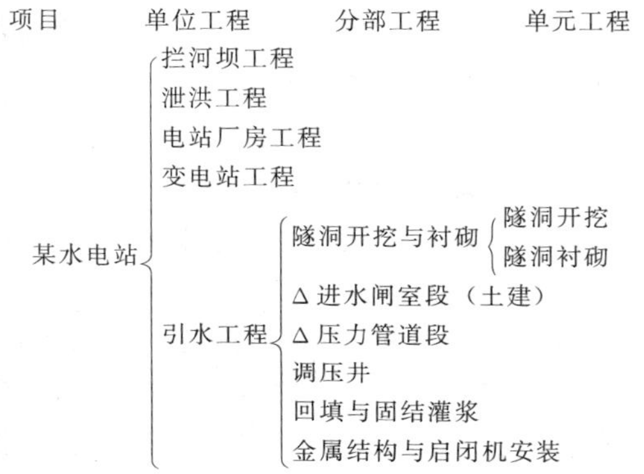

图 1－1　建设项目划分示例

单位工程是指具有独立发挥作用或独立施工条件的建筑物。如水电站工程中的拦河坝工程、泄洪工程、电站厂房工程、变电站工程、引水工程等。

分部工程是指在一个建筑物内能组合发挥一种功能的建筑安装工程，是组成单位工程的各个部分。对单位工程安全、功能或效益起控制作用的分部工程称为主要分部工程。如引水工程中的进水闸室段（土建）和压力管道段。

单元工程是指分部工程中由几个工种施工完成的最小综合体，是日常质量考核的基本单位。如隧洞开挖与衬砌中单元工程为隧洞开挖、隧洞衬砌等。

二、建设程序

（一）建设程序的概念

建设程序是指工程项目从设想、规划、评估、决策、设计、施工到竣工验收、投入生产整个建设过程中，各项工作必须遵循的先后次序的法则，如图 1－2 所示。这个法则是人们在长期的工程实践中总结出来的。它反映了建设工作所固有的客观自然规律和经济规律，是工程项目科学决策和顺利进行的重要保证。不遵循科学的建设程序，就会走弯路，使工程遭受重大损失，这在我国工程建设史上是有深刻教训的。

（二）水利工程项目建设的程序

水利工程项目建设程序按《水利工程建设项目管理规定》（水利部水建［1995］128

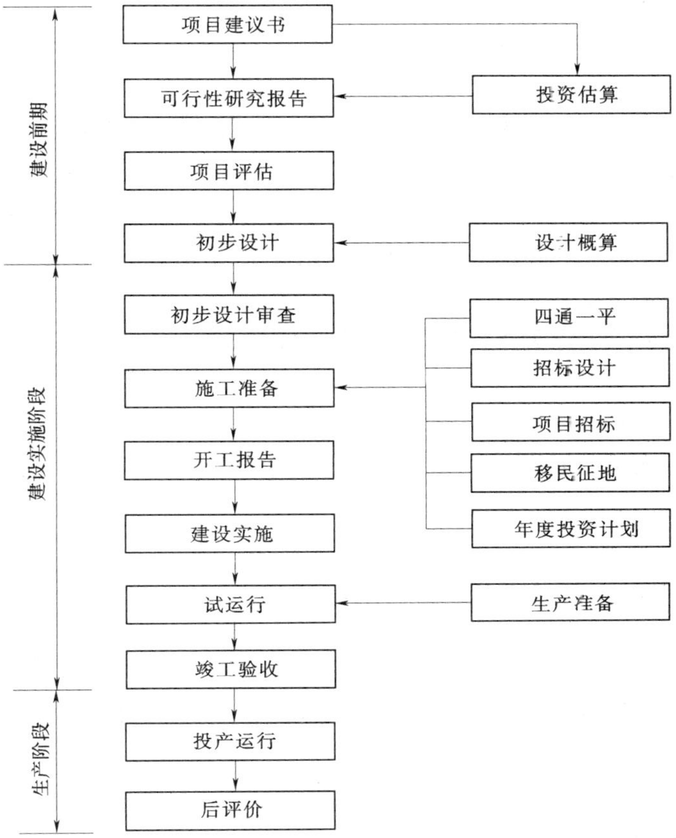

图 1-2 水利工程建设程序流程图

号）执行，水利工程项目建设程序一般分为：项目建议书、可行性研究报告、初步设计、施工准备（包括招标设计）、建设实施、生产准备、竣工验收和后评价等阶段。

1. 项目建议书阶段

项目建议书应根据国民经济和社会发展长远规划、流域综合规划、区域综合规划、专业规划，按照国家产业政策和国家有关投资建设方针进行编制，是对拟进行建设项目的初步说明。

项目建议书编制一般由政府委托有相应资格的设计单位或咨询机构承担，并按国家现行规定权限向主管部门申报审批。项目建议书被批准后，即可组建项目法人筹备机构。

2. 可行性研究报告阶段

可行性研究主要是对项目进行方案比较，分析和论证其在技术、经济上是否合理。经过批准的可行性研究报告，是项目决策和进行初步设计的依据。可行性研究报告，由项目法人（或筹备机构）组织编制。项目可行性报告批准后，应正式成立项目法人，并按项目法人责任制实行项目管理。

3. 初步设计阶段

初步设计是根据批准的可行性研究报告和必要而准确的设计资料，对设计对象进行通盘研究，阐明拟建工程在技术上的可行性和经济上的合理性。规定项目的各项基本技术参数，编制项目的总概算。初步设计任务应择优选择有项目相应资格的设计单位承担，依照有关初步设计规定进行编制。

初步设计文件报批前，一般须由项目法人委托有相应资格的工程咨询机构或组织行业各方面（包括管理、设计、施工、咨询等方面）的专家，对初步设计中的重大问题，进行咨询论证。设计单位根据咨询论证意见，对初步设计文件进行补充、修改、优化。初步设计由项目法人组织审查后，按国家现行规定权限向主管部门申报审批。

4. 施工准备阶段

水利工程项目必须满足如下条件，方可进行施工准备：

（1）初步设计已经批准。

（2）项目法人已经建立。

（3）项目已列入国家或地方水利建设投资计划，筹资方案已经确定。

（4）有关土地使用权已经批准。

（5）已办理报建手续。

在施工准备阶段，需进行技术设计及施工图设计。技术设计是针对初步设计中的重大技术问题进一步开展工作，并编制修正总概算。施工图设计是按照初步设计或技术设计所确定的设计原则、结构方案和控制尺寸，根据建筑安装施工进度的安排，分期分批地制定出工程施工详图，并编制施工图预算。在水利工程中，一般将技术设计和施工图设计合并成一个阶段进行，统称为技施设计。

项目在主体工程开工之前，必须完成的各项施工准备工作主要包括：

（1）施工现场的征地、拆迁。

（2）完成施工用水、电、通信、路和场地平整等工程。

（3）必需的生产、生活临时建筑工程。

（4）组织招标设计、咨询、设备和物资采购等服务。

（5）组织工程监理和主体工程招标投标，并择优选定工程监理单位和施工承包队伍。

5. 建设实施阶段

建设实施阶段是指主体工程的建设实施，项目法人按照批准的建设文件，组织工程建设，保证项目建设目标的实现。

6. 生产准备阶段

生产准备是施工项目投产前所要进行的一项重要工作。它是基本建设程序中的重要环节，是衔接基本建设和生产的桥梁，是建设阶段转入生产经营的必要条件。

7. 竣工验收阶段

竣工验收是工程完成建设目标的标志，是全面考核建设成果、检验设计和工程质量的重要步骤。竣工验收合格的项目即从建设转入生产或使用。

对工程规模较大、技术较复杂的建设项目可先进行初步验收。不合格的工程不予验收，有遗留问题的项目，对遗留问题必须有具体的处理意见，且有限期处理的明确要求，并落实责任人。

8. 后评价阶段

建设项目竣工投产后，一般经过 1～2 年生产运营后，要进行一次系统的项目后评价。项目后评价一般按 3 个层次组织实施，即项目法人的自我评价、项目行业的评价、计划部门的评价。通过建设项目的后评价以达到肯定成绩、总结经验、研究问题、吸取教训、提出建议、改进工作，不断提高项目决策水平和投资效果的目的。

（三）世界银行贷款的程序

关于发展中国家引进外资的必要性，发展经济学已从不同角度作了大量的论述，许多经济理论认为，发展中国家发展经济的主要障碍就在于国内资金不足。由于发展中国家事实上无力自我根除这一障碍，因而必须利用外资。

世界银行集团、国际货币基金组织、世界贸易组织是当今世界三大经济组织。世界银行集团包括国际复兴开发银行（IBRD）、国际开发协会（IDA）、国际金融公司（IFC）、多边投资担保机构（MIGA）、解决投资争端国际中心（ICSID）和经济发展学院（EDI）。

世界银行贷款是我国水电建设利用外资最重要的来源。世界银行贷款是指通过财政部转贷给项目单位的复兴开发银行贷款、国际开发协会信贷、技术合作信贷和联合融资等。世界银行于 1980 年恢复我国在世界银行的会员国地位，并于 1982 年正式向我国提供贷款。

世界银行贷款是一种中长期贷款，主要用于大中型基础设施建设，如：防洪与排涝、灌溉、跨流域调水、发电、交通、污水处理等。

水利工程项目贷款的基本条件为：

(1) 贷款项目本身应符合国民经济发展的需要和流域规划，已列入中央或地方中长期发展基建计划之中，并属于被优先实施的重点项目。

(2) 项目建设的外部条件比较好，基本不涉及水利纠纷和难以解决的其他边界矛盾等。

(3) 项目本身应具有良好的经济效益和财务效益，通过水费、电费和税收等方面的回收，具有一定的偿还能力。

(4) 地方或部门贷款项目的主管部门或项目单位，要有较高的贷款积极性，对世界银行贷款应本着“谁受益谁承担”的原则，有能力按期偿还。

(5) 必须落实国内配套资金。在项目实施期间，应保证国内筹措的资金按年度及时到位。

(6) 为保证项目顺利实施，项目法人必须建立与项目建设相适应的组织管理机构，配备有实践经验的技术人员和管理人员。

(7) 项目的前期工作要有一定的基础，勘测设计工作已进行到一定的程度，基本具备世界银行项目评估的条件。

(8) 项目竣工投产后，要有足够的资金来源解决工程维修和日常运行管理所发生的费用。

我国的世界银行贷款项目既要遵循我国的基本建设管理制度，又要遵循世界银行项目贷款的有关程序和规定。世界银行对贷款项目的管理有一套完整的、严密的程序和制度，对其贷款的项目，从开始到完成投产，必须经过项目选定、准备、评估、谈判、实施与监督、总结评价等 6 个阶段。

1. 项目选定阶段

项目选定主要是考察由借款国提出需要优先考虑，并符合世行贷款原则的项目。项目初选确定后，由借款国编制项目选定报告，并送交世界银行进行筛选，选定后即列入世界银行贷款计划。

2. 项目准备阶段

项目准备主要是对项目作可行性研究。可行性研究是对项目建设的必要性、市场调查预测、建设条件、工程技术、实施计划和组织机构等做出估计；进行财务和经济评价，做出风险估计；进行环境影响和社会效益分析，经过多方案比较，推荐最佳方案，编制可行性研究报告。

3. 项目评估阶段

世界银行派出由各种技术、经济专家进行实地考察，全面系统地检查项目的准备情况。评估时，从技术、组织、财务和经济等几个方面，对可行性研究报告中提出的规模、资源条件、市场预测、工程技术以及财务、经济分析做出全面评价。

4. 项目谈判阶段

项目评估通过后，世界银行便邀请借款国派代表去华盛顿总部就贷款协定进行谈判。谈判内容不但包括贷款数额和分配比例、费率、支付办法、还贷方式、咨询服务等，更重要的是确定借款国保证项目顺利实施的措施和执行机构。达成协议后，由借款国政府（财政部）出面，签订正式贷款协定，并签署担保协议书（中国银行担保）或出具“外债信”（说明借款国的对外债务情况）；然后由世界银行主管地区项目的副行长签署后报送执行董事会或行长批准；经联合国登记备案后，便正式生效，可以开始提款，进入实施阶段。

5. 项目实施阶段

在项目实施阶段，借款国负责项目的执行和经营，世界银行负责对项目的监督。世界银行一般根据借款国报送的项目进度报告，掌握项目发展情况及借款国对贷款协议各项保证的履行情况，并了解项目的实际执行是否违反协议规定的情况及其原因，以便与借款国商讨解决方法。除通过进度报告掌握项目的情况外，世界银行还不断派出各种高级专家到借款国视察，随时向借款国提出有关施工、调整贷款数额和付款方法的意见，并逐年提出“监督项目执行情况报告书”。

6. 项目总结评价阶段

项目开始投产后 1 年左右，世界银行要对项目进行全面总结，并做出初步评价，总结评价的目的，在于吸取经验教训，为今后执行同类项目积累经验；同时，也是对借款国在实施项目中成绩优劣的评价和使用世界银行贷款能力的考核。

世界银行对贷款项目的这套程序和管理办法比较科学、严谨，投资前期工作做得比较深入，所以世界银行贷款项目的成功率很高，很少失误。

第三节　工程项目管理体制

一、改革开放前我国的建设项目管理体制

1978 年改革开放前我国的建设项目管理体制经历了自营制、指挥部制、投资包干责

任制等阶段。1949年中华人民共和国成立初期及以后相当长的时期普遍采用的是自营制方式，建设项目管理实行首长（或党委）负责制，行政命令主宰一切。随着基建规模的扩大，大中型项目的建设采取以军事指挥的方式组织项目建设活动，即指挥部制。项目建设的指挥层由地方和中央复合构成，由于其不承担决策风险，对投资的使用、回收不承担责任，工程指挥部成员临时组成，项目结束后人员解散，这种一次性非专业化管理方式，使得工程项目建设始终处于低水平管理状态，因此对投资、进度和质量难以控制成为必然。随后出现了投资包干责任制，其特点是上级主管部门和承建的施工企业签订投资包干合同，规定了项目的规模、资金、工期，有的还列入了奖惩条款，这种体制明显优于自营制和指挥部制。但由于施工企业仍然一切依赖国家，这种模式仍摆脱不了自营制的根本缺陷。这些传统的工程项目管理体制由于自身的先天不足，使得我国工程建设的水平和投资效益长期得不到提高，投资失控、工期拖长、质量下降等问题无法从根本上得到解决。

二、当前我国建设项目管理体制的基本格局

随着社会主义市场经济体制的建立和发展，传统的建设与管理模式的弊端日趋显现。我国在工程建设领域进行了一系列的重大改革，从以前在工程设计和施工中采用行政分配、缺乏活力的计划管理方式，改变为由项目法人为主体的工程招标发包体系，以设计、施工和材料设备供应为主体的投标承包体系，以工程监理单位为主体的技术咨询服务体系的三元主体，且三者之间以经济为纽带，以合同为依据，相互监督，相互制约，构成建设项目组织管理体制的新模式。水利部《水利工程建设项目管理规定》指出："水利工程建设要推行项目法人责任制、招标投标制和建设监理制"。通过推行项目法人责任制、招标投标制、工程监理制等改革举措，即以国家宏观监督调控为指导，项目法人责任制为核心，招标投标制和工程监理制为服务体系，构筑了当前我国建设项目管理体制的基本格局。

1. 项目法人责任制

法人是具有权利能力和行为能力，依法独立享有民事权利和承担民事义务的组织。项目法人是建设项目的投资者，项目投资风险的承担者，贷款建设项目的负债者，项目建设与运行的决策者，项目投产或使用效益的受益者，建成项目资产的所有者。项目法人的概念是1994年提出的，此前称业主、建设单位、发包人等。建立、健全水利工程建设项目法人责任制，是推进工程建设管理体制改革的关键。项目法人责任制的前身是项目业主责任制，项目业主责任制是西方国家普遍实行的一种项目组织管理方式。我国实行的项目法人责任制，是建立社会主义市场经济的需要，是转换建设项目投资经营机制、提高投资效益的一项重要改革措施。项目法人责任制的主要职责是：对项目的策划、资金筹措、建设实施、生产经营、债务偿还及资产的保值增值，实行全过程负责。项目法人是工程建设投资行为的主体，要承担投资风险，并对投资效果全面负责，必然委托高智能的监理单位为其提供咨询和管理。

2. 招标投标制

招标投标是国际建筑市场中项目法人选择承包商的基本方式。我国在20世纪70年代之前都是根据国家或地方的计划，用行政分配方式下达建设任务，80年代后，随着改革开放的发展而逐步推行招标投标制，90年代后，逐步实施与完善招标投标制。建设工程实行招标投标，有利于开展竞争，使建设工程得到科学有效的控制和管理，从而提高我国水利工程建设的管理水平，促进我国水利水电建设事业的发展。

3. 工程监理制

工程监理制是我国工程建设领域中项目管理体制的重大改革举措之一，是一种科学的管理制度，监督管理的对象是建设行为人在工程项目实施过程的技术经济活动；要求这些活动及其结果必须符合有关法规、技术标准、规程、规范和工程承包合同的规定；目的在于确保工程项目在合理的期限内以合理的代价与合格的质量实现其预定的目标。工程监理制是我国实行项目法人责任制、招标投标制而配套推行的一项建设管理的科学制度。它的推行，使我国的工程建设项目管理体制由传统的自筹、自建、自管的小生产管理模式，开始向社会化、专业化、现代化的管理模式转变。

第四节　工 程 监 理 制

一、工程监理概念

（一）有关监理的概念

1. 监理概念

监理是指由一个机构或执行者，依据一定的行为准则，对某一行为的有关主体进行监督管理，使这些行为符合准则要求，并协助行为主体实现其行为目的。

在实施监理活动的过程中，需要具备的基本条件是：①明确的监理“执行者”，也就是必须有监理组织；②明确的行为“准则”，也就是监理的工作依据；③明确的被监理“对象”，也就是被监理的行为和行为主体；④明确的监理目的和行之有效的监理思想、理论、方法和手段。

2. 工程监理概念

工程监理，就是监理的执行者，依据有关工程建设的法律法规和技术标准，综合运用法律、经济、技术手段，对工程建设参与者的行为及其职责权利，进行必要的协调与约束，促使工程建设的进度、质量和投资按计划实现，避免建设行为的随意性和盲目性，使工程建设目标得以最优实现。

3. 水利工程监理概念

按照水利部制定的《水利工程建设监理规定》，水利工程监理是指监理单位受项目法人委托，依据国家有关工程建设的法律、法规、规章和批准的项目建设文件、建设工程合同以及工程监理合同，对工程建设实行的管理。

水利工程监理的主要内容是进行工程建设合同管理，按照合同控制工程建设的投资、工期和质量，并协调有关各方的工作关系。

（二）工程监理的内涵

1. 工程监理是针对项目建设实施的监督管理

工程监理是围绕着工程项目建设来展开的，离开了工程项目，就谈不上监理活动。监理单位代表项目法人的利益，依据法规、合同、科学技术、现代方法和手段，对工程项目建设进行程序化管理。

2. 工程监理的行为主体是监理单位

监理单位是具有独立性、社会化、专业化特点的，专门从事工程监理和其他技术服务活动的组织。监理单位在工程建设中是独立的第三方，只有监理单位才能按照“公正、独立、自主”的原则，开展工程监理工作。

3. 工程监理的实施需要项目法人委托和授权

工程监理的实施需要项目法人委托和授权，这是工程监理的特点所决定的，也是工程监理制所规定的。工程监理不是一种强制性的，而是一种委托性的，这种委托与政府对工程建设的强制性监督有本质区别。

4. 工程监理是有明确依据的工程建设行为

工程监理实施的依据主要有：国家和建设管理部门颁发的法律、法规、规章和有关政策；国家有关部门颁发的技术规范、技术标准；政府建设主管部门批准的工程项目建设文件；工程承包合同和其他工程建设合同。

5. 工程监理在现阶段主要发生在实施阶段

鉴于目前工程监理工作在建设工程投资决策阶段和设计阶段尚未形成系统、成熟的经验，需要通过实践进一步研究探索。现阶段工程监理主要发生在项目建设的实施阶段。

6. 工程监理是微观管理活动

政府从宏观上对工程建设进行管理，通过强制性的立法、执法来规范建筑市场。工程监理属于微观层次，是针对一个具体的工程项目展开的，是紧紧围绕着工程建设项目的各项投资活动和生产活动进行的监督管理，注重具体工作的实际效益。

二、工程监理的主要任务

（一）监理的主要任务

工程监理的主要内容是进行建设工程的合同管理。按照合同控制工程建设的投资、工期和质量，并协调建设各方的工作关系。采取组织管理、经济、技术、合同和信息管理措施，对建设过程及参与各方的行为进行监督、协调和控制，以保证项目建设目标最优地实现。

1. 投资控制

监理单位受项目法人委托投资控制的任务主要是：在建设前期协助项目法人正确地进行投资决策，控制好投资估算总额；在设计阶段对设计方案、设计标准、总概算进行审核；在施工准备阶段协助项目法人组织招标投标工作；在施工阶段，严格计量与支付管理和审核工程变更，控制索赔；在工程完工阶段审核工程结算，在工程保修责任终止时，审核工程最终结算。

2. 进度控制

首先要在建设前期协助项目法人分析研究确定合理的工期目标，并规定在承包合同文件中。其次在合同实施阶段，根据合同规定的部分工程完工目标、单位工程完工目标和全部工程完工目标，审核施工组织设计和进度计划，并在计划实施中跟踪监督并做好协调工作，排除干扰，按照合同合理处理工期索赔、进度延误和施工暂停，控制工程进度。

3. 质量控制

质量控制贯穿于项目建设从可行性研究、设计、建设准备、施工、完工及运行维修的全过程，监理单位质量控制的主要任务包括：设计方案选择及图纸审核和概算审核；在施工前通过审查承包人资质，质检人员素质和所用材料、构配件、设备质量，审查施工技术方案和施工组织设计，实施质量预控；在施工过程中，通过重要技术复核，工序作业检查，监督合同文件规定的质量要求、标准、规范、规程的贯彻，严格进行隐蔽工程质量检验和工程验收签证等。

4. 安全生产管理

工程开工前，监理机构应督促承包人建立健全施工安全保障体系和安全管理规章制度，对职工进行施工安全教育和培训；对施工组织设计中的施工安全措施进行审查。在施工过程中，监理机构应对承包人执行施工安全的法律、法规和工程建设强制性标准以及施工安全措施的情况进行监督、检查。发现不安全因素和安全隐患时，应指示承包人采取有效措施予以整改。若承包人延误或拒绝整改时，监理机构可责令其停工。当监理机构发现存在重大安全隐患时，应立即指示承包人停工，做好防患措施，并及时向发包人报告；如有必要，应向政府有关主管部门报告。当发生施工安全事故时，监理机构应协助发包人进行安全事故的调查处理工作。监理机构应协助发包人在每年汛前对承包人的度汛方案及防汛预案的准备情况进行检查。

5. 合同管理

合同管理是监理工作的主要内容。广义地讲，监理工作可以概括为监理单位受项目法人的委托，协助项目法人组织工程项目建设合同的订立、签订，并在合同实施过程中管理合同。在合同管理中，狭义的合同管理主要指合同文件管理、会议管理、支付、合同变更、违约、索赔及风险分担、合同争议协调等。

6. 信息管理

信息是反映客观事物规律的一种数据，是人们决策的重要依据。信息管理是项目工程监理的重要手段。只有及时、准确地掌握项目建设中的信息，严格、有序地管理各种文件、图纸、记录、指令、报告和有关技术资料，完善信息资料的接收、签发、归档和查询等制度，才能使信息及时、完整、准确和可靠地为工程监理提供工作依据，以便及时采取有效的措施，有效地完成监理任务。计算机信息管理系统是现代工程建设领域信息管理的重要手段。

7. 组织协调

在工程项目实施过程中，存在着大量组织协调工作，项目法人和承包商之间由于各自的经济利益和对问题的不同理解，就会产生各种矛盾和冲突；在项目建设过程中，多部门、多单位以不同的方式为项目建设服务，他们难以避免地会发生各种冲突。因此，监理工程师要及时、公正、合理地做好协调工作，是项目顺利进行的重要保证。

（二）三大控制目标之间的关系

工程建设项目质量、进度、投资，这三大目标之间的关系是既相互对立又相互统一的，如图 1－3 所示。

图中三角形内部，表示三个目标之间的矛盾关系，三角形外部，表示三个目标之间的统一关系。三个目标之间是相互关联的，任何一个目标发生变化，都必将影响其他两个目标，所以，在对建设项目的目标实施控制的同时，应兼顾到其他两个目标，以维持建设项目目标体系的整体平衡。良好的建设项目管理任务，就是要通过合理的组织、协调、控制和管理，达到质量、进度、投资整体最佳组合的目标。

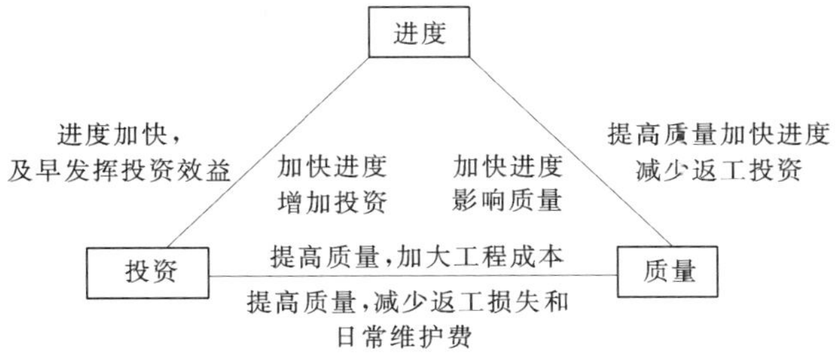

图 1－3　进度、投资、质量三者关系

在处理三者的矛盾时，应注意以下几点。

1. 必须坚持“质量第一”的观点

对于水利水电工程，由于它对国民经济有着十分重大的影响，水利水电工程的失事，会造成巨大的财产损失，因此更应该始终把工程质量放在首位。越是赶进度越要注意质量控制。实践证明，为了赶进度而忽视质量，由此发生质量事故所造成的返工，往往会大大拖延工程进度，造成巨大的经济损失。所以在三个控制目标中，进度与投资应服从质量控制要求。

2. 应注意坚持合理的、必要的质量，而不是苛求质量

建设项目的质量目标是根据该工程的规模、重要性、技术的复杂性和用户的需要等因素确定的。在水利水电工程中，则根据规范确定枢纽或建筑物的等级，采取相应的参数。质量目标越高相应的投资越大，进度越慢。

工程质量控制并不是一味地追求工程建设的绝对完美，应注重工程质量成本管理。一方面围绕工程质量成本的组成，对工程质量成本的各种数据进行收集、汇总、分析施工对质量的投入，判定工程质量的保证程度，平衡资源的匮乏与浪费；另一方面，在日常质量管理中，既不放松质量标准，忽视工程质量，也不提出超出质量标准的更高要求，使工程建设满足设计标准，同时降低质量成本，提高工程建设的经济效益。因此，建设项目的项目法人和监理单位，应坚持合理的、必须的质量，而不是苛求质量。

3. 在掌握质量标准时，应注意具体情况具体分析

由于各工程项目的具体条件不同，特别是水利水电工程，更各有其特性，有时很难用规范和标准“一刀切”。对于不同的工程部位，由于其重要性及对后续工程的影响不同，因此在掌握质量标准时，要做具体的分析，也不宜将合同条款和技术规范，千篇一律地到处生搬硬套。对于关键部位、关键工序，必须坚持质量标准；对非关键部位、非关键工序，经过验证，在不影响工程的使用功能和安全等特性的情况下，为了保证进度，采用适当的质量标准，也是必要的。

三、工程监理的主要依据

监理的主要依据可以概括为四个方面的内容。

（1）国家和部门制定颁发的法律、法规和有关政策。

（2）技术规范、规程和标准。这主要包括国家有关部门颁发的设计规范、技术标准、质量标准及各种施工规范、验收规程等。

（3）政府建设主管部门批准的建设文件、设计文件。

（4）依法签订的合同。这主要包括工程设计合同、工程施工承包合同、物资采购合同以及监理委托合同等。

思　考　题

单项选择题

1. 我国政府于（　　）宣布在我国实行工程监理制。

A. 1978 年 12 月　　B. 1984 年 10 月　　C. 1988 年 7 月　　D. 1989 年 7 月

2. 工程监理的实施需要（　　）。

A. 上级主管部门批准　　B. 项目法人委托和授权

C. 承包人的委托和授权　　D. 水行政主管部门批准

3. 下列各项制度中，（　　）为工程项目建设提供了科学决策机制。

A. 项目法人责任制　　B. 招标投标制

C. 工程监理制　　D. 项目咨询评估制

4. 在国家有关部门规定的基本建设程序中，各个步骤（　　）。

A. 次序可以颠倒，但不能交叉　　B. 次序不能颠倒，但可合理的交叉

C. 次序不能颠倒、交叉　　D. 次序可颠倒、交叉

5. 监理单位是工程建设活动的“第三方”意味着工程监理具有（　　）。

A. 服务性　　B. 独立性　　C. 公正性　　D. 科学性

6. 如果没有（　　），工程建设管理经验就不能积累起来，建设管理水平就难以提高。

A. 社会化　　B. 公正性　　C. 专业化　　D. 服务性

7. 如果不具有（　　），那么工程监理就难以保持公正性，难以顺利进行合同管理，难以调解项目法人与承包人之间的权益纠纷。

A. 科学性　　B. 独立性　　C. 服务性　　D. 委托性

8. 工程监理要达到的目的是（　　）实现项目目标。

A. 保证　　B. 圆满　　C. 力求　　D. 积极

9. 项目投资、质量、进度三大目标是一个（　　）的整体。

A. 对立　　B. 矛盾　　C. 一致　　D. 相互关联

10. 我国监理单位是专门为（　　）提供技术服务的单位。

A. 项目法人　　B. 承包人　　C. 项目法人和承包人

D. 所有需求单位

第二章　建设监理单位

第一节　建设监理单位概述

一、建设监理单位的概念

监理单位一般是指取得监理单位资质证书，具有法人资格的监理公司、监理事务所和兼承监理业务的工程设计、科学研究及工程建设咨询的单位。

水利工程监理单位是指受项目法人委托，依据国家有关工程建设的法律、法规、规章和批准的项目建设文件、建设工程合同以及工程监理合同，对工程建设实行管理的单位。其主要内容是进行工程建设合同管理，按照合同控制工程建设投资、工期和质量，并协调有关各方的工作关系。

大量的监理实践证明，凡是实行监理的工程项目投资效益明显，工期得到了控制，工程质量水平提高。

二、建设监理单位的性质

（一）合法性

我国现阶段的工程监理单位，必须是依法成立的单位，必须是经政府建设主管部门按法定程序进行资格审批、取得监理资格证书、确定监理范围，并向同级工商行政管理机关申请注册登记领取营业执照，才能开展工程监理业务。这就确定了监理单位的成立必须合法。从另一个方面来讲，监理单位开展业务，要依法签订监理委托合同，明确自己的权利和义务，在项目法人与承包商签订合同中也确认了监理单位的合法地位，承包商必须接受监理。这是工程监理合法的重要体现。

（二）服务性

监理单位是技术密集型的高智能服务组织，它本身不是建设产品的直接生产者或经营者，它为项目法人提供项目管理服务。监理单位拥有一批多学科、多行业、具有长期从事工程建设工作的丰富实践经验、精通技术与管理、通晓经济与法律的高层次专门人才，即监理工程师，他们通过对工程建设活动进行组织、协调、监督和控制，保证建设合同的顺利实施，达到项目法人的建设意图；在工程建设合同实施过程中，监理工程师有权监督项目法人和承包商严格遵守国家有关的建设标准和规范，贯彻国家的建设方针和政策，维护国家利益和公共利益。监理工程师的工作是服务性的，是为工程建设提供智力服务。同时，监理单位的劳动与相应的报酬是技术服务性的。监理单位与工程承包公司不同，它不参与工程承包的盈利分配，而是按其支付的脑力劳动量的大小取得相应的监理报酬。

（三）公正性

监理单位和监理工程师在工程监理中必须具备组织各方协作配合，调节各方利益，以及促使当事各方圆满履行合同中的责任和义务，保障各方合法权益等方面的职能，这就要求它必须坚持公正性。监理单位和监理工程师应当排除各种干扰，以公正的态度对待委托方和被监理方。当项目法人与承包商发生利益冲突时，监理工程师应当站在“公正的第三方”的立场上，以事实为依据，以有关的法律法规和双方所签订的工程建设合同为准绳，独立、公正地解决和处理问题。公正性是对监理行业的必然要求，是社会公认的职业准则，也是监理单位和监理工程师的基本职业道德准则。

（四）独立性

公正性是以独立性为前提的，因此，监理单位首先必须保持自己的独立性。其独立性表现在以下几个方面。

（1）监理单位在人际关系、业务关系和经济关系上必须独立，其单位和个人不得同参与工程建设的各方发生利益关系。我国《工程建设监理规定》指出，“监理单位不得承包工程，不得经营建筑材料、构配件和建筑机械、设备。”“监理工程师不得在政府机关或施工、设备制造、材料供应单位兼职，不得是施工、设备制造和材料、构配件供应单位的合伙经营者。”之所以这样规定，正是为了避免监理单位和其他单位之间的利益牵制，从而保持自己的独立性和公正性，这也是国际惯例。

（2）监理单位和项目法人是平等的合同约定关系。监理单位承担的监理任务不是由项目法人随时指定的，而是双方事先按平等协商的原则确立于监理委托合同之中的，监理单位可以不承担项目法人指定的合同以外的任务。如果实际工作中出现这种需要，双方必须通过协商，并以合同的形式对增加的工作加以确定。监理委托合同一经确定，项目法人不得干涉监理工程师的正常工作。

（3）监理单位在实施监理的过程中，是处于工程承包合同的签约双方，即项目法人和承包商之外的独立的第三方。它应以自己的名义行使监理委托合同所确定的职权，承担相应的职业道德责任和法律责任，而不是作为项目法人“代表”行使职权。否则它在法律上就变成了从属于项目法人一方，而失去自身的独立地位，从而也就失去了调解项目法人和承包商利益纠纷的合法资格。

（五）科学性

科学性是监理单位区别于其他一般服务性组织的重要特征，也是其赖以生存的重要条件。监理单位必须具有能发现并解决工程设计和施工中所存在的技术与管理等方面问题的能力，能够提供高水平的专业服务，所以它必须具有科学性。而科学性又必须以监理人员的高素质为前提。国际上称这种行业为知识密集型高智能行业，其原因也就在此。

科学性主要表现在：工程监理单位应当由组织管理能力强、工程建设经验丰富的人员担任领导；应当有足够数量的、有丰富的管理经验和应变能力的监理工程师组成的骨干队伍；要有一套健全的管理制度；要有现代化的管理手段；要掌握先进的管理理论、方法和手段；要积累足够的技术、经济资料和数据；要有科学的工作态度和严谨的工作作风，要实事求是、创造性地开展工作。

三、监理单位的地位

监理制度的实施意味着一种新型的工程建设管理体制在我国出现。这种管理体制是在政府有关部门的监督管理下，由项目业主、承建商、建设工程监理单位三方直接参加的“三元”管理体制。因此，项目业主、承建商、建设工程监理单位就构成了建筑市场的三大主体。建设工程监理单位是建筑市场的三大主体之一。

一个发育完善的市场，不仅要有具备法人资格的交易双方，而且要有协调交易双方、为交易双方提供交易服务的第三方。就建筑市场而言，业主和承建商是买卖的双方，承建商（包括工程建设的勘察、规划、设计、建筑构配件制造、施工等单位，就具体的交易活动来说，承建商可以是其中之一，也可能是指几个单位，甚至是指上述所有单位）以物的形式出卖自己的劳动，是卖方；业主以支付货币的形式购买承建商的产品，是买方。一般说来，建筑产品的买卖交易不是短时间内就可以完成的，往往经历较长的时间。交易的时间越长，阶段性交易的次数越多，买卖双方产生矛盾的概率就越高，需要协调的问题就越多；同时，建筑市场中交易活动的专业技术性都很强，没有相当高的专业技术水平，就难以圆满地完成建筑市场中的交易活动。随着市场经济体制的建立，交易的范围越来越广，交易活动的科学性越来越强，交易活动的技巧越来越高，中介服务组织便应运而生，成为为交易活动提供服务的新生媒体。在建筑市场，监理单位就是这种媒体的主要代表，是介于业主和承建商之间的第三方，为促进业主和承建商顺利开展交易活动而提供技术服务。总之，业主、监理单位和承建商构成了建筑市场的基本支柱，三者缺一不可。

四、水利工程监理的范围

依据《水利工程建设监理规定》的规定：“在我国境内的大中型水利工程建设项目，必须实施监理，小型水利工程应根据具体情况逐步实施工程监理”。这里所指的水利工程包括由中央和地方独资和合资、企事业单位投资以及其他投资方式（包括外商独资、中外合资等）兴建的防洪、除涝、灌溉、发电、供水、围垦、水资源保护等水利工程（包括新建、扩建、改建、加固、修复）以及配套和附属工程。

我国规定外商独资兴建的水利工程项目，需要委托国外监理单位承担工程监理业务时，必须遵守我国的法律、法规，接受我国水行政主管部门的管理与监督。中外合资兴建的水利工程项目，应当委托我国水利工程监理单位进行监理。国外贷款和赠款兴建的水利工程项目，应由我国水利工程监理单位进行监理。国内投资的建设项目必须由我国的监理单位承担监理任务，但一些重点工程的重要部位，也可聘请国外知名监理公司参与工程监理。如近年来，国内少数基础设施暴露出令人震惊的质量问题，如何保证工程质量成为我国政府面临的重大难题。1998 年国务院朱镕基总理考察三峡工程时提出，对于工程的某些重要部位，可以聘请国外知名监理公司参与工程监理。1999 年 5 月，中国长江三峡工程开发总公司聘请美国阿肯森公司对混凝土浇筑进行咨询和监理。同时，还与法国电力公司、法国技术监督局组成的联营体签署合同，聘请其专家对首批 14 台发电机组的生产进行质量监督，这在我国的大型工程建设中还是首次。5 名外国监理人员的月薪相当于 500 名中国监理的月薪。

对于重点水利水电工程的重要设备，按照《水利水电设备监造规定（试行）》的规定应实行设备监理制度。

第二节 监理单位的类别和资质等级标准

一、监理单位的类别

监理单位是一种企业，企业是实行独立核算、从事营利性经营和服务活动的经济组织。不同的企业有不同的性质和特点。根据不同的标准可将监理单位划分成不同的类别。

（一）按所有制性质分

1. 全民所有制企业

全民所有制企业是依法自主经营、自负盈亏、独立核算的社会主义商品生产和经营单位。目前我国的监理单位大多数为全民所有制企业。

2. 集体所有制企业

集体所有制企业是以生产资料的劳动群众集体所有制为基础的独立的商品经济组织，可分为城镇集体所有制企业和乡村集体所有制企业两种。

我国有关法规允许成立集体所有制的监理单位，近几年来申请设立这类经济性质的监理单位逐渐增多。

3. 私营企业

私营企业是指企业资产归私人所有、雇工 8 人以上的营利性经济组织（雇工 8 人以下的称为个体工商户，不能称为企业）。私营企业分为独资企业、合伙企业、有限责任公司。

在国外，私营企业比较普遍。现阶段，我国私营性质的监理单位所占比重较小。

4. 混合所有制企业

混合所有制企业是指资产由不同所有制成分构成的企业。

（二）按组建方式分

1. 独资企业

独资企业是指一家投资经营的企业，可分为国内独资企业和国外独资企业。

2. 合伙企业（合营企业）

合伙企业是指两家以上共同投资、共同经营、共负盈亏的企业，可分为合资企业和合作企业。

合资企业是现阶段经济体制形态下的产物，合资各方按照投入资金的多少或者按照约定的投资章程的规定对企业承担一定的责任，同时享有相应的权利。它包括国内合资和国外合资。合资单位一般为两家，也有多家合资的。

合作企业由两家或多家企业以独立法人的方式按照约定的合作章程组成，且必须经工商行政管理局注册。合作各方以独立法人的资格享有民事权利，承担民事责任，两家或多家监理单位仅合作监理而不注册者不构成合作监理单位。

3. 公司

公司是指依照《中华人民共和国公司法》设立的营利性社团法人，可分为有限责任公司和股份有限责任公司。

（1）有限责任公司。有限责任公司是指由一定人数的股东组成的，股东以其出资额为限对公司承担责任、公司以其全部资产对公司的债务承担责任的公司。

（2）股份有限公司。股份有限公司是指由一定人数以上的股东组成，公司全部资本分为等额股份，股东以其所持股份为限对公司承担责任，公司以其全部资产对公司的债务承担责任的公司。

（三）按经济责任划分的类别

1. 有限责任公司

有限责任公司的股东都是只以其对公司的出资额为限来对公司承担责任。公司只是以其全部资产来承担公司的债务，股东对超出公司全部资产的债务不承担责任。

2. 无限责任公司

无限责任公司在民事责任中承担无限责任。即无论资本金多少，在民事责任中承担应担负的经济责任。

（四）按监理企业资质等级划分的类别

监理单位资质，是指从事监理业务应当具备的人员素质、资金数量、专业技能、管理水平及管理业绩等。监理单位资质分为甲级、乙级、丙级。据此，监理单位可分为：甲级资质监理单位、乙级资质监理单位和丙级资质监理单位。

（五）按专业类别分

目前，我国的工程类别按大专业来分有10多种，如果按小专业细分，有近50种。依照通行的做法，按大专业来分，一般有土木工程专业、铁道专业、石油化工专业、冶金专业、煤炭矿山专业、水利水电专业、火电专业、港口及航道专业、电气自动化专业、机械设备制造专业、地质勘测专业、航天航空专业、核工业专业和邮电通信专业等。其中水利水电专业的监理工作分为水利工程施工监理、水土保持工程施工监理、机电及金属结构设备制造监理和水利工程建设环境保护监理。

二、水利工程监理单位的资质管理

（一）工程监理单位资质的内涵

监理单位的资质，主要体现在监理能力及其监理效果上。所谓监理能力，是指所监理项目的规模及复杂程度。所谓监理效果，是指对工程建设项目实施监理后，在工程建设投资控制、工程建设质量控制、工程建设进度控制等方面取得的成果。监理单位监理的“大”、“难”的工程项目数量越多，成效越大，表明其资质越高。资质高的监理单位，其社会知名度也大，取得的监理成效也会越显赫。

监理单位的监理能力和监理效果主要取决于：监理人员素质、专业配套能力、技术装备、监理经历和管理水平等。正因为如此，我国工程监理的有关规章规定，按照这些要素的状况来划分与审定监理单位的资质等级。

（二）资质管理的内容

1. 监理人员素质

监理人员要具备较高的工程技术或经济专业知识。监理单位的监理人员应有较高的学历，一般应为大专以上学历，且应以本科以上学历者为大多数。

一个人如果没有较高的专业技术水平，就难以胜任监理工作。作为一个群体，哪个监理单位的人员素质高，它的监理能力就强，取得较好监理成效的概率就大。因此，监理单位必须加强人力资源管理，把如何培养、吸引高素质的监理人才提升到企业发展战略高度。

技术职称方面，监理单位拥有中级以上专业技术职称的人员应在70%左右，具有初级专业技术职称的人员应在20%左右，其他人员应在10%以下。

每一个监理人员不仅要具备某一专业技能，而且还要掌握与自己本专业相关的其他专业方面的知识，以及经营管理方面的基本知识，成为一专多能的复合型人才。

2. 专业配套能力

水利水电工程建设工艺十分复杂，涉及的学科知识相当广泛，需要多个专业的人员共同努力进行建设，需要配备建筑、结构、地质、水工、水利水电机械设备、工业电力、电气、给水排水、供暖、测量、工程经济等专业人员。

一个监理单位按照它所从事的监理业务范围的要求，配备的专业监理人员是否齐全，在很大程度上决定了它的监理能力的强弱。专业监理人员配备齐全，每个监理人员的素质又好，那么，这个监理单位的整体素质就高。如果一个监理单位在某一方面缺少专业监理人员，或者某一方面的专业监理人员素质很低，那么，这个监理单位就不能从事相应专业的监理工作。根据所承担的监理项目业务的要求，配备专业齐全的监理人员，这是专业配套能力的起码要求。

当然，一个监理单位要配齐能适应各类工程项目建设的专业人员是不可能的。即使规模较大的甲级资质监理单位，也不可能包容各类专业的监理人员。鉴于此，对甲级资质的监理单位，也限定了监理业务范围。另外，即使在册的人员中专业配备比较齐全，但在具体监理业务中，也还会发生某个专业的监理人员满足不了工作需要的现象。因此，可以短期或长期聘用一些专家；或就某项监理业务的需要，而临时聘用；或与其他监理单位订立合作监理协议；或者根据专业的需要和业务量大小的变化，与其他监理单位建立具有弹性变化的联营关系，以求解决专业配套能力不足的问题。随着市场经济体制的建立和完善，这些形式会更广泛、更科学地得到应用。

3. 监理单位的技术装备

在科学发达的今天，如果没有较先进的技术装备辅助管理，就不能称其为科学管理，甚至谈不上管理。何况，工程监理还不单是一种管理工作，还是一项有必要的验证性的、具体的工程建设实施行为。

监理单位应当拥有一定数量的检测、测量、交通、通信、计算等方面的技术装备。例如应有一定数量的计算机，以用于计算机辅助监理；应有一定的测量、检测仪器，以用于监理中的检查、检测工作；对某些关键部位结构设计或工艺设计的复核验算，运用高精度的测量仪器对建筑物方位的复核测定，使用先进的无损探伤设备对焊接质量的复核检验等，借此做出科学的判断，加强对工程建设的监督管理。应有一定数量的交通、通信设备，以便于高效率地开展监理活动；拥有一定的照相、录像设备，以便及时、真实地记录工程实况等。

监理单位用于工程项目监理的大量设施、设备可由项目法人方提供（监理合同附录中列出），或由有关检测单位代为检查、检测。

4. 监理单位的管理水平

管理是一门科学。对于企业来说，管理包括组织管理、人事管理、财务管理、设备管理、生产经营管理、科技管理以及档案文书管理等多方面内容。监理单位的管理也都涉及上述各项内容。

一个单位、一个企业管理的好坏，领导的素质（包括领导者本身的技术水平、领导者的品德和作风、领导艺术和领导方法等）高低至关重要。不难设想，一个没有一定专业技术能力的领导，或是一个品行不端、独断专行，或者没有领导方法，不懂领导艺术的领导能把一个企业管理好。另外，管理工作说到底是一种法制，即制定并严格执行科学的规章制度，靠法规制度进行管理，而不是单靠一两个领导进行管理。所以，考察一个单位管理工作的优劣，一是要考察其领导者的能力；二是要侧重考察其规章制度的建立和贯彻情况。一般情况下，监理单位应建立以下几种管理制度：

（1）组织管理制度，包括关于机构设置和各种机构职能划分、职责确定的规定以及组织发展规划等。

（2）人事管理制度，包括职员录用制度、职员培训制度、职员晋升制度、工资分配制度、奖励制度等激励机制。

（3）财务管理制度，包括资产管理制度、财务计划管理、投资管理、资金管理制度、财务审计管理制度等。

（4）生产经营管理制度，包括企业的经营规划（经营目标、方针、战略、对策等）、工程项目监理机构的运行办法、各项监理工作的标准及检查评定办法、生产统计办法等。

（5）设备管理制度，包括设备的购置办法，设备的使用、保养规定等。

（6）科技管理制度，包括科技开发规划、科技成果评审办法、科技成果汇编和推广应用办法等。

（7）档案文书管理制度等，包括档案的整理和保管制度，文件和资料的使用管理办法等。

另外，还有会议制度，工作报告制度，党、团、工会工作制度等。

一个管理水平高的监理单位，不单是领导能力强、管理制度健全，各项制度能得到很好的贯彻落实，达到人尽其才、物尽其用、成效突出，而且还孕育着蓬勃发展的巨大动力。

5. 监理单位的经历和成效

监理单位的经历是指监理单位成立之后，从事监理工作的历程。一般情况下，监理单位从事监理工作的年限越长，监理的工程项目就可能越多，监理的成效就会越大，监理的经验也会越丰富。而刚成立不久的监理单位，由于其从事监理活动的经历短、实践少、资历浅、经验也不会太多，其资质高低也就难以评定。尤其是在建设领域，一年、两年的监理经历，往往完不成稍大一点的工程建设项目。工程没有竣工，投资问题、质量问题、工期问题等都没有最后定论，对监理工作也难评出优劣。所以，有关法规规定，对刚成立的监理单位不定资质等级，有了两年的工作经历以后，才可以申请定级。显然，监理经历是确定监理单位资质的重要因素之一。

一般情况下，监理成效是一个监理单位人员素质、专业配套能力、技术装备状况和管理水平以及监理经历的综合反映。同时，监理的工程规模越大，技术难度越大，监理成效就越显著，就说明监理单位的资质越高。

此外，监理单位还要有起码的经济实力，即要有一定数额的注册资金。

三、水利工程监理的资格等级标准和业务范围

水利监理单位资质分为水利工程施工监理、水土保持工程施工监理、机电及金属结构设备制造监理和水利工程建设环境保护监理四个专业。其中，水利工程施工监理专业资质和水土保持工程施工监理专业资质分为甲级、乙级和丙级三个等级，机电及金属结构设备制造监理专业资质分为甲级、乙级两个等级，水利工程建设环境保护监理专业资质暂不分级。

（一）甲级监理单位资质条件

（1）具有健全的组织机构、完善的组织章程和管理制度。技术负责人具有高级专业技术职称，并取得总监理工程师岗位证书。

（2）专业技术人员。监理工程师以及其中具有高级专业技术职称的人员、总监理工程师，均不少于如表 2-1 所示规定的人数。水利工程造价工程师不少于 3 人。

（3）具有五年以上水利工程建设监理经历，且近三年监理业绩分别为：

1）申请水利工程施工监理专业资质，应当承担过（含正在承担，下同）1 项Ⅱ等水利枢纽工程，或者 2 项Ⅱ等（堤防 2 级）其他水利工程的施工监理业务；该专业资质许可的监理范围内的近三年累计合同额不少于 600 万元。

承担过水利枢纽工程中的挡、泄、导流、发电工程之一的，可视为承担过水利枢纽工程。

2）申请水土保持工程施工监理专业资质，应当承担过 2 项Ⅱ等水土保持工程的施工监理业务；该专业资质许可的监理范围内的近三年累计合同额不少于 350 万元。

3）申请机电及金属结构设备制造监理专业资质，应当承担过 4 项中型机电及金属结构设备制造监理业务；该专业资质许可的监理范围内的近三年累计合同额不少于 300 万元。

（4）能运用先进技术和科学管理方法完成建设监理任务。

（5）注册资金不少于 200 万元。

（二）乙级监理单位资质条件

（1）具有健全的组织机构、完善的组织章程和管理制度。技术负责人具有高级专业技术职称，并取得总监理工程师岗位证书。

（2）专业技术人员。监理工程师以及其中具有高级专业技术职称的人员、总监理工程师，均不少于如表 2-1 所示规定的人数。水利工程造价工程师不少于 2 人。

（3）具有三年以上水利工程建设监理经历，且近三年监理业绩分别为：

1）申请水利工程施工监理专业资质，应当承担过 3 项Ⅲ等（堤防 3 级）水利工程的施工监理业务；该专业资质许可的监理范围内的近三年累计合同额不少于 400 万元。

2）申请水土保持工程施工监理专业资质，应当承担过 4 项Ⅲ等水土保持工程的施工监理业务；该专业资质许可的监理范围内的近三年累计合同额不少于 200 万元。

（4）能运用先进技术和科学管理方法完成建设监理任务。

（5）注册资金不少于 100 万元。

首次申请机电及金属结构设备制造监理专业乙级资质，只需满足第 1、2、4、5 项；

申请重新认定、延续或者核定机电及金属结构设备制造监理专业乙级资质，还须该专业资质许可的监理范围内的近三年年均监理合同额不少于30万元。

（三）丙级和不定级监理单位资质条件

（1）具有健全的组织机构、完善的组织章程和管理制度。技术负责人具有高级专业技术职称，并取得总监理工程师岗位证书。

（2）专业技术人员。监理工程师以及其中具有高级专业技术职称的人员、总监理工程师，均不少于如表2-1所示规定的人数。水利工程造价工程师不少于1人。

（3）能运用先进技术和科学管理方法完成建设监理任务。

（4）注册资金不少于50万元。

申请重新认定、延续或者核定丙级（或者不定级）监理单位资质，还须专业资质许可的监理范围内的近三年年均监理合同额不少于30万元。

表2-1　各专业资质等级配备监理工程师一览表

监理单位资质等级	水利工程施工监理专业资质			水土保持工程施工监理专业资质		
	监理工程师	其中高级职称人员	其中总监理工程师	监理工程师	其中高级职称人员	其中总监理工程师
甲级	40	8	7	25	5	4
乙级	25	5	3	15	3	2
丙级	10	3	1	10	3	1
监理单位资质等级	机电及金属结构设备制造监理专业资质			水利工程建设环境保护监理专业资质		
	监理工程师	其中高级职称人员	其中总监理工程师	监理工程师	其中高级职称人员	其中总监理工程师
甲级	25	5	4	—	—	—
乙级	12	3	2	—	—	—
丙级	10	3	1	—	—	—
不定级	—	—	—	10	3	1

注　1. 监理工程师的监理专业必须为各专业资质要求的相关专业。
2. 具有两个以上不同类别监理专业的监理工程师，监理单位申请不同专业资质等级时可分别计算人数。

（四）各专业资质等级可以承担的业务范围

1. 水利工程施工监理专业资质

甲级可以承担各等级水利工程的施工监理业务。

乙级可以承担Ⅱ等（堤防2级）以下各等级水利工程的施工监理业务。

丙级可以承担Ⅲ等（堤防3级）以下各等级水利工程的施工监理业务。

适用本办法的水利工程等级划分标准按照《水利水电工程等级划分及洪水标准》（SL 252—2000）执行。

2. 水土保持工程施工监理专业资质

甲级可以承担各等级水土保持工程的施工监理业务。

乙级可以承担Ⅱ等以下各等级水土保持工程的施工监理业务。

丙级可以承担Ⅲ等水土保持工程的施工监理业务。

同时具备水利工程施工监理专业资质和乙级以上水土保持工程施工监理专业资质的，方可承担淤地坝中的骨干坝施工监理业务。

3. 机电及金属结构设备制造监理专业资质

甲级可以承担水利工程中的各类型机电及金属结构设备制造监理业务。

乙级可以承担水利工程中的中、小型机电及金属结构设备制造监理业务。

4. 水利工程建设环境保护监理专业资质

可以承担各类各等级水利工程建设环境保护监理业务。

第三节　建设监理企业与工程建设各方的关系

一、监理企业与业主方的关系

业主与监理企业这两类法人之间是一种平等的关系，是一种委托与被委托、授权与被授权的关系，更是相互依存、相互促进、共兴共荣的紧密关系。

（一）业主与监理企业之间是平等的关系

业主和监理企业都是建筑市场中的主体，不分主次，自然应当是平等的。这种平等的关系主要体现在双方在经济社会中的地位和工作关系两个方面。第一，都是市场经济中独立的企业法人。不同行业的企业法人，只有经营的性质不同、业务范围不同，而没有主仆之别。即使是同一行业，各独立的企业法人之间（分公司除外），也只有大小之别、经营种类的不同，不存在从属关系。第二，它们都是建筑市场中的主体，都是因为工程建设而走到一起的。业主为了更好地搞好自己担负的工程项目建设，而委托监理企业替自己负责一些具体的事项。业主与监理企业之间是一种委托与被委托的关系。业主可以委托甲监理企业，也可以委托乙监理企业。同样，监理企业可以接受委托；也可以不接受委托；委托与被委托的关系建立后，双方只是按照约定的条款，各尽各的义务，各行使各自的权力，各取得各自应得到的利益。所以说，两者在工作关系上仅维系在委托与被委托的水准上。监理企业仅按照委托的要求开展工作，对业主负责，并不受业主的领导。业主对监理企业的人力、财力、物力等方面没有任何支配权、管理权。如果二者之间的委托与被委托关系不成立，那么，就不存在任何联系。

（二）业主与监理企业之间是一种授权与被授权关系

监理企业接受委托之后，业主就把部分工程项目建设的管理权力授予监理企业。诸如工程建设的组织协调工作的主持权、设计质量和施工质量及建筑材料与设备质量的确认权与否决权、工程量与工程价款支付的确认权与否决权、工程建设进度和建设工期的确认权与否决权，以及围绕工程项目建设的各种建议权等。业主往往留有工程建设规模和建设标准的决定权、对承建商的选定权、与承建商订立合同的签认权，以及工程竣工后或分阶段的验收权等。

监理企业根据业主的授权开展工作，在工程建设的具体实践活动中居于相当重要的地位，但是，监理企业毕竟不是业主的代理人。按照《中华人民共和国民法通则》的界定，“代理人”的含义是：“代理人在代理权限内，以被代理人的名义实施民事法律行为”，“被代理人对代理人的代理行为承担民事责任”。

监理企业既不是以业主的名义开展监理活动，也不能让业主对自己的监理行为承担任何民事责任。显然，监理企业不是业主的代理人。

（三）业主与监理企业之间是经济合同关系

业主与监理企业之间的委托与被委托关系确立后，双方订立合同，即建设工程监理合同。合同一经双方签订，这宗交易就意味着成立。业主是买方，监理企业是卖方，即业主出钱购买监理企业的智力劳动。如果有一方不接受对方的要求，对方又不肯退让，或者有一方不按双方的约定履行自己的承诺，那么，这宗交易活动就不能成交。这也就是说，双方都有自己经济利益的需求，监理企业不会无偿地为业主提供服务，业主也不会对监理企业施舍。双方的经济利益及各自的职责和义务都体现在签订的监理合同中；但是，建设工程监理合同毕竟与其他经济合同不同。这是由监理企业在建筑市场中的特殊地位所决定的。众所周知，业主、监理企业、承建商是建筑市场三元结构的三大主体。业主发包工程建设业务，承建商承接工程建设业务。在这项交易活动中，业主向承建商购买建筑商品（或阶段性建筑产品）。买方总是想少花钱而买到好商品，卖方总想在销售商品中获得较高的利润。监理企业的责任则是既帮助业主购买到合适的建筑商品，又要维护承建商的合法权益。或者说，监理企业与业主签订的监理合同，不仅表明监理企业要为业主提供高智能服务，维护业主的合法权益，而且也表明监理企业有责任维护承建商的合法权益。这在其他经济合同中是难以找到的条款。可见，监理企业在建筑市场的交易活动中处于建筑商品买卖双方之间，起着维系公平交易、等价交换的制衡作用。因此，不能把监理企业单纯地看成是业主利益的代表。

二、监理企业与承建商的关系

这里所说的承建商，不单是指施工企业，而是包括承接工程项目规划的规划单位、承接工程勘察的勘察单位、承接工程设计业务的设计单位、承接工程施工的施工单位，以及承接工程设备、工程构件和配件的加工制造单位在内的大概念，也就是说，凡是承接工程建设业务的单位，相对于业主来说，都叫做承建商。

监理企业与承建商之间没有订立经济合同，但是，由于同处于建筑市场之中，所以，二者之间也有着多种紧密的关系。

（一）监理企业与承建商之间是平等关系

如前所述，承建商也是建筑市场的主体之一。没有承建商，也就没有建筑产品。没有了卖方，买方也就不存在。但是，像业主一样，承建商是建筑市场的重要主体，并不等于他应当凌驾于其他主体之上。既然都是建筑市场的主体，那么，就应该是平等的。这种平等的关系，主要体现在都是为了完成工程建设任务而承担一定的责任。双方承担的具体责任虽然不同，但在性质上都属于“出卖产品”的一方，即相对于业主来说，二者的角色、地位是一样的。无论是监理企业，还是承建商都是在工程建设的法规、规章、规范、标准等条款的制约下开展工作的。二者之间不存在领导与被领导的关系。

（二）监理企业与承建商之间是监理与被监理的关系

虽然监理企业与承建商之间没有签订任何经济合同，但是，监理企业与业主签订有委托监理合同，承建商与业主签订有工程建设承发包合同。监理企业依据业主的授权，就有了监督管理承建商履行工程建设承发包合同的权利和义务。承建商不再与业主直接交往，而转向与监理企业直接联系，并接受监理企业对自己进行工程建设活动的监督管理。监理企业受业主的委托，替代业主管理工程建设，同时，它又要公正地监督业主与承建商签订的工程建设合同。

第四节 监理单位的设立和经营管理

一、水利工程监理单位的设立

申请设立水利工程监理单位，必须先向水行政主管部门提出申请，取得资格证书，确定监理范围，再向工商行政管理机关申请注册登记，领取营业执照。兼承监理业务的单位，也必须先向水行政主管部门提出申请，取得监理资格证书，才能开展水利工程监理业务。

（一）设立监理单位

1. 设立监理单位的基本条件

（1）有自己的名称和固定的办公场所。

（2）有自己的组织机构。如领导机构、财务机构、技术机构等，有一定数量的专门从事监理工作的工程经济、技术人员，而且专业基本配套、技术人员数量和职称符合要求。

（3）有符合国家规定的注册资金。

（4）有监理单位的章程。

（5）有主管单位的，要有主管单位同意设立监理单位的批准文件。

（6）拟从事监理工作的人员中，有一定数量的人已取得国家水行政主管部门颁发的《监理工程师资格证书》，并有一定数量的人取得了监理培训结业合格证书。

2. 提出申请

符合以上条件的单位，可填写《水利工程建设监理单位资格申请书》。申请书包括以下内容：

（1）监理单位的名称和地址。

（2）法人代表或负责人的姓名、年龄、文化程度、专业、职称和简历。

（3）技术负责人的姓名、年龄、文化程度、专业、职称和简历。

（4）监理工程师一览表，内容包括：姓名、年龄、文化程度、专业、职称和简历，并附资格证书复印件。

（5）监理单位的所有制性质。

（6）拟申请的监理业务范围，资格等级。

（二）设立工程监理股份有限责任公司

1. 设立工程监理股份有限责任公司的条件

设立工程监理股份有限责任公司，除应符合设立监理单位的基本条件外，还必须同时符合下列条件：

（1）发起人数符合法定人数。

（2）股份发行、筹办事项符合法律规定。

（3）按照组建股份有限公司的要求组建机构。

2. 设立工程监理有限责任公司的有关事项

设立工程监理有限责任公司，除应符合设立监理单位的基本条件外，还必须同时符合下列条件：

(1) 股东数量符合法定人数。

(2) 有限责任公司名称中必须标有有限责任公司字样。

(3) 有限责任公司的内部组织机构必须符合有限责任公司的要求。其权力机构为股东代表大会，经营决策和业务执行机构为董事会，监督机构为监事会或监事。

(三) 设立监理单位的申报与审批程序

设立监理单位的申报、审批程序一般分为两步。

1. 向工商行政管理机关申请登记注册取得企业法人营业执照

工商行政管理部门对申请登记注册监理单位的审查，主要是按企业法人应具备的条件进行审查。经审查合格者，给予登记注册，并填发企业法人营业执照。监理单位营业执照的签发日期为监理单位的成立日期。

登记注册是对法人成立的确认。没有获准登记注册的，不得以申请登记注册的法人名称进行经营活动。

2. 到水行政主管部门办理资质申请手续

水行政主管部门按行政许可流程对具备条件的申请单位审核，核定其监理业务范围和资格等级，发给资格等级证书。新成立或刚开始开展业务的，只能发给临时资格证书，在有了一定的监理业绩后才能正式定级；监理单位在领取资格等级证书后，需向工商行政管理机关申请登记注册，经核准登记注册后，即可以从事监理工作。一般监理单位的资格等级每三年核定一次，凡达到上一级资格等级标准的可申请升级，复核不合格的应予以降级。

二、水利工程监理单位的管理

水行政主管部门负责水利工程监理单位的管理工作。

(一) 水利工程监理单位的审查

水利工程监理单位资格等级每两年复查一次。甲级监理单位及水利部直属监理单位资格等级的复查工作由水利部负责。乙、丙级监理单位资格等级的复查工作由各流域机构，省、自治区、直辖市水利（水电）厅（局）负责，复查结果报水利部备案。

(二) 水利工程监理单位的升级和降级

凡执业成绩优异，获得良好社会信誉，经审查达到上级资格等级的监理单位，可按《水利工程监理单位管理办法》第五条规定和第十一条规定办理升级手续；凡复查时被核定降级的监理单位，由水利部收缴原资格证书，并核发新的资格证书。

申请升级和被核定降级时，须报送以下材料：

(1) 资格升级申请报告或资格降级鉴定报告。

(2) 原《水利工程建设监理单位资格等级证书》和《营业执照》副本。

(3) 法人代表和技术负责人的有关证明。

(4)《水利工程建设监理单位监理业务手册》。

(5) 其他有关证明文件。

（三）水利工程监理单位的分立、合并和终止

监理单位分立或合并，应向水利部交回《水利工程建设监理单位资格等级证书》和《水利工程建设监理单位监理业务手册》，经重新审查核定资格等级，取得相应的《水利工程建设监理单位资格等级证书》后，方可从事监理业务。

监理单位名称或法人代表、技术负责人变更，需到水利部办理变更手续。

监理单位终止监理业务，应报水利部备案并交回《水利工程建设监理单位资格等级证书》和《水利工程建设监理单位业务手册》。

三、监理单位的经营活动基本准则

监理单位从事建设工程监理活动，应当遵循“守法、诚信、公正、科学”的准则。

（一）守法

守法，这是任何一个具有民事行为能力的企业或个人最起码的行为准则，对于监理单位的守法，就是要依法经营。

(1) 监理单位只能在核定的业务范围内开展经营活动。这里所说的核定的业务范围，是指监理单位资质证书中填写的、经建设监理资质管理部门审查确认的经营业务范围。核定的业务范围有两层内容：一是监理业务的性质；二是监理业务的等级。监理业务的性质是指可以监理什么专业的工程。如以建筑学专业和一般结构专业人员为主组成的监理单位，则只能监理一般工业与民用建筑的工程项目的建设；以冶金类专业人员组建的监理单位，则只能监理冶金工程项目的建设。除了建设监理工作之外，根据监理单位的申请和能力，还可以核定其开展某些技术咨询服务。核定的技术咨询服务项目也要写入经营业务范围。核定的经营业务范围以外的任何业务，监理单位不得承接。否则，就是违法经营。第二层意思是指要按照核定的监理资质等级承接监理业务。如甲级资质监理单位可以承接一等、二等、三等工程项目的建设监理业务；丙级资质的监理单位，一般情况下，只能承接三等工程项目的建设监理业务。

(2) 监理单位不得伪造、涂改、出租、出借、转让、出卖《资质等级证书》。

(3) 建设工程监理合同一经双方签订，即具有一定的法律约束力（违背国家法律、法规的合同，即无效合同除外）监理单位应按照合同的规定认真履行，不得无故或故意违背自己的承诺。

(4) 监理单位离开原住所承接监理业务，要自觉遵守当地人民政府颁发的监理法规和有关规定，并要主动向监理工程所在地的省、自治区、直辖市建设行政主管部门备案登记，接受其指导和监督管理。

(5) 遵守国家关于单位法人的其他法律、法规的规定，包括行政的、经济的和技术的。

（二）诚信

所谓诚信，简单地讲就是诚实、讲信用。它是考核单位信誉的核心内容。监理单位向业主、向社会提供的是技术服务，是看不见、摸不着的无形产品。尽管它最终由建筑产品体现出来，但是，如果监理单位提供的技术服务有问题，就会造成不可挽回的损失。何况，技术服务水平的高低弹性很大。例如对工程建设投资或质量的控制，都涉及工程建设的各个环节的各个方面。一个高水平的监理单位可以运用自己的高智能，最大限度地把投

资控制和质量控制搞好。该监理单位可以以低水准的要求，把工作做得勉强能交待过去，这就是不诚信，没有为业主提供与其监理水平相适应的技术服务；或者本来没有较高的监理能力，却在竞争承揽监理业务时，有意夸大自己的能力；或者借故不认真履行监理合同规定的义务和职责等，这些都是不讲诚信的行为。

监理单位、甚至每一个监理人员能否做到诚信，都会对自己和单位的声誉带来很大影响，甚至会影响到监理事业的发展。所以，诚信是监理单位经营活动基本准则的重要内容之一。

（三）公正

公正，主要是指监理单位在协调处理业主与承包商之间的矛盾和纠纷时，要站在公正的立场上，做到“一碗水端平”，是谁的责任，就由谁承担；该维护谁的权益，就维护谁的权益，决不能因为监理单位是受业主的委托进行监理，就偏袒业主。

（四）科学

科学，是指监理单位的监理活动要依据科学的方案，要运用科学的手段，要采取科学的方法。工程项目结束后，还要进行科学的总结。

科学的方案，就是在实施监理前，要尽可能地把各种问题都列出来，并拟定解决办法，使各项监理活动都纳入计划管理的轨道。要集思广益，充分运用已有的经验和智能，制定出切实可行、行之有效的监理方案，指导监理活动顺利地进行。

科学的手段，就是必须借助于先进的科学仪器才能做好监理工作，如已普遍使用的计算机，各种检测、试验仪器等。单凭人的感官直接进行监理，这是最原始的监理手段。

科学的方法，主要体现在监理人员在掌握大量的、确凿的有关监理对象及其外部环境实际情况的基础上，适时、公正、高效地处理有关问题，要用“事实说话”、“用书面文字说话”、“用数据说话”，利用计算机辅助进行监理等。

第五节 监理单位的选择

一、监理企业的选择要点

在选择监理企业时，主要应考虑以下问题。

1. 监理经验

主要包括对一般工程项目的实际经验和对特殊工程项目的经验。最有效的核验办法就是要求监理企业提供以往所承担工程项目一览表及其实际监理效果。

2. 专业技能

主要表现在各类技术、管理人员专业构成及等级构成上，具有的工作设施与手段，以及工作经验等。

3. 工作人员

拟选择的监理单位是否有足够的可以胜任的工作人员。

4. 监理工作计划

拟选择的建设监理企业对于工程项目的组织和管理是否有具体的切实有效的建议计划，对于在规定的工期和概算成本之内保证完成任务，是否有详细完成任务的措施。

5. 理解能力

建设单位根据与各监理公司的面谈，来判断每个公司及其人员对于自己的要求是否能显示出良好的理解力。

6. 声誉

在科学、诚实、公正方面是否有良好的声誉。

7. 对项目所在地或所在国的了解

拟选择的建设监理企业对委托项目所在地或所在国家的条件和情况是否了解和熟悉，是否有在该地区的工作经历等。

8. 专业名望

建设监理企业在专业方面的名望、地位，在以往服务的工程项目中的信誉等，这些都是建设单位应考虑的因素。

二、选择监理单位应注意的事项

选择监理单位应注意以下事项。

(1) 对于大中型水利水电建设工程主体项目应采取公开竞争性招标方式选择监理单位，宜选择国内监理实力比较强、信誉度高，且是知名品牌的监理单位。如果采取议标方式选择监理单位或自行监理，最好是工程建设前期项目或交通道路等辅助工程。

(2) 选择监理单位时，监理单位的监理实力、投入本建设工程监理项目的人力资源状况、总监理工程师的综合素质等是主要考虑因素，建议将监理合同费用列为次要考虑因素。

(3) 在签订监理合同时，应将监理工作绩效考核列入监理合同管理内容之中，并要有明确的奖励与处罚条件，以充分调动监理单位及其监理人员的积极性。

(4) 对监理单位的选择及其监理人员的配备要求，必须结合工程建设管理单位的管理人员配备、管理体制，以及工程项目实际情况等综合因素进行考虑。如果工程建设管理单位管理人员少，可以实现“小业主，大监理”模式，要求监理单位承担较多的责任和义务，同时赋予相应的权力；如果工程建设管理单位管理实力比较强，可以适当减弱监理单位建设工程目标控制的责任，降低对监理单位监理实力的要求。

三、监理企业的选择方式

按照市场经济体制的观念，业主把监理业务委托给哪个监理企业是业主的自由，监理企业愿意接受哪个业主的监理委托是监理企业的权力。

监理企业承揽监理业务的表现形式有两种：一是通过投标竞争取得监理业务；二是由业主直接委托取得监理业务。

通过投标竞争取得监理业务，这是市场经济体制下比较普遍的形式。我国有关法规也规定：业主一般通过招标投标的方式择优选择监理企业。这里使用“一般”二字有两层含义：一方面说明业主通过招标的方式选择监理企业，也就是监理企业通过投标竞争的形式取得监理业务是方向，是发展的大趋势，或者说是一种普遍的企业行为。另一方面，也蕴涵着在特定的条件下，业主可以不采用招标的形式而把监理业务直接委托给监理企业。在不宜公开招标的机密工程或没有投标竞争对手的情况下，或者是工程规模比较小、比较单一的监理业务，或者是对原监理企业的续用等情况下，业主都可以直接委托监理企业。无论是通过投标承揽监理业务，还是由业主直接委托取得监理业务，都有一个共同的前提，即监理企业的资质能力和社会信誉得到业主的认可。从这个意义上讲，市场经济发展到一定程度，企业的信誉比较稳固的情况下，业主直接委托监理企业承担监理业务的做法会有所增加。

思 考 题

1. 试述建设监理单位的概念与地位。
2. 试述建设监理单位的类别。
3. 简述设立监理单位的基本条件。
4. 监理单位经营活动的基本准则是什么？
5. 试述监理单位与业主、承包商的关系。
6. 选择监理单位应注意的问题？

第三章　监 理 工 程 师

第一节　监理工程师的概念与素质要求

一、监理工程师的概念

监理工程师是指经过专门培训并经全国统一考试合格后取得监理工程师资格证书并经注册且从事监理业务的人员。它包含三层含义：第一，他是从事工程监理工作的人员；第二，已取得国家确认的《监理工程师资格证书》；第三，经省、自治区、直辖市建委（建设厅）或由国务院工业、交通等建设主管部门核准、注册，取得《监理工程师岗位证书》。

根据水利部颁布的《水利工程建设监理人员资格管理办法》的规定，获取水利监理工程师资格须经全国水利工程监理工程师资格统一考试合格，经批准获得相应的水利工程监理师资格证书，并经注册取得监理工程师岗位证书。总监理工程师除了取得水利工程监理工程师资格证书和水利监理工程师岗位证书外，还需参加水利部举办的总监理工程师培训班培训合格并取得结业证书，经过综合审核发给相应专业的总监理工程师岗位证书。

监理工程师并非国家现有专业技术职称的一个分支，而是指工程监理岗位职务和执业资格。监理工程师按专业性质设置岗位。监理工程师系岗位职务的这一特点，决定了监理工程师对一个专业人员来说并非是终身职务，只有在监理单位工作，从事工程监理工作的专业技术人员，才可能成为监理工程师。反之，对一位已取得监理工程师资格的人员来讲，如果他脱离了监理单位，不再从事工程监理工作，其监理工程师资格也将被取消。

按照国家的相关规定监理工程师不得以个人名义承接工程监理业务，必须服务于专业的监理单位或者兼承监理业务的工程设计、科学研究、工程咨询和施工等单位。监理业务只能由取得监理资格证书并经注册的监理单位承担。

从事工程监理工作，但尚未取得《监理工程师岗位证书》的人员统称为监理人员。在监理工作中，监理员与监理工程师的区别主要在于监理工程师具有相应岗位责任的签字权，监理员则没有相应岗位责任的签字权。

关于监理人员的称谓，不同国家的叫法不尽相同。有的按资质等级把监理人员分为四类。凡取得监理岗位资质的人员统称为监理工程师；根据工作岗位的需要，聘任资深的监理工程师为主任监理工程师；同样，根据工作岗位的需要，可聘资深的主任监理工程师为工程项目的总监理工程师（简称总监）或副总监理工程师（简称副总监）；不具备监理工程师资格的其他监理人员称为监理员。主任监理工程师、总监理工程师等都是临时聘任的工程建设项目上的岗位职务，就是说，一旦没有被聘用，他就没有总监理工程师或主任监理工程师的头衔，只有监理工程师的称谓。

二、监理工程师的素质要求

监理工程师作为从事工程活动的骨干人员，其工作质量的好坏对被监理工程项目效果影响极大。要求从事监理工作的监理工程师，不仅要有较为深厚的理论知识，能够对工程建设进行监督管理，提出指导性意见，而且要能够组织、协调与工程建设有关的各方共同完成工程建设任务。也就是说，监理工程师不但要具备一定的理论知识，还要有一定的组织协调能力。所以说，监理人员，尤其是监理工程师是一种复合型人才。对这种高智能人才素质的要求，主要体现在以下几个方面。

（一）具有较高的理论水平

现代工程建设，工艺越来越先进，材料、设备越来越新颖，而且规模越来越大，应用科技门类多，需要组织多专业、多工种人员，形成分工协作、共同工作的群体。即使是规模不大、工艺简单的工程项目，为了优质、高效地搞好工程建设，也需要具有较深厚的现代科技理论知识、经济管理理论知识和一定的法律知识的人员进行组织管理。如果工程建设委托监理，监理工程师不仅要担负一般的组织管理，而且要指导参加工程建设各方搞好工作。所以，监理工程师不具备上述理论知识就难以胜任监理岗位工作。

监理工程师作为从事工程监理活动的骨干人员，具有较高的理论水平，才能保证在监理过程中抓中心、抓方法、抓效果，把握监理的大方向和大原则的正确，才能起到权威作用。监理工程师的理论水平来自自身的理论修养，这种理论修养应当是多方面的。首先是对工程建设方针、政策、法律、法规方面应当具有较高的造诣，并能联系实际，使监理工作有根有据，扎实稳妥。其次，应当掌握工程建设方面的专业理论，知其然并知其所以然，在解决实际问题时能够透过现象看本质，从根本上解决和处理问题。

监理工程师要向项目法人提供工程项目的技术咨询服务，就应该能够发现和解决工程设计单位和施工单位不能发现的和不能解决的复杂的问题。因此，监理工程师必须具有高于一般专业技术人员的专业技术知识。这就要求监理工程师除了要有较高的专业技术水平外，还应在专业知识的深度与广度方面，达到能够解决和处理工程问题的程度。他们需要把建筑、结构、施工、材料、设备、工艺等方面的知识融于监理之中，去发现问题，提出方案，做出决策，确定细则，贯彻实施。

（二）具有合理的知识结构

监理工程师要向项目法人提供工程项目管理咨询服务，要求监理工程师必须熟知国家颁发的建设法规以及相应的规章制度，必须具有丰富的工程建设管理知识和经验，同时还要具备一定水平的行政管理知识和管理经验。监理单位在一个项目建设中应作为管理核心，它的监理工程师应能独挡一面地进行规划、控制和协调，其中组织协调的能力是衡量他的管理能力最主要的方面。因此，监理工程师要胜任监理工作，就应当有足够的管理知识和技能。其中，最直接的管理知识是工程项目管理。监理工程师为了能够协助项目法人在预定的目标内实现工程项目，他们所做的一系列工作都是在管理这条线上。诸如，风险分析与管理、目标分解与综合、动态控制、信息管理、合同管理、协调管理、组织设计、安全管理等。监理工程师所进行的管理工作是贯穿于整个项目始终的。

监理工程师要协助项目法人组织招标工作，协助项目法人起草和商签承包合同，并进行工程承包合同实施的监督管理，就必须熟知《中华人民共和国建筑法》、《中华人民共和国合同法》、《中华人民共和国招标投标法》及有关的法律法规，同时还要具备工程建设合同管理方面的知识和经验。监理工程师要做项目法人与承包商双方之间的合同纠纷调解工作，要求监理工程师必须懂得法律，必须具备较高的组织协调能力，同时，必须有高尚的品德，公正地处理建设合同履行过程中出现的问题，维护项目法人和承包商双方的利益，不能偏袒任何一方。

因此，监理工程师应当熟悉和掌握工程建设的法律、法规，尤其要通晓工程监理法规体系。工程监理是基于一个法制环境下的制度，工程监理法规是监理工程师开展监理工作的依据，没有法律、法规作为监理的后盾，工程监理将一事无成。合同是监理工程师最直接的监理依据，它是一项工程实施的操作手册。每一位监理工程师不论他从事何种监理工作，其实都是在实施监理委托合同和监督管理工程建设合同的实施。法律和法规方面的知识以及合同知识，对监理工程师是必不可少的。

监理工程师还应当具备足够的工程经济方面的知识。工程项目的实现是一项投资的实现，从项目的提出到项目的建成乃至它的整个寿命期，资金的筹集、使用、控制和偿还，都是极为重要的工作。在项目实施过程中，监理工程师需要做好各项经济方面的监理工作，他们要收集、加工、整理经济信息，协助项目法人确定项目或对项目进行论证；他们要对计划进行资源、经济、财务方面的可行性分析；对各种工程变更方案进行技术经济分析；他们要审核概预算、编制资金使用计划、价值分析、工程结算等。

监理工程师如果从事国际工程的监理，则必须具有较高的专业外语水平，即具有专业会话、谈判、阅读（招标文件、合同条件、技术规范等）以及写作（公函、合同、电传等）方面的外语能力。同时，还要具有国际金融、国际贸易和国际经济技术合作有关的法律方面的基础知识。

此外，监理工作还需要一些其他方面的知识。例如，监理工程师要在不断的协调中开展工作，就需要掌握一些公关知识和心理学知识等。

以上所归纳的监理工程师应当具备的专业知识，是他们开展工作所必须的。对于监理工程师而言，他们应当做到“一专多能”。某位监理工程师，他可能是技术方面的专家，同时又懂得管理、经济和法律方面监理所需要的基本知识；他是管理方面的专家，同时应当懂技术、经济和法律方面的监理所需的知识；他是合同管理方面的专家，他应当懂得技术、管理和经济方面的基本知识。工程监理需要“通才”，监理工程师的知识结构应当具备综合性的特点。同时监理工程师还应当具有“专长”，应当对工程建设的某些方面具有特殊能力。只有这样，才符合工程监理对于人才的需要。

对监理工程师的这种知识结构的要求，来自于工程项目监督和管理的特殊性。在监理过程中，每解决一项工程问题，往往要打破各个专业界线，综合地应用各种专业知识。例如，负责进度控制的监理工程师，他需要制定一个可行又优化的进度计划，然后再实施这项计划。制定计划时需要进行技术可行性分析与经济可行性分析，需要对计划中的工作具体确定实施方案，同时还需要理解工程承包合同的要求等。这里就包括了技术、经济、合同方面的基本知识和技能。在实施过程中要不断地发现问题、提出解决问题的方案、确定实施方案、制定具体实施措施，并在执行过程中进行检查。所有这些都属于管理的范畴。

可见，监理是一项综合性的工作，只有具有综合的知识结构和专业特长的人才能胜任这项工作。

监理工程师应当具有较高的学历和学识水平。在国外，监理工程师都具有大学学历，而且大都具有硕士甚至博士学位。如美国的兰德公司，在547名咨询人员中，有200名博士，178名硕士，具有博士、硕士学位的人员占总人数的近70%。德国的某工程公司，在100名咨询人员中，有50%的人具有博士学位。

掌握一定的工程建设经济、法律和组织管理等方面的理论知识，从而达到一专多能的程度，成为工程建设中的复合型人才，使监理单位真正成为智力密集型的知识群体。

（三）要有丰富的工程建设实践经验

作为一名监理工程师，必须具有丰富的工程建设实践经验。没有知识就谈不到应用，而提高知识应用的水平离不开实践的过程，经验来自积累。解决工程实际问题，离不开正反两方面的工程经验。

工程监理是在工程项目的动态过程中开展的实践性很强的一项工作。因此，监理工程师需要在动态过程中实施监理。从监理的主要工作来看，发现问题与解决问题贯穿于整个监理过程中。发现问题和解决问题的能力在很大程度上取决于监理工程师的经验和阅历。见多识广，就能够对可能发生的问题加以预见，从而采取主动控制措施；经验丰富，就能够对突然出现的问题及时采取有效的方法加以处理。积累工程经验相当于建立存储解决工程问题的“方法库”，对“常见病”，可以按惯用“药方”有效的解决，对新问题可以借鉴类似问题的解决方法。因此，丰富的工程经验是胜任监理工作、有信心做好监理工作的基本保证。

监理工程师需要设计方面的经验，需要施工方面的经验，因为这两方面构成了工程项目实施阶段的基本工作，是监理工程师进行监督管理的主要内容。监理工程师需要工程招标方面的经验，因为协助选择理想的承包商是项目法人的基本需求，也是做好监理工作的先决条件。监理工程师需要积累工程项目环境经验，包括项目的自然环境经验和社会环境经验，这是因为工程项目的实现总是与环境息息相关的，环境既能对项目带来干扰，又能输入营养，了解环境、熟悉环境并对环境具有一定的适应性，是工程顺利实施的重要条件。概括起来，工程经验包括：从事工程建设的时间长短，经历过的工程种类多少，所涉及的工程专业范围大小，工程所在地区域范围，有无国外工程经验，项目外部环境经验，工程业绩，工作职务经历，专业会员资格等。

工程建设实践经验就是理论知识在工程建设中的成功应用。一般说来，一个人从事工程建设的时间越长，经验就越丰富；反之，经验则不足。工程建设中出现失误，往往与经验不足有关。当然，若不从实际出发，单凭以往的经验，也难以玫得预期的成效。世界各国都很重视监理人员的工程建设实践经验，在考核某一个单位，或某一个人的能力大小时，都把实践经验作为重要的衡量尺度。如英国咨询工程师协会规定，入会的会员年龄必须在38岁以上。

我国在考核监理工程师的资格中，对其从事工程建设实践的工作年限也作了相应的规定，即取得中级技术职称或有三年以上的工作实践，方可参加监理工程师的资格考试。当然，个人的工作年限不等于其工作经验，只有及时地、不断地把工作实践中的做法、体会以及失败的教训加以总结，使之条理化，才能升华成为经验。

（四）要有良好的品德

监理工程师还应具备较高的政治素质和高尚的职业道德。监理工程师应热爱社会主义祖国、热爱人民、热爱建设事业，有为监理事业贡献力量的强烈责任心；具有科学的工作态度、实事求是的工作作风；具有廉洁奉公、为人正直、办事公道的高尚情操；有不断学习、不断探索的进取心；能听取不同意见，有良好的包容性。

（五）具有高超的领导艺术与组织协调能力

监理工程师要实现项目监理目标，需要与各参与单位合作，要与不同地位和知识背景的人打交道，要把各方面的关系协调好。这一切都离不开高超的领导艺术和良好的组织协调能力。

监理工程师应该认识到，良好的群众意识会产生巨大的向心力，温暖的集体本身对成员就是一种激励；适度的竞争氛围与和谐的共事氛围互相补充，才易于保持良好的人际关系和人们心理的平衡。

水利水电工程施工中的水文、地质、设计、施工条件和施工设备等情况多变。及时决断、灵活应变才能抓住时机，避免失误。例如在重大施工方案选择、合同谈判、纠纷处理等重大问题的处理上，监理工程师的决策应变水平显得特别重要。

监理工程师在项目建设中责任大、任务繁重，因而良好的组织指挥才能就成了监理工程师的必备素质。监理工程师要避免组织指挥失误，特别需要统筹全局，防止陷入事务圈子或把精力过分集中于某一专门性问题。良好的组织指挥才能的产生需要阅历的积累和实践的磨炼，而且这种才能的发挥需要以充分的授权为前提。

监理工程师要力求把参加工程建设各方的活动组织成一个整体，要处理各种矛盾、纠纷，就要求具备良好的协调能力和控制能力。为了确保工程目标的实现，监理工程师应该认识到：协调是手段，控制是目的，两者缺一不可，互相促进。监理工程师必须对工程的进度、质量、投资和所有重大工程活动进行严格监督，科学控制。

监理工程师在工程建设中经常扮演多重角色，处理各种人际关系，必须具备交际沟通能力、谈判能力、说服他人的能力、必要的妥协能力等。

会议是监理工程师了解情况、协调矛盾、反馈信息、制定决策和下达指令的主要方式，也是监理工程师对工程进行监督控制和对内部人员进行有效管理的重要工具。如何高效率地召开会议、掌握会议组织与控制的技巧，是监理工程师的基本功之一。

水利水电工程推行招投标和工程监理的实践证明，在工程建设过程中必然会举行众多类型的会议。有的会议需要监理工程师主持召开，例如设计交底会议、施工方案审查会议、工程阶段验收会议、索赔谈判协调会议以及监理机构内部的人员组织、工作研讨、管理工作等会议；有的会议需要监理工程师参加或主持，如招标前会议、评议标会议、设备采购会议、年度工程计划会议、工程各协调管理例会、竣工验收会议、机组启动试运转会议等。这些众多类型的会议有着不同目的、不同参加人员和专门议题。监理工程师要提高会议效率，就必须掌握会议组织和控制艺术，学会利用会议解决矛盾，推动工作顺利进行。

（六）要有健康的体魄和充沛的精力

尽管工程监理是一种高智能的技术服务，以脑力劳动为主，但是，也必须具有健康的身体和充沛的精力，才能胜任繁忙、严谨的监理工作。特别是水利水电工程建设施工阶段，由于露天作业、工作条件艰苦、工期往往紧迫、业务繁忙，更要有健康的身体；否则，难以胜任工作。

第二节　监理工程师的职业道德与工作纪律

一、监理工程师的职业道德

各行各业都有自己的道德规范，这些规范是由职业特点决定的。工程监理工作的特点之一是要体现公正原则。监理工程师在执业过程中不能损害工程建设任何一方的利益，因此，为了确保建设监理事业的健康发展，对监理工程师的职业道德和工作纪律都有严格的要求，在有关法规里也作了具体的规定。在监理行业中，监理工程师应严格遵守如下通用职业道德守则。

（1）监理工程师首要的问题，维护国家的荣誉和利益，按照“守法、诚信、公正、科学”的准则执业。还要热爱本职工作，忠于职守、认真负责，具有对工程建设的高度责任感。

（2）努力学习专业技术和建设监理知识，不断提高业务能力和监理水平。要坚持严格按照工程承包合同实施对工程项目的监理，既要保护项目法人的利益，又要公正合理地对待承包商。

（3）监理工程师本身要模范地遵守国家以及地方的各种法律、法规和规定并要履行监理合同规定的义务和职责。同时也要求承包商模范地遵守，并据以保护项目法人的正当权益。

（4）廉洁奉公，监理工程师不得接受项目法人所支付的监理酬金以外的报酬以及任何形式的回扣、提成、津贴或其他间接报酬。同时，也不得接受承包商的任何好处，以保持监理工程师的廉洁性。

（5）监理工程师要为项目法人严格保密。监理工程师了解和掌握的有关项目法人的情报资料，必须严格保密，不得泄露。

（6）当监理工程师认为自己正确的判断或决定被项目法人否决时，监理工程师应阐明自己的观点，并且要以书面的形式通知项目法人，说明可能给项目法人一方带来的不良后果。如认为项目法人的判断或决定不可行时，应书面向项目法人提出劝告。

（7）当监理工程师发现自己处理问题有错误时，应及时向项目法人承认错误并同时提出改进意见。

（8）监理工程师对本监理机构的介绍应实事求是，不得向项目法人隐瞒本机构组织的人员情况，过去的业绩以及可能影响监理服务的因素。

（9）监理单位和监理工程师个人，不得经营或参与经营承包施工，也不得参与采购、营销设备和材料，也不得在政府部门、施工单位和设备、材料供应单位任职或兼职。

（10）监理工程师不得以谎言欺骗项目法人和承包商，不得伤害、诽谤他人名誉借以提高自己的地位和信誉。

（11）监理工程师不得以个人名义接受委托，开展工程监理任务，只能由监理单位承担。

（12）为自己所监理的工程项目聘请外单位监理人员时，须征得项目法人的认可。

二、监理工程师的工作纪律

监理工程师的工作纪律如下。

（1）不允许以个人名义在任何报刊上登载承揽监理业务的广告。

（2）不允许在政府部门和施工、材料设备生产和供应单位中兼职，不允许监理自己设计的工程项目，不承包业主的工程项目，不向施工单位供应材料和设备，也不允许既是工程监理者，又充当与该工程设计、施工承包和材料设备相应有关业务的直接和间接介入。

（3）必须遵守国家的有关法律和当地政府的有关条例、规定和办法等。

（4）必须履行建设工程监理委托合同中所承诺的义务和承担所约定的责任。

（5）除收取委托监理合同中约定的监理酬金外，个人不得接受业主的额外津贴、施工单位的赢利分成或补贴等。

（6）不允许泄露自己所监理的工程项目需要保密的事项，在发表自己所监理的工程项目有关资料时，须取得业主的同意。

（7）为自己所监理的工程项目聘请外单位咨询人员或监理辅助人员，得业主认可。

（8）在处理各方面的争议时，应坚持公平和公正的立场。

（9）必须坚持科学的态度，对自己提出的建议、判断负责，不惟业主和上级的意图是从。

以上是国外监理工程师的职业道德和纪律，可以作为我国监理工程师职业道德和纪律的参考。

三、国际咨询工程师职业道德简介

国际咨询工程师联合会（FIDIC）认识到监理工程师的工作对于取得社会及其环境的持续发展是十分关键的，并于 1991 年在慕尼黑召开的全体成员大会上，讨论批准了 FIDIC 通用道德准则。

为了保证监理工程师的工作充分有效，不仅要求工程师不断提高他们的知识和技能，而且要求社会尊重他们的道德公正性，信赖他们作出的评审，同时给予公正的报酬。FIDIC 的全体会员协会同意并相信，如果要想使社会对其专业顾问具备必要的信赖，下述准则是其成员行为的基本准则。

该准则分别从社会和职业的责任、能力、正直性、公正性、对他人的公正等 5 个问题计 14 个方面规定了监理工程师的道德行为准则。

1. 对社会的责任

（1）接受对社会的职业责任。

（2）寻求与确认的发展原则相适应的解决办法。

（3）在任何时候维护职业的尊严、名誉和荣誉。

2. 能力

（1）保持其知识和技能与技术、法规、管理的发展相一致的水平，对于委托人要求的服务采用相应的技能，并尽心尽力地完成。

（2）仅在有能力从事服务时方才进行。

3. 正直性

在任何时候均为委托人的合法权益行使其职责，并且正直和忠诚地进行职业服务。

4. 公正性

（1）在提供职业咨询、评审或决策时不偏不倚。

（2）通知委托人在行使其委托权时可能引起的任何潜在的利益冲突。

（3）不接受可能导致判断不公的报酬。

5. 对他人的公正

（1）加强“按照能力进行选择”的观念。

（2）不得故意或无意地做出损害他人名誉或事物的事情。

（3）不得直接或间接取代某一特定工作中已经任命的其他咨询工程师的位置。

（4）不得在其他咨询工程师接到委托人终止其先前任命的建议前，取代该咨询工程师的工作，并且注意及时通知该咨询工程师。

（5）在被要求对其他咨询工程师的工作进行审查的情况下，要以适当的职业行为和礼节进行。

第三节　监理工程师的执业资格考试、注册和继续教育

自 1978 年冬改革开放以来，我国开始逐步实行专业技术人员执业资格制度。自 1997 年起，在我国举行监理工程师执业资格考试，并将此项工作纳入全国专业技术人员执业资格制度实施计划。截止到 1997 年 11 月，我国实行执业资格制度的专业已有 15 个。因此，监理工程师实际上是一种执业资格。若要获此称谓，则必须参加全国统考。考试合格者获得相应专业的监理工程师资格证书，否则，就不具备监理工程师资格。监理工作是一项高智能的工作，需要监理队伍和监理人员具有较高的素质，实施对监理工程师的资格管理和注册管理是加强监理队伍建设的一项重要内容，具有重要的意义：第一，它可以保证监理工程师队伍的素质和水平，更重要的是，它可以促进广大监理工作人员努力钻研监理业务，向监理工程师的标准奋进；第二，它是政府建设主管部门加强监理工程师队伍管理的需要，也便于项目法人选聘工程项目监理班子；第三，它可以与国际惯例衔接起来，便于开展监理业务的国际交流和合作，逐步向国际监理水平靠近；第四，它有利于开拓国际监理市场。

一、监理工程师资格考试

水利工程建设监理工程师资格考试科目设“建设监理基础知识及相关法规”、“建设项目合同管理”、“建设项目目标控制”和“案例分析”四个科目，按水利工程施工监理、水土保持工程施工监理和机电及金属结构设备制造监理三个类别分别命题。

以上四个科目单独考试、单独计分，成绩仅当年有效。

监理工程师资格考试，一般每年举行一次，全国统一考试。

1. 申请水利工程监理员的人员应具备的条件

（1）取得工程类初级专业技术职务任职资格，或者具有工程类相关专业学习和工作经

历（中专毕业且工作5年以上、大专毕业且工作3年以上、本科及以上学历毕业且工作1年以上）。

（2）经培训合格。

（3）年龄不超过60周岁。

2. 申请水利工程监理工程师的人员应具备的条件

（1）取得工程类中级专业技术职务任职资格，或者具有工程类相关专业学习和工作经历（大专毕业且工作8年以上、本科毕业且工作5年以上、硕士研究生毕业且工作3年以上）。

（2）年龄不超过60周岁。

（3）有一定的专业技术水平、组织协调能力和管理能力。

3. 申请总监理工程师岗位资格应同时具备以下条件

（1）具有工程类高级专业技术职务任职资格并在监理工程师岗位从事水利工程建设监理工作的经历不少于2年。

（2）已取得《水利工程建设监理工程师注册证书》。

（3）经总监理工程师岗位培训合格。

（4）年龄不超过65周岁。

（5）具有较高的专业技术水平、组织协调能力和管理能力。

二、监理工程师资格审批

中国水利工程协会负责全国水利工程建设监理人员资格管理工作。负责全国总监理工程师资格审批；负责全国监理工程师资格审批；归口管理全国监理员资格审批，负责水利部直属单位的监理员资格审批工作。

流域管理机构指定的行业自律组织或中介机构受中国水利工程协会委托，负责本流域管理机构所属单位的监理员资格审批工作。

省级水行政主管部门指定的行业自律组织或中介机构受中国水利工程协会委托，负责本行政区域内的监理员资格审批工作。

三、监理工程师注册

经过监理工程师资格考试合格，并不能意味着取得监理工程师岗位资格，因为考试仅仅是对考试者知识含量的检验，只有注册才是对申请注册者的素质和岗位责任能力的全面考查。若不从事监理工作，或不具备岗位责任能力，注册机关可以不予注册。经过注册，取得监理工程师岗位资格，才具有岗位签字权。

监理工程师只能在一个监理单位注册并在该单位承接的监理项目中工作。其中水利建设工程监理工程师的注册按专业设置岗位，并在《监理工程师岗位证书》注明专业，监理员、监理工程师的监理专业分为水利工程施工、水土保持工程施工、机电及金属结构设备制造、水利工程建设环境保护4类。其中，水利工程施工类设水工建筑、机电设备安装、金属结构设备安装、地质勘察、工程测量5个专业，水土保持工程施工类设水土保持1个专业，机电及金属结构设备制造类设机电设备制造、金属结构设备制造2个专业，水利工程建设环境保护类设环境保护1个专业。

监理工程师的注册，根据注册内容的不同分为3种形式，即初始注册、延续注册和变更注册。按照我国有关法规规定，监理工程师依据其所学专业、工作经历、工程业绩，按专业注册，每人最多可以申请两个专业注册，并且只能在一家建设工程勘察、设计、施工、监理、招标代理、造价咨询等企业注册。

（一）初始注册

1. 申请初始注册，应当具备以下条件

（1）经全国注册监理工程师执业资格统一考试合格，取得资格证书。

（2）受聘于一个相关单位。

（3）达到继续教育要求。

2. 申请监理工程师初始注册，一般要提供下列材料

（1）监理工程师注册申请表。

（2）申请人的资格证书和身份证复印件。

（3）申请人与聘用单位签订的聘用劳动合同复印件及社会保险机构出具的参加社会保险的清单复印件。

（4）学历或学位证书、职称证书复印件，与申请注册相关的工程技术、工程管理工作经历和工程业绩证明。

（5）逾期初始注册的，应提交达到继续教育要求的证明材料。

3. 申请初始注册的程序

（1）申请人向聘用单位提出申请。

（2）聘用单位同意后，连同上述材料由聘用企业向所在省、自治区、直辖市人民政府建设行政主管部门提出申请。

（3）省、自治区、直辖市人民政府建设行政主管部门初审合格后，报国务院建设行政主管部门。

（4）国务院建设行政主管部门对初审意见进行审核，对符合条件者准予注册，并颁发由国务院建设行政主管部门统一印制的《监理工程师注册证书》和执业印章。执业印章由监理工程师本人保管。

国务院建设行政主管部门对监理工程师初始注册随时受理审批，并实行公示、公告制度，对符合注册条件的进行网上公示，经公示未提出异议的予以批准确认。

（二）延续注册

监理工程师初始注册有效期为 3 年，注册有效期满要求继续执业的，需要办理延续注册。延续注册应提交下列材料：

（1）申请人延续注册申请表。

（2）申请人与聘用单位签订的聘用劳动合同复印件及社会保险机构出具的参加社会保险的清单复印件。

（3）申请人注册有效期内达到继续教育要求的证明材料。

延续注册的有效期同样为 3 年，从准予延续注册之日起计算。国务院建设行政主管部门定期向社会公告准予延续注册的人员名单。

（三）变更注册

监理工程师注册后，如果注册内容发生变更，如变更执业单位、注册专业等，应当向

原注册管理机构办理变更注册。

变更注册需要提交下列材料：

(1) 申请人变更注册申请表。

(2) 申请人与新聘用单位签订的聘用劳动合同复印件及社会保险机构出具的参加社会保险的清单复印件。

(3) 申请人的工作调动证明（与原聘用单位解除聘用劳动合同或者聘用劳动合同到期的证明文件、退休人员的退休证明）。

(4) 在注册有效期内或有效期届满，变更注册专业的，应提供与申请注册专业相关的工程技术、工程管理工作经历和工程业绩证明，以及满足相应专业继续教育要求的证明材料。

(5) 在注册有效期内，因所在聘用单位名称发生变更的，应提供聘用单位新名称的营业执照复印件。

（四）不予初始注册、延续注册或者变更注册的特殊情况

如果注册申请人有下列情形之一的，将不予初始注册、延续注册或者变更注册：

(1) 不具有完全民事行为能力。

(2) 刑事处罚尚未执行完毕或者因从事工程监理或者相关业务受到刑事处罚，刑事处罚执行完毕之日起至申请注册之日止不满 2 年。

(3) 未达到监理工程师继续教育要求。

(4) 在两个或者两个以上单位申请注册。

(5) 以虚假的职称证书参加考试并取得资格证书。

(6) 年龄超过 65 周岁。

(7) 法律、法规规定不予注册的其他情形。

注册监理工程师如果有下列情形之一的，其注册证书和执业印章将自动失效：

(1) 聘用单位破产。

(2) 聘用单位被吊销营业执照。

(3) 聘用单位被吊销相应资质证书。

(4) 已与聘用单位解除劳动关系。

(5) 注册有效期满且未延续注册。

(6) 年龄超过 65 周岁。

(7) 死亡或者丧失行为能力。

(8) 其他导致注册失效的情形。

（五）注销注册

注册监理工程师如果有下列情形之一的，应当办理注销注册，交回注册证书和执业印章，注册管理机构将公告其注册证书和执业印章作废：

(1) 不具有完全民事行为能力。

(2) 申请注销注册。

(3) 注册证书和执业印章已失效。

(4) 依法被撤销注册。

（5）依法被吊销注册证书。

（6）受到刑事处罚。

（7）法律、法规规定应当注销注册的其他情形。

四、注册监理工程师的继续教育

（一）继续教育的目的

随着现代科学技术日新月异地发展，注册后的监理工程师不能一劳永逸地停留在原有知识水平上，而要随着时代的进步不断更新知识、扩大其知识面，通过继续教育使注册监理工程师及时掌握与工程监理有关的政策、法律法规和标准规范，熟悉工程监理与工程项目管理的新理论、新方法，了解工程建设新技术、新材料、新设备及新工艺，适时更新业务知识，不断提高注册监理工程师业务素质和执业水平，以适应开展工程监理业务和工程监理事业发展的需要。因此，注册监理工程师每年都要接受一定学时的继续教育。国际上一些国家，如美国、英国等，对执业人员的年度考核也有类似的要求。

（二）继续教育的学时

注册监理工程师在每一注册有效期（3 年）内应接受 96 学时的继续教育，其中必修课和选修课各为 48 学时。必修课 48 学时每年可安排 16 学时。选修课 48 学时按注册专业安排学时，只注册 1 个专业的，每年接受该注册专业选修课 16 学时的继续教育；注册 2 个专业的，每年接受相应 2 个注册专业选修课各 8 学时的继续教育。

注册监理工程师申请变更注册专业时，在提出申请之前，应接受申请变更注册专业 24 学时选修课的继续教育。注册监理工程师申请跨省级行政区域变更执业单位时，在提出申请之前，还应接受新聘用单位所在地 8 学时选修课的继续教育。

注册监理工程师在公开发行的期刊上发表有关工程监理的学术论文，字数在 3000 字以上的，每篇可充抵选修课 4 学时；从事注册监理工程师继续教育授课工作和考试命题工作，每年每次可充抵选修课 8 学时。

（三）继续教育方式和内容

1. 监理工程师再教育的方式

首先，要立足于自学。监理工程师要学会在工作的同时不断更新、补充自己的知识。其次，有关机构和部门要定期地或不定期地组织监理工程师开展新知识、新技术研讨活动。第三，有关机构和部门要不定期地对监理工程师进行有针对性的再教育。另外继续教育的方式还有集中面授和网络教学。

2. 监理工程师再教育的内容

（1）必修课：国家近期颁布的与工程监理有关的法律法规、标准规范和政策；工程监理与工程项目管理的新理论、新方法；工程监理案例分析；注册监理工程师职业道德。

（2）选修课：地方及行业近期颁布的与工程监理有关的法规、标准规范和政策；工程建设新技术、新材料、新设备及新工艺；专业工程监理案例分析；需要补充的其他与工程监理业务有关的知识。

其主要内容有：

1）专业技术知识。随着科学技术的进步，可以说各类自然科学每年都会增加不少新的内容。作为监理工程师起码应了解本专业范围内新产生的应用科学理论知识和技能。

2）管理知识。从一定意义上说，建设监理是一门管理科学。所以，监理工程师要及时地了解并掌握有关管理的新知识，包括新的管理思想、体制、方法和手段等。

3）法规、标准等方面的知识。我国正值改革的时代，各种法规、标准等都在不断建立和完善。监理工程师尤其要及时学习和掌握有关工程建设方面的法规、办法、标准和规程，并应熟练运用这些法规、标准等。

随着与国外交往的增加，特别是中国已经加入 WTO，监理工程师还要不断强化外语知识，了解国外有关建设工程监理的法规知识。

3. 对监理工程师再教育的考核

对监理工程师再教育的考核，一方面是由其所在单位进行日常考核。每 5 年，国家核查监理工程师资质时，其所在单位首先要提出考核意见，其中包括对监理工程师知识更新情况的考核；另一方面，有关机构和部门借助于组织监理工程师再教育活动进行考核。

五、关于监理工程师资格培训规范化体制的建立

当前，我国监理工程师资格培训的方式还只是一种应急措施，既单一又不规范。随着建设监理事业的发展，监理业务的增加，对监理水平要求的不断提高，有必要建立起一种长远的比较规范化的建设监理培训体制。总结几年来我国建设监理培训工作的经验，参考国外，特别是开展监理工作比较早的经济发达国家的做法，走双学位的培训道路，是一种比较适宜的途径。一些工程技术、工程经济专业的大学本科毕业生以及已具有工程类中级专业职称的人员再在高等院校建设工程监理专修科进修学习，学习结业后可进入监理工作岗位。建设监理专修科的课程内容主要是现行的建设工程监理概念、工程建设合同管理、工程建设质量控制、工程建设投资控制和工程建设进度控制以及工程建设信息管理等，还要进行外语强化教育。专业课程学完后，还要参加一定期限的建设工程监理实习。

另外，还可以开设建设工程监理函授教育。对于举办建设工程监理函授教育的院校，国家建设主管部门要会同国家教育主管部门严格审批，并且控制总量不宜太多。参加函授教育学习的学员要具备工程类中级专业职称。

六、我国监理工程师的资格管理及注册与国外的区别

监理工程师实施注册制度也是国际惯例。几乎所有实施监理制的国家，都要求监理工程师从业之前进行注册。美国有专门的机构，对担任监理工作的专业工程师进行注册；加拿大的监理工程师需要经过职业工程师理事会中的学历条件委员会、资历条件委员会和注册委员会的审查核准，获得授权证书后才能开展监理业务；新加坡的建筑师或专业工程师开展其他工程业务，只要参加各自的学会即可，而如果从事工程监理业务，则必须在建筑师理事会或专业工程师理事会进行注册；日本的建筑师从事工程监理，需要得到相应级别的政府官员（建设大臣或都道府县知事）的批准并登记注册。

根据国际惯例，从事各类关系到公众利益的专业工作的人，必须取得专业资格方可开展业务。对更为重要或影响更大的行业或职业，则有更严格的要求。这些工作往往涉及国计民生，影响社会和民众的基本利益。工程监理就是这样一类职业，所以不能当作一般的工程技术管理工作对待，而要采取更严格的规定才能保证这种职业所带来的社会和经济效益。监理工程师考试与注册制度，正是从这一原则出发制定的。它对于工程监理制的实施，对于提高工程监理人员的业务水平，都有着重大的意义。

从我国目前实行的监理工程师资格考试和注册办法看，在考试和注册条件上以及管理机构等方面，与国际普遍做法既有相同的地方，又有不同的地方，总的模式是力求与国际惯例看齐，但是在很多细节方面是从当前的实际情况出发而采取的适应性办法。所以，有的规定比较特殊，有些规定也与多数国家做法不完全相同。

首先，从注册管理机构看，国际上监理工程师注册和管理机构，多数是学会组织或专门机构，我国则是政府建设行政管理部门。采用这样一种方式，是符合我国国情和推行工程监理制的要求的。因为如推行工程监理制这样的重大改革措施，没有一个具有权威性的执行机构是不可能实施的。尤其是对于长期处于计划经济体制下的我国更是如此。而监理工程师是工程监理体系中的重要组成部分，他们的素质和结构，直接影响着工程监理的水平，尤其在工程监理推行的阶段，他们直接影响着人们对工程监理制的肯定与否定。所以，既然工程监理制由政府提出又由政府所推行，那么由政府承担监理工程师考试和注册管理，也就是责无旁贷的了。按照这种方式对监理工程师进行监督管理的也有一些国家，例如日本。我国台湾也是按这种方式对监理工程师实施监督管理的。

其次，监理工程师的资格条件。国际惯例是按学历和工程经验来确定，我国则基本按专业技术职称来衡量。这是根据我国国情出发的又一措施。我国的教育体系，长期以来一直处于封闭或半封闭状态，一方面表现出它的水平不高；另一方面反映出它没有与国际惯例沟通，所以在一些做法上极具特殊性。达到监理工程师的素质要求，需要经过一个严格的学习过程和较长的经验积累以及培养能力的过程，即所谓学历和工程经验的要求。由于长期以来，我国高等学历的人数占比例较小，尤其在工程建设领域更甚，这样就产生了一个矛盾、经验丰富者，往往学历不够，而学历达标的，又表现为经验尚不足。而这个矛盾可以通过专业技术职称加以调和。专业技术职称反映了学历（又不唯学历）和经验，它可以在现阶段代替学历要求（当然，学历要求更具科学的严密性）。随着教育事业的发展，改革的不断深入，学历要求将会成为监理工程师资格的基本条件。

另外，我国规定监理工程师不能以个人名义承揽工程监理业务，这点与国际惯例有所不同。国外监理工程师以个人名义开办工程监理事务所是极平常的事，当然他以个人名义开展监理业务也就顺理成章。国际金融组织一般对借款人聘请个体咨询人也持积极态度，世界银行就是如此。在《世界银行借款人以及世界银行作为执行机构使用咨询专家的指南》中明确指出，世界银行对借款人聘请个体咨询人为其提供咨询服务与聘用咨询公司具有同样兴趣。而且在选择程序上也不如对咨询公司那么严谨。在谈判及签订协议前，世界银行只需批准职责范围以及个体咨询人的资格和受聘条件。当然，咨询或监理的任务，是决定聘请公司还是个人的重要因素。然而，监理业务是多种多样的，有许多工作可以而且更合适监理工程师个人发挥作用。尤其如下所述的一些任务，不需要监理小组完成的工作；不需要其他更多的专业支持的工作，而需要个人的经验、资格和能力的工作。这些工作如果邀请多人来完成，则在协调、管理和责任等问题上反而造成困难。在许多情况下，监理公司的监理工程师作为个体咨询人为客户所聘用。这种情况虽然也经常与被聘公司签订合同，但对监理质量负责的通常是被聘者本人而非公司。同时，这种情况下不可能或很少能够得到监理公司的专业支持。一些国家采取以监理工程师个人名义承揽监理业务的方式，一样可以实现对工程项目的监理，甚至达到了很好的效果，说明了工程监理作为咨询性质的职业是可以由个人名义来承揽监理业务的。更何况工程有大小人员的组合。随着市场经济的发展，相信这个规定会逐步放开。

第四节　监理工程师的岗位职责以及权利与义务

一、监理工程师岗位责任制

建立和健全监理工程师岗位责任制，是做好工程监理工作的重要保证。岗位责任制的建立可根据监理机构设置状况或“三大控制”的分工状况而定。

1. 总监理工程师

总监理工程师是由监理单位法定代表人任命的项目监理机构的负责人，是监理单位履行委托监理合同的全权代表，是实施监理工作的核心人员。在项目监理机构中，总监理工程师对外代表监理单位，对内负责项目监理机构日常工作。因此，实施建设工程监理制度，在具体的工程项目中必然要实行总监理工程师负责制。

一名总监理工程师只宜担任一项委托监理合同的项目总监理工程师工作。当需要同时担任多项委托监理合同的项目总监理工程师工作时，须经建设单位同意，且最多不得超过3项。

总监理工程师应履行以下职责：

（1）主持编制监理规划，制定监理机构规章制度，审批监理实施细则。签发监理机构的文件。

（2）确定监理机构各部门职责分工及各级监理人员职责权限，协调监理机构内部工作。

（3）指导监理工程师开展工作；负责本监理机构中监理人员的工作考核，调换不称职的监理人员；根据工程建设进展情况，调整监理人员。

（4）主持审核承包人提出的分包项目和分包人，报发包人批准。

（5）审批承包人提交的施工组织设计、施工措施计划、施工进度计划和资金流计划。

（6）组织或授权监理工程师组织设计交底，签发施工图纸。

（7）主持第一次工地会议，主持或授权监理工程师主持监理例会和监理专题会议。

（8）签发进场通知、合同项目开工令、分部工程开工通知、暂停施工通知和复工通知等重要监理文件。

（9）组织审核付款申请，签发各类付款证书。

（10）主持处理合同违约、变更和索赔等事宜，签发变更和索赔的有关文件。

（11）主持施工合同实施中的协调工作，调解合同争议，必要时对施工合同条款作出解释。

（12）要求承包人撤换不称职或不宜在本工程工作的现场施工人员或技术、管理人员。

（13）审核质量保证体系文件并监督其实施，审批工程质量缺陷的处理方案，参与或协助发包人组织处理工程质量及安全事故。

（14）组织或协助发包人组织工程项目的分部工程验收、单位工程完工验收、合同项目完工验收，参加阶段验收、单位工程投入使用验收和工程竣工验收。

（15）签发工程移交证书和保修责任终止证书。

（16）检查监理日志；组织编写并签发监理月报、监理专题报告、监理工作报告；组织整理监理合同文件和档案资料。

总监理工程师不得将以下工作授权给副总监理工程师或监理工程师：

（1）主持编制监理规划，审批监理实施细则。

（2）主持审核承包人提出的分包项目和分包人。

（3）审批承包人提交的施工组织设计、施工措施计划、施工进度计划和资金流计划。

（4）主持第一次工地会议，签发进场通知、合同项目开工令、暂停施工通知、复工通知。

（5）签发各类付款证书。

（6）签发变更和索赔的有关文件。

（7）要求承包人撤换不称职或不宜在本工程工作的现场施工人员或技术、管理人员。

（8）签发工程移交证书和保修责任终止证书。

（9）签发监理月报、监理专题报告和监理工作报告。

2. 专业监理工程师

专业监理工程师是根据项目监理岗位职责分工和总监理工程师的指令，负责实施某一专业或某一方面监理工作的监理工程师。专业监理工程师是项目监理机构中的一种岗位设置，可按工程项目的专业设置，也可按部门或某一方面的业务设置，如合同管理、造价控制等。专业监理工程师应履行以下职责：

（1）参与编制监理规划，编制监理实施细则。

（2）预审承包人提出的分包项目和分包人。

（3）预审承包人提交的施工组织设计、施工措施计划、施工进度计划和资金流计划。

（4）预审或经授权签发施工图纸。

（5）核查进场材料、构配件、工程设备的原始凭证、检测报告等质量证明文件及其质量情况。

（6）审批分部工程开工申请报告。

（7）协助总监理工程师协调参建各方之间的工作关系；按照职责权限处理施工现场发生的有关问题，签发一般监理文件。

（8）检验工程的施工质量，并予以确认或否认。

（9）审核工程计量的数据和原始凭证，确认工程计量结果。

（10）审核各类付款证书。

（11）提出变更、索赔及质量和安全事故处理等方面的初步意见。

（12）按照职责权限参与工程的质量评定工作和验收工作。

（13）收集、汇总、整理监理资料，参与编写监理月报，填写监理日志。

（14）施工中发生重大问题和遇到紧急情况时，及时向总监理工程师报告、请示。

（15）指导、检查监理员的工作，必要时可向总监理工程师建议调换监理员。

3. 监理员

监理员是经过监理业务培训，具有同类工程相关专业知识，从事具体监理工作的监理人员。监理员属于工程技术人员，不同于项目监理机构中的其他行政辅助人员。监理员应履行以下职责：

（1）核实进场原材料质量检验报告和施工测量成果报告等原始资料。

（2）检查承包人用于工程建设的材料、构配件、工程设备使用情况，并做好现场记录。

（3）检查并记录现场施工程序、施工工法等实施过程情况。

（4）检查和统计计日工情况，核实工程计量结果。

（5）核查关键岗位施工人员的上岗资格，检查、监督工程现场的施工安全和环境保护措施的落实情况，发现异常情况及时向监理工程师报告。

（6）检查承包人的施工日志和试验室记录。

（7）核实承包人质量评定的相关原始记录。

二、监理工程师的权利和义务

监理工程师的主要业务是受聘于工程监理企业从事监理工作，受建设单位委托，代表工程监理企业完成委托监理合同约定的委托事项。因此，监理工程师的权利和义务来源于法律、法规和受托人的委托。监理工程师一般享有以下权利：

（1）使用注册监理工程师称谓。

（2）在规定范围内从事执业活动。

（3）依据本人能力从事相应的执业活动。

（4）保管和使用本人的注册证书和执业印章。

（5）对本人执业活动进行解释和辩护。

（6）接受继续教育。

（7）获得相应的劳动报酬。

（8）对侵犯本人权利的行为进行申诉。

同时，监理工程师还应当履行以下义务：

（1）遵守法律、法规和有关管理规定。

（2）履行管理职责，执行技术标准、规范和规程。

（3）保证执业活动成果的质量，并承担相应责任。

（4）接受继续教育，努力提高执业水准。

（5）在本人执业活动所形成的工程监理文件上签字、加盖执业印章。

（6）保守在执业中知悉的国家秘密和他人的商业、技术秘密。

（7）不得涂改、倒卖、出租、出借或者以其他形式非法转让注册证书或者执业印章。

（8）不得同时在 2 个或者 2 个以上单位受聘或者执业。

（9）在规定的执业范围和聘用单位业务范围内从事执业活动。

（10）协助注册管理机构完成相关工作。

三、监理工程师的法律责任

监理工程师的法律责任主要来源于法律法规的规定和委托监理合同的约定。《中华人民共和国建筑法》第 35 条规定："工程监理单位不按照委托监理合同的约定履行监理义务，对应当监督检查的项目不检查或者不按照规定检查，给建设单位造成损失的，应当承担相应的赔偿责任。”《建设工程质量管理条例》第 36 条规定：“工程监理单位应当依照法律、法规以及有关技术标准、设计文件和建设工程承包合同，代表建设单位对施工质量实施监理并对施工质量承担监理责任。”《建设工程安全生产管理条例》第 14 条规定“工程监理单位和监理工程师应当按照法律、法规和工程建设强制性标准实施监理，并对建设工程安全生产承担监理责任。”

工程监理企业是订立委托监理合同的当事人。监理工程师一般主要受聘于工程监理企业，代表监理企业从事工程监理业务。监理企业在履行委托监理合同时，是由具体的监理工程师来实现的，因此，如果监理工程师出现工作过错，其行为将被视为监理企业违约，应承担相应的违约责任。监理企业在承担违约赔偿责任后，有权在企业内部向有过错行为的监理工程师追偿损失。所以，由监理工程师个人过失引发的合同违约行为，监理工程师必然要与监理企业承担一定的连带责任。

《中华人民共和国刑法》第 137 条规定：“建设单位、设计单位、施工单位、工程监理单位违反国家规定，降低工程质量标准，造成重大安全事故的，对直接责任人员，处 5 年以下有期徒刑或者拘役，并处罚金；后果特别严重的，处 5 年以上 10 年以下有期徒刑，并处罚金。”导致安全事故或问题的原因很多，有自然灾害、不可抗力等客观原因，也有建设单位、设计单位、施工企业、材料供应单位等主观原因。

如果监理工程师有下列行为之一，则要承担一定的监理责任：

(1) 未对施工组织设计中的安全技术措施或者专项施工方案进行审查。

(2) 发现安全事故隐患未及时要求施工单位整改或者暂时停止施工。

(3) 施工单位拒不整改或者不停止施工，未及时向有关主管部门报告。

(4) 未依照法律、法规和工程建设强制性标准实施监理。

如果监理工程师有下列行为之一，则应当与质量、安全事故责任主体承担连带责任：

(1) 违章指挥或者发出错误指令，引起安全事故的。

(2) 将不合格的建设工程、建筑材料、建筑构配件和设备按照合格签字，造成工程质量事故，由此引发安全事故的。

(3) 与建设单位或施工企业串通，弄虚作假、降低工程质量，从而引发安全事故的。

四、监理工程师违规行为的处罚

监理工程师在执业过程中必须严格遵纪守法。政府建设行政主管部门对于监理工程师的违法违规行为，将追究其责任，并根据不同情节给予必要的行政处罚。监理工程师的违规行为及相应的处罚办法，一般包括以下几个方面：

(1) 隐瞒有关情况或者提供虚假材料申请监理人员资格的，不予受理或者不予认定，并给予警告，且一年内不得重新申请。

以欺骗等不正当手段取得监理人员资格（岗位）证书的，吊销相应的资格（岗位）证书，3 年内不得重新申请。

(2) 监理人员涂改、倒卖、出租、出借、伪造资格（岗位）证书，或者以其他形式非法转让资格（岗位）证书的，吊销相应的资格（岗位）证书。

(3) 监理人员从事工程建设监理活动，有下列行为之一，情节严重的，吊销相应的资格（岗位）证书：

1）利用执（从）业上的便利，索取或收受项目法人、被监理单位以及建筑材料、建筑构配件和设备供应单位财物的。

2）与被监理单位以及建筑材料、建筑构配件和设备供应单位串通，谋取不正当利益或损害他人利益的。

3）将质量不合格的建设工程、建筑材料、建筑构配件和设备按照合格签字的。

4）泄露执（从）业中应当保守的秘密的。

5）从事工程建设监理活动中，不严格履行监理职责，造成重大损失的。

监理工程师从事工程建设监理活动，因违规被行政主管部门处以吊销注册证书的，吊销相应的资格证书。

（4）监理人员因过错造成质量事故的，责令停止执（从）业一年；造成重大质量事故的，吊销相应的资格（岗位）证书，五年内不得重新申请；情节特别恶劣的，终身不得申请。

监理人员未执行法律、法规和工程建设强制性条文且情节严重的，吊销相应的资格（岗位）证书，五年内不得重新申请；造成重大安全事故的，终身不得申请。

（5）资格管理工作人员在管理监理人员的资格活动中玩忽职守、滥用职权、徇私舞弊的，按行业自律有关规定给予处罚；构成犯罪的，依法追究刑事责任。

（6）监理人员被吊销相应的资格（岗位）证书，除已明确规定外，三年内不得重新申请。

监理工程师以及监理人员违背职业道德或违反工作纪律，由政府主管部门没收非法所得，收缴《监理工程师岗位证书》，并可处以罚款。监理单位还要根据企业内部的规章制度给与处罚。

思　考　题

1. 监理工程师需要具备什么样的素质？
2. 总监理工程师的职责是什么？
3. 监理工程师的职责是什么？
4. 申请监理工程师注册的条件是什么？
5. 监理工程师应该具备什么样的职业道德和工作纪律？
6. 对于监理工程师违规行为的处罚有哪些？

第四章　建 设 监 理 组 织

第一节　工程管理组织基本原理

组织是管理的一项重要职能，建立高效率的组织体系和组织机构并使之正常运行，是工程项目成功的根本保证。为了有效地开展建设监理工作，控制工程项目总目标的实现，合理设置工程项目监理组织机构及其管理职能的分工，是一个十分重要的问题。工程项目监理组织是监理目标能否实现的决定性因素，所以，组织基本原理是监理工程师必备的理论基础。

一、组织的含义

组织是为了使系统达到某种特定的目标，经各部门分工与协作以及设置不同层次的权力和责任制度而构成的人的组合体。

组织有两种含义：一种是作为名词出现，是指组织机构，属于组织结构学分支学科，侧重于组织的静态研究，以建立合理、精干、高效的组织结构为目的；另一种是作为动词出现，是指组织行为（或活动），属于组织行为学分支学科，侧重于组织的动态研究，一般包括两个方面：一是对个体、群体和领导的心理与行为及其相互之间关系进行研究，同时通过了解人的需求、研究人的感情和动机与行为的关系，掌握其心理与行为规律，调动人的积极性；二是在对人和人力资源管理与开发研究的基础上，在外部环境和内部条件的不断变化中，通过组织变革，减少内耗，提高效益。

组织有三个特点：

（1）组织必须有目标，目标是组织存在的前提。

（2）没有分工与协作就不能称其为组织。分工与协作的关系是由目标限定的，只有将两者结合起来才能产生较高的效率。

（3）组织要有不同层次的权力和责任制度。有了分工即赋予了各人相应的权力和责任制度，要完成某项任务，就必须具备完成该项任务的权力，同时又必须负有相应的责任。

国内外许多学者在深入研究组织原理的基础上，将组织称为生产的第四大要素，而它与其他三大要素（人、劳动对象、劳动工具）相比有其独特鲜明的特点，即在生产中其他要素可以互相替代，例如增加机器设备等劳动手段可以替代劳动力，而组织不能替代其他要素，也不能被其他要素所替代。它是使其他三个要素合理配合而得以增值的要素，所谓“2＋2＝5”，也就是说，组织可以提高其他要素的使用效率和效益。随着现代化社会大生产的发展，随着其他生产要素的增加和复杂程度的提高，组织在经济活动中的作用也愈加重要。

二、组织结构

组织内部构成的较为稳定的相互关系和联系方式，称为组织结构。组织活动所产生的效果与反应，称为组织效应（或效果）。

组织结构有以下几方面内涵。

1. 组织结构与职权的关系

组织结构与职权形态之间存在着一种直接的相互关系。因为组织结构与职位以及职位间关系的确立密切相关，故而它为职权关系提供了一定的格局。职权指的是组织中成员间的关系，而不是某一个人的属性。职权是以下级服从上级的命令为基础的，同时与合法行使某一职位的权力紧密相关。

2. 组织结构与职责的关系

组织结构与组织中各部门的职责分配有着直接的关系。在组织中，有了职位就有了职权，也就有了职责。管理是以机构和人员职责的确定和分配为基础的，组织结构为职责的分配奠定了基础。

3. 组织结构与工作监督和业绩考核的关系

组织结构明确了部门间的职责分工和上下级层次间的权力和责任。由此奠定了对各部门、各层次工作质量监督和业绩考核的基础。

4. 组织结构与组织行为的关系

组织结构明确了各部门或个人分派的任务和各种活动的方式。合理的组织结构，由于分工合理明确，权利与职责统一协调；有利于人力资源的充分利用，有利于增强个人、群体的责任心和调动工作积极性，团队精神好，战斗力强。相反，不合理的组织结构，可能由于分工不明，责任交叉，工作冲突或连续性差等原因，造成机构内部部门或个人间相互推诿、相互摩擦、影响工作效率和效果。

5. 组织结构与协调的关系

在组织结构内部，由于各部门或个人的利益角度不同，因此，处理问题的观点和方式可能有较大差别，经常影响到其他部门或个人的利益；甚至影响到组织的整体利益。组织结构规定了组织中各部门或个人的权利、地位和等级关系，这种关系一定程度上讲是下级服从上级、局部服从整体的关系，因此，组织结构为协调关系、解决矛盾、调动各方的积极性，维护组织整体利益提供了保证。

6. 组织结构图

组织结构图是简化了的组织结构的抽象模型，但它并不能完整、准确地表达组织结构。譬如它不能说明平级职位间相互作用的横向关系，也不能说明一个上级对其下级所掌有权利的程度。虽然如此，它仍然是一种常用来表示组织结构的好方法。

三、组织机构设置的原则

组织机构作为项目管理的组织保证，对项目管理的成败起着决定性的作用。凡是失败的项目，首先可以从组织设计失策和组织效率低下找到原因。组织机构设置应遵循以下几方面原则。

1. 目的性原则

组织机构设置的根本目的，是为了产生组织功能，确保项目总目标的实现。从这一根本目的出发，应因目标设事，因事设机构、定编制，按编制设岗位、定人员，以职责定制度。组织机构设置程序如图 4-1 所示。

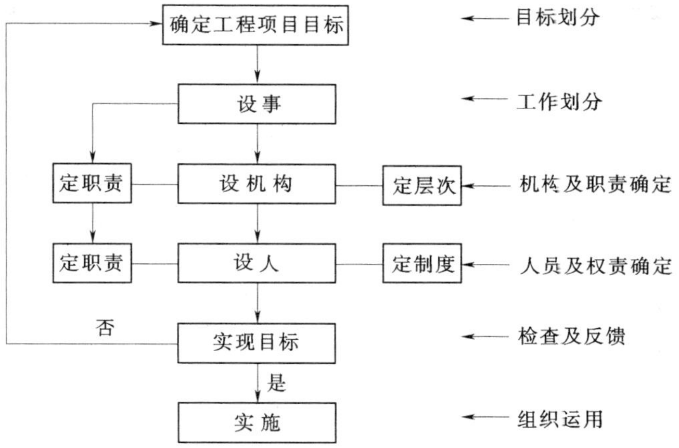

图 4-1　组织结构设置程序图

2. 管理跨度和分层统一的原则

管理跨度亦称管理幅度，是指一个主管人员直接管辖下属人员的数量。适当的管理跨度，加上适当的层次划分和适当授权，是建立高效率组织的基本条件。管理跨度大，管理人员的接触关系增多，处理人与人之间关系数量随之增大。法国管理学家丘纳斯提出：一个领导者直接管辖的人数与它们之间可能产生的沟通关系数，可按式（4-1）计算：

$$C=N(2^{N-1}+N-1) \tag{4-1}$$

式中　C——需要协调的关系数；

N——管理跨度。

可见，随着管理跨度的加大，双向信息沟通量将以惊人的几何级数增长。

因此，在进行组织机构设计时，必须使管理跨度适当。而跨度大小又与分层多少有关。管理跨度与层次划分的多少成反比，即层次多，则跨度小；层次少，则跨度大。如最基层人数为 16 时，若管理跨度为 2，则需要 4 个管理层次；若跨度为 4，则需要 2 个管理层次。这就需要根据领导者的能力和项目的大小、下级人员能力、沟通程度、层次高低进行权衡。美国管理学家戴尔曾调查 41 家大企业，管理跨度的中位数是 6～7 人之间。究竟多大的管理跨度合适，至今没有公认的客观标准，如国外调查表明管理跨度以不超过 5～6 人为宜；结合我国具体情况，也有人在探讨，有人建议一般企业领导直接管辖的下级人员数应以 4～7 人为宜。例如在鲁布革工程引水隧洞施工项目管理中，采用了适当的分层、授权，运用管理跨度进行了有效的组织，项目经理下属 33 人，分成了 4 个层次，管理跨度为 5。

在组建组织机构时，必须认真设计切实可行的跨度和层次，画出机构系统图，以便讨论、修正、按设计组建组织机构。

3. 系统化原则

由于项目是一个复杂的大系统，由众多子系统组成一个大系统，各子系统之间，子系统内部各单位工程之间，不同组织、工种、工序之间存在着大量结合部，这就要求项目组织也必须是一个完整的组织结构系统，恰当分层和设置部门，以便在结合部上能形成一个相互制约、相互联系的有机整体。防止产生职能分工、权限划分和信息沟通上相互矛盾或重叠。要求在设计组织机构时以业务工作系统化原则作指导，周密考虑层次关系、分层与跨度关系、部门划分、授权范围、人员配备及信息沟通等，使组织机构自身成为一个严密的、完整的组织系统，能够为完成项目管理总目标而实行合理分工及和谐地协作。

4. 分工与协作统一原则

分工就是按照提高专业化程度和工作效率的要求，把组织的目标、任务分成各级、各部门、每个人的目标、任务，明确干什么、谁负责干、有何要求等。

在分工中为了提高工作效率还应强调：

(1) 尽可能按照专业化的要求来设置组织结构。

(2) 每个人所承担的工作应该是他所熟悉和擅长的。

在组织中有分工就必然有协作，明确部门之间和部门内的协调关系与配合方式十分重要。应明确部门与部门之间的关系，在工作中相互联系与衔接，找出易出矛盾所在，合理协调。

5. 集权与分权统一原则

集权是指把权力集中在主要领导手中；分权是指经过领导授权，将部分权力授予下级。事实上，在组织中不存在绝对的集权，也不存在绝对的分权，应根据工作的具体情况，使下级既具有一定的自主权和灵活性，又应在大的原则问题上得到控制。

6. 权责一致原则

权责一致的原则就是在组织中明确划分职责、权利范围，同等的岗位职务赋予同等的权力，做到责任和权力相一致。从组织结构的规律来看，一定的人总是在一定的岗位上担任一定的职务，这样就产生了与岗位职务相应的权力和责任，只有做到有职、有权、有责，才能使组织系统得以正常运行。权责不一致对组织的效能损害是很大的。权大于责就很容易产生瞎指挥、滥用权力的官僚主义；责大于权就会影响管理人员的积极性、主动性、创造性，使组织缺乏活力，往往在事实上又承担不起这种责任。

7. 精干高效原则

项目组织机构人员的设置，以能实现项目要求的工作任务为原则，尽量简化机构，减少层次，做到精干高效。人员配置不用多余的人，从严控制二、三线人员，力求“一专多能”，将组织机构精减到最低限度，要以较少的人员，较少的层次达到最好的管理效果，减少重复和扯皮。

8. 适应性原则

组织机构所面临的管理对象和环境（技术条件、经济条件、政治条件和社会条件等）是变化的，不变是相对的，变化是绝对的。因此，组织机构不应该是僵死的“金字塔”结构，而应该是具有一定适应能力的“太阳系”结构。这样，才能在变化的客观世界中立于不败之地。

四、组织机构活动的基本原理

组织机构的目标必须通过组织机构活动来实现，为保障组织活动的效果，必须遵循以下四个基本原理。

1. 要素有用性

组织机构中的各个基本要素（人、财、物、时间、信息等）在组织活动中都是有用的，只有运用要素有用性原理，根据各个要素作用的大小、主次、好坏进行合理安排、组合和使用，才能充分发挥各个要素的作用，做到人尽其才、财尽其利、物尽其用，最大可能地提高各个要素的利用率。

每个要素都有作用，这是它们的共性，但除此以外，它们各自还有个性。譬如，人这个要素中同样是监理工程师，由于专业、知识、能力、经验等水平不同，所起的作用也就不同。因此，管理者在组织活动过程中不仅要看到各个要素的共性，还要具体分析它们的特殊性，以便充分发挥每一个要素的作用。

2. 动态相关性

组织机构处在静止状态是相对的，处在运动状态则是绝对的。组织机构内部各个要素既互相联系，又互相制约，既互相依存，又互相排斥，这种相互作用推动着组织活动的进行和发展。这种相互作用的因子，叫做相关因子。在事物组合的过程中，由于相关因子的作用，可以发生质的变化，可能出现一加一大于、等于或小于二的多种效果，使得整体效应并不等于其各局部效应的简单相加，这就是动态相关性原理。组织管理者的重要任务就在于使组织机构活动的整体效应大于其局部效应之和，否则，组织就失去了存在的意义。因此，在组织机构活动中必须充分发挥相关因子的作用，才能提高组织管理的效应。

3. 主观能动性

人和宇宙中的各种事物，都是客观存在的物质，运动是他们共有的根本属性。但人又不同于其他事物，人是有生命、有思想、有感情、有创造力的。人会制造工具，并使用工具进行劳动，在劳动中改造世界，同时也改造自身，还能继承并在劳动中运用和发展前人的知识。这就是人的主观能动性，组织管理者的重要任务就是在组织机构活动中充分发挥人的主观能动性，这样才能取得良好的效果。

4. 规律效应性

组织管理者在管理过程中必须要掌握规律，按规律办事，把注意力放在抓事物本质的、内部的、必然的联系上，以达到预期的目标，从而取得较好的效应。规律和效应的关系非常密切，作为成功的管理者只有努力揭示规律，主动研究规律，坚决按规律办事，才能取得良好的效应。

第二节 工程项目管理模式

工程项目发包与承包的组织模式不同，合同结构不同，监理单位的组织结构也相应不同，它直接关系到工程项目的目标控制。因此，监理单位为了实现项目的目标控制，它的组织结构必须与工程项目的发包及承包组织模式相适应。

目前，我国工程项目建设任务发包与承包组织模式，主要有以下四种，包括平行承发包、设计/施工总承包、工程项目总承包和工程项目总承包管理。

在工程项目建设实践中，针对工程项目的实际情况，应选择一种对项目组织、投资控制、进度控制、质量控制和合同管理最有利的模式。

一、平行承发包模式

平行承发包，即分标发包，发包方将一个工程建设项目分解为若干个任务，分别发包给多个设计单位、多个施工单位和设备供应单位。各设计单位之间的关系是平行的，各施工单位之间的关系也是平行的，各设备供应单位之间的关系还是平行的，如图 4-2 所示。

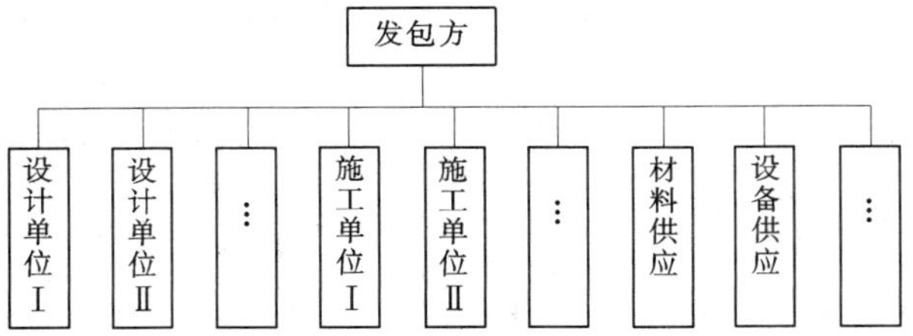

图 4-2　平行承发包

这种模式一般在投资大、工期长、各部分质量标准、专业技术工艺要求不同，又有工期提前要求的大型工程建设项目中采用，优点是有利于进度、质量的合理安排和控制，有利于业主选择承建单位。当设计单位、施工单位规模小，且专业性很强，或者发包方愿意分散风险时，也多采用这种模式。

例如位于我国云南澜沧江上已投产的漫湾水电站，总装机容量 150 万 kW，批准总投资为 10.48 亿元，总工期 9 年。在工程建设中，考虑以下工程特点。

(1) 从初步设计结束到招标设计的时间较短，如以电站或主体工程作为一个总标进行招标，不仅工程规模大，难以形成竞争，而且设计也很难达到指挥部提出的提前发电的总进度要求。

(2) 施工场地开阔，可以同时容纳多个施工单位进场作业，不会发生大的干扰。

(3) 进行分项招标，有利于通过竞争降低工程造价，缩短工期。

因此，采用了分项招标，即将电站的施工准备工程分为 13 个小标，主体工程分为 4 个大标，机电设备工程分主机、主变和机电安装 3 个大标和若干附属设备小标。

实践证明，漫湾水电站采用了分项招标，使十几项施工准备工作同时开工，赢得了时间，取得了提前一年截流的成效，而且取得了经济效益，全部招标工程标价总和低于标底的总和。

但是，平行承发包的模式，合同数量多，对项目组织管理不利，对进度协调不利，因为发包方要和多个设计单位或多个施工单位签订合同，为控制项目总目标，协调工作量大，不仅要协调各设计单位、各施工单位的进度，还要协调它们之间的进度和作业干扰。另外，投资控制难度大，原因一是合同价不易确定，影响投资控制实施；二是工程招标任务量大，需控制多项合同价格，增加了投资控制难度；三是在施工过程中设计变更和修改较多，导致投资增加。

二、设计/施工总承包模式

设计/施工总承包，即设计和施工分别总承包，如图 4－3 所示。

这种模式的优点是对项目组织管理有利，发包方只需和一个设计总包单位和一个施工总包单位签订合同，因此，相对平行承发包模式而言，其协调工作量小，合同管理简单。同时，也有利于投资、进度和质量控制。缺点是建设周期长，总报价可能较高。

采用这种模式时，国际惯例一般规定设计总包单位（或施工总包单位）不可把总包合同规定的任务全部转包给其他设计单位（或施工单位），并且还要求总包单位将任何部分任务分包给其他单位时，必须得到发包方的认可，以保证工程项目投资、进度、质量目标不受影响。《中华人民共和国合同法》规定："建设工程主体工程的结构部分不得分包"。

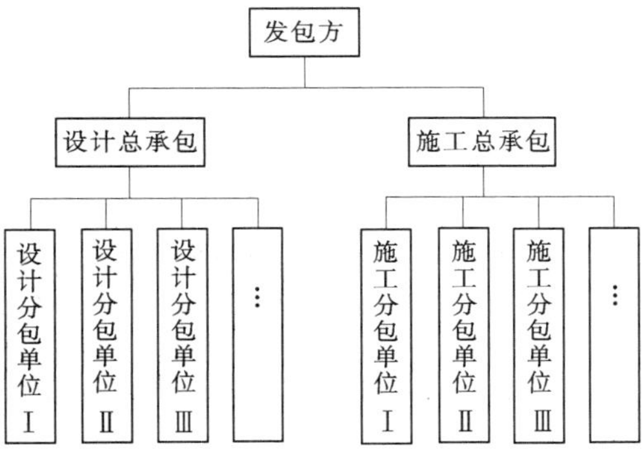

图 4－3　设计/施工总承包

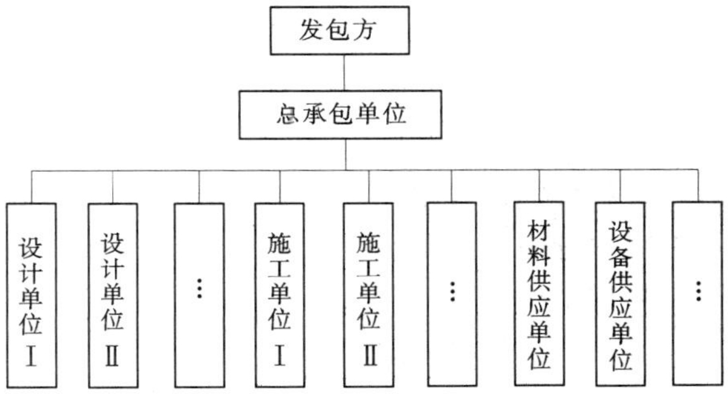

图 4－4　工程项目总承包

三、工程项目总承包模式

工程项目总承包亦称建设全过程承包，也常称为"交钥匙承包"、"一揽子承包"，总承包是在项目全部竣工试运行达到正常生产水平后，再把项目移交给发包方，如图 4－4 所示。

发包方把一个工程项目的设计、材料采购、施工等全部任务都发包给一个单位，这一单位称总承包单位。总承包单位可以自行完成全部任务，也可以把项目的部分任务在取得发包方认可的前提下，分包给其他设计和施工单位。

这种总承包模式工作量最大、工作范围最广，所以合同内容也最复杂，对发包方、总承包单位来说，承担的风险都很大，一旦总承包失败，就可能导致总承包单位破产，发包方也将造成巨大的损失。但对项目组织投资控制、合同管理都非常简单，而且这种模式责任明确、合同关系简单明了，易于形成统一的项目管理保证系统，便于按现代化大生产方式组织项目建设，是近年来现代化大生产方式进入建设领域和项目管理不断发展的产物。相对来说，总承包单位一般都具有管理大型项目的良好素质和丰富经验，工程项目总承包可以依靠总包的综合管理优势，加上总包合同法律约束，使项目的实施纳入了统一管理的保证系统。近年来，我国一些大型项目采用了工程项目总承包，一般都取得了工期短、质量高、投资省的良好效果。

四、工程项目总承包管理

工程项目总承包管理亦称"工程托管"。工程项目总承包管理单位在从发包方承揽了工程项目的设计和施工任务之后，经过发包方的同意，再把承揽的全部设计和施工任务转包给其他单位，如图 4－5 所示。项目总承包管理单位是纯管理公司，主要是经营项目管理，本身不承担任何设计和施工任务。这类承包管理是站在项目总承包立场上的项目管理，而不是站在发包方立场上的“监理”，发包方还需要有自己的项目管理，以监督总承包单位的工作。

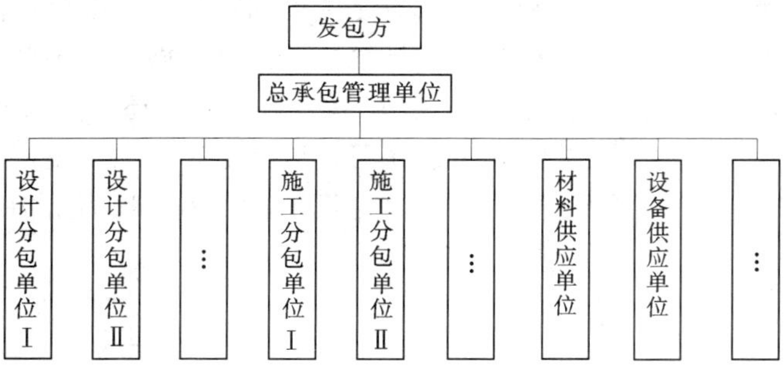

图 4－5　工程项目总承包管理

这种模式优点是合同关系简单、组织协调比较有利，进度控制也有利。缺点是由于项目总承包管理单位与设计、施工单位是总包与分包关系，后者才是项目实施的基本力量，所以监理工程师对分包的确认工作十分关键。同时，项目总承包管理单位自身经济实力一般较弱，而承担的风险相对较大，因此建设工程采用此种模式时须慎重。

上述四种不同的承发包模式，对投资、进度、质量目标的控制和对合同管理、组织协调的难易程度是不同的，其结果也不同，发包方应该根据实际情况进行选择，监理单位也应相应地调整自己的组织机构和工作职能。

五、国外工程建设管理模式

在国际上，各国在长期的工程建设实践中形成了多种建设管理模式。每一种模式的出现都有它的历史背景、社会经济制度环境，每一种模式都有其优点和局限性，各自适用于不同的工程类型。目前，在各国工程项目建设中广泛使用的工程项目管理模式，既包括历史悠久的传统模式，也有新发展起来的工程管理模式，如建筑工程管理方式、设计—建造方式及 BOT 方式等。国际间的相互交流、相互学习，促进了工程建设管理水平的发展。

（一）设计—招标—建造模式

设计—招标—建造（Design－Bid－Method）模式，是一种传统项目管理模式。采用这种方法时，业主与设计机构（建筑师/工程师）签订专业服务合同。设计机构负责提供项目的设计和施工文件。在设计机构的协助下，业主通过竞争性招标将工程施工的任务交给报价最低且/或最具资质的投标人（总承包商）来完成。在施工阶段，设计专业人员通常担任重要的监督角色（主要是查看），并且是业主与承包商通信的桥梁。在这种模式中，与工程项目有关的各方关系如图 4－6 所示。

这种模式将项目建设过程分为可行性研究阶段、设计阶段、施工阶段，即一个阶段衔接一个阶段，工程项目建设程度清晰明了。当前，无论是各国的国内项目，还是在国际工程中，都得到广泛应用。这种模式的主要优点是管理方法成熟，属于标准化的合同关系，采用竞争性投标，对设计可完全控制，可自由选择咨询人员。主要缺点是项目周期较长，

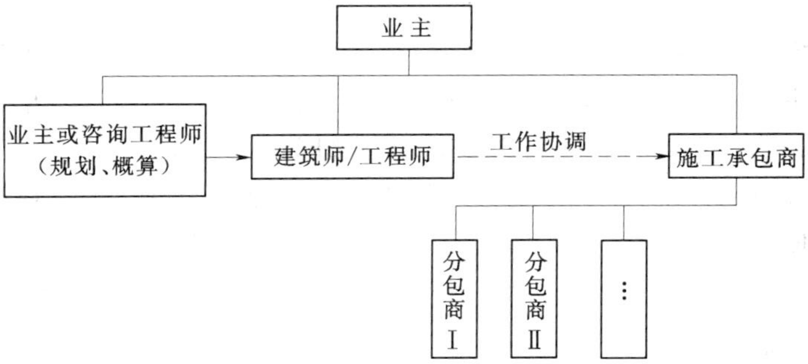

图4-6 设计—招标—建造模式示意图

业主的管理费用较高，在明确整个项目的成本之前投入较大，索赔与变更的费用较高。

（二）CM模式

CM模式（Construction Management Approach）的创始人是美国的Charles. B. Thomsen。随着国际建筑市场的发展变化，人们对CM概念有各种不同的解释，但都有一个共同点，即业主委托一个单位来负责与设计协调，并管理施工。

采用CM模式，就是从项目开始阶段就雇用具有施工经验的咨询人员参与到项目实施过程中来，以便为设计专业人员提供施工方面的建议并随后负责管理施工过程。这种安排的目的是工程项目作为以下完整的过程来对待，在决策时能够同时考虑设计与施工的因素，力争使项目在最短时间内，以最经济的成本和满足要求的质量完成并交付使用。

CM管理方式主要适用于：

（1）对变更的灵活性要求较高的项目。

（2）由于工作范围和规模不确定而无法准确定价的项目。

CM模式的中心在于CM经理的使用。由于CM经理的参与，打破了传统模式中的业主、建筑师/工程师、承包商的固定关系，出现了一种新型关系。在选定CM经理时，业主应仔细客观地审查CM经理的资质，尤其应注意其在类似的项目中设计过程的所有阶段与建筑师和工程师一同工作的经历并将合同授予最有资质且其报价亦可接收的CM经理。

CM模式可有多种不同的实现形式，业主可根据工程项目的具体情况选用。传统的代表型CM模式如图4-7所示。采用这种模式时，CM经理是业主的咨询人员和代理，提供工程建设管理服务，可只提供项目某一阶段的服务，亦可提供全过程的服务。

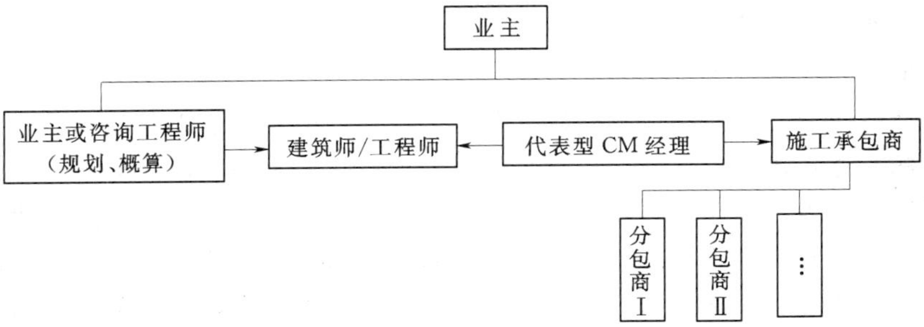

图4-7 代表型CM模式示意图

（三）设计—管理模式

设计—管理模式（Design-Management）通常是指一种类似CM模式但更为复杂的，由同一实体向业主提供设计和施工管理服务的主程管理方式。在通常的CM方式中，业主分别就设计服务和专业施工过程管理服务签订合同。采用设计—管理模式时，业主只签订一份既包括设计也包括CM服务在内的合同。在这种情况下，设计师与CM经济是同一实体。这一实体常常是设计机构与施工管理企业的联合体。设计—管理模式如图4-8所示。

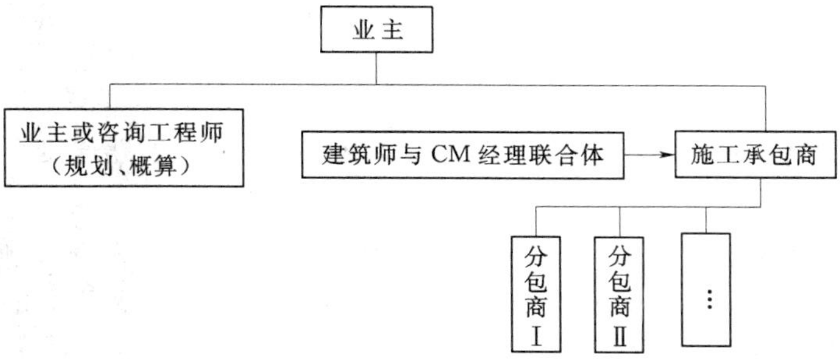

图4-8　设计—管理模式示意图

（四）设计—建造模式

采用设计—建造模式（Design-Build Method），在项目原则确定以后，业主只需选定唯一的实体负责项目的设计与施工，设计—建造承包商对设计阶段的成本负责并以竞争性招标的方式选择分包或使用本公司的专业人员自行完成工程实施。同样，设计工作亦可由承包商的内部机构完成或由与设计—建造承包签订合同的专业设计机构完成。近年来，设计—建造模式在建筑业的应用越来越广泛。设计—建造模式如图4-9所示。

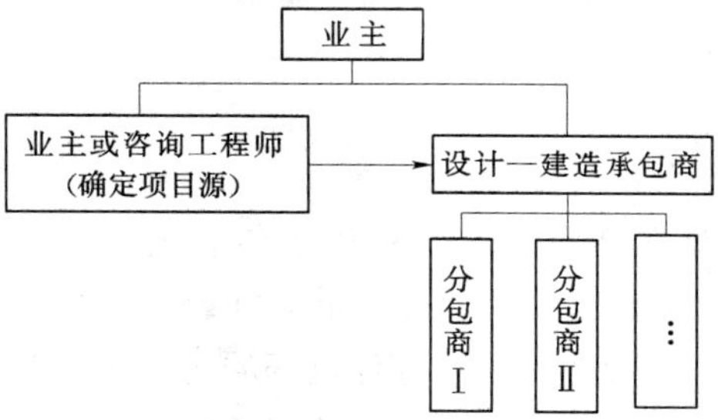

图4-9　设计—建造模式示意图

在设计—建造合同中，业主应明确拟建项目的基本要求。这些要求将成为选定设计—建造承包商的基础。业主应授权一个具有足够专业知识的个人代表业主，作为在项目期间与设计—建造承包商之间的联络人。在确定项目的细节时，业主应与设计—建造承包商紧密合作。业主及时地审阅设计—建造承包商的送审材料对项目的成功有十分重要的影响。

选定设计—建造承包商的过程比较复杂。如果项目中使用了公共资金，则业主必须采用竞争性招标的方式选择承包商。业主必须保证对项目要求的陈述清晰明确，以使得到的投标具有可比性。为了确保承包商的质量，还可确立正式的资格预审原则。此类原则应包括每一个承包商的专业经历、能充分证明承包商具有从事设计建造项目能力的资料、足够的财务能力，以及为项目提供称职的专业人员。在私营项目中，业主可以采用邀请的方式选定承包商。

经常提到的“交钥匙”方式（Turn Key）是具有特定含义的设计—建造方式，即承包商为业主提供包括项目融资、土地购买、设计与施工，直至竣工移交的全套服务。

（五）BOT模式（Build-Operate-Transfer）

BOT模式即项目建设的建造—运营—移交方式。这种方式产生于20世纪80年代，是国际上兴起的一种主要利用国外私人资本融资、建造基础设施的项目管理方式。它是项目所在国政府开放本国基础设施建设和运营市场，吸收国外资金，授予项目公司特许权负责融资和组织建设，建成后负责运营及偿还贷款，在特许期满将工程移交给项目所在国政府的项目运作方式。

目前在世界上许多国家都在研究或已开始采用BOT方式。如铁路建设、公路建设、港口建设等。

BOT模式的运作程序如下。

1. 项目的提出与招标

拟采用BOT方式建设的基础设施项目一般均由当地政府提出，大型项目则由中央政府部门提出，往往委托一家咨询公司对项目进行了初步的可行性研究，随后，颁发特许意向，准备招标文件，公开招标。

BOT方式的招标程序与一般项目招标程序相同。

2. 项目发起人组织投标

项目发起人往往是强有力的咨询顾问公司与财团或是大型的工程公司，它们申请资格预审并在通过资格预审后购买招标文件进行投标。BOT项目的投标显然要比一般工程项目的投标复杂得多，需要进行对BOT项目进行深入的技术和财务的可行性分析，才有可能向政府提出有关实施方案以及特许年限要求等。同时还要与金融机构接洽，使自己的实施方案，特别是融资方案得到金融机构的认可，才可正式递交投标书。在这个过程中，项目发起人常常要聘用各种专业咨询机构（包括法律、金融、财务等）协助编制投标文件，需要花费一大笔投标费用。

3. 成立项目公司，签署各种合同与协议

中标的项目发起人往往就是项目公司的组织者。项目公司参与各方一般包括项目发起人、大型承包公司、设备材料供应商、所有国国营企业。此外，还有一些不直接参加项目公司经营管理的独立股东，如保险公司、金融机构等。

项目公司签订的主要协议有股东协议、与政府谈判签订的特许协议与金融机构签署的融资协议。

4. 项目建设和运营

这一阶段项目公司组织项目发包，选择项目的承包商和咨询公司，筹措并支付资金，保证项目顺利建成，投入运行。

项目部分或全部投入运营后，即按照原定协议向股东分红，同时向金融机构归还贷款和利息。

5. 项目移交

在特许期满之前，应做好必要的维修以及资产评估等工作，以便按时将BOT项目移交政府进行。政府可以仍旧聘用原有运营公司或另组经营公司来运行项目。

第三节　工程项目监理委托模式与实施程序

一、工程项目监理委托模式

工程项目监理委托模式的选择与建设工程组织管理模式密切相关，监理委托模式对建设工程的规划、控制、协调起着非常重要的作用。

（一）平行承发包模式下的监理委托模式

与平行承发包模式相适应的监理委托模式主要有以下 2 种形式。

1. 业主委托一家监理单位实施监理

这种监理委托模式是指业主只委托一家监理单位为其提供监理服务，如图 4－10 所示。

这种委托模式要求被委托的监理单位具有较强的合同管理与组织协调能力，并能做好全面规划工作。监理单位的项目监理机构可以组建多个监理分支机构对各承建单位分别实施监理。在具体的监理过程中，项目总监理工程师应重点做好总体协调工作，加强横向联系，保证监理工作的有效运行。

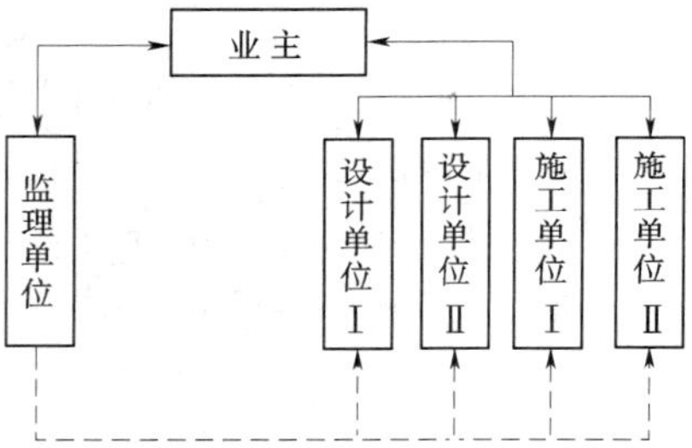

图 4－10　业主委托一家监理单位进行监理的模式

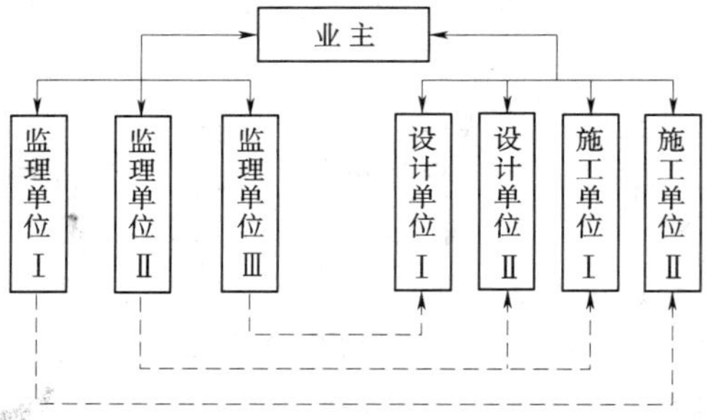

图 4－11　业主委托多家监理单位进行监理的模式

2. 业主委托多家监理单位监理

这种监理委托模式是指业主委托多家监理单位为其提供监理服务，如图 4－11 所示。

采用这种委托模式，业主分别委托几家监理单位针对不同的承建单位实施监理。由于业主需要与多个监理单位签订监理委托合同，所以各监理单位之间的相互协作与配合需由业主进行协调。采用这种监理委托模式，监理单位的监理对象相对单一，便于管理。但整个工程的建设监理工作被肢解，各监理单位各负其责，缺少一个对建设工程的总体规划与协调控制的监理单位。

为了克服上述不足，在某些大、中型项目的监理实践中，业主首先委托一个“总监理工程师单位”负责建设工程的总规划和协调控制，再由业主和“总监理工程师单位”共同选择几家监理单位分别承担不同合同段的监理任务。在监理工作中，由“总监理工程师单位”负责协调、管理各监理单位的工作，大大减轻了业主的管理压力，形成如图 4－12 所示的模式。

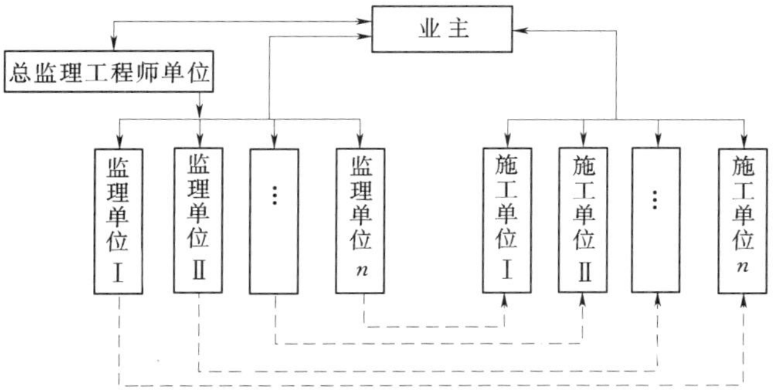

图4-12　业主委托“总监理工程师单位”进行监理的模式

（二）设计/施工总承包模式下的监理委托模式

对设计/施工总承包模式，业主可以委托一家监理单位提供实施阶段全过程的监理服务（如图4-13所示），也可以分别按照设计阶段和施工阶段分别委托监理单位（如图4-14所示）。前者的优点是监理单位可以对设计阶段和施工阶段的工程投资、进度、质量控制统筹考虑，合理地进行总体规划和协调，更可使监理工程师掌握设计思路与设计意图，有利于施工阶段的监理工作。

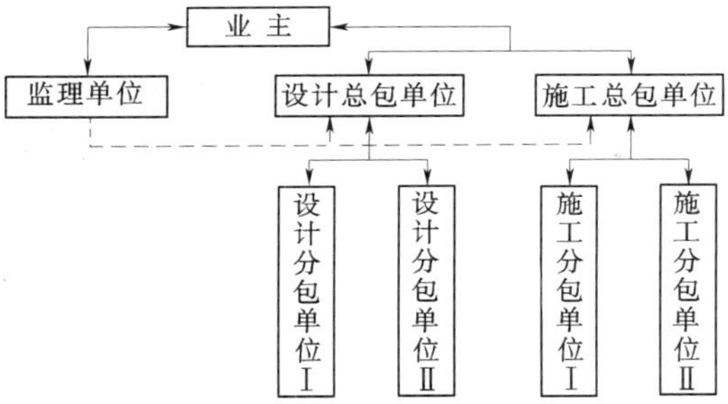

图4-13　业主委托一家监理单位的模式

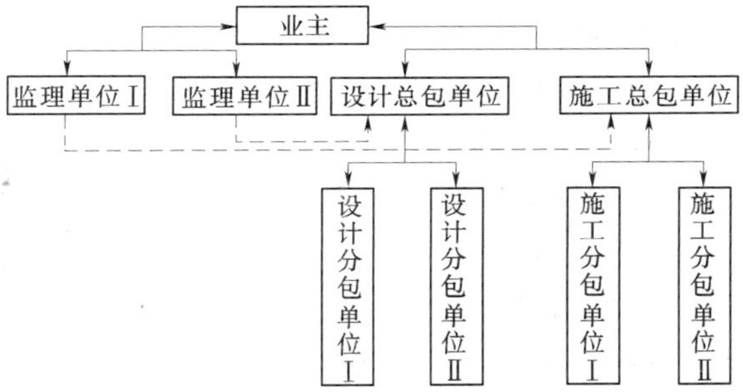

图4-14　按阶段划分的监理委托模式

虽然总承包单位对承包合同承担乙方的最终责任，但分包单位的资质、能力直接影响着工程进度、质量等目标的实现，因此在这种模式条件下，监理工程师必须做好对分包单位资质的审查、确认工作。

（三）项目总承包模式下的监理委托模式

在项目总承包模式下，由于业主和总承包单位签订的是总承包合同，业主应委托一家监理单位提供监理服务，如图4-15所示。在这种模式条件下，由于监理工作时间跨度大，要求监理工程师具备较全面的知识，重点做好合同管理工作。

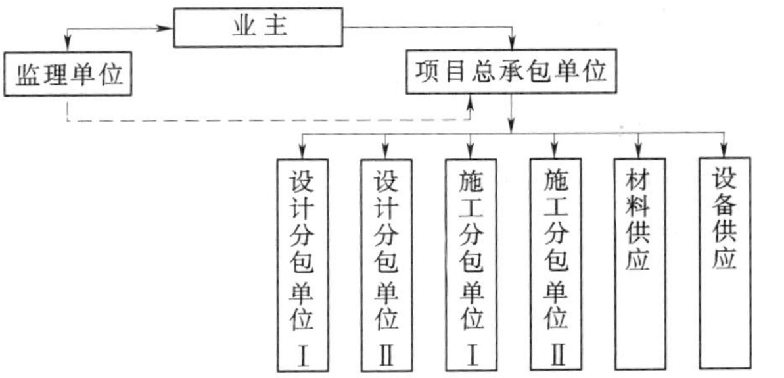

图4-15　项目总承包模式下的监理委托模式

（四）项目总承包管理模式下的监理委托模式

同项目总承包模式一样，业主也应委托一家监理单位提供监理服务

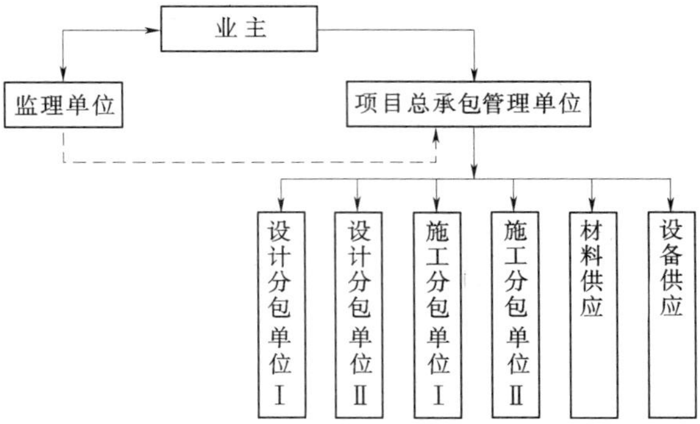

图 4-16 项目总承包管理模式下的监理委托模式

（如图 4-16 所示），这样可以明确管理责任，便于监理工程师对项目总承包管理合同和项目总承包管理单位进行分包等活动的监理。

二、工程项目监理实施程序

（一）确定总监理工程师，成立项目监理机构

监理单位应根据工程的规模、性质以及业主对监理的要求，委派称职的监理人员担任项目总监理工程师，代表监理单位全面负责该工程的监理工作。

一般情况下，监理单位在承接工程监理任务阶段，在工程监理的投标、拟定监理方案（大纲）以及与业主商签监理委托合同时，就应选派称职的人员主持该项工作。在监理任务确定并签订监理委托合同后，该主持人即可作为项目总监理工程师。这样，项目的总监理工程师在承接任务阶段及早介入，更能了解业主的建设意图和对监理工作的要求，并能与后续工作更好地衔接。总监理工程师作为一个建设工程项目监理工作的总负责人，他对内向监理单位负责，对外则向业主负责。

监理机构的人员构成是监理投标书中的重要内容，是业主在评标过程中认可的，总监理工程师在组建项目监理机构时，应根据监理大纲和签订的监理委托合同中的内容组建，并在监理规划和具体实施计划执行中及时的调整。

（二）编制监理规划

监理规划是指导工程监理活动的纲领性文件，其内容将在第六章介绍。

（三）制定各专业监理实施细则

在监理规划的指导下，为具体指导本专业或本子项具体监理任务的进行，还需结合建设工程实际情况，制定相应的监理实施细则，有关内容将在第六章介绍。

（四）规范化地开展监理工作

监理工作的规范化体现在：

（1）工作目标的确定性。在职责分工的基础上，每一项监理工作的具体目标都是确定的，完成的时间也应该有时限规定，从而能通过报表资料对监理工作及其效果进行检查和考核。

（2）工作的时序性。这是指监理的各项工作都应按一定的逻辑顺序先后展开，从而使监理工作能有效地达到目标而不致造成工作状态的无序和混乱。

（3）职责分工的严密性。监理工作是由不同专业、不同层次的专家群体共同来完成的，他们之间严密的职责分工是有序地进行监理工作的前提和实现监理目标的重要保证。

（五）参与验收，签署监理意见

建设工程施工完成以后，监理单位应在正式验收前组织竣工预验收，在预验收中发现的问题，应及时与施工单位沟通，提出整改要求。监理单位应参加业主组织的工程竣工验收，签署监理单位意见。

（六）监理工作总结

监理工作完成后，项目监理机构应及时从两方面进行监理工作总结。一是向业主提交的监理工作总结，其主要内容包括：监理委托合同履行情况概述，监理组织机构、监理人员和投入的监理设施，监理任务或监理目标完成情况的评价，工程实施过程中存在的问题和处理情况，由业主提供的供监理活动使用的办公用房、车辆、试验设施等的清单，必要的工程图片，表明监理工作终结的说明等。二是向监理单位提交的监理工作总结，其主要内容包括：①监理工作的经验，如采用某种监理技术、方法的经验，采用某种经济措施、组织措施的经验，或监理委托合同执行方面的经验以及如何处理好与业主、承包单位关系的经验等；②监理工作中存在的问题及改进的建议。

（七）向业主提交监理档案资料

监理工作完成后，监理单位向业主提交的监理档案资料应在监理委托合同文件中约定。不管在合同中是否作出明确规定，监理单位提交的资料均应符合有关规范规定的要求，一般应包括：设计变更、工程变更资料，监理指令性文件，各种签证资料等档案资料。

三、工程项目监理实施原则

监理单位受业主委托对工程项目实施监理时，应遵守以下基本原则。

（一）独立、公正、自主的原则

监理工程师在工程监理中必须尊重科学、尊重事实，组织建设各方协同配合，维护有关各方的合法权益。因此，必须坚持独立、公正、自主的原则。业主与承建单位虽然都是独立运行的经济主体，但他们追求的经济目标却有差异，监理工程师应在按合同约定的责、权、利关系的基础上，协调双方的一致性。只有按合同的约定完成工程，业主才能实现投资的目的，承建单位也才能实现自己生产的产品的价值，取得工程款和实现盈利。

（二）权责一致的原则

监理工程师承担的职责应与业主授予的权限相一致。监理工程师的监理职权，依赖于业主的授权。这种权力的授予，除体现在业主与监理单位签订的监理委托合同里，而且还应作为业主与承建单位之间工程建设合同的合同条件。因此，监理工程师在明确业主提出的监理目标和监理工作内容要求后，应与业主协商，确定相应的授权，达成共识后明确反映在监理委托合同中及工程建设合同中。据此，监理工程师才能开展监理活动。

总监理工程师代表监理单位全面履行建设工程监理委托合同，承担合同中确定的监理方对业主方的责任和义务。因此，在监理委托合同实施中，监理单位应给予总监理工程师充分的授权，体现权责一致的原则。

（三）总监理工程师负责制的原则

总监理工程师是工程项目监理全部工作的负责人。要建立和健全总监理工程师负责制，就要明确责、权、利关系，健全项目监理机构，采取科学的运行制度、现代化的管理手段，形成以总监理工程师为首的高效能的决策指挥体系。

总监理工程师负责制的内涵包括：

(1) 总监理工程师是工程监理的责任主体。责任是总监理工程师负责制的核心，它构成了对总监理工程师的工作压力与工作动力，也是确定总监理二程师权力和利益的依据。

因此，总监理工程师应是监理单位向业主所负责任的承担者。

(2) 总监理工程师是工程监理的权力主体。根据总监理工程师承担责任的要求，总监理工程师全面领导工程项目的监理工作，包括组建项目监理机构，主持编制监理规划，组织实施监理活动，对监理工作监督、总结和评价。

(四) 严格监理、热情服务的原则

严格监理，就是各级监理人员严格按照国家政策、法律、法规、规范、标准和各有关合同控制工程项目目标，依照既定的程序和制度，认真履行职责，对承建单位进行严格监理。

监理工程师还应为业主提供热情的服务，“应运用合理的技能，谨慎而勤奋地工作”。由于业主一般不熟悉工程项目管理与技术业务，监理工程师应按照监理委托合同的要求多层次、多方位地为业主提供良好的服务，维护业主的正当权益。但是，不能因此一味地向各承建单位转嫁风险，从而损害承建单位的正当经济利益。

(五) 综合效益的原则

监理活动既要考虑业主的经济效益，也必须考虑与社会效益和环境效益的有机统一。工程监理活动虽经业主的委托和授权才得以进行，但监理工程师应首先严格遵守国家的建设管理法律、法规、规范和标准等，以高度负责的态度和责任感，既对业主负责，谋求最大的经济效益，又要对国家和社会负责，取得最佳的综合效益。只有在符合宏观经济效益、社会效益和环境效益的条件下，业主投资项目的微观经济效益才能得以实现。

第四节 工程项目监理组织模式

监理单位履行施工阶段的监理委托合同时，必须在施工现场建立项目监理机构。项目监理机构的组织形式和规模，应根据监理委托合同规定的服务内容、服务期限、工程类型、规模、技术复杂程序、工程环境等因素确定。监理人员应专业配套、数量满足工程项目监理工作的需要。监理人员应包括总监理工程师、专业监理工程师和监理员，必要时可配备副总监理工程师或总监理工程师代表。

监理单位应按照委托监理合同的规定将项目监理机构的组织形式、人员构成及总监理工程师的任命书面通知建设单位。当总监理工程师需要调整时，监理单位应征得建设单位同意；当专业监理工程师需要调整时，总监理工程师应书面通知建设单位和承包单位。

一、建立工程项目监理组织的步骤

监理单位在组建项目监理组织机构时，一般按以下步骤进行。

(一) 确定建设监理目标

建设监理目标是项目监理组织设立的前提，应根据工程建设监理合同中确定的监理目标，明确划分为具体的分目标，形成项目管理目标体系。

(二) 确定工作内容

根据监理目标和监理委托合同中规定的监理任务，明确列出监理工作内容，并进行分类、归并及组合，这是一项重要的组织工作。对各项工作进行归并及组合应以便于监理目标控制为目的，并考虑监理项目的规模、性质、工期、工程复杂程度以及监理单位自身技术业务水平、监理人员数量和素质、组织管理水平等。

如包括从设计到施工验收全过程的监理，可以按设计监理和施工监理两阶段进行组合和归并。施工阶段监理，又可按以下模式进行组合和归并，如图 4－17 所示。

质量控制	工程管理	投资控制	合同管理
★原材料质量控制	★现场协调	★工程预算	★合同履行情况检查
★半成品质量控制	★进度控制	★审核工程量付款	★调节与仲裁等
★施工手段质量控制	★施工安全监督	★工程结算	
★技术资料审核	★工程计量等	★索赔处理等	
★施工工程质量控制			
★中间产品验收			
★工程试验、检测等			

图 4－17　施工阶段监理工作内容的组合

（三）组织结构设计

1. 确定组织结构模式

由于工程项目规模、性质、建设阶段等不同，可以选择不同的监理组织结构模式以适应监理工作需要。结构模式的选择应考虑有利于项目合同管理，有利于目标控制，有利于决策指挥，有利于信息沟通。

2. 合同确定管理层次

监理组织结构中一般应有三个层次：

（1）决策层，由总监理工程师或其助手组成。应能根据工程项目的监理活动特点与内容进行科学化、程序化决策。

（2）中间控制层（协调层和执行层），是承上启下的管理层次，由专业监理工程师和子项目监理工程师组成。具体负责监理规划的落实、目标控制及合同实施管理。

（3）作业层（操作层），由监理员等组成。具体负责监理工作的操作。

3. 制定岗位职责与考核要求

岗位职务及职责的确定，要有明确的目的性，不可因人设岗。根据责权一致的原则，应进行适当的授权，并明确相应的职责。监理人员岗位职责主要规定各类人员的工作职责和考核要求。在工作职责中又分为应完成的工作指标和基本责任。在考核要求中又可分为考核标准和完成时间，对监理人员的工作进行定期考核，包括考核内容、考核标准及考核时间、奖惩办法等。如表 4－1 和表 4－2 所示分别为项目总监理工程师和专业监理工程师岗位职责考核标准。

表 4－1　　总监理工程师岗位职责考核标准

	职责内容	考核要求	
		标准	时间
工作目标	1. 投资控制	符合投资控制计划目标	每月（季）末
	2. 进度控制	符合合同工期及总进度控制计划目标	每月（季）末
	3. 质量控制	符合质量控制计划目标	工程各阶段末

续表

	职 责 内 容	考 核 要 求	
		标 准	时 间
基本职责	1. 根据监理合同，建立和有效管理项目监理机构	1. 监理组织机构科学合理 2. 监理机构有效运行	每月（季）末
	2. 主持编写与组织实施监理规划；审批监理实施细则	1. 对工程监理工作系统策划 2. 监理实施细则符合监理规划要求，具有可操作性	编定和审核完成后
	3. 审查分包单位资质	符合合同要求	规定时限内
	4. 监督和指导专业监理工程师对投资、进度、质量进行监理；审核、签发有关文件资料；处理有关事项	1. 监理工作处于正常工作状态 2. 工程处于受控状态	每月（季）末
	5. 做好监理过程中有关各方的协调工作	工程处于受控状态	每月（季）末
	6. 主持整理建设工程的监理资料	及时、准确、完整	按合同约定

表 4-2　　专业监理工程师岗位职责考核标准

项目	职 责 内 容	考 核 要 求	
		标 准	时 间
工作目标	1. 投资控制	符合投资控制分解目标	每周（月）末
	2. 进度控制	符合合同工期及总进度控制分解目标	每周（月）末
	3. 质量控制	符合质量控制分解目标	工程各阶段末
基本职责	1. 熟悉工程情况，制定本专业监理工作计划和监理实施细则	反映专业特点，具有可操作性	实施前 1 个月
	2. 具体负责本专业的监理工作	1. 工程监理工作有序 2. 工程处于受控状态	每周（月）末
	3. 做好监理机构内各部门之间的监理任务的衔接、配合工作	监理工作各负其责，相互配合	每周（月）末
	4. 处理与本专业有关的问题；对投资、进度、质量有重大影响的监理问题应及时报告总监	1. 工程处于受控状态 2. 及时、真实	每周（月）末
	5. 负责与本专业有关的签证、通知、备忘录，及时向总监理工程师提交报告、报表资料等	及时、真实、准确	每周（月）末
	6. 管理本专业建设工程的监理资料	及时、真实、准确	每周（月）末

4. 选派监理人员

根据监理工作的任务，选择相应的各层次人员，除应考虑监理人员个人素质外，还应考虑总体的合理性与协调性。

我国《建设工程监理规范》规定，项目总监理工程师应由具有 3 年以上同类工程监理工作经验的人员担任；总监理工程师代表应由具有 2 年以上同类工程监理工作经验的人员担任；专业监理工程师应由具有 1 年以上同类工程监理工作经验的人员担任，并且项目监理机构的监理人员应专业配套、数量满足建设工程监理工作的需要。

（四）制定工作流程

监理工作流程是根据监理工作制度对监理工作程序所作的规定，它是保证监理工作科学、有序、有效和规范化的进行。

二、建设监理的组织模式

监理组织模式应根据工程项目的特点、工程项目承发包模式、项目法人委托的任务以及监理单位自身的情况而确定。在建设监理实践中形成的监理组织模式一般分为：直线型模式、职能型模式、直线—职能型模式和矩阵模式四种。

（一）直线型监理组织模式

直线型组织模式又称单线制组织结构，是一种最简单的古老而传统的组织形式，最早出现在古代军事指挥系统中。它的特点是组织中各种职位是按垂直系统直线排列的，即每个低级管理者只对唯一的高级管理者负责，上下级之间按管理层次垂直进行管理，命令系统自上而下进行，责任系统自下而上承担。上层管理下层若干个子项目管理部门，下层只接受唯一的上层指令，如图 4-18 所示。

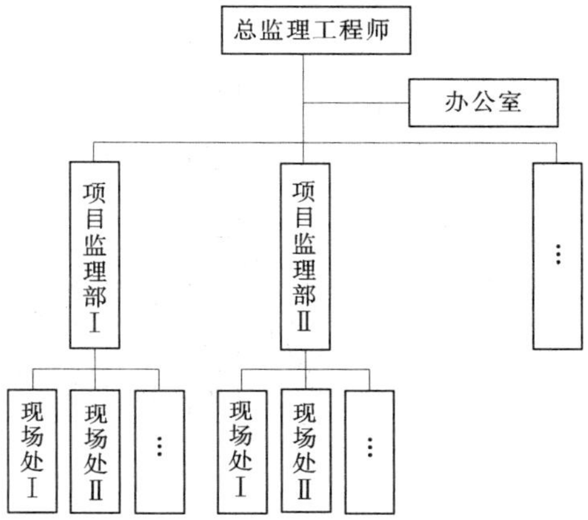

图 4-18　直线型监理组织模式

这种组织模式适用于监理项目能划分为若干相对独立子项的大、中型项目建设监理。总监理工程师负责整个项目的计划、组织和指导，并着重整个项目内各方面的协调工作。子项目监理部门分别负责子项目的目标控制，具体领导现场专业或专项监理组的工作。四川理县甘堡水电站、乐山市黄丹水电站、茂县南新水电站均采月这种组织模式。

此模式的主要优点是结构简单、权力集中、命令统一、职责分明、决策迅速、隶属关系明确。缺点是实行“个人管理”，这就要求各级监理负责人员通晓各有关业务，通晓多种知识技能，成为“全能”式人物。显然，在技术和管理较复杂的项目监理中，这种组织形式不太合适。

（二）职能型监理组织模式

职能型监理组织模式，总监理工程师下设若干个职能机构，分别从职能角度对基层监理组进行业务管理。这些职能机构可以在总监理工程师授权的范围内，就其主管的业务范围，向下下达命令和指标，如图 4-19 所示。

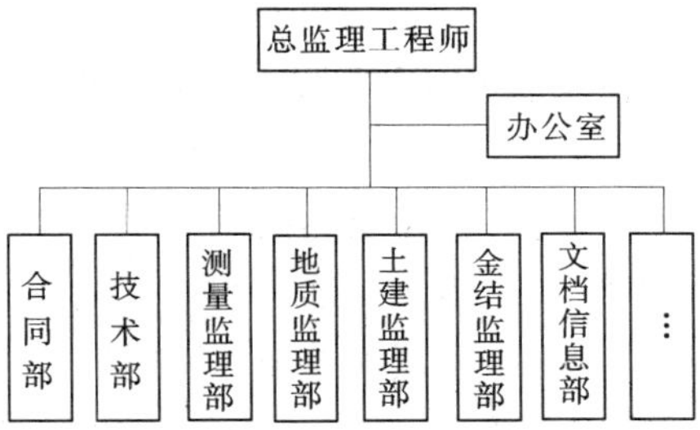

图 4-19　职能型监理组织模式

这种组织模式适用于工程项目在地理位置上相对集中、技术较复杂的工程建设监理。其优点是能体现专业化分工特点，人才资源分配方便，有利于人员发挥专业特长，处理专门性问题水平高；缺点是命令源不唯一，责权关系不够明确，有时决策效率低。

（三）直线—职能型监理组织模式

直线—职能型监理组织模式是吸收了直线型组织模式和职能型组织模式的优点而构成的一种组织模式，如图 4－20 所示。

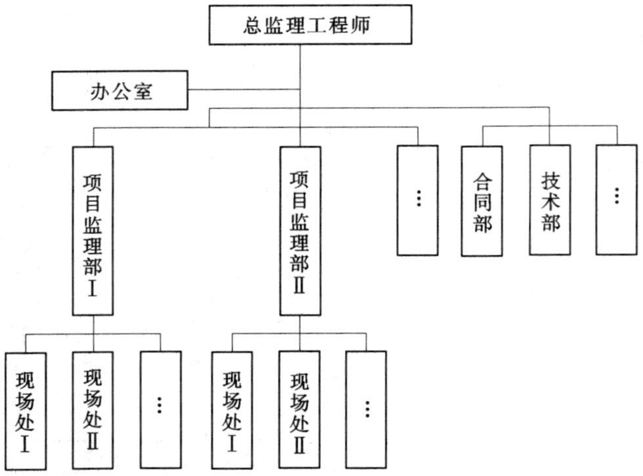

图 4－20　直线—职能型监理组织模式

这种组织模式既有直线型组织模式权力集中、责权分明、决策效率高等优点，又兼有职能部门处理专业化问题能力强的优点。但是，此模式的最大缺点是需投入的监理人员数量较大。

实际上，在直线—职能型监理组织模式中，职能部门是直线机构的参谋机构，故这种模式也叫直线—参谋模式或直线—顾问模式。

（四）矩阵型监理组织模式

矩阵结构是第二次世界大战后在美国首先出现的。矩阵结构是一种新型的组织模式，它是随着企业系统规模的扩大，技术的发展，产品类型的增多，必须考虑的企业外部因素的增多而要求企业系统的管理组织有很好的适应性，既有利于业务专业管理，又有利于产品（项目）的开发，并能克服以上几种组织结构的缺点，如灵活性差、部门之间的横向联系薄弱等。

矩阵结构是从专门从事某项工作小组（不同背景、不同技能、不同知识、分别选自不同部门的一同为某个特定任务而工作）形式发展而来的一种组织结构。在一个系统中既有纵向管理部门，又有横向管理部门，纵横交叉，形成矩阵，所以称其为矩阵结构，如图 4－21 所示。

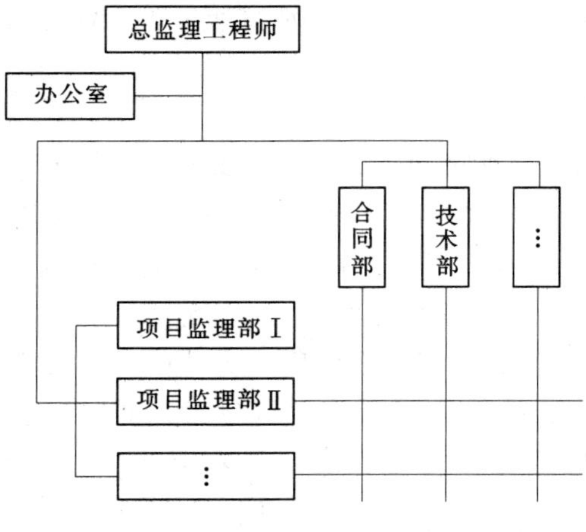

图 4－21　矩阵型监理组织模式

这种组织模式常用于有纵向监理系统，又有横向监理系统的大、中型项目建设监理。内蒙古灌溉项目河套总排干沟扩建工程，采用的就是这种矩阵型组织模式。

此种模式的优点是加强了各职能部门的横向联系，具有较大的机动性和适应性；把上下左右集权与分权实行最优的结合，有利于解决复杂难题，有利于监理人员业务能力的培养。缺点是命令源不唯一，纵横向协调工作量大，处理不当会造成扯皮现象，产生矛盾。

为克服权力纵横交叉这一缺点，必须严格区分两类工作部门的任务、责任和权力，并应根据项目建设的具体情况和外围环境，确定在某一时期纵向、横向哪一个为主命令方向，解决好项目建设过程中各环节及有关部门的关系，确保工程项目总目标最优的实现。

第五节　工程项目监理组织的人员配备

监理组织的人员配备要根据工程特点、监理任务及合理的监理深度与密度，进行优化组合和分派。

（一）项目监理组织的人员结构

项目监理组织要有合理的人员结构才能适应监理工作的要求，合理的人员结构包括以下两方面的内容。

1. 要有合理的专业结构

监理项目部（如监理合同部、监理技术部和监理现场部）应由与监理项目的专业特点（如是水利水电项目，或是工业项目，或是民用项目，还是专用性很强的生产项目等）及项目法人对项目监理的要求（是全过程监理，或是某一阶段如设计阶段或施工阶段的监理，或是投资、质量、进度的多目标控制，还是某一目标的控制等）相称职的各专业人员组成。监理项目部各专业人员要配套。

一般来说，监理组织应具备与所承担的监理任务相适应的专业人员。但是，当监理项目局部具有某些特殊性，或业主提出某些特殊的监理要求而需要借助于某种特殊的监控手段时，如局部的钢结构、网架、罐体等质量监控需采用无探伤、X 光及超声探测仪；水下及地下混凝土桩基，需采用遥测仪器探测等，此时，将这些局部的、专业性很强的监控工作另行委托给相应资质的咨询监理机构来承担，也应视为保证了监理人员的合理专业结构。

2. 要有合理的技术职务、职称结构

监理工作是一种高智能的技术性劳务工作，选派监理人员除应持有监理资格证书、从事某项专业的年限外，还应考虑合理的技术职称结构，即高级职称、中级职称和初级职称的比例应与监理工作要求相匹配。一般来说，具备中级及中级以上职称的监理工程师人员，在整个监理人员结构中应占多数，初级职称监理员（包括助理工程师、助理经济师、技术员、经济员）仅占少数，且要求这部分人员能看懂图纸、能正确填报有关原始凭证等。施工阶段项目监理机构监理人员要求的技术职称结构如表 4－3 所示。

表 4－3　　施工阶段项目监理机构监理人员要求的技术职称结构

层　次	人　员	职　能	职称职务要求
决策层	总监理工程师、总监理工程师代表、专业监理工程师	项目监理的策划、规划；组织、协调、监控、评价等	高级职称
执行层/协调层	专业监理工程师	项目监理实施的具体组织、指挥、控制/协调	中级职称
作业层/操作层	监理员	具体业务的执行	初级职称

（二）确定监理人员数量考虑的因素

1. 影响项目监理机构人员数量的主要因素

（1）工程建设强度。工程建设强度是指单位时间内投入的工程建设资金的数量，它是衡量一项工程建设紧张程度的标准。一般来说，工程建设的强度可以从现场安排的作业面和各作业面的劳动强度反映出。

显然，工程建设强度越大，投入的监理人力就越多，工程建设强度是确定人数的重要因素。

（2）工程复杂程度和监理合同的规定。每项工程都具有不同的建设监理环境，如工程位置、气候条件、工程性质、空间范围、工程地质、施工方法、工期要求、材料供应、工程分散程度以及后勤供应等。

根据上述各项因素的具体情况，可将工程分为若干工程复杂程度等级。不同等级的工程需要配备的项目监理人员数量有所不同。可将工程复杂程度按五级划分：简单工程、一般工程、一般复杂工程、复杂工程、很复杂工程。工程复杂程度定级可采用定量办法：对构成工程复杂程度的每一因素通过专家评估，根据工程实际情况给出相应权重，将各影响因素的评分加权平均后根据其值的大小确定该工程的复杂程度等级。例如，将工程复杂程度按 10 分制计评，则平均分值 1～3 分者为简单工程，3～5 分者为一般工程，5～7 分者为一般复杂工程，7～9 分者为复杂工程，9 分以上者为很复杂工程。建设监理环境不同，则投入的监理人员数量也就不同。显然，简单工程需要的项目监理人员较少，而复杂工程需要的项目监理人员较多。

建设监理环境是由工程本身的复杂程度和监理委托合同的规定决定的，涉及的因素主要有：

1）工程性质及其建筑物组成。

2）设计图纸签发方式。

3）工程位置。

4）气候条件。

5）地形条件。

6）工程地质。

7）交通、食宿条件。

8）施工方法。

9）涉及的专业种类。

10）旁站要求。

11）工期要求。

12）工程款结算方式

13）材料供应。

14）工程分散程度等。

根据工程的上述因素，可绘制工作分解结构图（WBS）和组织结构图，按监理工作需要配备监理人员。

（3）监理组织机构和监理人员。监理组织机构不同，所需的监理人员数量、结构不同。项目监理机构的组织结构情况关系到具体的监理人员配备，务必使项目监理机构任务职能分工的要求得到满足。必要时，还需要根据项目监理机构的职能分工对监理人员的配备作进一步的调整。

有时监理工作需要委托专业咨询机构或专业监测、检验机构进行，当然，项目监理机构的监理人员数量可适当减少。

另外，监理人员的业务水平和素质、专业面、工程经验、管理水平，都将影响监理人员数量的配置。

每个监理单位的业务水平和对某类工程的熟悉程度不完全相同，在监理人员素质、管理水平和监理的设备手段等方面也存在差异，这都会直接影响到监理效率的高低。高水平的监理单位可以投入较少的监理人员完成一个建设工程的监理工作，而一个经验不多或管理水平不高的监理单位则需投入较多的监理人员。因此，各监理单位应当根据自己的实际情况制定监理人员需要量定额。

2. 项目监理机构人员数量的确定方法

项目监理机构人员数量的确定方法可按如下步骤进行。

（1）项目监理机构人员需要量定额。根据监理工程师的监理工作内容和工程复杂程度等级，测定、编制项目监理机构监理人员需要量定额，如表4-4所示。

表4-4　　监理人员需要量定额　　单位：人·年/百万美元

工程复杂程度	监理工程师	监理员	行政、文秘人员
简单工程	0.20	0.75	0.10
一般工程	0.25	1.00	0.10
一般复杂工程	0.35	1.10	0.25
复杂工程	0.50	1.50	0.35
很复杂工程	>0.50	>1.50	>0.35

（2）确定工程建设强度。根据监理单位承担的监理工程，确定工程建设强度。

例如：某工程分为2个子项目，合同总价为4200万美元，其中子项目1合同价为2200万美元，子项目2合同价为2000万美元，合同工期为30个月。

工程建设强度＝4200÷30×12＝1680（万美元/年）＝16.8（百万美元/年）

(3) 确定工程复杂程度。按构成工程复杂程度的10个因素考虑，根据本工程实际情况分别按10分制打分。具体结果如表4-5所示。

表4-5　　工程复杂程度等级评定表

项　次	影响因素	子项目1	子项目2
1	设计活动	6	5
2	工程位置	5	9
3	气候条件	5	5
4	地形条件	5	7
5	工程地质	7	4
6	施工方法	6	4
7	工期要求	5	5
8	工程性质	6	6
9	材料供应	5	4
10	分散程度	5	5
平均分值		5.5	5.4

根据计算结果，此工程为一般复杂工程等级。

(4) 根据工程复杂程度和工程建设强度套用监理人员需要量定额。从定额中可查到相应项目监理机构监理人员需要量如下（人·年/百万美元）：监理工程师：0.35；监理员1.10；行政文秘人员0.25。

则各类监理人员数量如下：

监理工程师：0.35×16.8=5.88（人），按6人考虑；

监理员：1.10×16.8=18.48（人），按19人考虑；

行政文秘人员：0.25×16.8=4.2（人），按4人考虑。

(5) 根据实际情况确定监理人员数量。根据项目监理机构情况决定每个部门各类监理人员配备情况如下：

监理总部（包括总监理工程师、总监理工程师代表和总监理工程师办公室）：总监理工程师1人，总监理工程师代表1人，行政文秘人员2人。

子项目1监理组：专业监理工程师2人，监理员10人，行政文秘人员1人。

子项目2监理组：专业监理工程师2人，监理员9人，行政文秘人员1人。

本工程项目的项目监理机构采取直线型组织结构，如图4-22所示。

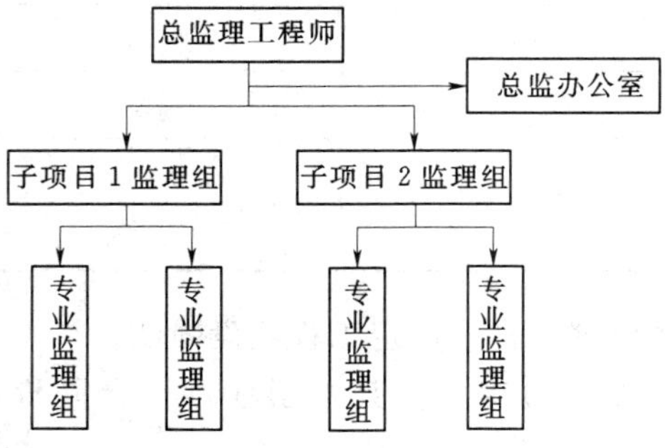

图4-22　项目监理机构的直线制组织结构

施工阶段项目监理机构的监理人员数量一般不少于3人。项目监理机构的监理人员数量和专业配备应随工程施工进展情况作相应的调整，从而满足不同阶段监理工作的需要。

思　考　题

1. 什么是组织？组织的特点是什么？
2. 什么是组织机构？组织结构的内涵有哪几方面？
3. 组织机构设置的原则有哪些？
4. 组织机构活动的基本原理有哪些？
5. 项目承发包有哪些主要模式？各自优缺点是什么？
6. 国际上工程管理有哪些主要模式？
7. 建设监理组织有哪些模式？各有哪些优缺点？
8. 建设工程监理实施的程序是什么？
9. 建设工程监理实施的基本原则有哪些？
10. 简述建立项目监理机构的步骤。
11. 项目监理组织应具备什么样的人员结构？

第五章　工程项目监理招标投标

第一节　工程项目监理招标

一、工程监理招标的必要性

实践证明，监理是保障建设工程质量的有力措施。因此，选择一家有经验、有人才、有方法、有手段、有信誉的监理单位，顺利实施工程项目的建设，是完全必要的。而监理招标则是择优选择监理单位的最佳途径，它有利于确保监理单位的素质与管理水平，达到坚持基本建设程序，缩短工程建设周期，控制工程投资，提高工程质量的目的。同时通过监理招投标也可大大提高参与工程建设各方的素质，推动我国建设事业的健康稳步发展。

二、工程监理招标的范围与标准

根据《水利工程建设项目招标投标管理规定》（[2001] 水利部令第 14 号）及《水利工程建设项目监理招标投标管理办法》（水建管 [2002] 587 号）文件规定，符合下列具体范围与规模标准之一的水利工程建设项目必须依法进行监理招标。

1. 具体范围

（1）关系社会公共利益、公共安全的防洪、排涝、灌溉、水力发电、引（供）水、滩涂治理、水土保持、水资源保护等水利工程建设项目。

（2）使用国有资金投资或者国家融资的水利工程建设项目。

（3）使用国际组织或者外国政府贷款、援助资金的水利工程建设项目。

2. 规模标准

（1）施工单项合同估算价在 200 万元人民币以上的。

（2）重要设备、材料等货物的采购，单项合同估算价在 100 万元人民币以上的。

（3）勘察设计、监理等服务的采购，单项合同估算价在 50 万元人民币以上的。

（4）项目总投资额在 3000 万元人民币以上，但分标单项合同估算价低于本项第（1）、（2）、（3）项规定标准的项目原则上都必须招标。

三、项目监理招标应具备的条件

根据《水利工程建设项目监理招标投标管理办法》规定，项目监理招标应具备以下条件：

（1）项目可行性研究报告或者初步设计已经批复。

（2）监理所需资金已经落实。

（3）项目已列入年度计划。

项目监理招标宜在相应的工程勘察、设计、施工设备和材料招标开始前完成。

四、项目监理招标的方式

项目监理招标分为公开招标和邀请招标。国家重点水利项目、地方重点水利项目及全部使用国有资金投资或者国有资金投资占控股或者主导地位的项目应采用公开招标。对于符合下列情况之一的，按规定经批准后可采用邀请招标：

（1）项目总投资额在3000万元人民币以上，但分标单项合同估算价对于施工单项合同低于200万元人民币，或对于重要设备、材料等货物的采购单项合同低于100万元人民币，或对于勘察设计、监理等服务的采购单项合同低于50万元人民币的项目。

（2）项目技术复杂，有特殊要求或涉及专利权保护，受自然资源或环境限制，新技术或技术规范事先难以确定的项目。

（3）应急度汛项目。

（4）其他特殊项目。

采用邀请招标的，招标前招标人必须履行批准手续；国家重点水利项目经水利部初审后，报国家发展计划委员会批准；其他中央项目报水利部或其委托的流域管理机构批准；地方重点水利项目经省、自治区、直辖市人民政府水行政主管部门会同同级发展计划行政主管部门审核后，报本级人民政府批准；其他地方项目报省、自治区、直辖市人民政府水行政主管部门批准。

五、项目监理招标的程序

招标人应按有关规定选择自行办理或委托招标代理机构办理招标事宜。项目监理招标宜在相应的工程勘察、设计、施工、设备和材料招标活动开始前完成。其招标工作一般按下列程序进行。

（一）成立招标小组。招标单位成立招标工作小组

（二）招标报告备案招标前，按项目管理权限向水行政主管部门提交招标报告备案

（三）编制招标文件

监理招标文件的内容包括：投标邀请书；投标人须知；书面合同书格式；投标报价书、投标保证金和授权委托书、协议书和履约保函的格式；必要的设计文件、图纸和有关资料；投标报价要求及其计算方式；评标标准与方法；投标文件格式；其他辅助资料等9个方面。

投标人须知还包括：招标项目概况，监理范围、内容和监理服务期，招标人提供的现场工作及生活条件（包括交通、通信、住宿等）和试验检测条件，对投标人和现场监理人员的要求，投标人应当提供的有关资格和资信证明文件，投标文件的编制要求，提交投标文件的方式、地点和截止时间，开标日程安排，投标有效期等。

书面合同书格式，依法必须招标项目的监理合同书应使用《水利工程施工监理合同示范文本》（GF—2007—0211），其他项目可参照使用。

为便于投标人有足够的时间编制投标文件，自招标文件发出之日起至投标人提交投标文件截止之日止，不少于20日。

招标文件一经发出，招标内容一般不作修改。如需对招标文件进行修改和澄清，应在提交投标文件截止日期15日前书面通知所有潜在投标人。该修改和澄清的内容是招标文件的一部分。

投标人少于3个的，招标人应当依法重新招标

（四）发布招标信息（招标公告或投标邀请书）

招标公告或者投标邀请书应至少载明：

（1）招标人的名称和地址。

（2）监理项目的内容、规模、资金来源。

（3）监理项目的实施地点和服务期。

（4）获取招标文件或者资格预审文件的地点和时间。

（5）对招标文件或者资格预审文件收取的费用。

（6）对投标人的资质等级要求。

（五）发售资格预审文件

资格预审文件售价最高不得超过500元人民币。

（六）接受资格预审文件

按规定日期接受潜在投标人编制的资格预审文件。

（七）组织对潜在投标人资格预审文件进行审核

为提高招标效率和保证招标质量，招标人应对投标人进行资格审查。资格审查分为资格预审和资格后审。除招标文件另有规定，一般进行资格预审的，不再进行资格后审。公开招标时，要求进行资格预审的只有通过资格预审的监理单位才可以参加投标。

资格预审，是指在投标前对潜在投标人进行的资格审查。资格预审的一般原则是：①招标人组建的资格预审工作组负责资格预审；②资格预审工作组按照资格预审文件中规定的资格评审条件，对所有潜在投标人提交的资格预审文件进行评审；③资格预审完成后，资格预审工作组应提交由资格预审工作组成员签字的资格预审报告，并由招标人存档备查；④经资格预审后，招标人应当向资格预审合格的潜在投标人发出资格预审合格通知书，告知获取招标文件的时间、地点和方法，并同时向资格预审不合格的潜在投标人告知资格预审结果。

资格后审，是指在开标后，招标人对投标人进行资格审查，提出资格审查报告，经参审人员签字由招标人存档备查，同时交评标委员会参考。

资格审查主要审查潜在投标人或者投标人是否符合下列条件：①具有独立合同签署及履行的权利；②具有履行合同的能力，包括专业、技术资格和能力，资金、设备和其他物质设施能力，管理能力，类似工程经验、信誉状况等；③没有处于被责令停业，投标资格被取消，财产被接管、冻结等；④在最近三年内没有骗取中标和严重违约及重大质量问题。

资格审查时，招标人不得以不合理的条件限制、排斥潜在投标人或者投标人，不得对潜在投标人或者投标人实行歧视待遇。任何单位和个人不得以行政手段或者其他不合理方式限制投标人的数量。

（八）发售招标文件

向资格预审合格的潜在投标人发售招标文件。

（九）现场踏勘

组织购买招标文件的潜在投标人现场踏勘。

（十）澄清问题

接受投标人对招标文件有关问题要求澄清的函件，对问题进行澄清，并书面通知所有潜在投标人。

（十一）成立评标委员会

组织成立评标委员会，并在中标结果确定前保密。

（十二）接受投标文件

在规定时间和地点，接受符合招标文件要求的投标文件。

（十三）开标

开标应在招标文件中确定的时间、地点进行。开标的工作人员由主持人、监标人、开标人、唱标人、记录人组成。招标人只受理在规定的截止时间前送达的投标文件，同时检查其密封性，进行登记并提供回执。已收投标文件应妥善保管，开标前不得开启。

开标由招标人主持，邀请所有投标人参加。投标人的法定代表人或者授权代表人应出席开标会议，在指定的登记表上签名报到，并接受开标人员对其身份证明的检查（法定代表人的证明文件或者授权代表人有关身份证明）。评标委员会成员不出席开标会议。

（十四）评标

1. 评标委员会的组成

评标由评标委员会负责。评标委员会的组成按照《水利工程建设项目招标投标管理规定》第四十条的规定进行。评标委员会成员应当客观、公正地履行职责，遵守职业道德，以保证中标人是能够最大限度地满足招标文件中规定的各项综合评价标准的投标人。评标委员会成员实行回避制度，有下列情形之一的，应当主动提出回避并不得担任评标委员会成员：

（1）投标人或者投标人、代理人主要负责人的近亲属。

（2）项目主管部门或者行政监督部门的人员。

（3）在5年内与投标人或其代理人曾有工作关系。

（4）5年内与投标人或其代理人有经济利益关系，可能影响对投标的公正评审的人员。

（5）曾因在招标、评标以及其他与招标投标有关活动中从事违法行为而受到行政处罚或者刑事处罚的人员。

招标人应当采取必要的措施，保证评标过程在严格保密的情况下进行。

2. 评标工作程序

评标工作一般按照以下程序进行：

（1）招标人宣布评标委员会成员名单并确定主任委员。

（2）招标人宣布有关评标纪律。

（3）在主任委员的主持下，根据需要，讨论通过成立有关专业组和工作组。

（4）听取招标人介绍招标文件。

（5）组织评标人员学习评标标准与方法。

（6）评标委员会对投标文件进行符合性和响应性评定。

（7）评标委员会对投标文件中的算术错误进行更正。

（8）评标委员会根据招标文件规定的评标标准与方法对有效投标文件进行评审。

（9）评标委员会听取项目总监理工程师陈述。

（10）经评标委员会讨论，并经1/2以上成员同意，提出需投标人澄清的问题，并以书面形式送达投标人。

（11）投标人对需要书面澄清的问题，经法定代表人或者授权代表人签字后，作为投标文件的组成部分，在规定的时间内送达评标委员会，但澄清不得改变投标文件提出的主要监理人员、监理大纲和投标报价等实质性内容。

（12）评标委员会依据招标文件确定的评标标准与方法，对投标文件进行横向比较，确定中标候选人推荐顺序。

（13）在评标委员会2/3以上成员同意并在全体成员签字的情况下，通过评标报告。评标委员会成员必须在评标报告上签字。若有不同意见，应明确记载并由其本人签字，方可作为评标报告附件。

评标报告的内容包括：招标项目基本情况；对投标人的业绩和资信的评价；对项目总监理工程师的素质和能力的评价；对资源配置的评价；对监理大纲的评价；对投标报价的评价；评标标准和方法；评审结果及推荐顺序；废标情况说明；问题澄清、说明、补正事项纪要；其他说明；附件等。

评标委员会经评审，认为所有投标文件都不符合招标文件要求，可以否决所有投标，招标人重新招标，并报水行政主管部门备案。

3. 评标标准

项目监理评标标准和方法应当体现根据监理服务质量选择中标人的原则。评标标准和方法应在招标文件中载明，在评标时不得另行制定或者修改、补充任何评标标准和方法。

评标标准包括投标人的业绩和资信、项目总监理工程师的素质和能力、资源配置、监理大纲以及投标报价等五个方面。其重要程度宜分别赋予20％、25％、25％、20％、10％的权重，也可根据项目具体情况确定。每个方面又设置若干具体的评价指标。例如：

（1）业绩和资信的评价指标：

1）人力、物力与财力资源。

2）近3～5年完成或者正在实施的项目情况及监理效果。

3）投标人以往的履约情况。

4）近5年受到的表彰或者不良业绩记录情况。

5）有关方面对投标人的评价意见等。

（2）项目总监理工程师的素质和能力的评价指标：

1）项目总监理工程师的简历、监理资格。

2）项目总监理工程师主持或者参与监理的类似工程项目及监理业绩。

3）有关方面对项目总监理工程师的评价意见。

4）项目总监理工程师月驻现场工作时间。

5）项目总监理工程师的陈述情况等。

（3）资源配置的评价指标：

1）项目副总监理工程师、部门负责人的简历及监理资格。

2）项目相关专业人员和管理人员的数量、来源、职称、监理资格、年龄结构、人员进场计划。

3）主要监理人员的月驻现场工作时间。

4）主要监理人员从事类似工程的相关经验。

5）拟为工程项目配置的检测及办公设备。

6）随时可调用的后备资源等。

（4）监理大纲的评价指标：

1）监理范围与目标。

2）对影响项目工期、质量和投资的关键问题的理解程度。

3）项目监理组织机构与管理的实效性。

4）质量、进度、投资控制和合同、信息管理的方法与措施的针对性。

5）拟定的监理质量体系文件等。

6）工程安全监督措施的有效性。

（5）投标报价的评价指标：

1）监理服务范围、时限。

2）监理费用结构、总价及所包含的项目。

3）人员进场计划。

4）监理费用报价取费原则是否合理。

4. 评标方法

评标方法主要有综合评分法、两阶段评标法和综合评议法，可根据工程规模和技术难易程度选用。大、中型项目或者技术复杂的项目宜采用综合评分法或者两阶段评标法，项目规模小或者技术简单的项目可采用综合评议法。

（1）综合评分法。根据评标标准设置详细的评价指标和评分标准，经评标委员会集体评审后，评标委员会分别对所有投标文件的各项评价指标进行评分，去掉最高分和最低分后，其余评委评分的算术和即为投标人的总得分。评标委员会根据投标人总得分的高低排序选择中标候选人1～3名。若候选人出现分值相同情况，则对分值相同的投标人改为投票法，以少数服从多数的方式，也可根据总监理工程师、监理大纲的得分高低决定次序选择中标候选人。

（2）两阶段评标法。对投标文件的评审分为两阶段进行。首先进行技术评审，然后进行商务评审。有关评审方法可采用综合评分法或综合评议法。评标委员会在技术评审结束之前，不得接触投标文件中商务部分的内容。

评标委员会根据确定的评审标准选出技术评审排序的前几名投标人，而后对其进行商务评审。根据规定的技术和商务权重，对这些投标人进行综合评价和比较，确定中标候选人1～3名。

（3）综合评议法。根据评标标准设置详细的评价指标，评标委员会成员对各个投标人进行定性比较分析，综合评议，采用投票表决的形式，以少数服从多数的方式，排序推荐中标候选人1～3名。

5. 评标报告

评标委员会按照评标程序、标准和方法评完标后，应当向招标人提交经评标委员会签字的书面评标报告。评标报告应包括以下内容：

（1）招标项目基本情况。

（2）对投标人的业绩和资信的评价。

（3）对项目总监理工程师的素质和能力的评价。

（4）对资源配置的评价。

（5）对监理大纲的评价。

（6）对投标报价的评价。

（7）评标标准和方法。

（8）评审结果及推荐顺序。

（9）废标情况说明。

（10）问题澄清、说明、补正事项纪要。

（11）其他说明。

（12）附件。

6. 其他注意的事项

（1）评标委员会要求投标人对投标文件中含义不明确的内容作出必要的澄清或者说明，但澄清或说明不得改变投标文件提出的主要监理人员、监理大纲和投标报价等实质性内容。

（2）评标委员会经评审，认为所有投标文件都不符合招标文件要求，可以否决所有投标，招标人应当重新招标，并报水行政主管部门备案。

（3）评标委员会成员应当客观、公正地履行职责，遵守职业道德，对所提出的评审意见承担个人责任。

（4）遵循根据监理服务质量选择中标人的原则，中标人应当是能够最大限度地满足招标文件中规定的各项综合评价标准的投标人。

（十五）定标

招标人可授权评标委员会直接确定中标人，也可根据评标委员会提出的书面评标报告和推荐的中标候选人顺序确定中标人。当招标人确定的中标人与评标委员会推荐的中标候选人顺序不一致时，应有充足的理由，并按项目管理权限报水行政主管部门备案。

在确定中标人前，招标人不得与投标人就投标方案、投标价格等实质性内容进行谈判。自评标委员会提出书面评标报告之日起，招标人一般应在 15 日内确定中标人，最迟应在投标有效期结束日 30 个工作日前确定。

中标人确定后，招标人在招标文件规定的有效期内应以书面形式向中标人发出中标通知书，并将中标结果通知所有未中标的投标人。招标人不得向中标人提出压低报价、增加工作量、延长服务期或其他违背中标人意愿的要求，并以此作为发出中标通知书和签订合同的条件。中标通知书对招标人和中标人具有法律效力。中标通知书发出后，招标人改变中标结果的，或者中标人放弃中标项目的，都应依法承担法律责任。

（十六）向水行政主管部门提交招标投标情况的书面总结报告

（十七）发中标通知书，并将中标结果通知所有投标人

（十八）进行合同谈判，并与中标人订立书面合同

招标人和中标人应在中标通知书发出之日后的 30 日内，按照招标文件和中标人的投

标文件订立书面合同。招标人不得再与中标人订立背离合同实质性内容的其他协议。中标人也不得向他人转让中标项目，或将中标项目肢解后向他人转让。当确定的中标人拒绝签订合同时，招标人可与确定的候补中标人签订合同。

在确定中标人后15日之内，招标人应按项目管理权限向水行政主管部门提交招标投标情况的书面总结报告。书面总结报告应至少包括：开标前招标准备情况；开标记录；评标委员会的组成和评标报告；中标结果确定；附件（招标文件）。

第二节　工程项目监理投标

一、监理投标人应具备的条件

投标人是响应招标、参加投标竞争的法人或者其他组织。投标人必须具有水利部颁发的《水利工程建设监理单位资质等级证书》，并具备下列条件：

（1）具有招标文件要求的资质等级和类似项目的监理经验与业绩。

（2）有与招标项目要求相适应的人力、物力和财力。

（3）其他条件。

两个以上监理单位可以自愿组成一个联合体，以一个投标人的身份投标。联合体各方签订共同投标协议后，不得再以自己名义单独投标，也不得组成新的联合体或参加其他联合体在同一项目中投标。联合体通过资格预审后，其组成的任何变化都必须在提交投标文件截止之日前征得招标人的同意。如果变化后的联合体削弱了竞争，含有事先未经过资格预审或者资格预审不合格的法人，或者使联合体的资质降到资格预审文件中规定的最低标准下，招标人有权拒绝。联合体各方应指定牵头人，授权其代表所有联合体成员负责投标和合同实施阶段的主办、协调工作，并向招标人提交由所有联合体成员法定代表人签署的授权书。

二、监理投标组织

建设项目监理招标与投标是激烈的市场竞争活动，招标人希望通过招标力求获得高质量的监理服务，实现工程预期的建设目标。投标人则希望以自己在技术、经验、实力和信誉等方面的优势在竞争中获胜，占据市场，求得进一步发展。因此，当一个公司进行工程监理投标时，组织一个强有力的投标班子是十分重要的。

一个好的投标班子的成员应主要包括经济管理、专业技术、合同管理等类人才。所谓经济管理类人才，是指能直接从事工程费用计算，掌握生产要素的市场行情，能运用科学的调查、分析、预测的方法，准确控制工程中发生的各类费用的人员。所谓专业技术人才，是指精于工程设计和施工的各类技术人才，他们掌握本专业领域内的最新技术知识，具有较丰富的工程经验，能选择和确认技术可行、经济合理的设计和施工方案。所谓合同管理类人才，是指熟悉合同相关法律、法规，熟悉合同条件并能进行深入分析、提出应特别注意的问题、具有合同谈判和合同签订经验、善于发现和处理索赔等方面的专业人员。在组织投标班子时，可考虑让拟任的项目总监理工程师及有关人员参加，利用他们在类似工程中的监理经历和过早熟悉工程情况的优势，编制高水平的投标文件，提高总监理工程师在评标中的陈述水平，从而可大大增加项目监理的中标机会。总之，投标班子应由多方面的人才组成，并注意保持班子成员的相对稳定，积累和总结以往经验，不断提高其素质和水平，以形成一个高效率的工作集体，从而提高本公司投标的竞争力。

对于那些规模庞大、技术复杂的工程项目，可以由几家工程公司联合起来监理投标，这样可以发挥各公司的特长和优势，补充技术力量的不足，提高整体竞争能力。

三、项目监理投标的程序

项目监理投标的程序与其招标程序是相对应的。以公开招标方式为例，项目监理投标程序如下。

（1）获得招标信息，资格预审准备。

（2）购买资格预审文件，编制资格预审文件。

（3）按规定日期报送资格预审申请文件。

（4）资格预审通过，购买招标文件。

（5）熟悉招标文件，参加招标人组织的现场踏勘，提出质疑，编制投标文件。

（6）报送投标文件，提交投标保证金。

（7）法定或者授权代表人参加开标会。

（8）书面答复招标人询问，参加澄清会议。

（9）如中标，获得招标人中标通知。

（10）进行合同谈判，并与中标人订立书面合同。

如果采用邀请招标，其投标程序是招标人通过社会和市场调查，对认定有能力和实力完成招标项目的监理单位发出投标邀请书，其后的投标程序与公开招标的投标程序相同，但要对投标人进行资质和资格后审。一旦发现资格不符合招标条件时，招标人随时有权拒绝该投标人的投标。所以投标人对自己资格是否达到资格条件应十分注意，否则会给自己造成经济、名誉上的损失。以上各项工作内容和步骤，并非一成不变，应结合不同工程项目性质、工程规模和不同国家来确定其程序，但主要工作是必不可少的。

四、监理投标文件

监理投标文件是项目法人选择监理单位的重要依据。投标人应当按照招标文件的要求编制投标文件。投标文件一般包括下列内容。

（1）投标报价书。

（2）投标保证金。

（3）委托投标时，法定代表人签署的授权委托书。

（4）投标人营业执照、资质证书以及其他有效证明文件的复印件。

（5）监理大纲。主要内容包括：工程概况、监理范围、监理目标、监理措施、对工程的理解、项目监理组织机构、监理人员等。

（6）项目总监理工程师及主要监理人员简历、业绩、学历证书、职称证书以及监理工程师资格证书和岗位证书等证明文件。

（7）拟用于本工程的设施设备、仪器。

（8）近3～5年完成的类似工程、有关方面对投标人的评价意见以及获奖证明。

（9）投标人近3年财务状况。

（10）投标报价的计算和说明。

（11）招标文件要求的其他内容。

监理投标文件质量是影响监理单位能否中标的关键。因此，投标文件要在内容和形式上符合监理招标文件的实质性要求和条件，又要在技术方案和投入的资源等方面满足监理任务的要求，并且报价合理。投标文件同时也要反映出监理单位在业绩、技术与管理水平上、资源与资信能力上足以胜任所委托的监理工作，并具有良好的信誉。

投标人应认真编制投标文件，尤其要防止招标人可以拒绝或者按无效标处理的投标文件：①投标文件未按照要求密封；②投标文件未加盖投标人公章或者未经法定代表人（或者授权代表人）签字（或者印鉴）；③投标文件字迹模糊导致无法确认涉及关键技术方案、关键工期、关键工程质量保证措施、投标价格；④投标文件未按照规定的格式、内容和要求编制；⑤投标人在一份投标文件中，对同一招标项目报有两个或者多个报价且没有确定的报价说明；⑥投标人对同一招标项目递交两份或者多份内容不同的投标文件，未书面声明哪一个有效；⑦投标文件中含有虚假资料；⑧投标人名称与组织机构与资格预审文件不一致。

五、监理招投标的注意事项

(1) 投标人应在招标文件要求的截止时间前，将投标文件密封送达招标人，并按照招标文件的规定提交投标保证金。投标人的投标文件正本和副本应分别包装，包装封套上加贴封条，加盖“正本”或“副本”标记。

(2) 投标人在招标文件要求提交投标文件截止时间之前，可以书面方式对投标文件进行修改、补充或者撤回，但应符合招标文件的要求。

(3) 投标人应当对递交的资格预审文件、投标文件中有关资料的真实性负责。

(4) 两个以上监理单位可以组成一个联合体，以一个投标人的身份投标。联合体各方签订共同投标协议后，不得再以自己名义单独投标，也不得组成新的联合体或参加其他联合体在同一项目中投标。

(5) 联合体参加资格预审并获通过的，其组成的任何变化都必须在提交投标文件截止之日前征得招标人的同意。如果变化后的联合体削弱了竞争，含有事先未经过资格预审或者资格预审不合格的法人，或者使联合体的资质降到资格预审文件中规定的最低标准下，招标人有权拒绝。

(6) 联合体各方必须指定牵头人，授权其代表所有联合体成员负责投标和合同实施阶段的主办、协调工作，并应当向招标人提交由所有联合体成员法定代表人签署的授权书。

(7) 联合体投标的，应当以联合体各方或者联合体中牵头人的名义提交投标保证金。

(8) 项目监理招标一般不宜分标。如若分标，各监理标的监理合同估算价应当在50万元人民币以上。项目监理的分标，应利于管理和竞争，利于保证监理工作的连续性和相对独立性，避免相互交叉和干扰，造成监理责任不清。

(9) 项目监理的评标标准和方法体现了监理服务质量优先原则，项目监理招标一般不设置标底。

(10) 监理费用不是选择监理单位的主要因素。投标报价在评标的五项内容中所占权重最小。这是因为监理费用在整个工程建设费用中所占比例很小，而一个服务质量良好的监理单位在工程建设中可创造出远高于监理费的价值和财富。

第三节 工程项目监理取费

一、工程项目监理取费的必要性

我国的工程监理有关规定指出：水利工程工程监理是一种有偿的技术服务，而且是一种“高智能的有偿技术服务”。作为监理单位，他们在监理服务中，要投入相应的专业技术人员和监理设备，以力求达到工程预期建设目标的顺利实现，为此必须收取一定的监理费用，这是其得以生存和发展的血液。作为项目法人，只有聘请监理单位来对工程建设实施监理，才能达到自己预定的工程建设要求，为此必须付给他们适当的报酬，用以补偿监理单位在完成任务时的支出（包括合理的劳务补偿以及需要交纳的税金），这也是作为委托方应尽的义务。

监理服务费的多少依据《建设工程监理与相关服务收费管理规定》执行，并在监理委托合同中说明。项目法人所付的监理费用客观体现监理单位所提供的监理服务价值，花费适当的监理服务费用，取得专家高智能高质量的技术服务，以实现对工程质量、进度、投资的有力控制，反而能降低工程成本。国内外的监理实践早就有了有力的论证。

二、建设工程监理与相关服务收费管理规定

为规范建设工程监理及相关服务收费行为，维护委托双方合法权益，促进工程监理行业健康发展，国家发展和改革委员会、建设部组织国务院有关部门和有关组织，制定了《建设工程监理与相关服务收费管理规定》，自 2007 年 5 月 1 日起执行。2007 年 5 月 10 日水利部办公厅以通知的形式（办建管函［2007］267 号）转发了国家发展和改革委员会、建设部关于印发《建设工程监理与相关服务收费管理规定的通知》（发改价格［2007］670 号），要求部直属各单位、各省（自治区、直辖市）水利（水务）厅（局），各计划单列市水利（水务）局，新疆生产建设兵团水利局，各单位认真贯彻执行。

《建设工程监理与相关服务收费管理规定》的基本规定如下：

（1）为规范建设工程监理与相关服务收费行为，维护发包人和监理人的合法权益，根据《中华人民共和国价格法》及有关法律、法规，制定本规定。

（2）建设工程监理与相关服务，应当遵守公开、公平、公正、自愿和诚实信用的原则。依法须招标的建设工程，应通过招标方式确定监理人。监理服务招标应优先考虑监理单位的资信程度、监理方案的优劣等技术因素。

（3）发包人和监理人应当遵守国家有关价格法律法规的规定，接受政府价格主管部门的监督、管理。

（4）建设工程监理与相关服务收费根据建设项目性质的不同情况，分别实行政府指导价或市场调节价。依法必须实行监理的建设工程施工阶段收费实行政府指导价；其他建设工程施工阶段的监理收费和其他阶段的监理与相关服务实行市场调节价。

（5）实行政府指导价的建设工程施工阶段监理收费，其基准价根据《建设工程监理与相关服务收费标准》计算，浮动幅度为上下 20%。发包人和监理人应当根据建设工程的实际情况在规定的浮动幅度内协商确定收费额。实行市场调节价的建设工程监理与相关服务收费，由发包人和监理人协商确定收费额。

（6）建设工程监理与相关服务收费，应当体现优质优价的原则。在保证工程质量的前提下，由于监理人提供的监理与相关服务节省投资，缩短工期，取得显著经济效益的，发包人可根据合同约定奖励监理人。

（7）监理人应当按照《关于商品和服务实行明码标价的规定》，告知发包人有关服务项目、服务内容、服务质量、收费依据以及收费标准。

（8）建设工程监理与相关服务收费的内容、质量要求和相应的收费金额以及支付方式，由发包人和监理人在监理与相关服务合同中约定。

（9）监理人提供的监理与相关服务，应当符合国家有关法律、法规和标准规范，满足合同约定的服务内容和质量等要求。监理人不得违反标准规范规定或合同约定，通过降低服务质量、减少服务内容等手段进行恶性竞争，扰乱正常市场秩序。

（10）由于非监理人原因造成建设工程监理与相关服务工作量增加或减少的，发包人应当按合同约定与监理人协商另行支付监理与相关服务费用。

（11）由于监理人原因造成监理与相关服务工作量增加的，发包人不另行支付监理与相关服务费用。

监理人提供监理与相关服务不符合国家有关法律、法规和标准规范的，提供的监理服务人员、执业水平和服务时间未达到监理工作要求的，不能满足合同约定的服务内容和质量等要求的，发包人可按合同约定扣减相应的监理与相关服务费用。

由于监理人工作失误给发包人造成经济损失的，监理人应当按照合同约定依法承担相应的赔偿责任。

（12）违反本规定和国家有关价格法律、法规规定的，由政府价格主管部门依据《中华人民共和国价格法》、《价格违法行为行政处罚规定》予以处罚。

三、建设工程监理与相关服务收费标准

（1）建设工程监理与相关服务是指监理人接受发包人的委托，提供建设工程施工阶段的质量、进度、费用控制管理和安全生产监督管理、合同、信息等方面协调管理服务，以及勘察、设计、保修等阶段的相关服务。各阶段的工作内容如表5-1所示。

表5-1　建设工程监理与相关服务的主要工作内容

<table>
<tr><th>服务阶段</th><th>主要工作内容</th><th>备注</th></tr>
<tr><td>勘察阶段</td><td>协助发包人编制勘察要求、选择勘察单位，核查勘察方案并监督实施和进行相应的控制，参与验收勘察成果</td><td rowspan="4">建设工程勘察、设计、施工、保修等阶段监理与相关服务的具体工作内容执行国家、行业有关规范、规定</td></tr>
<tr><td>设计阶段</td><td>协助发包人编制设计要求、选择设计单位，组织评选设计方案，对各设计单位进行协调管理，监督合同履行，审查设计进度计划并监督实施，核查设计大纲和设计深度、使用技术规范合理性，提出设计评估报告（包括各阶段设计的核查意见和优化建议），协助审核设计概算</td></tr>
<tr><td>施工阶段</td><td>施工过程中的质量、进度、费用控制，安全生产监督管理、合同、信息等方面的协调管理</td></tr>
<tr><td>保修阶段</td><td>检查和记录工程质量缺陷，对缺陷原因进行调查分析并确定责任归属，审核修复方案，监督修复过程并验收，审核修复费用</td></tr>
</table>

(2) 建设工程监理与相关服务收费包括建设工程施工阶段的工程监理（以下简称“施工监理”）服务收费和勘察、设计、保修等阶段的相关服务（以下简称“其他阶段的相关服务”）。

(3) 铁路、水运、公路、水电、水库工程的施工监理服务收费按建筑安装工程费分档定额计费方式计算收费。其他工程的施工监理服务收费按照建设项目工程概算投资额分档定额计费方式计算收费。

(4) 其他阶段的相关服务收费一般按相关服务工作所需工日和《建设工程监理与相关服务人员人工日费用标准》（如表 5-2 所示）收费。

表 5-2　　建设工程监理与相关服务人员人工日费用标准

建设工程监理与相关服务人员职级	工日费用标准（元）
高级专家	1000～1200
高级专业技术职称的监理与相关服务人员	800～1000
中级专业技术职称的监理与相关服务人员	600～800
初级及以下专业技术职称监理与相关服务人员	300～600

(5) 施工监理服务收费按照下列公式计算。

$$施工监理服务收费=施工监理服务收费基准价\times(1\pm浮动幅度值) \quad (5-1)$$

$$施工监理服务收费基准价=施工监理服务收费基价\times专业调整系数\times工程复杂程度调整系数\times高程调整系数 \quad (5-2)$$

(6) 施工监理服务收费基价。施工监理服务收费基价是完成国家法律法规、规范规定的施工阶段监理基本服务内容的价格。施工监理服务收费基价按《施工监理服务收费基价表》（如表 5-3 所示）确定，计费额处于两个数值区间的，采用直线内插法确定施工监理服务收费基价。

表 5-3　　施工监理服务收费基价表　　单位：万元

序　号	计费额	收费基价	序　号	计费额	收费基价
1	500	16.5	9	60000	991.4
2	1000	30.1	10	80000	1255.8
3	3000	78.1	11	100000	1507.0
4	5000	120.8	12	200000	2712.5
5	8000	181.0	13	400000	4882.6
6	10000	218.6	14	600000	6835.6
7	20000	393.4	15	800000	8658.4
8	40000	708.2	16	1000000	10390.1

注　计费额大于 1000000 万元的，以计费额乘以 1.039%的收费率计算收费基价。其他未包含的其收费由双方协商议定。

(7) 施工监理服务收费基准价。施工监理服务收费基准价是按照本收费标准规定的基价和式（5-1）、式（5-2）计算出的施工监理服务基准收费额。发包人与监理人根据项目的实际情况，在规定的浮动幅度范围内协商确定施工监理服务收费合同额。

(8) 施工监理服务收费的计费额。施工监理服务收费以建设项目工程概算投资额分档定额计费方式收费的，其计费额为工程概算中的建筑安装工程费、设备购置费和联合试运转费之和，即工程概算投资额。对设备购置费和联合试运转费占工程概算投资额40%以上的工程项目，其建筑安装工程费全部计入计费额，设备购置费和联合试运转费按40%的比例计入计费额。但其计费额不应小于建筑安装工程费与其相同且设备购置费和联合试运转费等于工程概算投资额40%的工程项目的计费额。

工程中有利用原有设备并进行安装调试服务的，以签订工程监理合同时同类设备的当期价格作为施工监理服务收费的计费额；工程中有缓配设备的，应扣除签订工程监理合同时同类设备的当期价格作为施工监理服务收费的计费额；工程中有引进设备的，按照购进设备的离岸价格折换成人民币作为施工监理服务收费的计费额。

施工监理服务收费以建筑安装工程费分档定额计费方式收费的，其计费额为工程概算中的建筑安装工程费。

作为施工监理服务收费计费额的建设项目工程概算投资额或建筑安装工程费均指每个监理合同中约定的工程项目范围的计费额。

(9) 施工监理服务收费调整系数。施工监理服务收费调整系数包括：专业调整系数、工程复杂程度调整系数和高程调整系数。

1) 专业调整系数是对不同专业建设工程的施工监理工作复杂程度和工作量差异进行调整的系数。计算施工监理服务收费时，专业调整系数在《施工监理服务收费专业调整系数表》(如表5-4所示) 中查找确定。

表5-4　　施工监理服务收费专业调整系数表

工程类型	专业调整系数
1. 矿山采选工程	
黑色、有色、黄金、化学、非金属及其他矿采选工程	0.9
选煤及其他煤炭工程	1.0
矿井工程、铀矿采选工程	1.1
2. 加工冶炼工程	
冶炼工程	0.9
船舶水工工程	1.0
各类加工工程	1.0
核加工工程	1.2
3. 石油化工工程	
石油工程	0.9
化工、石化、化纤、医药工程	1.0
核化工工程	1.2
4. 水利电力工程	
风力发电、其他水利工程	0.9
火电工程、送变电工程	1.0
核能、水电、水库工程	1.2
5. 交通运输工程	
机场场道、助航灯光工程	0.9
铁路、公路、城市道路、轻轨及机场空管工程	1.0
水运、地铁、桥梁、隧道、索道工程	1.1

续表

工 程 类 型	专业调整系数
6. 建筑市政工程	
园林绿化工程	0.8
建筑、人防、市政公用工程	1.0
邮政、电信、广播电视工程	1.0
7. 农业林业工程	
农业工程	0.9
林业工程	0.9

2）工程复杂程度调整系数是对同一专业建设工程的施工监理复杂程度和工作量差异进行调整的系数。工程复杂程度分为一般、较复杂和复杂三个等级，其调整系数分别为：一般（Ⅰ级）0.85；较复杂（Ⅱ级）1.0；复杂（Ⅲ级）1.15。计算施工监理服务收费时，水利工程复杂程度如表5-5、表5-6所示中查找确定。

3）高程调整系数如下：

海拔高程2001m以下的为1；

海拔高程2001～3000m为1.1；

海拔高程3001～3500m为1.2；

海拔高程3501～4000m为1.3；

海拔高程4001m以上的，高程调整系数由发包人和监理人协商确定。

表5-5　　水利、发电、送电、变电、核能工程复杂程度表

等级	工 程 特 征
Ⅰ级	1. 单机容量200MW及以下凝汽式机组发电工程，燃气轮机发电工程，50MW及以下供热机组发电工程 2. 电压等级220kV及以下的送电、变电工程 3. 最大坝高＜70m，边坡高度＜50m，基础处理深度＜20m的水库水电工程 4. 施工明渠导流建筑物与土石围堰 5. 总装机容量＜50MW的水电工程 6. 单洞长度＜1km的隧洞 7. 无特殊环保要求
Ⅱ级	1. 单机容量300～600MW凝汽式机组发电工程，单机容量50MW以上供热机组发电工程，新能源发电工程（可再生能源、风电、潮汐等） 2. 电压等级330kV的送电、变电工程 3. 70m≤最大坝高＜100m或1000万m^3≤库容＜1亿m^3的水库水电工程 4. 地下洞室的跨度＜15m，50m≤边坡高度＜100m，20m≤基础处理深度＜40m的水库水电工程 5. 施工隧洞导流建筑物（洞径＜10m）或混凝土围堰（最大堰高＜20m） 6. 50MW≤总装机容量＜1000MW的水电工程 7. 1km≤单洞长度＜4km的隧洞 8. 工程位于省级重点环境（生态）保护区内，或毗邻省级重点环境（生态）保护区，有较高的环保要求

续表

等级	工　程　特　征
Ⅲ级	1. 单机容量600MW以上凝汽式机组发电工程 2. 换流站工程，电压等级≥500kV送电、变电工程 3. 核能工程 4. 最大坝高≥100m或库容≥1亿m^3的水库水电工程 5. 地下洞室的跨度≥15m，边坡高度≥100m，基础处理深度≥40m的水库水电工程 6. 施工隧洞导流建筑物（洞径≥10m）或混凝土围堰（最大堰高≥20m） 7. 总装机容量≥1000MW的水库水电工程 8. 单洞长度≥4km的水工隧洞 9. 工程位于国家级重点环境（生态）保护区内，或毗邻国家级重点环境（生态）保护区，有特殊的环保要求

表5-6　　其他水利工程复杂程度表

等级	工　程　特　征
Ⅰ级	1. 流量＜15m^3/s的引调水渠道管线工程 2. 堤防等级Ⅴ级的河道治理建（构）筑物及河道堤防工程 3. 灌区田间工程 4. 水土保持工程
Ⅱ级	1. 15m^3/s≤流量＜25m^3/s的引调水渠道管线工程 2. 引调水工程中的建筑物工程 3. 丘陵、山区、沙漠地区的引调水渠道管线工程 4. 堤防等级Ⅲ、Ⅳ级的河道治理建（构）筑物及河道堤防工程
Ⅲ级	1. 流量≥25m^3/s的引调水渠道管线工程 2. 丘陵、山区、沙漠地区的引调水建筑物工程 3. 堤防等级Ⅰ、Ⅱ级的河道治理建（构）筑物及河道堤防工程 4. 护岸、防浪堤、围堰、人工岛、围垦工程，城镇防洪、河口整治工程

（10）发包人将施工监理服务中的某一部分工作单独发包给监理人，按照其占施工监理服务工作量的比例计算施工监理服务收费，其中质量控制和安全生产监督管理服务收费不宜低于施工监理服务收费额的70%。

（11）建设工程项目施工监理服务由两个或者两个以上监理人承担的，各监理人按照其占施工监理服务工作量的比例计算施工监理服务收费。发包人委托其中一个监理人对建设工程项目施工监理服务总负责的，该监理人按照各监理人合计监理服务收费额的4%～6%向发包人收取总体协调费。

（12）本收费标准不包括本总则以外的其他服务收费。其他服务收费，国家有规定的，从其规定；国家没有规定的，由发包人与监理人协商确定。

思　考　题

1. 试述监理招投标的必要性。
2. 简述项目监理招标应具备的条件。

3. 简述项目监理评标标准和方法。
4. 监理投标文件包括哪些内容?
5. 试述签订工程监理委托合同的必要性。

第六章 建设监理规划

第一节 建设监理规划概述

一、建设监理规划的概念

建设监理规划是监理单位接受项目法人委托并签订委托监理合同之后，在项目总监理工程师的主持下，根据委托监理合同，在监理大纲的基础上，结合工程的具体情况，并在广泛收集工程信息和资料的情况下制定，经监理单位技术负责人批准，用来指导项目监理机构全面开展监理工作的指导性文件。

监理规划的内容，随着工程的进展需要逐步完善、调整和补充。监理规划的形成过程，真实地反映了一个工程项目监理的全貌。因此，它是监理单位的重要存档材料。

建设监理规划的编制应针对项目的实际情况，明确项目监理机构的工作范围、工作目标、人员配备计划和人员岗位职责，确定具体的工作制度、程序、方法和措施，并应具有可操作性。

二、监理大纲

（一）监理大纲的作用

监理大纲又称监理方案，是在建设单位进行监理招标过程中，监理单位为获得监理任务在此投标阶段编制的项目监理方案性文件，它是监理单位投标书的重要组成部分。监理大纲的作用是：

（1）投标人通过监理大纲，使项目法人认识到该监理单位能胜任该项目的监理工作以及采用监理单位制定的监理方案能满足项目法人委托的监理工作要求，进而赢得竞争，承揽到监理业务。所以，监理大纲是为监理单位经营目标服务的，对承接监理任务起着重要作用。

（2）在监理合同签订后，监理大纲作为制订监理规划的基础。

（3）在监理合同签订后，监理大纲作为项目法人审核监理规划的基本根据。

（二）编制监理大纲的依据

编制监理大纲的主要依据是：

（1）建设单位招标文件。

（2）项目的特点和规模。

（3）监理单位的自身条件及以往的监理经验。

（三）编制监理大纲的要求

由于编制监理大纲的时间较短，资料少，与监理规划相比，其深度较浅。但是，应该强调的是：在编制监理大纲时，要求内容全面，能正确响应招标文件的要求，对所要监理的工程理解透彻、剖析深刻、措施得当，提出的监理工作方案合理，并能体现出监理单位的经验和管理水平。

监理大纲的内容和格式应按照监理招标文件的要求编制。有时招标文件规定了明确的内容和格式，有时，可由监理投标单位自行编排。监理大纲一般必须包括以下要点：

（1）监理单位拟组建的监理机构和拟委派的主要监理人员。

（2）监理单位的工作业绩，包含监理单位工作经验及以往承担的主要工程项目，尤其是与招标项目同类型项目及其取得的工作成果（获奖证书、业主对监理单位的好评等）。

（3）根据监理范围、监理项目目标、监理服务内容和监理招标文件的其他要求和资料，监理单位制定的监理措施、程序、制度、报告等方案。

（4）监理酬金报价。根据需要除总报价外有时还应列出具体标段的监理酬金报价，必要时应列出详细的计算过程。

三、监理规划

（一）监理规划的作用

监理规划是在总监理工程师主持下编制并经监理单位技术负责人批准，根据监理委托合同确定的监理范围，并根据该项目的特点而编写的实施监理的工作计划。它是指导项目监理组织全面开展监理工作的纲领性文件，可以使监理工作规范化、标准化，其作用如下。

1. 指导项目监理组织全面开展监理工作

对项目监理组织全面开展监理工作进行指导，是监理规划的基本作用。工程项目实施监理是一个系统的过程，它需要制定计划，建立组织，配备监理人员，进行有效地领导，并实施目标控制。因此，事先须对各项工作做出全面地、系统地、科学地组织和安排，即确定监理目标，制定监理计划，安排目标控制、合同管理、信息管理、组织协调等各项工作，并确定各项工作的方法和手段。

2. 监理规划是建设工程行政主管部门对监理单位实施监督管理的重要依据

工程监理主管机构对社会上所有监理单位都要实施监督、管理和指导，对其管理水平、人员素质、专业配套和监理业绩要进行核查和考评，以确认它的资质和资质等级，以使我国整个工程监理能够达到应有的水平。要做到这一点，除了进行一般性的资质管理工作之外，更为重要的是通过监理单位的实际监理工作来认定它的水平。而监理单位的实际水平可从监理规划和它的实施中充分地表现出来。因此，工程监理主管机构对监理单位进行考核时应当十分重视对监理规划的检查。它是工程监理主管机构监督、管理和指导监理单位开展工程监理活动的重要依据。

3. 监理规划是建设单位确认监理单位是否全面、认真履行监理合同的主要依据

监理单位如何履行工程监理合同？如何落实项目法人委托监理单位所承担的各项监理服务工作？为监理的委托方，项目法人不但需要而且应当加以了解和确认，同时，项目法人有权监督监理单位执行监理合同。监理规划正是项目法人了解和确认这些问题的最好资料，是项目法人确认监理单位是否履行监理合同的主要说明性文件。规划应当能够全面而详细地为项目法人监督监理合同的履行提供依据。

4. 监理规划是重要的存档资料

项目监理规划的内容随着工程的进展而逐步调整、补充和完善，在一定程度上真实地反映了一个工程项目监理的全貌，是最好的监理过程记录。按《建设工程监理规范》（GB 50319—2000）和《建设工程文件归档整理规范》（GB/T 50328—2001）规定，《水利工程建设项目监理规定》水利部令 28 号，《水利工程建设项目档案管理规定》水办［2005］480 号，监理规划应在召开第一次工地会议前报送建设单位。监理规划是施工阶段监理资料的主要内容，在监理工作结束后应及时整理归档，建设单位应当长期保存，监理单位、建设工程档案管理部门也应当存档。

监理规划与监理大纲的主要区别是：一方面，由于监理规划起着更具体地指导监理单位内部自身业务工作的功能性作用，它是在明确监理委托关系，在更详细占有有关资料的基础上编制而成的，所以其包括的内容与深度要比监理大纲更为具体和详细；经项目法人同意的监理规划将成为监理单位实施监理的方案性文件，对监理单位更具有约束力和指导作用。

（二）编制监理规划的依据

监理规划编制的主要依据如下：

（1）建设工程相关的法律、法规和规章。

（2）项目建设批准文件。

（3）工程建设相关的规范、规程、标准、设计文件和有关技术资料。

（4）项目建设规模、特点和建设条件，监理工作、生活条件和外部条件。

（5）监理合同（含监理大纲）及与所监理项目相关的合同文件。

（三）编制监理规划的要求

监理规划的编制应由项目总监理工程师主持，专业监理工程师参加。在监理规划中，应结合所监理项目的特点和合同要求，体现总监理工程师的组织管理思想、工作思路和总体安排。监理规划的编写应符合下列基本要求：

（1）监理规划的内容应具有针对性、指导性。每个监理项目各有其特点，监理单位只有根据监理项目的特点和自身的具体情况编制监理规划、而不是照搬以往的或其他项目的内容，才能保证监理规划对将要开展的监理工作具有指导意义和实用价值。

（2）监理规划应具有科学性。在编制监理规划时，只有重视科学性，才能提高监理规划的质量，从而不断指导、促进监理业务水平的提高。

（3）监理规划应实事求是。坚持实事求是，是监理单位开展监理工作和市场业务经营中的原则。只有实事求是地编制监理规划并在监理工作中认真落实，才能保证监理规划在监理机构内部管理中的严肃性和约束力，才能保证监理单位在项目监理中和监理市场中的良好信誉。

（4）监理规划一般要分阶段编写。监理规划的内容与工程进展密切相关，没有规划信息也就没有规划内容。因此，监理规划的编写需要有一个过程，需要将编写的整个过程划分为若干个阶段。一般可按工程实施的各阶段来划分，例如，可划分为设计阶段、施工招标阶段和施工阶段，这样，工程实施各阶段所输出的工程信息就成为相应的监理规划信息，并且前一阶段已出工程信息也为后一阶段规划的编写提供了详细全面的基础。

四、监理实施细则

（一）监理实施细则的作用

监理实施细则是在监理规划指导下，在落实了各专业监理的责任后，由专业监理工程师针对项目某一专业或某一方面编制，并经总监理工程师批准的更具有实施性和可操作性的业务文件。它起着具体指导监理实务作业的作用。

（二）编制监理实施细则的依据

监理实施细则编制的主要依据为：

（1）监理合同、监理规划以及与所监理项目相关的合同文件。

（2）设计文件，包括设计图纸、技术资料以及设计变更。

（3）工程建设相关的规范、规程、标准。

（4）承包人提交并经监理机构批准的施工组织设计和技术措施设计。

（5）由生产厂家提供的工程建设有关原材料、半成品、构配件的使用技术说明，工程设备的安装、调试、检验等技术资料。

（三）编制监理实施细则的要求

监理实施细则一般应按照施工进度要求在相应工程开始施工前，由专业监理工程师编制并经总监理工程师批准。监理实施细则的编制应符合监理规划的要求，并应结合工程项目的专业特点做到针对性强、详细具体、可操作性强、便于实施。

第二节 编制监理规划的程序

一、监理规划的编制程序

监理规划的编制必须注意以下几方面要求：

（1）监理规划应在签订委托监理合同后，根据设计文件在项目监理大纲基础上组织编制，经监理单位技术负责人批准，在召开工地第一次会议前7日报送建设单位核备。

（2）监理规划应由项目总监理工程师主持，专业监理工程师参加编写。监理规划应根据委托监理合同所确定的监理内容、范围、深度及其他要求，并针对工程项目的实际情况，明确项目监理机构的工作目标、要求，确定具体的工作制度、程序、方法和措施，体现工程特点及监理单位的管理模式，符合监理工作的标准化、程序化和科学化，具有可操作性。

（3）监理规划应包含以下内容：工程项目概况、监理工作范围、监理工作目标、监理工作依据、监理工作内容、项目监理机构的组织形式、项目监理机构的人员配备及岗位职责、监理工作程序、监理工作方法及措施、监理工作制度、监理设施（设备）等。

监理规划宜如图6-1所示程序编写。

二、监理规划的调整与审批

在监理工作实施过程中，如实际情况或条件发生重大变化而需要调整监理规划时，应由总监理工程师组织，专业监理工程师参加研究修改，按原报审程序经过批准后报送建设单位，并按重新批准后的监理规划开展监理工作。

监理单位的技术主管部门是内部审核单位，其负责人应当签认。监理规划审核的内容

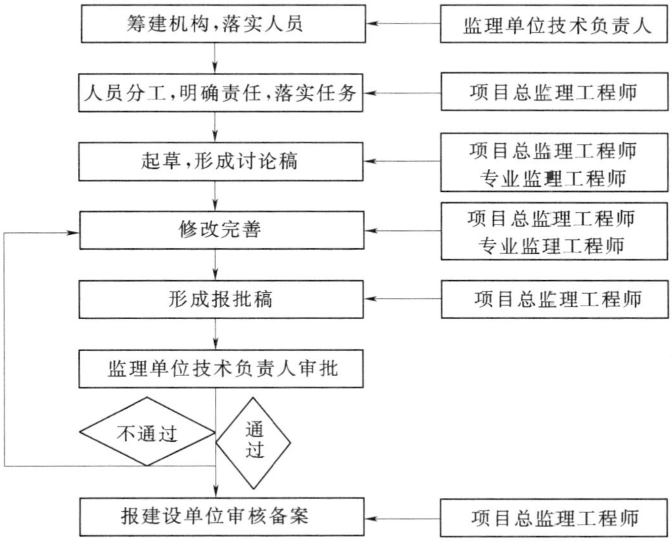

图 6-1　监理规划编制程序图

主要包括以下几个方面。

1. 监理范围、工作内容及监理目标的审核

依据监理招标文件和委托监理合同，看其是否理解了建设单位对该工程的建设意图，监理范围、监理工作的内容是否包括了全部委托的工作任务，监理目标是否与合同要求和建设意图相一致。

2. 项目监理机构结构的审核

（1）组织机构。在组织形式、管理模式等方面是否合理，是否结合了工程实施的具体特点，是否能够与建设单位的组织关系和承包方的组织关系相协调等。

（2）人力资源的分配。

1）专业满足程度。应根据工程特点和委托监理任务的工作范围审查，不仅考虑专业监理工程师如土建监理工程师、机械监理工程师等能否满足开展监理工作的需要，而且还要看其专业监理人员是否覆盖了工程实施过程中的各种专业要求，以及高、中级职称和年龄结构的组成。

2）人员数量的满足程度。主要审核从事监理工作人员在数量和结构上的合理性。按照我国已完成监理工作的工程资料统计测算，在施工阶段，大中型建设工程每年完成100万元人民币的工程量所需监理人员为0.6～1人，专业监理工程师、一般监理人员和行政文秘人员的结构比例为0.2∶0.6∶0.2。专业类别较多的工程的监理人员数量应适当增加。

3）专业人员不足时采取的措施是否恰当。大中型建设工程由于技术复杂、涉及的专业面宽，当监理单位的技术人员不足以满足全部监理工作要求时，对拟临时聘用的监理人员的综合素质应认真审核。

4）派驻现场人员计划表。对于大中型建设工程，不同阶段对监理人员人数和专业等方面的要求不同，应对各阶段所派驻现场监理人员的专业、数量计划是否与建设工程的进度计划相适应进行审核。还应平衡正在其他工程上执行监理业务的人员，是否能按照预定计划进入本工程参加监理工作。

3. 工作计划审核

在工程进展中各个阶段的工作实施计划是否合理、可行，审查其在每个阶段中如何控制建设工程目标以及组织协调的方法。

4. 投资、进度、质量控制方法的审核

对三大目标的控制方法和措施应重点审查，看其如何应用组织、技术、经济、合同措施保证目标的实现，方法是否科学、合理、有效。

5. 监理工作制度审核

主要审查监理的内、外工作制度是否健全。

第三节 监理规划的主要内容

一、工程项目概况

工程项目概况主要应写明如下内容。

（1）工程项目特征：工程名称、地点、总投资、建设单位名称、工程设计、施工单位名称、主要材料、设备供货单位名称、总建筑面积等。

（2）工程项目合同概要：工程项目合同构成，如施工总包、分包合同情况，平行承包情况，物资采购合同情况，合同标段的划分等。

（3）工程项目的内容：工程范围与内容、项目组成情况及各部分建筑规模、主要工程项目结构类型、所选用的主要设备、主要装饰装修要求、工程做法等，可以用表格形式表示。

（4）预计工程投资情况：工程项目预计投资总额和工程项目投资组成情况，可用表格形式表示。

（5）工程项目计划工期：可以用工程项目的计划持续时间表示：如“____个月”或“____天”，也可以用项目的具体日历时间表示：如“工程项目计划工期由______年____月____日至______年____月____日”。

（6）工程项目质量等级：具体表明工程项目的质量目标要求，如国优、省优、部优、合格或其他；有时还可以对整个工程项目中某些特殊分部或分项工程提出具体质量要求。

（7）为便于工程项目管理现代化，借助计算机辅助管理，大中型建设工程项目应当绘制项目结构图，并进行编码。如从投资控制角度出发可以根据现行《建设工程工程量清单计价规范》给出的工程项目统一编码进行。

二、监理工作范围

建设工程监理范围是指监理单位所承担监理任务的工程项目建设监理的范围。监理工作范围要根据委托监理合同的要求明确是全部工程项目，还是工程项目的某些事项或某些标段的建设监理。按照委托监理合同的规定，写明“四控制、两管理、一协调”方面建设单位的授权范围。

三、监理工作的目标

工程项目建设监理目标通常用工程项目建设的投资、进度（工期）、质量三大控制目标来表示，即工程项目建设的目标就是监理工作的目标。

（1）投资控制目标：以一年预算为基价，静态投资为____万元（合同承包价为____万元）。在施工阶段，视工程施工承包合同形式，投资控制目标可能是一笔包死的固定总价，也可能是可调整的动态投资控制数额。

（2）进度控制目标：按施工承包合同规定，建设工程项目总工期为____个月，或从____年____月____日至____年____月____日。有时可能对整个工程项目的某些单位工程或分部、分项工程提出工期、进度要求。

（3）质量控制目标：按施工承包合同规定的质量目标，可以是国优、省优、部优或合格。有时可能对工程项目所包含的某些单位或分部、分项工程规定其质量目标。

四、监理工作的依据

建设工程项目各阶段监理工作的依据各不相同。施工阶段监理工作的依据应包括：现行有关建设工程的法律、法规、条例，与建设工程项目相关的规范、标准，施工承包合同、监理委托合同，已经审查批准的施工图设计文件等。

五、监理工作内容

监理工作内容主要是依据建设单位和监理单位签订的委托监理合同的规定来确定，按照建设工程监理的实际情况，监理工作内容可以视具体情况编写。如委托建设工程项目全过程，监理应分别编写工程项目立项阶段、设计阶段、施工招标阶段、物资采购阶段、施工阶段以及竣工验收、保修使用等阶段的监理工作内容。下面对各阶段监理工作的内容作简要介绍。

（1）工程项目立项阶段监理工作的主要内容。工程项目立项阶段，视建设单位委托监理单位具体工作情况而定。监理工作的深度、方式有所不同，具体的监理工作内容也有所不同，主要包括：协助建设单位编制项目建议书或审核项目建议书的各项内容；进行可行性研究工作，编制可行性研究报告或对可行性研究报告全部内容进行审核。若委托监理单位对项目建议书及可行性报告进行审核，则应当从以下几个方面作为监理工作的主要内容。

1）审核可行性研究报告是否符合国民经济发展的长远规划，国家经济建设方针政策。

2）审核可行性研究报告是否符合项目建议书或建设单位的要求。

3）审核可行性研究报告是否具有可靠的自然、经济、社会环境等基础资料和数据。

4）审核可行性研究报告是否符合相关的技术经济方面的规范、标准和定额等指标。

5）审核可行性研究报告的内容、深度和计算指标是否达到标准要求。

此外，在立项阶段监理单位视建设单位委托情况，还可协助建设单位办理投资许可、土地许可、规划许可等手续。

（2）设计阶段监理工作的主要内容。

1）结合工程项目特点，收集设计所需的技术经济资料。

2）编写设计要求文件。

3）组织工程项目设计方案竞赛或设计招标，协助建设单位选择好设计单位，协助建设单位拟订和商谈设计委托合同内容。

4）配合设计单位开展技术经济分析，选择好的设计方案，优化设计。

5）配合设计进度、组织设计与有关部门（如消防、环保、土地、人防以及供水、供电、供气、供热、电信等部门）的协调工作。

6）组织各设计单位的协调工作。

7）参与主要的设备、材料的选型。

8）审核工程设计概算、设计预算。

9）审核主要设备、材料、清单。

10）审核工程项目设计图纸。

11）检查和控制设计进度。

12）配合施工图审查部门的审查工作。

13）组织设计文件的报批等。

（3）招投标阶段监理工作的主要内容。建设项目的招投标工作包括可行性研究、勘察设计、施工、主要物资采购乃至工程项目使用阶段物业管理等各项工作的招投标，建设单位可委托监理单位完成其中几项或全部工作的咨询监理工作。在各阶段工作的招投标过程中，监理工作的主要内容应包括以下内容。

1）协助建设单位拟订工程项目招标文件或招标方案。

2）协助建设单位完成招标的准备工作，具备招标条件，发布招标信息。

3）协助建设单位对投标单位进行考察，办理有关的招标申请手续。

4）协助建设单位组建评标组织机构，组织并参与开标、评标、定标工作。

5）协助建设单位或亲自组织有关的现场勘察、答疑会，回答投标人提出的问题。

6）协助建设单位与投标单位商签合同等。

（4）物资采购供应阶段监理工作的主要内容。建设工程项目所需的大宗设备、材料、物资等，有时委托施工承包商采购，有时建设单位直接负责采购。对于施工承包商采购的情况，监理工作的主要内容包括：审查施工承包商编制的采购方案，方案要明确设备采购的原则、范围、内容、程序、方式和方法，对采购方案中采购设备的类型、数量、质量要求、周期要求、市场供货情况和价格控制要求等因素进行审查。

对于建设单位直接采购的情况，监理工作的主要内容包括：协助建设单位编制设备、材料、物资采购方案，制定设备、材料、物资供应计划和相应的资金需求计划；协助建设单位优选供货厂商，参与生产厂商的考察，走访现有使用单位；协助建设单位商签定货合同，督促并监督合同的实施等。

（5）施工准备阶段建设监理工作的主要内容。

1）审核施工单位选择的分包单位的资质。

2）监督检查施工单位质量保证体系及安全技术措施，完善质量管理程序与制度。

3）检查设计文件是否符合设计规范及标准，检查施工图纸是否能满足施工需要。

4）协助做好优化设计和改善设计工作。

5）参加设计单位向施工单位的技术交底。

6）审查施工单位上报的实施性施工组织设计，重点对施工方案、劳动力、材料、机械设备的组织及保证工程质量、安全、工期和控制造价等方面的措施进行监督，并向建设单位提出监理意见。

7）在单位工程开工前复核施工单位的复测资料，特别是两个相邻施工单位之间的测量资料、控制桩点的校核成果，有无问题，保护措施是否可靠，并对贯通测量、中线及水准标志的设置、固定桩情况进行审查。

8）对重点工程部位进行复查。

9）监督落实各项施工条件，审批一般单项工程、单位工程的开工报告，并报建设单位备查。

（6）施工阶段建设监理工作的主要内容。

1）施工阶段的质量控制：①对所有的隐蔽工程在进行隐蔽以前进行检查和办理签证，对重点工程要派监理人员驻点跟踪监理，签署重要的分项工程、分部工程和单位工程质量评定表；②对施工测量、放样等进行检查，对发现的质量问题应及时通知施工单位纠正，并做好监理记录；③检查确认运到现场的工程材料、构件和设备质量，并应查验试验、化验报告单、出厂合格证是否齐全、合格，监理工程师有权禁止不符合质量要求的材料、设备进入工地和投入使用；④监督施工单位严格按照施工规范、设计图纸要求进行施工，严格执行施工合同；⑤对工程主要部位、主要环节及技术复杂工程加强检查；⑥检查施工单位的工程自检工作，数据是否齐全，填写是否正确，并对施工单位质量评定自检工作作出综合评价；⑦对施工单位的检验测试仪器、设备、度量衡定期检查，不定期地进行抽验，保证度量资料的准确；⑧监督施工单位对各类土木和混凝土试件按规定进行检查和抽查；⑨监督施工单位认真处理施工中发生的一般质量事故，并认真做好监理记录；⑩对大、重大质量事故以及其他紧急情况，应及时报告建设单位。

2）施工阶段的进度控制：①监督施工单位严格按施工合同规定的工期组织施工；②对控制工期的重点工程，审查施工单位提出的保证进度的具体措施，如发生延误，应及时分析原因，采取对策；③建立工程进度台账，核对工程形象进度，按月、季向建设单位报告施工计划执行情况、工程进度及存在的问题。

3）施工阶段的投资控制：①审核施工单位申报的月、季度计量报表，认真核对其工程数量，不超计、不漏计，严格按合同规定进行计量支付签证；②保证支付签证的各项工程质量合格、数量准确；③建立计量支付签证台账，定期与施工单位核对清算；④按建设单位授权和施工合同的规定审核设计变更。

（7）竣工验收阶段建设监理工作的主要内容。

1）督促、检查施工单位及时整理竣工文件和验收资料，受理单位工程竣工验收报告，提出监理意见。

2）根据施工单位的竣工报告，提出工程质量检验报告。

3）组织工程预验收，参加建设单位组织的竣工验收。

（8）建设监理合同管理工作的主要内容。

1）拟订本建设工程合同体系及合同管理制度，包括合同草案的拟订、会签、协商、修改、审批、签署、保管等工作制度及流程。

2）协助建设单位拟订工程的各类合同条款，并参与各类合同的商谈。

3）合同执行情况的分析和跟踪管理。

4）协助建设单位处理与工程有关的索赔事宜及合同争议事宜。

（9）委托的其他服务。监理单位及其监理工程师受建设单位委托，还可承担以下几方面的服务：

1）协助建设单位准备工程条件，办理供水、供电、供气、电信线路等申请或签订协议。

2）协助建设单位制定产品营销方案。

3）为建设单位培训技术人员。

六、项目监理机构的组织形式

监理单位履行委托监理合同时，必须建立项目监理机构。施工阶段必须在施工现场建立项目监理机构，项目监理机构在完成委托监理合同约定的监理工作后方可撤离施工现场。

项目监理机构的组织形式和规模，应依据委托监理合同规定的服务内容、服务期限、工程类别、规模、技术复杂程度、工程环境等因素确定。

按照建设工程监理应实行总监理工程师负责制的规定，一个项目监理机构应设置一名总监理工程师，根据项目具体情况可设一名或数名副总监理工程师，根据需要，经授权可委派总监理工程师代表。有的监理机构还可设置总监理工程师办公室，下设满足不同监理工作需要的监理组。监理组可以按工程项目专业分为土建、安装专业监理组；可以按监理工作内容分为质量、投资、进度控制监理组，合同信息资料管理组；也可以按委托监理合同的不同标段划分监理组。给不同的监理组配备相应的监理人员。

七、项目监理机构的人员配备计划

项目监理机构的人员应包括总监理工程师、专业监理工程师和监理员，必要时可配备总监理工程师代表。监理工作中有其他特殊需求时应配备相应的专业人员，如材料取样见证员、微机管理员，这些人员一般可由监理员等兼任。

总监理工程师应由具有 3 年以上同类工程监理工作经验的人员担任；总监理工程师代表应由具有 2 年以上同类工程监理工作经验的人员担任；专业监理工程师应由具有 1 年以上同类工程监理工作经验的人员担任。

项目监理机构的监理人员应专业配套，数量满足项目监理工作的需要，考虑到配合施工管理的需要如高空作业、夜班作业等，监理人员应老中青相结合。监理机构以及人员的配备是为了满足监理工作的需要而设置的，而监理工作是针对工程项目实施而言的，因此监理组织机构及监理人员可以随工程项目进展情况进行动态调整，如专业人员的调换，人员数量的增减等。土建工程的施工阶段，现场以土建专业监理人员为主，只需少数安装专业监理人员配合；安装工程施工阶段则以安装专业监理人员为主，土建专业监理人员配合；在主体结构等资源消耗集中的施工高峰期间，配备的监理人员应多些，在竣工验收扫尾阶段配备的监理人员可少些。

八、项目监理机构的人员岗位职责

项目监理机构的人员岗位职责如下：

（1）总监理工程师应履行的职责。

（2）专业监理工程师应履行的职责。

（3）监理员应履行的职责。

九、监理工作程序

由于监理工作包括质量控制、投资控制、进度控制、合同管理、信息管理和组织协调等，所以监理规划中规定的监理工作程序包括了上述各项监理工作的程序。在施工阶段开展监理工作，具体可规定如下监理工作程序。

（1）施工阶段工程质量控制工作流程。

（2）工序交接检验控制工作流程。

（3）建设单位（或承包商）提出设计变更处理工作流程。

（4）工程质量事故处理工作流程。

（5）开工申请核签工作流程。

（6）工程款支付核签工作流程。

（7）分项工程、分部工程、单位工程验收等工作流程。

（8）竣工验收工作流程。

（9）工程项目施工进度控制工作流程。

（10）计量支付工作流程。

（11）索赔处理工作流程。

（12）工程项目投资控制工作流程等。

十、监理工作方法及措施

监理工作方法就是开展各项监理工作采用的方法、手段及工程项目质量、投资、进度、安全控制的方法。监理工作方法包括：审核有关技术文件、报告和报表，下达指令文件与一般管理文书，现场监督与检查，规定监控工作程序等。如质量控制工作方法还可运用全面质量管理的直方图法、控制图法、因果分析法、相关图法、排列图法、分层法、统计表法等进行控制；进度控制工作方法可采用横道图比较法、S形曲线法、香蕉图法、前锋线法等进行控制；投资控制方法包括静态控制方法与动态控制方法等。监理的组织协调工作可用会议方式或指令文件方式等进行。

监理工作采用的措施一般包括：组织措施、技术措施、经济措施、合同措施，不同的监理工作所采取的措施可以不同，不同阶段的监理工作控制措施可以不同，不同的监理工作内容控制措施可以不同。

（1）质量控制措施。

1）质量控制的组织措施。建立健全监理组织，完善职责分工及有关质量控制制度，落实质量控制的责任。

2）质量控制的技术措施。设计阶段，协助设计单位优化设计和完善设计质量保证体系，施工阶段严格保证事前、事中、事后的质量控制措施。

3）质量控制的经济措施及合同措施。严格质检和验收，不符合设计文件、合同规定质量要求的拒付工程款。

（2）投资控制措施。

1）投资控制的组织措施。建立健全监理组织机构，完善职责分工及有关制度，落实投资控制的责任。

2）投资控制的技术措施。在设计阶段，推行限额设计和优化设计。在施工阶段，通过审核施工组织设计和施工方案，合理开支施工措施费，按工期合理组织施工，避免不必要的赶工费。

3）投资控制的经济措施。除及时进行计划费用与实际开支费用的比较分析外，监理人员对原设计或施工方案提出合理化建议被采用，由此产生的投资节约可按监理合同规定予以一定的奖励。

（3）投资控制的合同措施。

按合同条款支付工程款，防止过早、过量的现金支付，减少对方提出索赔的条件和机会，正确处理索赔等。

（4）进度控制措施。

1）进度控制的组织措施。落实进度控制的责任，建立进度控制协调制度。

2）进度控制的技术措施。建立网络计划和施工作业计划体系，增加同时作业的施工面，采用高效能的施工机械设备，采用施工新工艺、新技术，缩短工艺过程间和工序间的技术间歇时间。

3）进度控制的经济措施。对工期提前者实行奖励，对应急工程实行较高的计件单价，确保资金的及时供应等。

4）进度控制的合同措施。按合同要求及时协调有关各方的进度以确保项目进度。

十一、监理工作制度

（1）设计阶段监理工作制度。

1）设计大纲、设计任务书编制及审核制度。

2）设计委托合同管理制度。

3）设计咨询制度。

4）工程概算、预算审核制度。

5）施工图纸审核制度。

6）设计费用支付签署制度。

7）设计协调会及会议纪要制度。

8）设计备忘录签发制度等。

（2）施工阶段监理工作制度。

1）施工图纸会审及设计交底制度。

2）施工组织设计审核制度。

3）工程开工申请制度。

4）工程材料、半成品质量检验制度。

5）分部分项工程隐蔽工程质量验收制度。

6）技术复核制度。

7）技术经济签证制度。

8）设计变更处理制度。

9）现场协调会及会议纪要签发制度。

10）施工备忘录签发制度。

11）施工现场紧急情况处理制度。

12）工程款支付签审制度。

13）工程索赔签审制度等。

（3）项目监理组织内部工作制度。

1）监理组织工作会议制度。

2）对外行文审批制度。

3）监理工作日志制度。

4）监理月报、周报制度。

5）技术、经济资料及档案管理制度。

6）监理费用预算制度等。

十二、监理设施

根据监理工作的任务、要求及监理大纲中承诺为项目监理部投入监理资源的情况，为项目监理部所配置的办公设施，如计算机、打印机、管理软件；开展监理服务所需的检测试验设备、仪器、仪表、工具、器具等；开展监理工作所需的有关文件、资料，如现行规范、标准、图集、手册等；监理工作所必要的交通、通信设施，如汽车、电话等；以及监理人员生活必须设施、劳动保护设施等。

对一些特殊的监理工程项目，建设单位应提供委托监理合同约定的满足监理工作需要的办公、检验检测、交通、通信、生活等设施。项目监理机构应妥善保管和使用建设单位提供的设施，并应在完成监理工作后移交建设单位。

第四节　监理实施细则的主要内容

一、总则

（1）编制依据。包括施工合同文件、设计文件与图纸、监理规划、经监理机构批准的施工组织设计及技术措施（作业指导书），由生产厂家提供的有关材料、构配件和工程设备的使用技术说明，工程设备的安装、调试、检验等技术资料。

（2）适用范围。写明该监理实施细则适用的项目或专业。

（3）负责该项目或专业工程的监理人员及职责分工。

（4）适用工程范围内使用的全部技术标准、规程、规范的名称、版本年份。

（5）项目法人为该项工程开工和正常进展应提供的必要条件。

二、开工审批内容和程序

（1）单位工程、分部工程开工审批程序和申请内容。

（2）混凝土浇筑开仓审批程序和申请内容。

三、质量控制的内容、措施和方法

（1）质量控制标准与方法。根据技术标准、设计要求、合同约定等，具体明确工程质量的质量标准、检验内容以及质量控制措施，明确质量控制点及旁站监理方案等。

（2）材料、构配件和工程设备质量控制。具体明确材料、构配件和工程设备的运输、储存管理要求，报验、签认程序，检验内容与标准。

(3) 工程质量检测试验。根据工程施工实际需要，明确对承包人检测试验室配置与管理的要求，对检测试验的工作条件、技术条件、试验仪器设备、人员岗位资格与素质、工作程序与制度等方面的要求；明确监理机构检验的抽样方法或控制点的设置、试验方法、结果分析以及试验报告的管理。

(4) 施工过程质量控制。明确施工过程质量控制要点、方法和程序。

(5) 工程质量评定程序。根据规程、规范、标准、设计要求等，具体明确质量评定内容与标准，并写明引用文件的名称与章节。

(6) 质量缺陷和质量事故处理程序。

四、进度控制的内容、措施和方法

(1) 进度目标控制体系。该项工程的开工、完工时间，阶段目标或里程碑时间，关键节点时间。

(2) 进度计划的表达方法。如横道图、柱状图、网络图（单代号、双代号、时标）、关联图、“S”曲线、“香蕉”图等，应满足合同要求和控制需要。

(3) 施工进度计划的申报。明确进度计划（包括总进度计划、单位工程进度计划、分部工程进度计划、年度计划、月计划等）的申报时间、内容、形式、份数等。

(4) 施工进度计划的审批。明确进度计划审批的职责分工、要点、时间等。

(5) 施工进度的过程控制。明确施工进度监督与检查的职责分工；拟定检查内容（包括形象进度、劳动效率、资源、环境因素等）；明确进度偏差分析与预测的方法和手段（如采用的图表、计算机软件等）；制定进度报告、进度计划修正与赶工措施的审批程序。

(6) 停工与复工。明确停工与复工的程序。

(7) 工期索赔。明确控制工期索赔的措施和方法。

五、投资控制的内容、措施和方法

(1) 投资目标控制体系。投资控制的措施和方法；各年的投资使用计划。

(2) 计量与支付。计量与支付的依据、范围和方法；计量申请与付款申请的内容及应提供的资料；计量与支付的申报、审批程序。

(3) 实际投资额的统计与分析。

(4) 控制费用索赔的措施和方法。

六、施工安全与环境保护控制的内容、措施和方法

(1) 监理机构内部的施工安全控制体系。

(2) 承包人应建立的施工安全保证体系。

(3) 工程不安全因素分析与预控措施。

(4) 环境保护的内容与措施。

七、合同管理主要内容

(1) 工程变更管理。明确变更处理的监理工作内容与程序。

(2) 索赔管理。明确索赔处理的监理工作内容与程序。

(3) 违约管理。明确合同违约管理的监理工作内容与程序。

(4) 工程担保。明确工程担保管理的监理工作内容。

（5）工程保险。明确工程保险管理的监理工作内容。

（6）工程分包。明确工程分包管理的监理工作内容与程序。

（7）争议的解决。明确合同双方争议的调解原则、方法与程序。

（8）清场与撤离。明确承包人清场与撤离的监理工作内容。

八、信息管理

（1）信息管理体系。包括设置管理人员及职责，制定文档资料管理制度。

（2）编制监理文件格式、目录。制定监理文件分类方法与文件传递程序。

（3）通知与联络。明确监理机构与项目法人、承包人之间通知与联络的方式与程序。

（4）监理日志。制定监理人员填写监理日志制度，拟定监理日志的格式、内容和管理办法。

（5）监理报告。明确监理月报、监理工作报告和监理专题报告的内容和提交时间、程序。

（6）会议纪要。明确会议纪要记录要点和发放程序。

九、工程验收与移交程序和内容

（1）明确分部工程验收程序与监理工作内容。

（2）明确阶段验收程序与监理工作内容。

（3）明确单位工程验收程序与监理工作内容。

（4）明确合同项目完工验收程序与监理工作内容。

（5）明确工程移交程序与监理工作内容。

十、其他根据项目或专业需要应包括的内容

（略）。

思　考　题

1. 简述建设监理大纲、监理规划、监理实施细则三者之间的关系。
2. 建设监理规划的基本概念是什么？
3. 监理大纲的编制依据是什么？
4. 监理大纲的标准要求是什么？
5. 监理规划的编制依据是什么？
6. 监理规划的编制要求是什么？
7. 监理规划包括哪些主要内容？
8. 用框图表示监理规划的编制程序。
9. 监理规划审核的内容包括哪几方面？
10. 监理实施细则的编制依据是什么？
11. 监理实施细则的编制要求是什么？
12. 监理实施细则包括哪些主要内容？

第七章　施工准备阶段监理

施工准备阶段是指初步设计完成后至工程开工前的建设阶段。施工准备阶段是一个极为重要的工作阶段，它的工作质量对整个建设项目的工期、质量、安全、经济都起着举足轻重的作用。从技术经济的角度来讲，施工准备是一个施工方法、人力、机械、物资投入、工期、质量、成本的设计和比选的优化过程；从项目实施角度来讲，施工准备则是为项目按期开工创造必要的技术物质条件。因此，参与工程建设的有关单位都必须对该阶段的工作给予足够投入和重视。

监理单位在施工准备阶段的工作有三个方面：一是监理单位自身的准备工作；二是确认项目法人的准备工作；三是检查承包商的准备工作。

第一节　监理机构的准备工作

监理单位与项目法人签订委托监理合同后，在工程项目开工前，应设置监理机构，按合同文件规定的人员配备计划进驻工地开展监理工作。为保证监理工作顺利开展，监理机构应做好如下准备工作。

一、熟悉工程建设合同文件

合同文件是开展监理工作的依据，监理人员应全面熟悉工程建设合同文件，通过对监理合同、施工合同、施工图纸及相关技术标准的学习，确定监理目标及范围，明确监理职责及权利，了解工程内容及要求，同时对合同文件中存在的问题进行记载与查证，做出合理的解释，提出合理的处理方案，这样，在今后的监理工作中才能做到有的放矢。

二、施工环境调查

施工环境是影响工程施工的一项重要因素，监理机构应对工程所在的自然环境（如地质、水文、气象、地形、地貌、自然灾害等情况）和社会环境（如当地政治局势、社会治安、建筑市场状况、相关单位、基础设施、金融市场等情况）做必要的调查研究。重点对可能造成工程延期和（或）费用索赔的施工环境进行实际调查和掌握。如：

（1）设计阶段尚未发现并在图纸上尚未示明的地下障碍。

（2）施工场地范围内尚未拆迁的建筑物及其他障碍物。

（3）施工中可能危及安全的建筑物及设施。

（4）可能危及工程安全的自然灾害及地质灾害。

（5）工程所在地建材价格、质量情况及地方资源条件等。

上述调查都要以实际数据为基础，调查结果以图表的形式分类存档。

三、编制监理规划

监理规划是在项目监理机构充分分析和研究建设工程的目标、技术、管理、环境及承建单位、协作单位等方面的情况后由项目总监理工程师主持编写的，指导项目监理机构开展监理工作的指导性文件。监理规划应在开工之前编写完成，并经监理单位技术负责人批准后报送项目法人。

四、监理细则与表式文件编制

监理实施细则是在监理规划的基础上，由项目监理机构的专业监理工程师针对建设工程中某一专业或某一方面的监理工作编写的，并经总监理工程师批准实施的操作性文件。在相应专业工作实施前，专业监理工程师应完成分项工程监理实施细则、监理报表等文件的编制工作。

五、制定监理工作程序

为使监理工作科学、有序地进行，监理机构应按监理工作的客观规律及监理规范要求制定工作流程，以便规范化地开展监理工作。

（1）制定监理工作总程序应根据专业工程特点，并按工作内容分别制定具体的监理工作程序。

（2）制定监理工作程序应体现事前控制和主动控制的要求。

（3）制定监理工作程序应结合工程项目的特点，注重监理工作的效果。监理工作程序中应明确工作内容、行为主体、考核标准、工作时限。

（4）当涉及到项目法人和承包单位的工作时，监理工作程序应符合委托监理合同和施工合同的规定。

（5）在监理工作实施过程中，应根据实际情况的变化对监理工作程序进行调整和完善。

六、编制综合控制进度计划

监理公司受项目法人委托，对某一工程项目建设进行监理，力求实现项目法人期望的工程质量、工期及造价目标。为了使项目法人制定的合理工期的目标实现，监理公司应当编制一个较为详细而又科学可行的综合进度控制计划。一个工程项目的建设周期一般都较长，涉及到许多方面，又受环境、交通、气候、水电等因素影响，故对各分包、各工种插入的先后次序及相互间的搭接配合，各种成品、半成品、机电设备的订货、到货时间等都需要予以统筹安排，不然就会因为某个方面考虑不周，动作迟缓而影响到整个项目。综合进度计划就是把各个个体的活动统配在一个盘子里。它依据项目法人的工期要求，结合国家工期定额、施工程序和有关合同条件，综合各种有利和不利因素，确定各有关工作的最佳起始时间和最终必须完成时间，合理分配使用空间和时间，以个体保证整体。所以它对项目法人、设计单位、承包商、供应商均具有约束力。各方都必须严格按照计划的要求开展工作，不得有半点随意性。监理工程师应该负责编制并监督、协调执行这个计划。

七、编制投资控制规划与资金投入计划

为了更好地控制投资，监理机构应于施工前做出投资控制规划，其目标就是使实际投资值不大于施工合同价款。这一投资控制规划，实际上就是将合同造价按建筑工程分部分项切片分解，或叫合同造价肢解。即把一个笼统的货币数字变成一个个具体的、有数量、

有单价、有合价的分块，便于掌握、分析与控制。然后再对每一块造价进行预测分析，析解出其不变造价和可变造价，再对可变造价制定控制措施，对各类可变因素综合分析研究之后，对投资可能增加的比率事先就能估测出一个概数。如果在控制过程中重点对预先已分析出的可变部分加强控制预防的话，这种可变因素也可以减弱或消失。于是投资增大的幅度就可减少，最多也不会超过最初规划时分析估计的概数。如此，这一控制规划及该监理公司的投资控制就算是成功的。为此监理公司应将分解后的投资控制份额分配到部门人头，人人负责，层层把关，从设计变更，技术措施，现场签证、价格审批到增加造价的新技术、新工艺、新材料的使用，都要从严控制，真正从技术、经济、管理等各个方面把投资控制好。

在投资控制规划做出之后，我们就可以根据综合进度计划与有关合同来编制资金投入计划。各期的资金投资数额除参考合同价分解的数值外，还应加一个该期可能发生的增加系数，以便实际发生超增时有备无患。如该期超增数因控制得当而未发生时，可通知项目法人减调下期的筹措资金。同时在编排资金投入计划时要注意可能发生的工期提前现象。所以，项目法人在控制资金投入计划筹措资金时，最好能较计划投入期提前 2～3 月。

八、编制质量预控措施和分项监理流程图

质量控制目标在施工合同中均已予以明确，质量标准在国家施工验收规范和有关设计文件中也已确定。为了按标准要求实现合同确定的质量目标，监理机构应将质量目标具体化、即予以细化分解。为此，在开工前应组织专业监理人员按分项或工序编制质量预控措施和分项监理流程图，并将该图下发给施工单位，以便在今后施工中予以配合。

九、准备监理设备

在项目开工前，监理机构要做好各项物质准备，包括：办公设施、办公生活用房、交通工具、通讯工具、实验测量仪器等。以上装备根据监理合同约定，部分由监理单位自备，部分由项目法人提供。

十、施工准备阶段的协调工作

在目前的施工合同中，留给施工单位做准备工作的时间，远远小于正常需要的时间。而且还有逐渐缩短的趋势。为此监理单位在协助项目法人签订施工合同时，应做好解释工作，给出一个科学、紧凑、合理的施工准备时间。否则就要出现适得其反的结果。而一旦合同签订之后监理单位就应当全力以赴地抓好施工准备，力保项目按合同要求的时间开工。

施工准备工作千头万绪。涉及到勘察、设计、项目法人、监理和承包商。有些准备工作是各自独立进行的，有些又是互相穿插、相互影响的。需要监理机构认真做好组织协调和监督检查，才能做到有条不紊地达到既定目标。为此监理机构首先要做好如下工作：

（1）编制施工准备计划书。指明什么时间做什么工作，由谁做、有何要求，谁检查、谁验收，与谁联系等，这份计划书要在征求各单位意见的基础上排定下发。要求各单位严格遵守，谁不能按计划完成影响了整个目标的实现，谁就要承担经济责任，若在准备过程中出现异常情况，要及时通知监理工程师，以便采取相应的补救措施，这也可以叫做施工准备阶段的责任制。

（2）建立必要的会议检查制度。由于施工准备工作的特点是任务重、时间紧、干扰

多，因此监理工程师一周至少要召开一次由设计、项目法人、施工单位参加的碰头会，通报各单位准备工作进展情况，下一步打算，需要解决的问题。监理工程师根据实际进展与计划的偏离情况，提出调整意见，碰头会要做好记录，遇有特殊情况时，监理工程师可召开临时会议解决。

（3）建立申报制度。不论哪一家，每完成一项准备工作，都要立即向监理工程师作书面报告，申请组织验收或报告转入下一项准备工作，当最后一项准备工作报告完成的时候，项目开工的时间也就到来了。

监理工程师在施工准备阶段的责任是将项目法人、设计、施工单位的工作纳入到确保项目如期开工这一控制目标上来。除协调监督工作外，更多的应是积极热情地帮助各单位做好工作。

（4）监理工程师要主动做好信息的收集、整理与反馈工作，掌握第一手材料，这样才能在组织协调上处于主动地位。

第二节　项目法人的准备工作

在工期目标确定之后，项目法人、承包商、监理机构都要认真准备，为项目按时开工积极创造条件，而项目法人的施工准备工作更不容忽视。许多项目法人往往有一种错误的认识，认为一旦合同签订，似乎所有问题就都由承包商负责了，这种认识往往导致准备不周而贻误工程，甚至还会引起承包商索赔。对此监理机构在施工准备阶段要特别予以注意，要认真检查项目法人负责的准备工作是否办妥和符合要求，如有不妥应尽早采取措施，协助项目法人尽快予以完善，以满足开工的需要。

一、检查首批开工项目施工图纸和文件的供应

发包人在工程开工前应向承包人提供已有的，与本工程有关的水文和地质勘测资料以及应由发包人提供的图纸。一般情况下施工图纸已在招标前完成。监理机构在进场后，应对施工图纸包括标准图进行一次认真的清点核对，看其是否配套齐全。如果施工图纸不够齐全，不能满足施工的需要时，应尽快报告项目法人与设计单位联系，查明原因，落实补图时间。这个时间应与承包商的施工准备及开工时间相协调。

二、测量基准点的移交

发包人（或监理人）应该按照《技术条款》规定的期限内，向承包人提供测量基准点、基准线和水准点以及书面资料。

三、检查施工用地及必要的场内交通条件

为了使承包人能尽早进入施工现场开始主体工程的施工，发包人应按合同规定，事先做好征地、移民，并且解决承包人施工现场占有权及通道。为了使施工承包人能进入施工现场，尽早开始工程施工，发包人应按照施工承包人所承包的工程施工的需要，事先划定并给予承包人占有现场各部分的范围。如果现场有的区域需要由不同的承包人先后施工（例如基础部分和上部结构），应根据整个工程总的施工进度计划，规定各承包人占用该施工区域的起讫期限和先后顺序。这种施工现场各承包人工作区域的划定和占有权，需要在施工平面布置图上标明，并对各工作区的坐标位置及占用时间，在各承包合同中详细

说明。

四、首次工程预付款的付款

工程预付款是在项目施工合同签订后，由发包人按照合同约定，在正式开工前预先支付给承包人的一笔款项。主要供承包人进行施工准备使用。

五、做好“四通一平”工作

监理人应协助发包人做好施工现场的“四通一平”工作，即通水、通电、通路、通信和场地平整。在施工总体平面布置图中，应明确标明供水、供电、通信线路的位置，以及各承包人从何处接水源、电源的说明，并将水、电送到各施工区，以免在承包人进入施工工作区后因无水电供应而延误施工，引起索赔。

六、了解资金到位情况

根据施工合同及施工组织设计编制资金使用计划。向项目法人了解资金到位情况及资金筹集渠道，对项目法人提出资金运行方面的咨询意见，确保对工程价款的支付。防止项目法人对此认识估计不足造成支付上的困难，拖欠施工单位进度款，从而处于违约的被动地位。

七、了解大型设备订货情况

目前许多项目的大型机电设备订货都是由项目法人负责。由于机电设备从订货到供货进场周期较长，规模型号及其有关的技术参数差别较大，而这些技术参数还可能涉及到设计修改和施工变更，故应尽早落实，监理机构在施工准备阶段就应该了解项目法人在这方面的安排，并依据项目法人的意图，对原有设备订货计划进行审查和调整，对有关技术问题提出建议，以满足工程建设的需要。

八、了解工程保险情况

风险管理在国外的项目管理中是一项不容忽视的重要内容，随着建筑市场的开放、发展与完善，在国内正逐步被认识并渐渐引起重视。风险管理是监理单位的一项重要服务内容，在接受项目法人委托之后，监理单位应对工程所有的风险因素进行分析预测，并在此基础上制定有效措施，对风险进行预控，在充分分析论证的基础上，确定风险保留部分和风险转移部分。而解决风险转移的最有效办法是向保险公司投保。目前我国对建筑工程的保险种类有三种：建筑工程险；人身保险；第三者责任保险。监理工程师应于开工前，向项目法人了解投保情况，并根据工程特点，对投保方式向项目法人提出咨询。

第三节　承包人的准备工作

施工准备工作的基本任务是为拟建工程的施工创建必要的技术、物质条件，统筹安排施工力量和施工现场，是工程施工顺利进行的根本保证。施工准备工作的主体是施工单位。在施工准备阶段，监理机构应该积极参与、热情帮助、多出主意、当好参谋，为项目的尽早开工创造条件，与施工单位共同创建一个良好的施工环境。为此，监理机构应做好如下几项工作：

一、审核承包人的组织机构和人员

在合同项目开工前，承包人应向监理人呈报其实施工程承包合同的现场组织机构表及各主要岗位的人员资历，监理人应认真予以审核。监理机构在总监理工程师主持下进行认真审核，要求施工单位实质履行其投标承诺，做到组织机构完备，技术与管理人员熟悉各自的专业技术、有类似工程的长期经历和丰富经验，能够胜任所承包项目的施工、完工与工程保修；配备有能力对工程进行有效监督的工长和领班；投入顺利履行合同义务所需的技工和普工。主要审核内容如下。

1. 施工单位项目经理资格审核

监理机构主要审查项目经理的资格是否符合工程等级要求，大型工程的项目经理需要具备一级项目经理资格，中型工程的项目经理需要具备二级以上项目经理资格，小型工程的项目经理需要具备三级以上项目经理资格。对于招标的项目，还要求项目经理必须是施工单位投标文件中所列的项目经理，如所报项目经理与投标文件不一致需经项目法人书面认可。项目经理短期离开工地，必须委派代表代行其职，并通知监理机构。

2. 施工单位的职员和工人资格审核

施工单位必须保证施工现场具有技术合格和数量足够的下述人员：

（1）具有合格证明的各类专业技工和普工。

（2）具有相应理论、技术知识和施工经验的各类专业技术人员及有能力进行现场施工管理和指导施工作业的工长。

（3）具有相应岗位资格的管理人员。

技术岗位和特殊工种的工人均必须持有通过国家或有关部门统一考试或考核的资格证明，经监理机构审核合格者才准上岗，如爆破工、电工、焊工等工种均要求持证上岗。

监理机构对未经批准人员的职务不予确认，对不具备上岗资格的人员完成的技术工作不予承认。

（4）监理机构根据施工单位人员在工作中的实际表现，要求施工单位及时撤换不能胜任工作或玩忽职守或监理机构认为由于其他原因不宜留在现场的人员。未经监理机构同意，不得允许这些人员重新从事该工程的工作。

二、检查承包人的工地试验室

监理机构对施工单位检测试验的质量控制，是对工程项目的材料质量、工艺参数和工程质量进行有效控制的重要途径。要求施工单位检测试验室必须具备与所承包工程相适应并满足合同文件和技术规范、规程、标准要求的检测手段和资质。监理人监督检查承包人在工地建立的试验室，包括试验设备与计量检定情况、试验人员数量和专业水平，核定其试验方法和程序等。承包人应按合同规定和现场监理人的指令进行各项材料试验，并为现场监理人进行质量检查和检验提供必要的试验资料和成果。现场监理人进行抽样试验时，所需试件应由承包人提供，也可以使用承包人的试验设备和用品，承包人应予协助。

主要审核内容：

（1）检测试验室的资质文件（包括资格证书、承担业务范围及计量认证文件等的复印件）。

（2）检测试验室人员配备情况（姓名、性别、岗位工龄、学历、职务、职称、专业或工种）。

（3）检测试验室仪器设备清单（仪器设备名称、规格型号、数量、完好情况及其主要性能)，仪器仪表的率定及计量检定合格证。

(4) 各类检测、试验记录表和报表的式样。

(5) 检测试验人员守则及试验室工作规程。

(6) 其他需要说明的情况或监理机构根据合同文件规定要求报送的有关材料。

三、审核承包人的进场施工设备

为了保证施工的顺利进行，监理人在开工前对施工设备的审核内容主要包括以下几个方面：

(1) 开工前对承包人进场施工设备的数量和规格、性能以及进场时间是否符合施工合同约定要求。

(2) 监理机构应督促承包人按照施工合同约定，保证施工设备按计划及时进场，并对进场的施工设备进行评定和认可。禁止不符合要求的设备投入使用并要求承包人及时撤换。在施工过程中，监理机构应督促承包人对施工设备及时进行补充、维修、维护，满足施工需要。

(3) 旧施工设备进入工地前，承包人应提供该设备的使用和检修记录，以及具有设备鉴定资格的机构出具的检修合格证。经监理机构认可，方可进场。

(4) 承包人从其他人租赁设备时，应在租赁协议书中明确规定，若在协议书有效期内发生承包人违约解除合同时，发包人或发包人邀请的其他承包人可以以相同条件取得其使用权。

四、审查基准点、基准线和水准点的复核结果和施工控制网的布设

监理人应在合同规定的期限内，向承包人提供测量基准点、基准线和水准点及其平面资料。承包人应依上述基准点、基准线以及国家测绘标准和本工程精度要求，测设自己的施工控制网，并将资料报送监理人审批。待工程完工后完好地移交给发包人。承包人应负责施工过程中的全部施工测量工作，包括地形测量、放样测量、断面测量、支付收方测量和验收测量等。并应由承包人自行配置合格的人员、仪器、设备和其他物品。承包人在各项目施工测量前还应将所采取措施的报告报送监理人审批。监理人可以指示承包人在监理人监督下或联合进行抽样复测，当复测中发现有错误时，必须按照监理人指示进行修正或补测。监理人可以随时使用承包人的施工控制网，承包人应及时提供必要的协助。

承包人应负责管理好施工控制网点，若有丢失或损坏，应及时修复，其所需管理和修复费用由承包人承担。工程完工后应完好地移交给发包人。

五、检查进场原材料和构配件

检查进场原材料、构配件的质量、规格、性能是否符合有关技术标准和技术条款的要求，原材料的储存量是否满足工程开工及随后施工的需要。

六、检查生产设施的准备情况

砂石料生产系统的配置，是根据工程设计图纸的混凝土用量及各种混凝土的级配比例，计算出各种规格混凝土骨料的需用量，主要考虑日最大强度及月最大强度，确定系统设备的配置。砂石厂应设在料场附近；多料场供应时，应设在主料场附近；经论证亦可分别设厂；砂石利用率高、运距近、场地许可时，亦可设在混凝土工厂附近。主要设施的地基应稳定，有足够的承载力。

混凝土拌和系统选址，尽量选在地质条件良好的部位，拌和系统布置注意进出料高程，运输距离小，生产效率高。

对于场内交通运输，对外交通方案确保施工工地与国家或地方公路、铁路车站、水运港口之间的交通联系，具备完成施工期间外来物质运输任务的能力。场内交通方案确保施工工地内部各工区、当地材料场地、堆渣场、各生产区、各生活区之间的交通联系，主要道路与对外交通衔接。

工地施工用水、生活用水和消防用水的水压、水质应满足相应的规定。施工供水量应满足不同时期日高峰生产用水和生活用水需要，并按消防用水量进行校核。生活和生产用水宜按水质要求、用水量、用户分布、水源、管道和取水建筑物的布置情况，通过技术经济比较后确定集中或分散供水。

各施工阶段用电最高负荷宜按需要系数法计算。通信系统组成与规模应根据工程规模的大小、施工设施布置及用户分布情况确定。

七、审查分包队伍

许多施工合同中明文规定工程不得转包。更多的施工合同则要求项目的主体部分必须由施工单位自行完成，而一些专业性较强的项目允许分包给专业施工队伍施工，现行法规还允许劳务作业分包。但所选定的分包单位必须经项目法人审查同意，监理机构则应本着对项目法人和工程负责的态度，负责对总包单位提供的分包单位进行资质审查。审查分二步：

（1）审查分包单位的营业执照、注册资本、资质证书和承包范围、经济技术人员构成、机械设备情况、公司概况、近几年的主要施工业绩。

（2）做社会调查和实地考察。向项目法人主管部门、质监站、有关项目法人了解分包单位的履约、信誉、管理水平。进行实地考察，了解该公司目前的任务情况，综合加工能力、机械装备等，最好能考察1～2个正由该单位施建的工程项目。

根据上述两项审查，综合本工程特点，权衡该分包承担本工程的能力，来决定取舍，若同意，则应尽快向施工单位发分包通知书。

第四节　施工图纸及施工组织设计的审核

单位工程开工条件的审核与合同项目开工条件既有相同之处，也存在区别。相同之处是两者审核的内容、方法基本相同；不同之处是两者侧重点有所不同。合同项目开工条件的审核侧重于施工准备的整体性，涉及面广，属于粗线条的；而单位工程开工条件的审核则要具体得多，涉及到场地及辅助设施、人员、材料、施工设备、燃料动力供应、施工图、施工组织设计、进度计划等多个方面。本节主要介绍对施工图纸的审核和施工组织设计的审核。

一、施工图纸的审核

施工图纸是施工的依据，施工单位必须严格按图施工；施工图纸同样也是监理的依据，因此熟悉施工图纸、理解设计意图、搞清结构布局是监理机构和施工单位的首要任务。同时由于施工图纸数量大，涉及到多个专业，加之各种其他影响因素，设计图纸中难免存在不便施工、难以保证质量以及错漏等问题，故应于施工前进行施工图纸会审，尽可能早地发现图纸中的问题，以减少不必要的浪费与损失。《水利工程建设监理规定》规定："监理单位应当按照监理合同，组织设计单位等进行现场设计交底，核查并签发施工图。未经总监理工程师签字的施工图不得用于施工。"

1．施工图审核内容

监理人对施工图纸审核的主要内容如下：

（1）施工图纸是否经设计单位正式签署。

（2）图纸与说明书是否齐全，图纸供应是否及时。

（3）是否与招标图纸一致（如不一致是否有设计变更）。

（4）是否符合技术标准及其强制性条文的规定。

（5）各类图纸间、各专业图纸之间、平面图与剖面图之间、各剖面图之间有无矛盾，几何尺寸、平面位置、标高等是否一致，标注是否清楚、齐全，是否有误。

（6）总平面布置图与施工图的位置、几何尺寸、标高等是否一致。

（7）图纸与设计说明、技术要求是否一致。

（8）地下构筑物、障碍物、管线是否探明并标注清楚。

（9）施工图中的各种技术要求是否切实可行，是否存在不便于施工或不能施工的技术要求。

若核查过程中发现问题，对于发包人提供的设计文件及图纸，通过发包人返回设计单位处理。对于承包人提交的设计文件及图纸，由承包人修改后重新报批。

2．设计技术交底

技术交底是设计单位在向施工单位全面介绍设计思想的基础上，对新结构、新材料、重要结构部位和易被施工单位忽视的技术问题进行技术交底，并提出在确保施工质量方面具体的技术要求。为更好地理解设计意图，从而编制出符合设计要求的施工方案，监理机构应对重大或复杂的项目，组织设计技术交底会议，由设计、施工、监理、发包人等相关人员参加。

设计技术交底会议应着重解决下列问题：

（1）分析地形、地貌、水文气象、工程地质及水文地质等自然条件方面的影响。

（2）主管部门及其他部门（如环保、旅游、交通、渔业等）对本工程的要求，设计单位采用的设计规范。

（3）设计单位的意图。如设计思想、结构设计意图、设备安装及调试要求等。

（4）施工单位在施工过程中应注意的问题。如基础处理、新结构、新工艺、新技术等方面应注意的问题。

（5）对设计技术交底会议应形成记录。

3．施工图纸的发布

监理人在收到施工详图后，首先应对图纸进行审核。在确认图纸正确无误后，由监理人签字并发送给施工承包人。

施工承包人在收到监理人发布的施工图后，在用于正式施工之前应注意以下几个问题：

（1）检查该图纸是否有监理人签字。

（2）对施工图作仔细地检查和研究，内容如前所述。检查和研究的结果可能有几种情况：

1）图纸正确无误，承包人应立即按施工图的要求组织实施，研究详细的施工组织和施工技术保证措施，安排机具、设备、材料、劳力、技术力量进行施工。

2）发现施工图纸中有不清楚的地方或有可疑的线条、结构、尺寸等，或施工图上有互相矛盾的地方，承包人应向监理人提出“澄清要求”，待这些疑点澄清之后再进行施工。

监理人在收到承包人的“澄清要求”后，应及时与设计单位联系，并对“澄清要求”及时予以答复。

3）根据施工现场的特殊条件、承包人的技术力量、施工设备和经验，认为对图纸中的某些方面可以在不改变原来设计图纸和技术文件原则的前提下，进行一些技术修改，使施工方法更为简便，结构性能更为完善，质量更有保证，且并不影响投资和工期。此时，承包人可提出“技术修改”要求。监理人在收到承包人的“技术修改”要求后，若认为可行，应在书面征得设计代表的同意后，批复承包人实施。

4）如果发现施工图与现场的具体条件，如地质、地形条件等有较大差别，难以按原来的施工图纸进行施工，此时，承包人可提出“现场设计变更”要求。

二、施工组织设计的审核

在施工投标阶段，施工单位根据招标文件中规定的施工任务、技术要求、施工工期及施工现场的自然条件，结合本单位的人员、机械设备、技术水平和经验，在投标书中编制了施工组织设计，对拟承包工程做出了总体部署，如工程准备采用的施工方法、施工工序、机械设备和技术力量的配置等。它是承包人进行投标报价的主要依据之一。施工单位中标并签订合同后，这一施工组织设计也就成了施工合同文件的重要组成部分，并且按合同规定，承包人应在规定时间内进一步提交更为完备、具体的施工组织设计，得到监理机构的批准。

（一）审查施工组织设计的指导思想

通过对方案的经济技术分析进行比较、综合、评估，优选一个经济、实用、安全、可行的最佳方案，达到投入少、工期快、质量好的目的。

（二）审查施工组织设计的原则

（1）施工组织设计应符合当前国家基本建设方针与政策，突出了“质量第一，安全第一”的原则。

（2）施工组织设计应与施工合同条件相一致。

（3）施工组织设计中的施工程序和顺序应符合施工工艺原则和本工程的特点，对冬雨季施工应制定有效措施，且在工序上有所考虑。

（4）施工组织设计应优先选用目前先进成熟的施工技术。

（5）施工组织设计应采用流水施工方法和网络计划技术，做到连续均衡施工。

（6）施工机械的选用配备应经济合理，满足工期与质量要求。

（7）施工平面图的布置与地貌环境、建筑平面协调一致，并符合紧凑合理、文明安全、节约方便的原则。

(8) 降低成本、确保质量和安全的措施科学合理。

(三) 施工组织设计审查的重点

施工方案（施工方法）、施工进度计划及施工平面布置。

1. 施工方案（施工方法）的审查

对施工方案（施工方法）审查，首先从以下几个方面入手，再在此基础上做综合评述。

(1) 在通阅方案的基础上，审视该方案与本工程所处的地貌环境、结构特点及合同要求是否一致，如果相互矛盾，应要求施工单位修改。

(2) 审查施工程序与顺序有无不妥。施工程序就是根据施工生产的固有特点和规律，合理安排施工的起点、流向和顺序，这种程序一般是遵循“先准备后施工，先地下后地上，先土建后安装，先主体后围护，先结构后装修”的原则，它受施工条件，工程性质，使用要求的影响。这种程序能满足缩短工期、保证质量的要求，一般是不能违背的。而每一个施工过程的施工顺序则更为严格，它一般情况是不允许更改的。它是由施工工艺、施工组织、施工方法和质量要求来确定的。对于施工程序和顺序的审查要依据设计要求、国家技术规范和合同条件，结合同类工程施工经验仔细进行。对选用个别非常规程序的施工方法，譬如地下建筑物施工中的逆作法，它又有自身的工艺程序，在应用时也必须严格遵守。

(3) 审查施工流水段的划分。一个先进的施工组织设计必须采取流水施工交叉作业的施工方法，而流水段的划分影响着施工方案的结构和人力、物力、设备的投入，也影响着工期和成本。故在审查时我们应突出以下四个重点：

1) 段的分界必须是结构上允许停歇的地方。

2) 流水段的工程量应大致相等，施工生产做到连续均衡。

3) 流水段的数量与主要施工过程数量间的关系符合常规要求。

4) 每段工程量与劳力、设备投入及计划工作日间应满足：

$$T=\frac{Q}{R\times S} \tag{7-1}$$

式中　T——该段计划持续时间；

Q——该段工程量；

R——计划投入的人力、设备数量；

S——产量定额。

(4) 审查选用的施工机械。施工机械化程度是现代化施工生产的标志，但绝不是越多、越大越好。应本着工程需要、实际可能、经济合理的原则去配置。而所配置设备的型号、数量应与工程规模、工期、成本相适应。故在审查这一部分时，可根据设备的技术性能、效率及运行成本进行定量的分析比较，以确定机械配置的合理程度。

(5) 主要施工方法的审查。主要施工方法是施工方案的核心，也是监理工程师审查的重点。先进的施工方法应满足如下三个条件：

1) 有利于提高工效，改善劳动环境和降低工程成本。

2) 有利于提高工程质量又不打乱原方案的流水走向及流水段。

3）有利于施工生产的标准化、工厂化、机械化，而又满足工艺技术上的要求。

某些施工方法涉及到重要工程部位和复杂施工技术，或采用新技术、新结构、新工艺的施工过程，故对于这些施工方法的审查，一定要采用认真、慎重、负责的态度，要了解施工单位对这些方法的熟练程度、管理水平以及当地的施工水平及市场条件，然后再决定取舍，没有把握的施工方法是不能使用的。

某些施工方法又常常涉及到额度较大的费用。譬如深基坑施工中的支护方法和降水方法，不同方法间的差额有时能达数十万元至上百万元，对成本影响较大，在审查这些方法时就要结合埋深、地貌、地质、水文、季节、气候等条件进行综合分析，在确保施工质量和安全的前提下，审定最佳施工方法。

（6）审查技术组织措施。技术组织措施是在技术、组织方面为保证质量安全和降低成本所采取的方法。它与施工企业技术管理水平和施工经验有着密切的关系。

对于这部分的审查重点应放在质量保证措施及安全生产措施上。而降低成本措施，对固定总价合同项目审查可以从简。

1）质量保证措施。

a. 组织措施，包括：审查施工单位的质量保证体系是否健全，各级质检人员资质及素质是否符合要求。是否建立了分级质量责任制，工序间自检、互检、交接检查制度是否执行。全员质量意识如何，有无培训措施。质量有无奖罚办法措施。

b. 技术措施，包括：是否按工法组织施工，有无事前技术交底制度和备有工序施工技术工艺卡。质量监控手段和使用检测工具，中心试验室设备及人员配置情况如何，计量管理水平如何。审查使用新材料、新技术、新工艺的具体技术措施。

某些技术措施常常会引起成本费用的变化，譬如新材料、新技术、新工艺的使用，对这种情况，除进行技术可靠性的审查论证外，还应对成本的影响进行比较。凡引起建筑成本上升的新材料、新工艺、新技术都要从严控制。

2）安全生产措施。安全生产人命关天，频繁的安全事故会严重影响工人的心理情绪，影响施工质量，故施工生产必须树立“安全第一，预防为主”的思想。为此，在施工组织设计中应有安全生产的组织与技术措施，严格贯彻执行“建设工程安全生产管理条例”。

按照“谁管生产谁管安全”的原则，建立安全生产保证体系、安全生产教育制度和安全生产责任制。项目要按规定设专职安全员，施工班组要设兼职安全员。

2. 施工进度计划的审查

施工进度计划是用线条和网络形象表达的施工组织设计的缩影，是指导实际施工生产和控制工期的纲领。监理单位对施工进度计划的审查应突出以下几个重点：

（1）施工进度计划的开工、竣工时间、即工期应与合同要求相一致，应与监理单位编制的综合进度控制计划相吻合，计划安排上留有一定的调节余地。

（2）检查施工进度计划图中所描述的施工程序、顺序、流水段和流水走向与施工组织设计以及相应的技术、工艺、组织要求是否一致。

（3）用定额法审查每一个施工过程的持续时间有无不当，这个时间应与机械设备、劳力调配及材料半成品供应计划相一致。

（4）对该进度计划均衡特征及工期费用特征做出评价。

3. 施工总平面布置的审查

施工总平面审查掌握三个原则，即布局科学合理、满足使用要求、费用低。

（1）布局是指施工机械、施工道路、材料堆场、生产生活临时设施、水电管线等在平面上的位置安排，这种安排从以下六个方面考虑：

1）布局紧凑、占地少，方便施工，保证安全。

2）水平运距短，二次搬运少，装、卸、吊方便。

3）生产设施要在道路两侧布置，便于运输。

4）生产设施与生活设施要分设，避免互相干扰。

5）不占用拟建永久建筑物位置，不破坏地下管线，不影响市容。

6）注意防火安全，易燃易爆仓库要远离施工区并有安全防护措施。

（2）满足施工使用要求。

1）审查各种临时设施的面积、容量、质量与施工方案和进度要求是否适应。材料储备和成品、半成品的加工能力能否满足连续施工需要。审查各类仓库、加工棚（厂）、生活设施的面积。

2）核算用水量：

施工用水量 q_1

$$q_1 = k_1 \sum Q_1 N_1 \frac{K_2}{8 \times 3600} \tag{7-2}$$

式中 q_1——施工用水量，L/s；

k_1——未预见施工用水系数，取 1.05～1.15；

K_2——用水不均衡系数（现场取 1.50，附属生产企业取 1.25，施工机械及运输工具取 2.0，动力设备取 1.10）；

Q_1——最大用水日完成的施工工程量，附属企业产量或机械台班数；

N_1——施工用水定额或机械用水定额。

生活用水量 q_2

$$q_2 = Q_2 N_2 \frac{K_3}{8 \times 3600} + Q_3 N_3 \frac{K_4}{24 \times 3600} \tag{7-3}$$

式中 q_2——生活用水量，L/s；

Q_2——现场高峰施工人数；

N_2——现场生活用水定额，一般取 20～60L/（人·班）；

K_3——现场用水不均衡系数取 1.30～1.50；

Q_3——居住区高峰职工及家庭人数；

N_3——居住区昼夜生活用水定额，一般取 100～200L/（人·昼夜）；

K_4——居住区生活用水不均衡系数取 2.00～2.50。

消防用水量 q_3 可参照定额执行。

按照以上各式计算用水量后即可算出总用水量 Q：

当 $q_1 + q_2 \leqslant q_3$ 时，则 $Q = 1/2(q_1 + q_2) + q_3$

当 $q_1 + q_2 > q_3$ 时，则 $Q = q_1 + q_2 + q_3$

当 $q_1 + q_2 < q_3$ 且工地面积小于5公顷时，则 $Q = q_3$ 而 $Q_{总} = 1.1Q$

用水量算出后可核算供水管径：

$$D_t = \sqrt{4000Q_t / \pi V} \tag{7-4}$$

式中　D_t——某供水管径，mm；

Q_t——某段供水量，L/s；

V——管网中流速度，m/s，一般为1.5～2.0m/s。

施工机械和动力设备总需要电容量按式（7-5）计算：

$$S_{动} = 1.1\left(K_1 \frac{\sum p_i}{\cos\varphi} + K_2\right)\sum S_i \tag{7-5}$$

式中　$\sum p_i$——各种施工机械动力设备功率之和，kW；

$\sum S_i$——各电焊机额定量之和，kVA；

$\cos\varphi$——电机平均功率因素，一般取0.65～0.7；

K_1、K_2——系数。

照明用电量：为简化计，一般选用动力机械用电量的10%为照明用电量，于是总用电量：

$$S_{总} = S_{动} + S_{照} = 1.1S_{动} \tag{7-6}$$

施工现场所选变压器要满足 $S_{变} \geqslant S_{总}$

某些临建工程质量与施工生产有密切关系。在方案审查中也需引起重视。临时道路路基质量若不与汽车载重量及使用频率相适应，就可能会出现道路路基下陷，受到浸水软化不能使用，而致使运输中断或道路返修，使材料运输不能正常进行，以致影响到施工生产。对临时排水系统也存有类似问题。特别在南方多雨地区，暴雨成灾，排泄不畅，积水成灾，淹没库房及道路，致使施工中断，这些方面在审查中都应作重点核算审查，免除后患。

（3）临建费用。

1）各类临建设施的数量统计（m^2）。

2）利用原有建筑物或正式新建建筑物（道路）的比率。

3）单方造价、临建总价与工程成本的比率。

监理人在对施工承包人的施工组织设计进行仔细审核后提出意见和建议，并用书面形式答复承包人是否批准施工组织设计，是否需要修改。如果需要修改，承包人应对施工组织设计进行修改后提出新的施工组织设计，再次请监理人审核，直至批准为止。在施工组织设计获得批准后，承包人就应严格遵照批准的施工组织设计和技术措施实施。根据合同的规定，承包人应对其编制的施工组织设计的完备性负责，监理人对施工方案的批准，不排除承包人对此方案应负的责任。

对关键部位、工序或重点控制对象，在施工之前，承包人必须向监理人提交更为详细的施工措施计划，经监理人审批后方能进行施工。

三、开工前对施工准备工作进行总检查再确认

当项目有关方的施工准备工作即将结束时，监理工程师应会同施工单位与项目法人对整个施工准备工作进行一次全面的检查确认，以保证项目开工后能够顺利进行。需要检查

确认的工作分五个部分。

1. 技术准备工作

(1) 施工图纸及有关标准图已齐全，能满足施工需要，且已进行技术交底与图纸会审，影响施工的各类技术问题业已解决，会审纪要已签字下发各单位。

(2) 施工组织设计已经审查批准，各种计划已下发部门执行。

(3) 永久性、半永久性坐标点已埋设固定；施测成果也经监理工程师复查认可。

(4) 监理工作程序、本项目工作关系图、项目综合控制计划、质量预控措施及分项工程监理流程图已发至施工单位。

(5) 原材料、半成品、构配件及混凝土配合比已获监理工程师审查批准。

(6) 施工组织机构组建完成并到位。

(7) 已向当地建设行政主管部门办妥相关手续。

2. 劳力物资的准备工作

(1) 按劳力需要计划，基础施工所需要的各种劳动力，已陆续进场或正在接受入场前的质量安全教育。

(2) 基础部分所需要的钢筋模板，制作加工已基本完成，能满足进度需要。

(3) 基础工程需要的原材料已按计划足量进场储好，后续货源及运输均已落实。

(4) 各仓库内需要的储存物资，油料、配件、工具、劳保用品已备足。

3. 临时设施

(1) 施工道路建成，已与市政道路接轨。质量符合使用及安全要求。

(2) 给水供电线路已按方案布置，符合安全要求。

(3) 消防设施及安全警标已安装悬挂完毕。

(4) 围墙、宿舍、门卫、厕所、办公室、仓库、车间、工棚、堆场已建成并通过验收。职工食堂、开水间、浴室、卫生所已运营。

(5) 降水工程已运作，每日抽水量符合原设计要求。

4. 机械设备及计量器具

(1) 垂直运输设备已按方案就位，并通过了技术与动力部门的联合验收，已做了负荷运转试验，符合有关规程要求，水平运输设备已全部进场。

(2) 混凝土搅拌机、输送泵、钢筋、模板加工设备、电焊机与计量器具已全部安装完毕，并进行了试转，动力机械部门已验收，同意使用。

(3) 中心试验室的设备、仪器已安装就位，并已由政府计量部门检验发证。

5. 资金情况

(1) 工程预付款已进入施工单位的账户。

(2) 投资计划已送达项目法人，项目法人有一定的资金储备，融资渠道畅通。

(3) 施工图预算已编审完毕，施工预算已编妥下发。

(4) 已做了工程投保。

上述五项工作经监理工程师、项目法人、承包商联合检查确认符合要求后，即可向地方政府施工管理部门报告，申请开工。

四、开工

接到有关主管部门下发的施工许可证，工程开工报审表所列内容全部落实到位，总监理工程师征得项目法人同意后签发开工令，施工开始。

思　考　题

1. 什么是施工准备阶段？
2. 项目法人在施工准备阶段应完成哪些工作？
3. 监理机构的准备工作内容是什么？
4. 施工准备工作的基本任务是什么？
5. 图纸会审的作用什么？
6. 审查施工组织设计的原则是什么？
7. 审查施工技术措施的重点是什么？
8. 施工准备阶段的协调工作有哪些？

第八章 施工实施阶段监理的目标控制

在监理规划中已明确了监理工作的目标，也就是对工程项目的投资、进度、质量目标实施控制。水利工程监理包括从项目立项到工程建成的全过程监理。由于目前在工程建设投资决策阶段、勘察设计阶段实施监理尚不成熟，需要进一步探索和完善，而施工阶段的监理工作已总结出一套比较成熟的经验和做法，因此本章主要介绍在质量、进度和投资这三大目标控制方面监理工程师的主要工作内容、基本原理和基本方法。

第一节 施工质量控制

“百年大计，质量第一”是人们对建设工程质量重要性的高度概括。施工质量是决定建设项目成败的关键环节。工程施工是使工程设计意图最终实现并形成工程实体的阶段，也是最终形成工程产品质量和工程项目使用价值的重要阶段。

一、工程质量控制的概念

（一）建设工程质量

2000 版 GB/T 19000—ISO 9000 族标准中质量的定义是：一组固有特性满足要求的程度。其含义是质量不仅是指产品质量，也可以是某项活动和过程的工作质量，还可以是质量管理体系运行的质量。

建设工程质量简称工程质量。工程质量是指工程产品满足规定要求和具备所需要的特性总和。所谓“满足规定”通常是指应当符合国家有关法规、技术标准或合同规定的要求；所谓“满足需要”一般是指满足用户的需要，这种需要是对工程产品的性能、寿命、可靠性及使用过程的运用性、安全性、经济性等特征的要求。建设工程质量是在合同环境下形成的。从功能和使用价值来看，建设工程质量体现在实用性、耐久性、安全性、可靠性、经济性以及与环境的协调性。这六个方面彼此之间相互依存，都必须达到基本要求，缺一不可。

在工程项目施工阶段，质量的形成是通过施工中的各个控制环节逐步实现的，即通过工序质量→单元工程质量→分部工程质量→单位工程质量，最终形成工程质量。

工程质量还包括工作质量。工作质量是参与工程的建设者，为了保证工程质量所从事工作的水平和完善程度。工作质量包括社会工作质量和生产过程工作质量，前者如社会调查、市场预测、质量回访和保修服务等，后者如政治工作质量、管理工作质量、技术工作质量和后勤工作质量等。

（二）工程质量的特点

建设工程质量的特点是由建设工程本身和建设生产的特点所决定的。建设工程及其生产的特点：一是产品的固定性，生产的流动性；二是产品的多样性和生产的单件性；三是产品形体庞大、高投入、生产周期长、具有风险性；四是产品的社会性，生产的外部局限性。正是由于上述建设工程的特点而形成了工程质量本身有以下特点：①影响因素多：决策、设计、材料、机械、环境、施工工艺、管理制度、技术措施、人员素质、工期和造价等均直接和间接地影响工程质量；②质量波动大：工程建设不能像一般工业产品那样用固定的生产流水线，在稳定的生产环境下制造出相同系列规格和相同功能的产品。同时影响工程质量的偶然性因素和系统性因素比较多，其中任一因素发生变动，都会使工程质量产生波动，产生系统因素的质量变异，造成工程质量事故，因此要严防出现系统性因素的质量变异；③质量的隐蔽性：工程在施工过程中，由于工序交接多、中间产品多、隐蔽工程多，若不及时检查并发现其存在的问题，就可能留下质量隐患，产生判断错误，将不合格品当作合格品；④终检的局限性：工程项目建成以后不可能像一般工业产品那样依靠终检判断产品质量，或将产品拆卸、解体来检查其内在的质量。而工程项目的终检（竣工验收）难以发现工程内在的、隐蔽的质量缺陷，因此工程质量控制应以预防为主；⑤评价方法的特殊性：工程质量是在施工单位按合格质量标准自行检查评定的基础上，由监理工程师（或建设单位项目负责人）组织有关单位、人员进行检验确认验收。这种评价方法体现了“验评分离、强化验收、完善手段、过程控制”的指导思想；⑥质量的可追溯性：当前我国实行的是工程质量终身责任制，即在工程设计寿命期限内，发生质量问题可溯源、可追溯、要追责。

（三）质量控制

2000 版 GB/T 19000—ISO 9000 族标准中质量控制的定义是：质量控制是质量管理的一部分，致力于满足质量要求。具体上讲，质量控制是通过采取一系列的作业技术和活动对各个过程实施的控制。它贯穿于产品形成和体系运行的全过程，围绕产品形成的全过程的每一个阶段，对影响其质量的人、机械设备、工程材料、方法和环境条件（4M1E）进行控制，并对质量活动的成果进行分阶段验证，以便及时发现问题，查明原因，采取相应的纠正措施，防止不合格品的发生。坚持预防为主与检验把关相结合的原则，达到规定要求的产品质量。

二、水利工程参建各方质量责任和义务

要保证建设工程质量，不但需要建设单位、勘察设计单位、施工单位、工程监理单位等责任主体各负其责，各级政府建设行政主管部门和其他有关部门还必须加强对工程建设参与各方主体的行为和工程质量监督管理，加强对有关法律、法规和强制性标准执行情况的检查。

（一）建设单位的质量责任和义务

建设单位作为建设工程的投资人，是建设工程的重要责任主体。建设单位有权选择承包单位，有权对建设过程检查、控制，对工程进行验收，支付工程款和费用，在工程建设各个环节负责综合管理工作，在整个建设活动中居于主导地位。因此，要保证建设工程的质量，首先就要对建设单位的行为进行规范，对其质量责任予以明确。依据《建设工程质量管理条例》规定，建设单位的质量责任和义务如下：

（1）建设单位应当依法对工程建设项目的勘察、设计、施工、监理以及与工程建设有

关的重要设备、材料等的采购进行招标。

（2）建设工程发包单位不得迫使承包方以低于成本价格竞标，不得任意压缩合理工期。建设单位不得明示或暗示设计单位或者施工单位违反工程建设强制性标准，降低建设工程质量。

若承包方以低于成本的价格中标，在承包合同履行中，为了减少开支，降低成本，往往会采取偷工减料、以次充好、粗制滥造等手段，致使工程出现质量问题，影响工程效益的发挥，最终受损害的仍是建设单位。

合理工期是指在正常建设条件下，各参建单位均获得满意的经济效益的工期。建设单位不能为了早日发挥项目的效益，迫使承包单位大量增加人力、物力投入、赶工期，损害承包单位的利益。实际工作中，盲目赶工期，简化工序，不按规程操作，导致建设项目出现问题的情况很多，这是应该制止的。

强制性标准是保证建设工程结构安全可靠的基础性要求，违反了这类标准，必然会给建设工程带来重大质量隐患。

（3）实行监理的建设工程，建设单位应当委托具有相应资质等级的工程监理单位进行监理，也可委托具有工程监理相应资质等级并与被监理工程的施工承包单位没有隶属关系或者其他利害关系的该工程的设计单位进行监理。

工程监理单位的资质反映了该单位从事某项监理工作的资格和能力，是国家对工程监理市场准入管理的重要手段，只有获得相应资质证书的单位才具备保证工程监理工作质量的能力，因此建设单位必须将需要监理的工程委托给具有相应资质等级的工程监理单位进行监理。

（4）建设单位应当将工程发包给具有相应资质等级的单位。建设单位不得将建设工程肢解发包。

工程发包权是建设单位最重要的权力之一，建设单位切实用好这一权力，将工程发包给具有相应资质等级的单位来承担，是保证建设工程质量的基本前提。

若建设单位违反建设市场的有关管理规定，将建设工程发包给无资质，或资质等级不符合条件的承包企业，一方面扰乱了市场，更主要的是，因为承包企业不具备完成建设项目的资金和技术能力，使得项目半途而废，或质量低劣，受损失的还是建设单位。

肢解发包是指建设单位将应当由一个承包单位完成的建设工程分解成若干部分发包给不同的承包单位的行为。建设单位发包工程时，应该根据工程特点，以有利于工程的质量、进度、成本控制为原则，合理划分标段，不得肢解发包工程。建设单位按其性质的技术联系应当由一个承包单位整体承包的工程，肢解成若干部分，分别发包给几个承包单位，由于建设单位一般不具备工程管理的专业知识和经验，使得整个工程建设在管理和技术上缺乏应有的统筹协调，往往造成施工现场秩序的混乱，责任不清，严重影响工程建设质量，出了问题也很难找到责任方。

（5）建设单位在领取施工许可证或者开工报告前，应当按照国家有关规定办理工程质量监督手续。

建设单位在领取施工许可证或者开工报告之前，应当按照国家有关规定，到工程质量监督机构办理工程质量监督手续，接受政府部门的工程质量监督管理。

建设单位办理工程质量监督手续时应提供以下文件和资料：

1）工程规划许可证。

2）设计单位资质等级证书。

3）监理单位资质等级证书，监理合同。

4）施工单位资质等级证书及营业执照副本。

5）工程勘察设计文件。

6）中标通知书及施工承包合同等。

工程质量监督机构收到上述文件和资料后，进行审查，符合规定的，办理工程质量监督注册手续，签发监督通知书。

（6）建设单位必须向有关的勘察、设计、施工和工程监理等单位提供与建设工程有关的原始资料。原始资料必须真实、准确、齐全。

1）一般情况下，建设单位根据委托任务必须向勘察单位提供如勘察任务书、项目规划总平面图、地下管线、地下构筑物和地形地貌等在内的基础资料；向设计单位提供政府有关部门批准的项目建议书、可行性研究报告等立项文件，以及勘察成果和其他基础资料；向施工单位提供概算批准文件，建设项目正式列入国家、部门或地方年度固定资产投资计划，建设用地的征用资料，有能够满足施工需要的施工图纸及技术资料，建设资金和主要建筑材料、设备的来源落实资料，建设项目所在地规划部门批准文件，施工现场完成“四通一平”的平面图等资料。向工程监理单位提供的原始资料除包括给施工单位的资料外，还要有建设单位与施工单位签订的承包合同文本。

2）建设单位必须为勘察单位、设计单位、施工单位和工程监理单位提供为使其完成承包业务需要的原始资料，并保证这些资料的真实、准确和完整。因原始资料的不真实、不准确和不完整造成工程质量事故，建设单位要承担相应的责任。

（7）建设单位应当将施工图设计文件报县级以上人民政府建设行政主管部门或者其他有关部门审查。施工图设计文件审查的具体办法，由国务院建设行政主管部门会同国务院其他有关部门制定。施工图设计文件未经批准的不得使用。

1）施工图设计文件是设计文件的重要内容，是编制施工图预算、安排材料、设备订货和非标准设备制作，进行施工、安装和工程验收等工作的依据。施工图设计文件一经完成，建设工程最终所要达到的质量，尤其是地基基础和结构的安全性就有了约束，因此施工图设计文件的质量直接影响建设工程的质量。

2）建设单位必须在施工前将施工图设计文件送政府有关部门审查，未经审查或审查不合格的，不准使用，否则，将追究建设单位的法律责任。

（8）按照合同约定，由建设单位采购建筑材料、建筑构配件和设备的，建设单位应当保证建筑材料、建筑构配件和设备符合设计文件和合同要求。建设单位不得明示或者暗示施工单位使用不合格的建筑材料、建筑构配件和设备。

为保证建筑材料和设备的质量符合合同和设计的要求，《水利水电土建工程施工合同条件》对原材料、构配件和设备的采购以及责任问题作出了具体的规定。

（9）建设单位收到建设工程竣工报告后，应当组织设计、施工和工程监理等有关单位进行竣工验收。建设工程经验收合格的，方可交付使用。

对水利工程而言，这里的竣工验收，相当于《水利水电土建工程施工合同条件》中的完工验收，在《水利水电工程验收管理规定》中规定为项目法人组织的单项合同工程验收。

（10）建设单位应当严格按照国家有关档案管理的规定，及时收集、整理建设项目各环节的文件资料，建立、健全建设项目档案，并在建设工程竣工验收后，及时向建设行政主管部门或者其他有关部门移交建设项目档案。

1）建设工程是百年大计，一般的建筑物设计年限都在50～70年之间，重要的建筑物达100年。在建筑物使用期间，会遇到对建筑物的改建、扩建或拆除活动，以及在其周边进行建设活动，评估对该建筑物可能的不利影响等，都要参考原始的勘察、设计和施工资料，因此，所有的建筑活动都应建立完整的建设项目档案。建设单位作为建设工程的投资人和业主，是建设全过程的总负责方，应在合同中明确要求勘察单位、设计单位、施工单位分别提供有关勘察、设计、施工的档案资料，如勘察报告、设计图纸和计算书、竣工图等，及时收集整理，在工程竣工后及时向有关部门移交建设项目档案。

2）根据《中华人民共和国档案法》的规定，“机关、团体、企业事业单位和其他组织必须按照国家规定，定期向档案馆移交档案”。按照《水利基本建设项目（工程）档案资料管理规定》，归档资料包括：①可行性研究、任务书；②设计基础资料；③设计文件；④工程管理文件；⑤施工文件；⑥竣工文件；⑦运行技术准备、试运行；⑧设备材料；⑨涉外文件；⑩财务器材管理；⑪科研项目。

（二）勘察、设计单位的质量责任和义务

勘查、设计单位和执业注册人员是勘察设计质量的责任主体，也是整个工程质量的责任主体之一，是由他们来承担勘察设计质量的法律责任和经济责任。勘察、设计单位的质量责任和义务如下：

（1）从事建设工程勘察、设计的单位应当依法取得相应等级的资质证书，并在其资质等级许可的范围内承揽工程。禁止勘察、设计单位超越其资质等级许可的范围或者以其他勘察、设计单位的名义承揽工程。禁止勘察、设计单位允许其他单位或者个人以本单位的名义承揽工程。勘察、设计单位不得转包或者违法分包所承揽的工程。

勘查设计单位的资质等级反映了勘察设计单位从事某项勘察、设计工作的资格和能力，是国家对勘察、设计市场准入管理的重要手段。根据《建设工程勘察设计资质管理规定》（2007年6月26日建设部160号令），建设工程分为勘察、设计资质。

1）工程勘察资质分为工程勘察综合资质、工程勘察专业资质和工程勘察劳务资质。工程勘察综合资质只设甲级，承接工程勘察业务范围不受限制；工程勘察专业资质根据工程性质和技术特点设立类别和级别；工程勘察劳务资质不分等级。取得工程勘察综合资质的企业，可承接各专业（海洋工程勘察除外）、各等级工程勘察业务；取得工程勘察专业资质的企业，可以承接同级别相应专业的工程勘察业务；取得工程勘察劳务资质的企业，可以承接岩土工程治理、工程钻探和凿井工程勘察劳务工作。

工程设计资质分为工程设计综合资质、工程设计行业资质、工程设计专业资质和工程涉及专项资质。取得工程设计综合资质的企业，其承接工程设计业务范围不受限制；取得工程设计行业资质的企业，可以承接同级别相应行业的工程设计业务；取得工程设计专项资质的企业，可以承接同级别相应的专项工程设计业务。取得工程设计行业资质的企业，可以承接本行业范围内同级别的相应专项工程设计业务，不需再单独领取工程设计专项资质。

2）勘察、设计单位的市场行为规范与否，对勘察设计的质量产生重要的影响。勘察设计行业作为一个特殊的行业有严格的市场准入条件。勘察、设计单位只有具备了相应的资质条件，才有能力保证勘察设计的质量；超越资质等级许可的范围承揽工程，也就超越了其勘察设计的能力，因而无法保证其勘察设计的质量。

由于超越资质等级许可的范围承接工程的行为大多是通过借用、有偿使用其他有相应资质单位的资质证书、图签来完成的，因此被借用者、出卖者也负有不可推卸的责任。《建设工程勘察设计市场管理规定》中对“勘察设计单位出借、转让、出卖资质证书、图签、图章或以挂靠方式允许他人以本单位名义承接勘察设计业务；注册执业人员出借、转让、出卖执业资格证书、执业印章和职称证书，或私自为其他单位设计项目签字、盖章，或允许他人以本人名义执业”等行为均有禁止性规定。

3）关于转包和违法分包在《中华人民共和国合同法》和《中华人民共和国建筑法》中均有明确规定，《中华人民共和国合同法》第272条规定：“勘察、设计承包人不得将其承包的全部建设工程转包给第三人或者将其承包的全部工程肢解后以分包的名义分别转包给第三人。禁止承包人将工程分包给不具备相应资质条件的单位，禁止分包单位将其承包的工程再分包。”《中华人民共和国建筑法》第28条和第29条分别规定：“禁止承包单位将其承包的全部建筑工程转包给他人，禁止承包单位将其承包的全部工程肢解以后以分包的名义转包给他人。禁止总承包单位将工程分包给不具备相应资质条件的单位。禁止分包单位将其承包的工程再分包。”

转包容易造成承包人压价转包，层层扒皮，使最终用于勘察、设计的费用大为降低以至于影响勘察、设计的质量。转包也破坏了合同关系应有的稳定性和严肃性，承包人转包违背了发包人的意志，损害了发包人的利益，这是法律所不允许的，不少国家也有对建筑工程转包的禁止性规定。

（2）勘察、设计单位必须按照工程建设强制性标准进行勘察、设计，并对其勘察、设计的质量负责。注册建筑师、注册结构工程师等注册执业人员应当在设计文件上签字，对设计文件负责。

1）勘察、设计单位必须按照工程建设强制性标准实行勘察、设计，并对其勘察、设计的质量负责。工程建设强制性标准是工程建设技术和经验的积累，是勘察、设计工作的技术依据，只有满足工程建设强制性标准才能保证质量，才能满足工程对安全、卫生和环保等多方面的质量要求，因此必须严格执行。

2）注册建筑师、注册结构工程师等注册执业人员应当在设计文件上签字，对设计文件负责。我国目前对勘察设计行业已实行了建筑师和结构工程师的个人执业注册制度，并规定注册建筑师、注册结构工程师必须在规定的执业范围内对本人负责的建筑工程设计文件，实施签字盖章制度。

（3）勘察单位提供的地质、测量、水文等勘察成果必须真实、准确。工程勘察就是要通过测量、测绘、观察、调查、钻探、试验、测试、鉴定、分析资料和综合评价等工作查明场地的地形、地貌、地质、岩性、地质构造、地下水条件和自然或人工地质现象，包括提出基础、边坡等工程的设计准则和工程施工的指导意见，并提出解决岩土工程问题的建议，进行必要的岩土工程治理。工程勘察工作是建设工程的基础工作，工程勘察成果文件是设计和施工的基础资料和重要依据，真实准确的勘察成果对设计和施工的安全性和是否保守浪费有直接的影响，因此工程勘察成果必须真实准确、安全可靠和经济合理。

按照工作性质划分，工程勘察可分为工程测量、水文地质和岩土工程三大专业。其中岩土工程包括岩土工程的勘察、设计、治理、监测与检测、咨询等方面的工作，而岩土工程勘察工作一般包括了场地液化、沉陷等场地抗震性能评价，因此专门承担的地震工程，如场地和地基基础的抗震测试、评价与抗震措施建议等均属于工程勘察工作范畴。

（4）设计单位应当根据勘察成果文件进行建设工程设计。设计文件应当符合国家规定的设计深度要求，注明工程合理使用年限。

1）设计单位应当根据勘察成果文件进行建设工程设计。勘察成果文件是设计的基础资料，是设计的依据，比如在不知道地基承载力情况下无法进行地基基础设计，而一旦地基承载力情况发生变化，随之而来基础的尺寸、配筋等都要修改，甚至基础选型也要改变，这将给设计工作增添很多工作量，造成工作的反复，继而影响设计的质量。因此先勘察后设计一直是工程建设的基本做法，也是基本建设程序的要求。但是，由于工期紧迫和建设单位的利益驱动，目前违背基建程序的做法时有发生。在勘察设计质量检查中发现，不少工程存在先设计、后勘察的现象，甚至仅参考附近场地的勘察资料而不进行勘察，这些都会造成严重的质量隐患或浪费，有的还因此而产生质量事故。因此本条对此专门作出规定，设计单位应当根据相应的勘察成果文件进行建设工程设计。

2）设计文件应当符合国家规定的设计深度要求，注明工程合理使用年限。所谓设计文件编制深度可以说是设计文件应包括的内容和深度，我国对设计文件的编制深度有专门的规定。

3）设计文件要注明工程合理使用年限。在设计文件中标明工程合理使用年限，可使使用者对工程安全的时效有一个清楚的了解，根据年限合理安排使用。超出这个期限的工程原则上不能再继续使用，用户需继续使用的，应委托具有相应资质等级的勘察、设计单位鉴定，根据鉴定结果采取加固、维修等措施，重新界定合理使用期限。

（5）设计单位在设计文件中选用的建筑材料、建筑构配件和设备，应当注明规格、型号、性能等技术指标，其质量要求必须符合国家规定的标准。除有特殊要求的建筑材料、专用设备、工艺生产线等外，设计单位不得指定生产厂、供应商。

1）为施工组织和采购的需要，为使工程的建设准确满足设计意图，设计文件中必须注明所选用的建筑材料、建筑构配件和设备的规格、型号、性能等技术指标，审查设计文件编制深度的要求。一方面为施工单位能够充分满足设计文件的要求提供了前提条件，同时也防止了施工单位在实际施工中因滥用及错误使用建筑材料、建筑构配件和设备所造成的质量问题。

2）设计单位有在设计文件中注明所选用的建筑材料、建筑构配件和设备的规格、型号、性能等技术指标的权利，但若滥用权力则会限制建设单位或施工单位在材料采购上的自主权，出现质量问题后容易扯皮，同时也限制了其他建筑材料、建筑构配件和设备厂商的平等竞争权，妨碍了公平竞争。另外指定产品往往会和回扣等腐败行为相联系，收受回扣后设计单位往往难以对产品的质量和性能有正确的评价，这对工程的质量是有害的。

(6) 设计单位应当就审查合格的施工图设计文件向施工单位作出详细说明。设计交底通常的做法是设计文件完成后，设计单位将设计图纸交建设单位（监理单位），再由建设单位（监理单位）签发施工单位后，由设计单位将设计的意图、特殊的工艺要求以及建筑、结构、设备等各专业在施工中的难点、疑点和容易发生的问题等向施工单位作一说明，并负责解释施工单位对设计图纸的疑问。

(7) 设计单位应当参与建设工程质量事故分析，并对因设计造成的质量事故，提出相应的技术处理方案。

事故发生后，工程的设计单位有义务参与质量事故分析。建设工程的功能、所要求达到的质量在设计阶段就已确定，可以说工程的好坏在一定程度上就是工程是否准确表达了设计的意图，因此在工程出现事故时，该工程的设计单位对事故的分析具有权威性。另外，设计是技术性很强的工作，设计文件的文字量尤其是图纸量比较大，该工程的设计单位最有可能在短时间内发现存在的问题，这对及时地进行事故处理是有利的。

（三）施工单位的质量责任和义务

施工阶段是建设工程实物质量的形成阶段，勘察工作质量、设计工作质量均要在这一阶段得以实现。由于施工阶段涉及的责任主体多，生产环节多，时间长，影响质量稳定的因素多，协调管理难度较大，因此，施工阶段的质量责任制度显得尤为重要。施工单位是建设市场的重要责任主体之一。它的能力和行为对建设工程的施工质量起关键性作用。施工单位是否有能力承担某一工程，用该施工单位的资质等级来衡量。但能不能保证所承包工程的施工质量，除了必须具备相应的资质等级，还与该施工单位承包、分包等市场行为、企业质量保证体系的建立和有效运行，是否按图施工、按标准施工，是否按要求对材料进行检验，是否严格隐蔽工程检查等密切相关。施工单位的质量责任和义务如下：

(1) 施工单位应当依法取得相应等级的资质证书，并在其资质等级许可的范围内承揽工程。禁止施工单位超越本单位资质等级许可的业务范围或者以其他施工单位的名义承揽工程。禁止施工单位允许其他单位或者个人以本单位的名义承揽工程。施工单位不得转包或者违法分包工程。

1) 施工单位的资质等级，是施工单位建设业绩、人员素质、管理水平、资金数量和技术装备等综合能力的体现。对于施工单位，国家规定除应具备企业法人营业执照外，还应取得相应的资质证书，建设部发布的《建筑业企业资质管理规定》（2007 年 6 月 26 日建设部令 159 号），对此作出了明确的规定。根据规定，建筑承包企业应严格在其资质等级许可的经营范围内从事承包工程活动。建筑业企业资质分为施工总承包、专业承包和劳务分包三个序列。获得施工总承包资质的企业，可以对工程实行施工总承包或者对主体工程实行施工承包。承担施工总承包的企业可以对所承接的工程全部自行施工，也可以将非主体工程或者劳务作业分包给具有相应专业承包资质或者劳务分包资质的其他建筑业企业。获得专业承包资质的企业，可以承接施工总承包企业分包的专业工程或者建设单位按照规定发包的专业工程。专业承包企业可以对所承接的工程全部自行施工，也可以将劳务作业分包给具有相应劳务分包资质的劳务分包企业。获得劳务分包资质的企业，可以承接施工总承包企业或者专业承包企业分包的劳务作业。

2）企业的资质等级是由有关管理部门根据企业的建设业绩、人员素质、管理水平、资金数量、技术装备等企业基本条件来确定的。这些条件反映了施工单位承揽工程的综合能力。企业只能根据其自身的综合能力进行相应的工程承包活动，否则会由于其某方面的能力达不到，而造成工程质量事故，给工程留下隐患，严重的会造成工程倒塌事故。

3）为在发包与承包竞争活动中争取到工程项目，一些施工单位因自身资质条件不符合招标项目所要求的资质条件，会采取种种手段骗取发包方的信任，其中包括借用其他施工单位的资质证书，以其他施工单位的名义承揽工程等手段进行违法承包活动。这种行为一方面扰乱了建设市场秩序，另一方面，也给工程留下了质量隐患。

4）《中华人民共和国合同法》明文禁止承包单位将其承包的全部工程转包给他人，同时也禁止承包单位将其承包的工程肢解以后，以分包的名义分别转包给他人。

所谓转包，是指承包单位承包建设工程后，不履行合同约定的责任和义务，将其承包的全部建设工程转给他人或者将其承包的全部工程肢解以后以分包的名义分别转给他人承包的行为。转包行为中，原施工单位将其承包的工程全部倒手转给他人，自己并不实际履行合同约定的义务。也有的施工承包单位将其承包的工程肢解成若干部分，全部分包给他人，自己并不履行总承包单位的义务和职责，这也是转包。转包的最主要特点是转包人只从受转包方收取管理费，而不对工程进行施工和管理。

所谓违法分包，主要是指施工总承包单位将工程分包给不具备相应资质条件的单位；违反合同约定，又未经建设单位认可，擅自分包工程；将主体工程的施工分包给他人；分包单位再分包的。

（2）施工单位对建设工程的施工质量负责。施工单位应当建立质量责任制，确定工程项目的项目经理、技术负责人和施工管理负责人。建设工程实行总承包的，总承包单位应当对全部建设工程质量负责；建设工程勘察、设计、施工、设备采购的一项或者多项实行总承包的，总承包单位应当对其承包的建设工程或者采购的设备的质量负责。

1）施工质量是以合同规定的设计文件和相应的技术标准为依据来确定和衡量的。施工单位应对施工质量负责，是指施工单位应在其质量体系正常、有效运行的前提下，保证工程施工的全过程和工程的实物质量符合设计文件和相应技术标准的要求。

2）施工单位的质量责任制，是其质量保证体系的一个重要组成部分，也是项目质量目标得以实现的重要保证。建立质量责任制，主要包括制定质量目标计划，建立考核标准，并层层分解落实到具体的责任单位和责任人，赋予相应的质量责任和权力。落实责任制，不仅是为了保证在出现质量问题时，可以追究责任，更重要的是通过层层落实质量责任制这一手段，做到事事有人管，人人有职责，保证工程的施工质量。在工程项目施工中，可以采用关键施工过程控制法，对关键施工过程和过程节点实施控制。在落实责任制时，责任人应具备相应的个人从业资格。如责任人不具备与其承担的责任相应的技术职称或岗位资格，质量责任制在落实的全过程中就会落空。

3）建设工程的承包方式，可以按传统方式搞单项承包，即建设单位将勘察、设计、施工和设备采购分别委托给不同的单位来完成，勘察、设计、施工和采购单位分别就自己承包的工作向建设单位负责，由建设单位负责全过程的总协调。也可按总承包方式进行。

因承包内容的不同，总承包又分为几个类型。有勘察、设计、施工总承包的，有设计、施工总承包的，有施工、采购总承包的，也有称为“交钥匙”总承包的，即建设单位将建设工程的勘察、设计、施工等工程建设的全部任务，一并发给一个具备相应的总承包资质条件的承包单位，由该承包单位负责工程的全部建设工作，直到工程竣工，向建设单位交付经验收合格、符合合同要求的建设工程的发承包方式。工程总承包是国内外建设活动中经常使用的发承包方式，它有利于充分发挥那些在工程建设方面具有较强的技术力量、丰富的经验和组织管理能力的大承包商的专业优势，综合协调工程建设中的各种关系，强化对工程建设的统一指挥和组织管理，保证工程质量和进度，提高投资效益。在建设工程的发承包中采用总承包方式，对那些缺乏工程建设方面的专门技术力量，难以对建设项目实施具体的组织管理的建设单位来说，更具有明显的优越性，也符合社会化大生产专业分工的要求。为此应当提倡对建设工程实行总承包。建设单位可以将全部工程发包给一个总承包单位完成，由该承包单位对工程建设的全过程向建设单位负责。

实行工程总承包的，经建设单位认可或合同约定，总承包单位可以将其承包的部分工作项目分包出去，但要就其所有的承包和工作项目向建设单位负责。

（3）总承包单位依法将建设工程分包给其他单位的，分包单位应当按照分包合同的约定对其分包工程的质量向总承包单位负责，总承包单位与分包单位对分包工程的质量承担连带责任。

1）对于实行工程施工总承包的，由总承包单位负全面质量及经济责任，这种责任的承担不论是由总承包单位造成的还是由分包单位造成的。在总承包单位承担责任后，可以依法及工程分包合同的约定，向分包单位追偿。

2）对于分包工程的责任承担，由总承包单位和分包单位承担连带责任。根据《民法通则》，连带责任是指由法律专门规定的应由共同侵权行为人或共同危险行为人向受害人承担的共同的和各自的责任。依据这种责任，受害人有权向共同侵权行为或共同危险行为人的任何一人或数人请求承担全部侵权的民事责任，任何一个共同侵权行为人或共同危险行为人都有义务承担全部侵权的民事责任。因此，对于分包工程发生的质量问题以及违约责任，建设单位或其他受害人既可以向分包单位请求赔偿损失，也可以要求总承包单位赔偿。

（4）施工单位必须按照工程设计图纸和施工技术标准施工，不得擅自修改工程设计，不得偷工减料。施工单位在施工过程中发现设计文件和图纸有差错的，应当及时提出意见和建议。

1）按工程设计图纸施工，是保证工程实现设计意图的前提，也是明确划分设计、施工单位质量责任的前提。施工过程中，如果施工单位不按图施工或不经原设计单位同意，就擅自修改工程设计，其直接的后果，往往违反了原设计的意图，影响工程质量，严重的将给工程结构安全留下隐患。

2）施工技术标准，也是施工单位在施工中所必须遵循的。国家标准分为强制性标准和推荐性标准。施工单位只有按施工技术标准、特别是强制性标准的要求组织施工，才能保证工程的施工质量。

3）工程建设项目的设计涉及多个专业，各专业间协调配合比较复杂，设计文件可能会有差错。这些差错通常会在图纸会审或施工过程中被逐步发现，对设计文件的差错，施工单位在发现后，有义务及时向设计单位提出，避免造成不必要的损失和质量问题。这是施工单位应具备的起码的职业道德，也是履行合同应尽的最基本的义务。

（5）施工单位必须按照工程设计要求、施工技术标准和合同约定，对建筑材料、建筑构配件、设备和商品混凝土进行检验，检验应当有书面记录和专人签字；未经检验或者检验不合格的，不得使用。

材料、构配件、设备及商品混凝土检验制度，是施工单位质量保证体系的重要组成部分，是保障建筑工程质量的重要内容。施工中要按工程设计要求、强制性标准的规定和合同的约定，对工程上使用的建筑材料、建筑构配件、设备和商品混凝土等（包括建设单位供应的材料）进行检验，检验工作要按规定范围和要求进行，按现行的标准、规定的数量、频率、取样方法进行检验。检验的结果要按规定的格式形成书面记录，并由相关的专业人员签字。未经检验或检验不合格的，不得使用。

（6）施工单位必须建立、健全施工质量的检验制度，严格工序管理，做好隐蔽工程的质量检查和记录。隐蔽工程在隐蔽前，施工单位应当通知建设单位和建设工程质量监督机构。

施工质量检验，通常是指工程施工过程中工序质量检验，或称为过程检验。有预检、隐蔽工程检验、自检、交接检、专职检和分部工程中间检验等。

1）施工工序也可以称为过程。各个过程之间横向和纵向的联系形成了（工序）过程网络。一项工程的施工，是通过一个庞大的、由许多过程组成的过程网络来实现的，网络上的关键过程（或工序）都有可能对工程最终的施工质量产生决定性的影响。有的过程（工序）不按规定操作，达不到设计文件或标准的要求，就有可能给工程留下隐患，甚至引起整个工程结构失效。

2）根据《水利水电土建工程施工合同条件》中对隐蔽工程验收规定如下。

经承包人的自行检查确认隐蔽工程或工程的隐蔽部位具备覆盖条件的，在约定的时间内承包人应通知监理人进行检查。如果监理人未按约定时间到场检查，拖延或无故缺席，造成工期延误，承包人有权要求延长工期和赔偿其停工或窝工损失。

虽然经监理人检查，并同意覆盖，但事后对质量有怀疑时，监理人仍可要求承包人对已覆盖的部位进行钻孔探测，以致揭开重新检验，承包人应遵照执行；当承包人未及时通知监理人，或监理人未按约定时间派人到场检查时，承包人私自将隐蔽部位覆盖，监理人有权指示承包人进行钻孔探测或揭开检查，承包人应遵照执行。

质量监督机构对工程的监督检查以抽查为主，因此，接到施工单位隐蔽验收的通知后，可以根据工程的特点和隐蔽部位的重要程度及工程质量监督管理规定的要求，确定是否监督该部位的隐蔽验收。对于整个工程所有的隐蔽工程验收活动，工程质量监督机构要保持一定的抽查频率。对于工程的关键部位的隐蔽工程验收通常应到场，对参加隐蔽工程验收各方的人员资格、验收程序以及工程实物进行监督检查，发现问题及时责成责任方予以纠正。

（7）施工人员对涉及结构安全的试块、试件以及有关材料，应当在建设单位或者工程监理单位监督下现场取样，并送到具有相应资质等级的质量检测单位进行检测。

1）在工程施工过程中，为了控制工程总体或相应部位的施工质量，一般要依据有关技术标准，用特定的方法，对用于工程的材料或构件抽取一定数量的样品，进行检测或试验，并根据结果来判断其所代表部位的质量。这是控制和判断工程质量水平所采取的重要技术措施。试块和试件的真实性和代表性，是保证这一措施有效的前提条件。建设工程施工检测，应实行有见证取样和送检制度。即施工单位在建设单位或监理单位见证下取样，送至具有相应资质的质量检测单位进行检测。结构用钢筋及焊接试件、混凝土试块、砌筑砂浆试块和防水材料等项目，实行有见证取样及送检制度。有见证取样，主要是要为了保证技术上符合标准的要求，如取样方法、数量、频率、规格等，此外，还要从程序上保证该试块和试件能真实地代表工程或相应部位的质量特性。

2）检测单位的资质，是保证试块试件检测、试验质量的前提条件。根据《水利工程质量监督管理规定》（水建［1997］339号）：工程质量检测是工程质量监督和质量检查的重要手段。水利工程质量检测单位，必须取得省级以上计量认证合格证书，并经水利工程质量监督机构授权，方可从事水利工程质量检测工作，检测人员必须持证上岗。

（8）施工单位对施工中出现质量问题的建设工程或者竣工验收不合格的建设工程，应当负责返修。

因施工单位原因致使工程质量不符合约定的，建设单位有权要求施工单位在合理期限内无偿修理或者返工、改建。返修包括返工和修理。所谓返工是工程质量不符合规定的质量标准，而又无法修理的情况下重新进行施工；修理是指工程质量不符合标准，而又有可能修复的情况下，对工程进行修补使其达到质量标准的要求。不论是施工过程中出现质量问题的建设工程，还是项目法人验收时发现质量问题的工程，施工单位都要负责返修。

对于非施工单位造成质量问题或项目法人验收不合格的工程，施工单位也应当负责返修，但是造成的损失及返修费用由责任方承担。

（9）施工单位应当建立、健全教育培训制度，加强对职工的教育培训；未经教育培训或者考核不合格的人员，不得上岗作业。

国务院《质量振兴纲要1996～2010年》指出：“把提高劳动者的素质作为提高质量的重要环节。切实加强对企业经营者和职工的质量意识和质量管理知识教育，积极开展职工劳动技能培训。”“实施不同层次的质量教育与培训。”

施工单位建立、健全教育培训制度，加强对职工的教育培训，是企业重要的基础工作之一，只有全员素质的提高，工程质量才能从根本上得到保证，由于施工单位从事施工活动的大多数人员都来自农村，而且增长速度快，施工单位的培训任务十分艰巨。教育培训通常包括各类质量教育和岗位技能培训等。

这里所指的人员，主要是与质量工作有关的，如总工程师、项目经理、质量体内审员、质量检查员，施工人员、材料试验及检测人员，关键技术工种如焊工、钢筋工和混凝土工等。规定培训而未经培训或培训考核不合格的、无相应的岗位资格的人员不得上岗工作或作业。

（四）工程监理单位的质量责任和义务

工程监理单位是工程建设的责任主体之一，工程监理是一种有偿技术服务，工程监理单位接受建设单位委托，代表建设单位，对建设工程进行管理。其主要质量责任有：

（1）工程监理单位应当依法取得相应等级的资质证书，并在其资质等级许可的范围内承担工程监理业务。禁止工程监理单位超越本单位资质等级许可的范围或者以其他工程监理单位的名义承担工程监理业务。禁止工程监理单位允许其他单位或者个人以本单位的名义承担工程监理业务。工程监理单位不得转让工程监理业务。

1）设立监理单位，须报工程建设监理主管机关进行资质审查，并取得相应的资质等级后，到工商行政管理机关办理工商注册手续。根据监理单位的注册资金、专业技术人员、技术装备和已完成的业绩等条件将其划分为甲、乙、丙三个等级，每一等级承担监理业务的范围不同。监理单位必须在其资质等级许可的范围内，承担监理业务。工程监理单位的资质等级反映了该监理单位从事某项监理业务的资格和能力，是国家对工程监理市场准入管理的重要手段。

2）监理单位的市场行为必须规范。监理单位只能在资质等级许可的范围承担监理业务，是保证监理工作质量的前提。越级监理、允许其他单位或者个人以本单位的名义承担监理业务等违法行为，将使工程监理变得有名无实，或形成实质上的无证监理，最终会对工程质量造成危害。

3）建设单位将监理业务委托给工程监理单位，是建设单位对该工程监理单位的综合能力的信任。工程监理单位接受委托后，应当自行完成工程监理任务，不得将工程监理业务转手委托给其他工程监理单位。如果由于业务太多或其他原因，工程监理单位无法完成该工程监理业务时，工程监理单位应当自动解除委托关系，由建设单位将该工程的监理业务委托给其他具有相应资质条件的工程监理单位。工程监理单位转让监理业务与施工单位转包有同样的危害性。

（2）工程监理单位与被监理工程的施工承包单位以及建筑材料、建筑构配件和设备供应单位有隶属关系或者其他利害关系的，不得承担该项建设工程的监理业务。

由于工程监理单位与被监理工程的承包单位以及建筑材料、建筑构配件和设备供应单位之间是一种监督与被监督的关系，为了保证工程监理单位能客观、公正地执行监理任务，工程监理单位不得与被监理工程的承包单位以及建筑材料、建筑构配件和设备供应单位有隶属关系或者其他利害关系。当出现工程监理单位与被监理工程的承包单位以及建筑材料、建筑构配件和设备供应单位有隶属关系或者其他利害关系的情况时，工程监理单位在接受建设单位委托前，应当自行回避；在接受委托后，发现这一情况时，应当依法解除委托关系。

（3）工程监理单位应当依照法律、法规以及有关技术标准、设计文件和建设工程承包合同，代表建设单位对施工质量实施监理，并对施工质量承担监理责任。

（4）工程监理单位应当选派具备相应资格的总监理工程师和监理工程师进驻施工现场。未经监理工程师签字，建筑材料、建筑构配件和设备不得在工程上使用或者安装，施工单位不得进行下一道工序的施工。未经总监理工程师签字，建设单位不拨付工程款，不进行竣工验收。

1）监理单位应根据所承担的监理任务，组建驻工地监理机构。监理机构一般由总监理工程师、监理工程师和其他监理人员组成。

2）监理工程师拥有对建筑材料、建筑构配件和设备以及每道施工工序的检查权。在施工过程中，监理工程师对工序、建筑材料、构配件和设备进行检查、检验，根据检查、检验的结果来确定是否允许建筑材料、构配件、设备在工程上使用；对每道施工工序的作业成果进行检查，并根据检查结构决定是否允许进行下一道工序的施工，对于不符合规范和质量标准的工序、单元工程，有权要求施工单位停工整改、返工。

3）工程监理实行总监理工程师负责制。总监理工程师享有合同赋予监理单位的全部权利，全面负责受委托的监理工作。总监理工程师在授权范围内发布有关指令，签认所监理的工程项目有关款项的支付凭证。没有总监理工程师签字，建设单位不向施工单位拨付工程款，没有总监理工程师签字，建设单位也不组织验收。

（5）监理工程师应当按照工程监理规范的要求，采取旁站、巡视和平行检验等形式，对建设工程实施监理。

1）由于工程施工的不可逆性，监理要对整个工程的施工过程网络实施全面控制，以各个工序的过程质量来保证整个工程的总体质量，旁站、巡视和平行检验等形式，充分体现了抓工序质量来保证总体质量的概念。

2）监理不能仅仅是事后把关，而要对施工过程实施预控。

上述形式，对本道工序是过程控制，而对后续工序则又是预控手段。

3）《水利工程建设项目施工监理规范》（SL 288—2003）的内容主要有监理工作程序、监理大纲、细则的编制以及相应文书、表格的格式等。所以监理单位都应遵守工程监理规范的规定，规范自己的监理行为，努力提高监理工作质量。

（五）监督管理

《建设工程质量管理条例》（国务院令第 279 号）明确规定：国家实行建设工程质量监督管理制度。国务院建设行政主管部门对全国的建设工程质量实施统一的监督管理。国务院铁路、交通、水利等有关部门按国务院规定的职责分工，负责对全国的有关专业建设工程质量的监督管理。水利部 1997 年 12 月 21 日颁布的《水利工程质量管理规定》（水利部 7 号令）中明确规定：水利工程质量实行项目法人（建设单位）负责、监理单位控制、施工单位保证和政府监督相结合的质量管理体制。1997 年 8 月 25 日颁布的《水利工程质量监督管理规定》（水建［1997］339 号）明确规定：水利工程质量监督机构是水行政主管部门对水利工程进行监督管理的专职机构，对水利工程质量进行强制性的监督管理。其目的在于维护社会公共利益，保证技术性法规和标准贯彻执行，不代替项目法人（建设单位）、监理、设计和施工单位的质量管理工作。

1. 水利工程质量监督机构的设置

水行政主管部门主管水利工程质量监督工作。水利工程质量监督机构按总站、中心站、站三级设置。

（1）水利部设置全国水利工程质量监督总站，办事机构设在建设司。水利水电规划设计管理局设置水利工程设计质量监督分站，各流域机构设置流域水利工程质量监督分站作为总站的派出机构。

（2）各省（自治区、直辖市）水利（水电）厅（局），新疆生产建设兵团水利局设置水利工程质量监督中心站。

（3）各地（市）水利（水电）局设置水利工程质量监督站。

各级质量监督机构隶属于同级水行政主管部门，业务上接受上一级质量监督机构的指导。水利工程质量监督项目站（组），是相应质量监督机构的派出单位。

2. 水利工程质量监督机构主要职责

全国水利工程质量监督总站负责全国水利工程的监督和管理，其主要职责包括：贯彻执行国家和水利部有关工程建设质量管理的方针、政策；制定水利工程质量监督、检测有关规定和办法，并监督实施；归口管理全国水利工程的质量监督工作，指导各分站、中心站的质量监督工作；对部直属重点工程组织实施质量监督。参加工程的阶段验收和竣工验收；监督有争议的重大工程质量事故的处理；掌握全国水利工程质量动态。组织交流全国水利工程质量监督工作经验，组织培训质量监督人员。开展全国水利工程质量检查活动。

水利工程设计质量监督分站受总站委托承担的主要任务包括：归口管理全国水利工程的设计质量监督工作；负责设计全面质量管理工作；掌握全国水利工程的设计质量动态，定期向总站报告设计质量监督情况。

各流域水利工程质量监督分站对本流域内下列工程项目实施质量监督：总站委托监督的部属水利工程；中央与地方合资项目，监督方式由分站和中心站协商确定；省（自治区、直辖市）界及国际边界河流上的水利工程。

市（地）水利工程质量监督站的职责，由各中心站进行制订。项目站（组）职责应根据相关规定及项目实际情况进行制订。

3. 水利工程质量监督机构监督程序及主要工作内容

项目法人（或建设单位）应在工程开工前到相应的水利工程质量监督机构办理监督手续，签订《水利工程质量监督书》。

水利工程建设项目质量监督方式以抽查为主。大型水利工程应建立质量监督项目站，中、小型水利工程可根据需要建立质量监督项目站（组），或进行巡回监督。

监督的主要内容有：

（1）对监理、设计、施工和有关产品制作单位的资质进行复核。

（2）对建设、监理单位的质量检查体系和施工单位的质量保证体系以及设计单位现场服务等实施监督检查。

（3）对工程项目的单位工程、分部工程、单元工程的划分进行监督检查。

（4）监督检查技术规程、规范和质量标准的执行情况。

（5）检查施工单位和建设、监理单位对工程质量检验和质量评定情况。

（6）在工程竣工验收前，对工程质量进行等级核定，编制工程质量评定报告，并向工程竣工验收委员会提出工程质量等级的建议。

工程建设、监理、设计和施工单位在工程建设阶段，必须接受质量监督机构的监督。工程竣工验收前，必须经质量监督机构对工程质量进行等级核验。未经工程质量等级核验或者核验不合格的工程，不得交付使用。

（六）《建设工程质量管理条例》对参建各方违规处罚的规定

（1）违反《建设工程质量管理条例》规定，建设单位将建设工程发包给不具有相应资质等级的勘察、设计、施工单位或者委托给不具有相应资质等级的工程监理单位的，责令改正并处 50 万元以上 100 万元以下的罚款。

(2) 违反《建设工程质量管理条例》规定，建设单位将建设工程肢解发包的，责令改正，并处工程合同价款0.5%以上1%以下的罚款；对全部或者部分使用国有资金的项目，可以暂停项目执行或者暂停资金拨付。

(3) 违反《建设工程质量管理条例》规定，建设单位有下列行为之一的，责令改正，并处20万元以上50万元以下的罚款：

1) 迫使承包方以低于成本的价格竞标的。

2) 任意压缩合理工期的。

3) 明示或者暗示设计单位或者施工单位违反工程建设强制性标准，降低工程质量的。

4) 施工图设计文件未经审查或者审查不合格，擅自施工的。

5) 建设项目必须实行工程监理而未实行工程监理的。

6) 未按照国家规定办理工程质量监督手续的。

7) 明示或者暗示施工单位使用不合格的建筑材料、建筑构配件和设备的。

8) 未按照国家规定将竣工验收报告、有关认可文件或者准许使用文件报送备案的。

(4) 违反《建设工程质量管理条例》规定，建设单位未取得施工许可证或者开工报告未经批准，擅自施工的，责令停止施工，限期改正，并处工程合同价款1%以上2%以下的罚款。

(5) 违反《建设工程质量管理条例》规定，建设单位有下列行为之一的，责令改正，并处工程合同价款2%以上4%以下的罚款；造成损失的，依法承担赔偿责任：

1) 未组织竣工验收，擅自交付使用的。

2) 验收不合格，擅自交付使用的。

3) 对不合格的建设工程按照合格工程验收的。

(6) 违反《建设工程质量管理条例》规定，建设工程竣工验收后，建设单位未向建设行政主管部门或者其他有关部门移交建设项目档案的，责令改正，处1万元以上10万元以下的罚款。

(7) 违反《建设工程质量管理条例》规定，勘察、设计、施工、工程监理单位超越本单位资质等级承揽工程的，责令停止违法行为，对勘察、设计单位或者工程监理单位处合同约定的勘察费、设计费或者监理酬金1倍以上2倍以下的罚款；对施工单位处工程合同价款2%以上4%以下的罚款，可以责令停业整顿，降低资质等级；情节严重的，吊销资质证书；有违法所得的，予以没收。

未取得资质证书承揽工程的，予以取缔，依照前款规定处以罚款；有违法所得的，予以没收。

以欺骗手段取得资质证书承揽工程的，吊销资质证书，依照本条第一款规定处以罚款；有违法所得的，予以没收。

(8) 违反《建设工程质量管理条例》规定，勘察、设计、施工、工程监理单位允许其他单位或者个人以本单位名义承揽工程的，责令改正，没收违法所得，对勘察、设计单位和工程监理单位处合同约定的勘察费、设计费和监理酬金1倍以上2倍以下的罚款；对施工单位处工程合同价款2%以上4%以下的罚款；可以责令停业整顿，降低资质等级；情节严重的，吊销资质证书。

（9）违反《建设工程质量管理条例》规定，承包单位将承包的工程转包或者违法分包的，责令改正，没收违法所得，对勘察、设计单位处合同约定的勘察费、设计费25%以上50%以下的罚款；对施工单位处工程合同价款0.5%以上1%以下的罚款；可以责令停业整顿，降低资质等级；情节严重的，吊销资质证书。

工程监理单位转让工程监理业务的，责令改正，没收违法所得，处合同约定的监理酬金25%以上50%以下的罚款；可以责令停业整顿，降低资质等级；情节严重的，吊销资质证书。

（10）违反《建设工程质量管理条例》规定，有下列行为之一的，责令改正，处10万元以上30万元以下的罚款：

1）勘察单位未按照工程建设强制性标准进行勘察的。

2）设计单位未根据勘察成果文件进行工程设计的。

3）设计单位指定建筑材料、建筑构配件的生产厂、供应商的。

4）设计单位未按照工程建设强制性标准进行设计的。

有前款所列行为，造成工程质量事故的，责令停业整顿，降低资质等级；情节严重的，吊销资质证书；造成损失的，依法承担赔偿责任。

（11）违反《建设工程质量管理条例》规定，施工单位在施工中偷工减料的，使用不合格的建筑材料、建筑构配件和设备的，或者有不按照工程设计图纸或者施工技术标准施工的其他行为的，责令改正，处工程合同价款2%以上4%以下的罚款；造成建设工程质量不符合规定质量标准的，负责返工、修理，并赔偿因此造成的损失；情节严重的，责令停业整顿，降低资质等级或者吊销资质证书。

（12）违反《建设工程质量管理条例》规定，施工单位未对建筑材料、建筑构配件、设备和商品混凝土进行检验，或者未对涉及结构安全的试块、试件以及有关材料取样检测的，责令改正，处10万元以上20万元以下的罚款；情节严重的，责令停业整顿，降低资质等级或者吊销资质证书；造成损失的，依法承担赔偿责任。

（13）违反《建设工程质量管理条例》规定，施工单位不履行保修义务或者拖延履行保修义务的，责令改正，处10万元以上20万元以下的罚款，并对在保修期内因质量缺陷造成的损失承担赔偿责任。

（14）工程监理单位有下列行为之一的，责令改正，处50万元以上100万元以下的罚款，降低资质等级或者吊销资质证书；有违法所得的，予以没收；造成损失的，承担连带赔偿责任：

1）与建设单位或者施工单位串通，弄虚作假、降低工程质量的。

2）将不合格的建设工程、建筑材料、建筑构配件和设备按照合格签字的。

（15）违反《建设工程质量管理条例》规定，工程监理单位与被监理工程的施工承包单位以及建筑材料、建筑构配件和设备供应单位有隶属关系或者其他利害关系承担该项建设工程的监理业务的，责令改正，处5万元以上10万元以下的罚款，降低资质等级或者吊销资质证书；有违法所得的，予以没收。

（16）违反《建设工程质量管理条例》规定，涉及建筑主体或者承重结构变动的装修工程，没有设计方案擅自施工的，责令改正，处50万元以上100万元以下的罚款；房屋建筑使用者在装修过程中擅自变动房屋建筑主体和承重结构的，责令改正，处5万元以上10万元以下的罚款。

有前款所列行为，造成损失的，依法承担赔偿责任。

（17）发生重大工程质量事故隐瞒不报、谎报或者拖延报告期限的，对直接负责的主管人员和其他责任人员依法给予行政处分。

（18）违反《建设工程质量管理条例》规定，供水、供电、供气、公安消防等部门或者单位明示或者暗示建设单位或者施工单位购买其指定的生产供应单位的建筑材料、建筑构配件和设备的，责令改正。

（19）违反《建设工程质量管理条例》规定，注册建筑师、注册结构工程师、监理工程师等注册执业人员因过错造成质量事故的，责令停止执业1年；造成重大质量事故的，吊销执业资格证书，5年以内不予注册；情节特别恶劣的，终身不予注册。

（20）依照《建设工程质量管理条例》规定，给予单位罚款处罚的，对单位直接负责的主管人员和其他直接责任人员处单位罚款数额5%以上10%以下的罚款。

（21）建设单位、设计单位、施工单位、工程监理单位违反国家规定，降低工程质量标准，造成重大安全事故，构成犯罪的，对直接责任人员依法追究刑事责任。

（22）《建设工程质量管理条例》规定的责令停业整顿，降低资质等级和吊销资质证书的行政处罚，由颁发资质证书的机关决定；其他行政处罚，由建设行政主管部门或者其他有关部门依照法定职权决定。

依照《建设工程质量管理条例》规定被吊销资质证书的，由工商行政管理部门吊销其营业执照。

（23）国家机关工作人员在建设工程质量监督管理工作中玩忽职守、滥用职权、徇私舞弊，构成犯罪的，依法追究刑事责任；尚不构成犯罪的，依法给予行政处分。

（24）建设、勘察、设计、施工、工程监理单位的工作人员因调动工作、退休等原因离开该单位后，被发现在该单位工作期间违反国家有关建设工程质量管理规定，造成重大工程质量事故的，仍应当依法追究法律责任。

三、施工实施阶段质量控制的依据和过程

（一）施工阶段质量控制的依据

施工阶段监理人进行质量控制的依据，主要有以下几类。

1. 国家颁布有关质量方面的法律、法规

为了保证工程质量，监督规范建设市场，国家颁布的法律、法规主要有：《中华人民共和国建筑法》、《建设工程质量管理条例》、《水利工程质量管理条例》等。

2. 已批准的设计文件、施工图纸及相应的设计变更与修改文件

“按图施工”是施工阶段质量控制的一项重要原则，已批准的设计文件无疑是监理人进行质量控制的依据。但是从严格质量管理和质量控制的角度出发，监理单位在施工前还应参加建设单位组织的设计交底工作，以达到了解设计意图和质量要求，发现图纸差错和减少质量隐患的目的。

3. 已批准的施工组织设计、施工技术措施及施工方案

施工组织设计是承包人进行施工准备和指导现场施工的规划性、指导性文件，并详细

规定了承包人进行工程施工的现场布置、人员组织配备和施工机具配置，每项工程的技术要求，施工工序和工艺、施工方法及技术保证措施，质量检查方法和技术标准等。施工承包人在工程开工前，必须提出对于所承包的建设项目的施工组织设计，报请监理人审核。一旦获得批准，它就成为监理人进行质量控制的重要依据之一。

4. 合同中引用的国家和行业（或部颁）的现行施工操作技术规范、施工工艺规程及验收规范、评定规程

国家和行业（或部颁）的现行施工技术规程规范和操作规程，是建立、维护正常的生产秩序和工作秩序的准则，也是为有关人员制定的统一行动准则，它是工程施工经验的总结，与质量形成密切相关，必须严格遵守。

5. 合同中引用的有关原材料、半成品、构配件方面的质量依据

这类质量依据包括：

（1）有关产品技术标准。如水泥、水泥制品、钢材、石材、石灰、砂、防水材料、建筑五金及其他材料的产品标准。

（2）有关检验、取样方法的技术标准。如《水泥细度检验方法》（GB 1345—91）、《水泥化学分析方法》（GB/T 176—1996）、《水泥胶砂强度检验方法》（GB/T 17671—1999）、《普通混凝土用砂质量标准及检验方法》（JGJ 52—92）、《建筑用砂》（GB/T 14684—2001）、《建筑用卵石、碎石》（GB/T 14685—2001）、《水工混凝土试验规程》（DL/T 5150—2001）。

（3）有关材料验收、包装、标志的技术标准。如《型钢验收、包装、标注质量证明书的一般规定》（GB/T 2101—1989）、《钢管验收、包装、标志及质量证明书的一般规定》（GB 2101—1989）、《钢铁产品牌号表示方法》（GB/T 221—2002）等。

6. 发包人和施工承包人签订的工程承包合同中有关质量的合同条款

监理合同写有发包人和监理单位有关质量控制的权利和义务的条款，施工承包合同写有发包人和施工承包人有关质量控制的权利和义务的条款，各方都必须履行合同中的承诺，尤其是监理单位，既要履行监理合同的条款，又要监督施工承包人履行质量控制条款。因此，监理单位要熟悉这些条款，当发生纠纷时，及时采取协商调解等手段予以解决。

7. 制造厂提供的设备安装说明书和有关技术标准

制造厂提供的设备安装说明书和有关技术标准，是施工安装承包人进行设备安装必须遵循的重要的技术文件，同样是监理人对承包人的设备安装质量进行检查和控制的依据。

（二）质量控制的过程

工程项目施工阶段是工程实体最终形成的阶段，也是工程项目质量和工程使用价值最终形成和实现的阶段，因此也是工程项目质量控制的重要阶段。

工程项目施工阶段的质量控制过程可以按生产程序、影响因素和施工阶段三个方面来考虑。

1. 按生产程序

工程项目的施工是由投入资源（材料、设备、人力、机械）开始，通过施工生产，最终形成产品的过程，所以施工项目的质量控制就是从投入资源的质量控制开始，经过施工

生产的质量控制，直到产出品的质量控制，这样一个系统的控制过程。

2. 按施工阶段

工程项目是从施工准备开始，经过施工和安装，到竣工验收这样一个过程逐步形成的，所以施工阶段的质量控制，就是由前期（事前）质量控制或称施工准备质量控制，经过施工过程（事中）质量控制，到后期（事后）质量控制或竣工阶段质量控制，这样一个控制的过程，如图 8-1 所示。

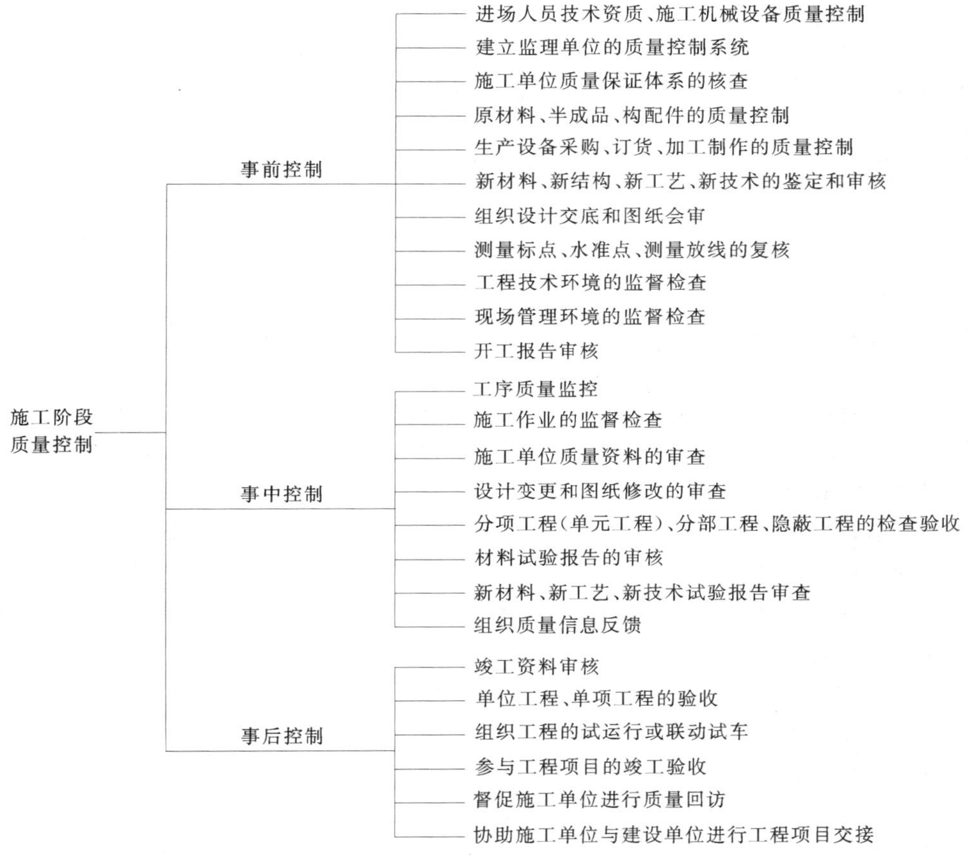

图 8-1　施工阶段质量控制过程

3. 按影响因素

影响施工阶段工程质量的因素归纳起来有五个方面，即人的因素、材料因素、机械因素、方法因素和环境因素。其中人的因素主要是施工操作人员的质量意识、技术能力和工艺水平，施工管理人员的经验和管理能力；材料因素包括原材料、半成品、构件、配件的品质和质量，工程设备的性能和效率；机械因素包括选择的施工机械数量、型式、性能参数和施工机械现场管理手段；方法因素包括施工方案、施工工艺技术和施工组织设计的合理性、可行性和先进性；环境因素主要是指工程技术环境、工程管理环境（如管理制度的健全与否，质量体系的完善与否、质量保证活动开展的情况等）和劳动环境。上述五方面因素都在不同程度上影响到工程的质量，所以施工阶段的质量控制，实质上就是对这五个方面的因素实施监督和控制的过程。

（1）人的质量控制。工程质量取决于工序质量和工作质量，工序质量又取决于工作质量，而工作质量直接取决于参与工程建设各方所有人员的技术水平、文化修养、心理行为、职业道德、质量意识、身体条件等因素。控制人的质量，即为了保证各项施工作业所需要的专业技术人员的专业结构、数量、水平满足要求，并充分调动人的工作积极性，增强责任心，以发挥“人是第一因素”的主导作用。

（2）材料的质量控制。

1）材料质量控制程序。①监理人应审核材料的采购订货申请，审核的内容主要包括所采购的材料是否符合设计的需要和要求，以及生产厂家的生产资格和质量保证能力等；②材料进场后，监理人应审核施工单位提交的材料质量保证资料，并派出监理人员参与施工单位对材料的清点；③材料使用前，监理人应审核施工单位提交的材料试验报告和资料，经确认签证后方可用于施工；④对于工程中所使用的主要材料和重要材料，监理人应按规定进行抽样检验，验证材料的质量；⑤施工单位对涉及结构安全的试块、试件及有关材料进行质量检验时，应在监理单位的监督下现场取样。

如果承包人使用了不合格的材料、工程设备和工艺，并造成工程损害时，监理人可以随时发出指示，要求承包人立即改正，并采取措施补救，直至彻底清除工程的不合格部位以及不合格的材料和工程设备。若承包人无故拖延或拒绝执行监理人的上述指令，则发包人可按承包人违约处理，发包人有权委托其他承包人，其违约责任应由承包人承担。

2）材料使用的质量控制。监理人应建立材料使用检验的质量控制制度，材料在正式用于施工之前，施工单位应组织现场试验，并编写试验报告。现场试验合格，试验报告及资料经监理工程师审核确认后，这批材料才能正式用于施工。

同时，监理工程师还应充分了解材料的性能，质量标准，适用范围和对施工的要求。使用前应详细核对，以防用错或使用了不适当的材料。

对于重要部位和重要结构所使用的材料，在使用前应仔细核对和认证材料的规格、品种、型号、性能是否符合工程特点和要求。

在材料质量控制中，监理人应重视下列质量控制要点：

①对于混凝土、砂浆、防水材料等，应进行试配，严格控制配合比；②对于钢筋混凝土构件及预应力混凝土构件，应按有关规定进行抽样检验；③对预制加工厂生产的成品、半成品，应由生产厂家提供出厂合格证明，必要时还应进行抽样检验；④对于高压电缆、电绝缘材料，应组织进行耐压试验后才能使用；⑤对于新材料、新构件，要经过权威单位进行技术鉴定合格后，才能在工程中正式使用；⑥对于进口材料，应会同商检部门按合同规定进行检验，核对凭证，如发现问题，应在规定期限内提出索赔；⑦凡标志不清或怀疑质量有问题的材料，对质量保证资料有怀疑或与合同规定不符的材料，均应进行抽样检验；⑧储存期超过 3 个月的过期水泥或受潮、结块的水泥应重新检验其标号，并不得使用在工程的重要部位。

3）材料的质量检验。①书面检验。通过对提供的材料质量保证资料、试验报告等进行审核，取得认可方能使用。②外观检验。对材料从品种、规格、标志和外形尺寸等进行直观检验，看其有无质量问题。③理化检验。在物理、化学等方法的辅助下的量度。它借助于试验设备和仪器对材料样品的化学成分、机械性能等进行科学的鉴定。④无损检验。在不破坏材料样品的前提下，利用超声波、X射线、表面探伤仪等进行检测，如瑞波雷仪（进行土的压实试验）、探地雷达（钢筋混凝土中钢筋的探测）。

一些常用材料检验的项目及取样方法如表8-1和表8-2所示。

表8-1　常用材料的检验项目

序号	名称		主要试验项目	其他试验项目
1	水泥		凝结时间、强度、体积安定性、三氧化硫	细度、稠度、水化热
2	钢材	热轧钢筋、冷拉钢筋、型钢、异型钢、扁钢和钢板	拉力、冷弯	冲击、硬度、焊接件（焊缝金属、焊接接头）的机械性能
		冷拔低碳钢素钢丝、碳素钢丝和刻痕钢丝	拉力、反复弯曲、松弛	
3	混凝土用外加剂		减水率、凝结时间差、抗压强度对比、钢筋锈蚀	泌水率比，含气量、收缩率比、相对耐久性
4	砖	普通黏土砖、承重黏土空心砖、硅酸盐砖	抗压、抗折	抗冻
5	混凝土用砂、石	砂	颗粒级配、含水率、含泥量、比重、空隙率、松散容重、扁平度	有机物含量、三氧化硫含量、云母含量
		石		针状和片状颗粒、软弱颗粒
6	沥青防水卷材		不透水性、耐热度、吸水性、抗拉强度	柔度
7	复合土工膜		单位面积重量、梯形撕破力、断裂强度、断裂伸长率、顶破强度、渗透系数、抗渗强度	耐化学性能、低温性能、光老化性能
8	土石坝用土石料	土	天然含水量、天然容重、比重、孔隙率、孔隙比、流限、塑限、塑性指标、饱和度、颗粒级配、渗透系数；最优含水量、内摩擦角	压缩系数
		石	岩性、比重、容重、抗压强度、渗透性	
9	粉煤灰		细度、烧失量、需水比、含水率	三氧化硫
10	保温材料		表观密度、含水率、导热系数	抗折、抗压强度

表8-2　原材料及半成品质量检验取样方法

序号	材料名称	取样单位	取样数量	取样方法
1	水泥	同品种、同标号水泥按400t为一批，不足者也按一批计	从一批水泥中选取平均试样20kg	从不同部位的至少15袋或15处水泥中抽取。手捻不碎的受潮水泥结块应过每平方厘米64孔筛除去
2	砂、卵石、碎石	以每200m³作为一批，不满200m³时也按一批计	样品质量鉴定时，砂子30～50kg，石子30kg；作混凝土配合比时，砂子100kg，石子200kg	分别在砂、石堆的上、中、下3个部位抽取若干数量，拌和均匀，按四分法缩分提取

续表

序号	材料名称	取样单位	取样数量	取样方法
3	防水卷材（油毡、油纸）	以500卷为一批，不足者也按一批计	取2%但不少于2卷，检查外观	从外观检查合格的1卷卷材，距端头1.0mm处截取1.5m长一段作材性试验
4	钢材（钢号不明的钢材）	以20t为一批，不足者也按一批计	3根	任意取，分别在每根截取拉伸、冷弯、化学分析试件；各一根，每组试件送两根，截取时先将每根端头弃去10cm
5	冷拉钢筋	按同一品种，尺寸分批，当直径$d_0 \leqslant 12$mm时，每批重量不大于10t，当$d_0 \geqslant 14$mm时，每批重量不大于20t	3根	在每批中，从不同的3根钢筋上各取一个拉力试样和冷弯试样
6	粉煤灰	以一昼夜连续供应相同等级的检煤灰200t为一批，不足200t者也按一批计	对散装灰，从每批灰的15个不同部位各取不少于1kg的粉煤灰，对袋岩灰，从每批中任取10袋，从每袋中取不少于1kg	将上述试样搅拌均匀采用四分法，缩取比试剂需量大一倍的试样

（3）施工设备的质量控制。施工设备质量控制的目的，在于为施工提供性能好、效率高、操作方便、安全可靠、经济合理且数量足够的施工设备，以保证按照合同规定的工期和质量要求，完成建设项目施工任务。

在开工前，凡开工时所需要的施工设备应首先进入施工现场，然后按施工进度计划，制定施工设备进场计划，供监理工程师审查。

在施工设备进场时，承包商应填报“进场设备报验单”，报监理工程师审查。监理工程师应核查进场设备的数量、型号、新旧程度、出厂合格证及使用说明书。对重要设备，还应做现场性能试验。不合格的设备应予以更换。

1）施工设备的选择。施工设备选择的质量控制，主要包括设备型式的选择和主要性能参数的选择两方面：①施工设备的选型。应考虑设备的施工适用性、操作方便性和使用安全性，例如对于混凝土工程，在选择振捣器时，应考虑工程结构的特点、振捣器功能、适用条件和保证质量的可靠性等因素，分别选择大型插入式、小型软轴式、平板式或附着式振捣器；②施工设备主要性能参数的选择。应根据工程特点、施工条件和已确定的机械设备型式，来选定具体的机械。例如，堆石坝施工所采用的振动碾，其性能参数主要是压实功能和生产能力，在已选定牵引式振动碾的情况下，应选择能够在规定的铺筑厚度下振动碾压6～8遍以后，就能使填筑坝料的密度达到设计要求的振动碾。

2）施工设备的使用管理。为了更好地发挥施工设备的使用效果和质量效果，监理人应督促施工承包人做好施工设备的使用管理工作，包括：①加强施工设备操作人员的技术培训和考核，正确掌握和操作机械设备，做到定机定人，实行机械设备使用保养的岗位责任制；②建立和健全机械设备使用管理的各种规章制度，如人机固定制度、操作证制度、岗位责任制度、交接班制度、技术保养制度、安全使用制度、机械设备检查维修制度及机械设备使用档案制度等；③严格执行各项技术规定：a. 技术试验规定。对于新的机械设备或经过大修、改装的机械设备，在使用前必须进行技术试验，包括无负荷试验、加负荷试验和试验后的技术鉴定等，以测定机械设备的技术性能、工作性能和安全性能，试验合格后才能使用；b. 走合期规定。即新的机械设备和大修后的机械设备在初期使用时，工作负荷或行驶速度要由小到大，使设备各部分配合达到完善磨合状态，这段时间称为机械设备的走合期。如果初期使用就满负荷作业，会使机械设备过度磨损，降低设备的使用寿命；c. 寒冷地区使用机械设备的规定。在寒冷地区，机械设备会产生起动困难、磨损加剧、燃料润滑油消耗增加等现象，要做好保温取暖工作。

施工设备进场后，未经监理人批准，不得擅自退场或挪作它用。

3）施工设备性能及状况的考核。对于施工设备的性能及状况，不仅在其进场时应进行考核，在使用过程中，由于零件的磨损、变形、损坏或松动，会降低效率和性能，从而影响施工质量。因此监理人必须督促施工承包人对施工设备特别是关键性的施工设备的性能和状况定期进行考核。例如，对吊装机械等必须定期进行无负荷试验、加负荷试验及其他测试，以检查其技术性能、工作性能、安全性能和工作效率。发现问题时，应及时分析原因，采取适当措施。以保证设备性能的完好。

（4）施工方法的质量控制。施工方法的质量控制包含承包人所采取的技术方案、工艺流程、组织措施、检测手段、施工组织设计等的控制。

（5）环境因素的质量控制。影响工程项目质量的施工环境因素较多，主要有技术环境、施工管理环境及自然环境。

技术环境因素包括施工所用的规程、规范、设计图纸及质量评定标准。

施工管理环境因素包括质量保证体系、三检制、质量管理制度、质量签证制度、质量奖惩制度等。

自然环境因素包括工程地质、水文、气象、温度等。

四、监理机构的质量控制体系

施工阶段的质量控制工作是在项目总监理工程师领导下，由现场监理工程师和质量工程师来具体进行的，同时根据工作的需要，配备适当的监理人员，明确各自的职责和权限，工作方法和工作程序。

施工阶段质量控制的组织模式有两种：

（1）综合管理模式。综合管理模式是目前国际上推荐的模式，也是目前水电工程施工监理中比较普遍采用的模式。此管理模式是在总监理工程师下设分项目（如水电工程中的大坝、厂房、引水道、机电安装等）现场（监理）工程师，综合负责质量、进度、投资、安全的监理，并配备一些专业工程师，如材料工程师、测量工程师、地质工程师、机电工程师、合同工程师、进度控制工程师、费用控制工程师等配合工作，如图 8－2 所示。

（2）分项管理模式。分项管理模式是在项目总监理工程师下面设质量控制

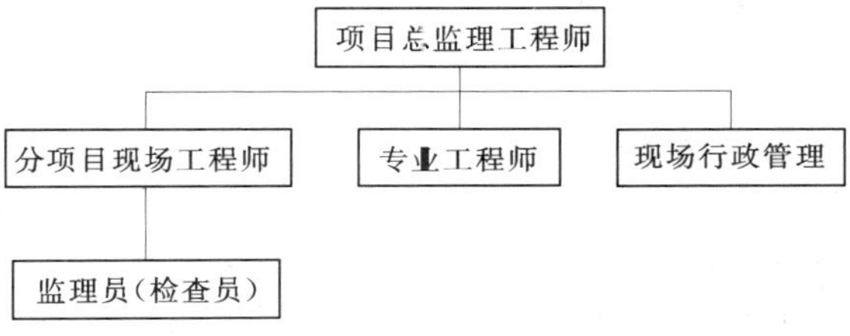

图 8－2　综合管理模式

工程师，专职负责项目的质量、安全控制，再根据项目的规模、技术要求和特点，按单项工程或专业工程（如基础开挖工程、混凝土工程等）或按不同的质量分包设立质量监督小组，并配备若干质量监督员或监理员。此时专业工程师仅包括材料工程师、测量工程师、地质工程师、结构工程师，进度、合同和投资则分别由进度控制工程师、合同工程师和投资控制工程师进行控制和管理，并直接由项目总监理工程师领导，如图 8－3 所示。

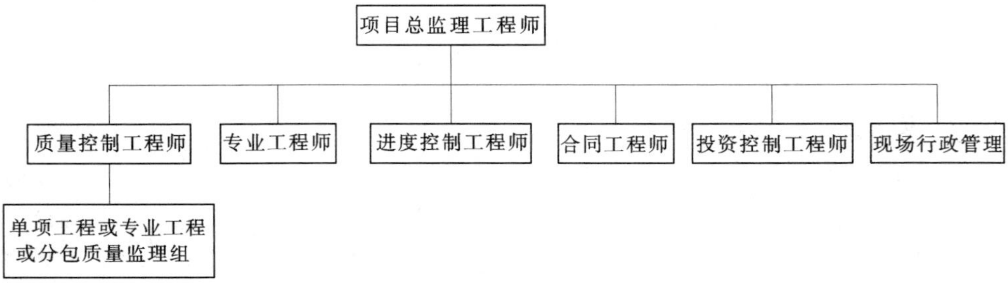

图 8－3　分项管理模式

五、施工阶段质量控制的方法

在工程项目施工阶段，监理工程师进行质量控制时一般可采用以下几种方法。

1. 旁站监理

监理人按照监理合同约定，在施工现场对工程项目的重要部位和关键工序的施工，实施连续性的全过程检查、监督与管理。旁站是监理人员的一种主要现场检查形式。对容易产生缺陷的部位，以及隐蔽工程，尤其应该加强旁站。

在旁站检查中，监理人员采用视觉性质量控制方法对施工人员情况、材料、工艺与操作、施工环境条件等实施监督与检查，发现问题及时向施工单位提出和纠正，以便使施工过程始终处于受控状态。旁站监理应对监督内容及过程进行记录，并编写日报、周报。

2. 巡视检验

巡视检验是监理人对所监理的工程项目进行的定期或不定期的检查、监督和管理。通过这种检验方式，了解施工现场情况，发现质量事故苗头和影响质量的不利因素，及时采取措施加以排除。

3. 平行检测

监理人在承包人对试样自行检测的同时，独立抽样进行的检测，核验承包人的检测结果。《水利工程施工监理规范》规定：平行检测的检测数量，混凝土试样不应少于承包人检测数量的 3%，重要部位每种标号的混凝土最少取样 1 组；土方试样不应少于承包人检测数量的 5%；重要部位至少取样 3 组。

4. 跟踪检测

在承包人进行试样检测前，监理人对其检测人员、仪器设备以及拟订的检测程序和方法进行审核；在承包人对试样进行检测时，实施全过程的监督，确认其程序、方法的有效性以及检测结果的可信性，并对该结果确认。《水利工程施工监理规范》规定：跟踪检测的检测数量，混凝土试样不应少于承包人检测数量的 7%，土方试样不应少于承包人检测数量的 10%。

5. 现场记录和发布文件

监理人员应认真、完整记录每日施工现场的人员、设备、材料、天气、施工环境以及施工中出现的各种情况作为处理施工过程中合同问题的依据之一。并通过发布通知、指示、批复、签认等文件形式进行施工全过程的控制和管理。

发布文件是指监理工程师对施工单位发出指示和要求的书面文件，用以向施工单位提出或指出施工中存在的问题，或要求和指示施工单位应做什么或如何做等。例如施工准备完成后，经监理工程师确认并下达开工指令，施工单位才能施工。施工中出现异常情况，经监理人员指出后，施工单位仍未采取措施加以改正或采取的措施不利时，监理工程师为了保证施工质量，可以下达停工指令，要求施工单位停止施工，直到问题得到解决为止等。监理工程师所发出的各项指令都必须是书面的，并作为技术文件存档保存，如确因时间紧迫来不及作出书面指令，可先以口头指令的形式通知施工单位，但随后应在规定的时间内以正式书面指令予以确认。

6. 规定质量控制制度或工作程序

规定施工阶段施工单位和监理单位双方都必须遵守的质量控制制度或工作程序。监理人员根据这一制度或工作程序来进行质量控制。例如施工单位在进行材料和设备的采购时，必须向监理工程师申报，经监理工程师审查确认后，才能进行采购订货；工序完工后，未经监理人员检查验收并签署质量验收单，施工单位不得进行下一道工序的施工等。

7. 利用支付手段

支付手段是监理合同赋予监理工程师的一种支付控制权，也是国际上通用的一种控制权。所谓支付控制权，是指对施工单位支付各项工程款时，必须有监理工程师签署的支付证明书，项目法人才向施工单位支付工程款，否则项目法人不得支付。监理工程师可以利用赋予他的这一控制权进行施工质量的控制，即只有施工质量达到规定的标准和要求时，监理工程师才签发支付证明书，否则可拒绝签发支付证明书。例如分项工程完工，未经验收签证擅自进行下一道工序的施工，则可暂不支付工程款；分项工程完工后，经检查质量未达合格标准，在返工修理达到合格标准之前，监理工程师也可暂不签发支付证书。

六、施工过程的质量控制

施工过程的质量控制，就是对影响工程质量的人、设备、材料、工艺、环境等主要因素，严格做好事前审批、事中监督、事后把关工作、严格工作程序和工作制度的管理。

（一）施工过程中监理工程师质量控制的程序

在施工过程中，监理工程师的质量控制一般可按下述程序进行。

1. 审核承包商的“开工申请单”

在每项工程施工开始前、承包商均需填写“开工申请单”，并附上施工组织计划及施工技术措施设计、机具设备与技术工人数量、材料及施工机具设备到场情况，各项施工用的建筑材料试验报告，以及分包商的资格证明等，报送监理工程师进行审核。

监理工程师在收到“开工申请单”后在规定的时间内，会同有关部门检查核实承包商的施工准备工作情况。如果认为满足合同要求和具备施工条件，可签发“开工令”，承包商在接到签发的“开工令”后即可开工。如果审核不合格，监理工程师应指出承包商施工准备工作中存在的问题，并要求限期解决。此时，承包商应按照监理工程师指出的问题，继续做好施工准备，届时再次填报“开工申请单”供审核。

2. 现场检查和监理试验室试验或联合检查

在施工过程中，监理工程师除了应检查、帮助、督促承包商的全面质量管理保证体系正常运作之外，还应要求承包商严格执行工程质量的“三检制”，即初检、复检和终检。终检合格后，由承包商填写“工程质量报验单”并附上自检资料，报请监理工程师进行检查认证。监理工程师应在商定的时间到现场对每一道工序用目测、手测、机械检测等方法逐项进行检查，必要时利用承包商的实验室进行现场抽检。所有的检查结果均应作详细的记录。对于关键部位或重要的工序还要进行旁站检查、中间检查和技术复核，以防止质量隐患。对重要部位的施工状况或发现的质量问题，除了作详细记录外，还应采用拍照、录像等手段存档。

3. 签发《工程质量合格证》

在现场检查和实验室检验的或联合检查的所有项目均合格之后，监理工程师就该道工序可签发《工程质量合格证》，承包商可进行下一道工序施工。上一道工序未经监理工程师检查或检查不合格，承包商不得进行下一道工序的施工。如果监理工程师认为必要时，也可对承包商已覆盖了的工程质量进行抽检，承包商不得阻碍，必须提供抽查条件。如抽检不合格时，应按工程质量事故处理，返工合格后方可继续施工。对于违反合同规定，未经监理工程师检查，强行覆盖的，将作为违规违约论处。

4. 填写《中间交工证书》

在单项工程每一道工序都经过工程师检查认证后，直到全部单项工程完成，承包商可填写《中间交工证书》，上报监理工程师。监理工程师应汇总检查该单项工程中每道工序的《工程质量合格证》，并将其编号填入《中间交工证书》。

5. 组织现场检查

监理工程师在收到承包商的《中间交工证书》并汇总检查该单项工程中每道工序的《工程质量合格证》后，应组织项目法人、质量监督站和各有关专业监理工程师以及承包商，再次对该单项工程进行全面的检查，以确定是否具备中间交工的条件。必要时，可进行实验室检查。

6. 签发《中间交工证书》

经过上述检查如果发现工程质量不合格，监理工程师可签发“不合格工程通知”，要求承包商对不合格的工程予以拆除、更换、修补或返工。如果检查合格，则对该单项工程予以终检验收，并签发《中间交工证书》。这是单项工程最后计量支付的基本条件。

（二）施工过程中的工序质量控制

工程项目的整个施工过程，就是完成一道一道的工序，所以施工过程的质量控制主要是工序的质量控制，而工序的质量控制又表现为施工现场的质量控制，也是施工阶段质量控制的重点。监理工程师应加强施工现场和施工工艺的监督控制，督促施工单位认真执行工艺标准及操作规程，进行工序质量的控制。

1. 工序施工前的控制

每一道工序施工前，要检查上一道工序有无《工程质量合格证》。只有上一道工序经监理工程师检查认证，并签发了《工程质量合格证》而且本工序所使用的材料、施工机械设备、环境等因素以及操作人员都符合了规定的条件，并得到监理工程师的批准，才能进行该工序的施工。

2. 工序施工过程中的质量控制

工序施工过程中，要求承包商加强工序质量管理，通过工序能力及工序条件的分析研究，充分管理施工工序，使之处于严格的控制之中，以保证工序的质量。同时，在工序施工过程中，监理工程师也应加强工序质量控制，及时检查和抽查，对重要的工序实行旁站跟踪检查。对承包商设置的控制点（见证点和待检点），应重点检查和控制。

（1）质量控制点。质量控制点是指为了保证（工序）施工质量而对某些施工内容、施工项目、工程的重点和关键部位、薄弱环节等，在一定时间和条件下进行重点控制和管理，以使其施工过程处于良好的控制状态。质量控制点设置的范围很广，凡是对工程质量有影响的因素均可作为质量控制点，如人的因素、物的因素、材料因素、施工操作、施工程序、施工时间、质量通病、技术参数、施工难度较大的重要部位和环节等，均可作为质量控制点，对其质量进行重点控制。

对于一个分部分项工程，究竟应该设置多少个质量控制点，应根据施工的工艺、施工的难度、质量标准和施工单位的情况来决定。一般来说，施工工艺复杂时可多设，施工工艺简单时可少设；施工难度较大时可多设，施工难度不大时可少设；质量标准要求较高时应多设，质量标准不高时可少设；施工单位信誉不高应多设，施工单位信誉较高可少设。

如表 8-3 所示列举出某些分部分项工程质量控制点设置的一般位置，可供参考。

表 8-3　质量控制点的设置位置

分部分项工程		质量控制点
建筑物定位		标准轴线桩、水平桩、定位轴线、标高
地基开挖及清理		开挖部位的位置、轮廓尺寸、标高；岩石地基爆破中的孔深、装药量；开挖后的建基面；断层、破碎带、软弱夹层、岩溶的处理；渗水的处理；地基承载力
基础		基础位置、尺寸、标高；预留孔洞，预埋件位置、规格、数量
砌体		砌体轴线、排列；砂浆配合比；预留孔洞、预埋件位置、数量
基础处理	基础灌浆 帷幕灌浆	造孔工艺、孔位、孔深、孔斜；岩芯获得率；洗孔及压水情况；浆液情况、灌浆压力、结束标准、封孔
	基础排水	造孔、洗孔工艺；孔口、孔口设施的安装工艺
	锚桩孔	造孔工艺；锚桩材料质量、规格、焊接；孔内回填
混凝土生产	砂石料生产	毛料开采、筛分、运输、堆存；砂石料质量（杂质含量、细度模数、超逊径、级配）、含水率、骨料降温措施
	混凝土拌和	原材料的品种、配合比、称量精度；混凝土拌和时间、温度均匀性；拌和物的坍落度；温控措施（骨料预冷、加冰、加冰水）；外加剂比例
混凝土浇筑	建基面清理	基岩面清理（冲洗、积水处理）
	模板、预埋件	位置、尺寸、标高、平整性、稳定性、刚度、内部清理；预埋件型号、规格、埋设位置、安装稳定性、保护措施
	钢筋	钢筋品种、规格、尺寸、搭接长度；钢筋焊接
	浇筑	浇筑层厚度、平仓、振捣、浇筑间歇时间；积水和泌水情况；埋设件的保护；混凝土的养护；混凝土表面平整度、麻面、蜂窝、露筋、裂缝；混凝土的密实性、强度

续表

分部分项工程		质量控制点
土石料填筑	土石料	土料的黏粒含量、含水量；砾质土的粗粒含量、最大粒径；石料的粒径、级配、坚硬度、抗冻性
	土料填筑	防渗体与岩石面或混凝土面的结合处理；防渗体与砾质土、黏土地基的结合处理；填筑体的位置、轮廓尺寸、铺土厚度；填筑边线；土层接面处理；土料碾压、压实干密度、填筑含水量
	石料砌筑	砌筑位置、轮廓尺寸；石块重量、尺寸、表面顺直度；砌体密实度；砂浆配合比、砂浆强度
	砌石护坡	石块尺寸、强度、抗冻性；砌石厚度；砌筑方法；砌石孔隙率；垫层级配、厚度、孔隙度

(2) 见证点和待检点。质量控制点按其重要性和控制程度的不同，可区分为两种，即所谓的"见证点"和"待检点"。

1) 见证点也称截流点。它是指重要性一般的质量控制点，在这种质量控制点施工之前，施工单位应提前（例如24h之前）通知监理单位派监理人员在约定的时间到现场进行见证，对该质量控制点的施工进行监督和检查，并在见证表上详细记录该质量控制点所在的建筑部位、施工内容、数量、施工质量和工时，并签字以作为凭证。如果在规定的时间监理人员未能到达现场进行见证和监督，施工单位可以认为已取得监理单位的同意（默认），有权进行该见证点的施工。

2) 待检点也称停止点。它是指重要性较高、其质量无法通过施工以后的检验来得到证实的质量控制点。例如无法依靠事后检验来证实其内在质量或无法事后把关的特殊工序或特殊过程。对于这种质量控制点，在施工之前施工单位应提前通知监理单位，并约定施工时间，由监理单位派出监理人员到现场进行监督控制，如果在约定的时间监理人员未到现场进行监督和检查，则施工单位应停止该质量控制点的施工，并按合同规定，等待监理人员，或另行约定该质量控制点的施工时间。

(3) 工序分析。在工序控制过程中，以工序分析为基础，工序分析一般有下述三个步骤：

①应用因果分析图法进行分析，通过分析，找出支配性要素；②实施对策计划。按试验方案进行试验，找出质量特性和工序支配性要素之间的关系，经过审查，确定试验结果；③制定标准，控制支配性要素。将试验核实的支配性要素编入工序质量表，纳入标准或规范，落实责任部门或人员。各部门或有关人员对属于自己负责的支配性要素，按标准规定实行重点管理。

3. 工序完成后的质量控制

工序完成后，首先要求承包商自检。自检合格后，由承包商填写"工程质量报验单"。监理工程师接到"工程质量报验单"后，要组织对工序进行检查认证，对于分工序施工的单元工程，未经监理工程师的检查认证或检查不合格的，不得进行下一道工序的施工。

监理工程师在对每道施工工序进行检查时，应根据施工承包商填写的"单元工程质量等级评定表”逐项进行全检或抽检，并作详细记录。在检查检测之后，可进行工程质量评定。

七、工程质量的检验和评定

工程质量检验就是根据一个既定的质量目标，借助一定的检验手段来估价工程产品性能特征的工作。

（一）工程质量的检验

1. 质量检验的种类

(1) 全数检验。全数检验也称普遍检验，是对工序或工程产品逐项进行检验。这种检验方式对保证工程的整体质量是一种理想的方式，但是需要较长的时间和较多的人力、物力，经济上也不太合理，而且有些还必须进行破坏性试验，以测定其功能。所以一般只对质量十分不稳定的工序，或质量指标对工程（产品）的安全和可靠性起关键作用的项目，或者是对质量水平要求很高的项目，才采用全数检验。

(2) 抽样检验。抽检是从总体中抽取一定数量的样本进行检验，并依据检验的结果来判断该总体的质量。目前在工程项目施工质量检验中，一般均采用抽样检验的方法。

2. 质量检验的手段

监理工程师对工程施工项目进行质量检验的手段有：

(1) 感觉性检验：指在缺乏（或无需）技术测量仪表辅助的情况下，依靠个人的直观感觉对工程质量进行评定、评价的方法。

(2) 量测：在工具、量具的辅助下进行的量度。入测量结构物几何尺寸、平面位置、钢筋间距等。

(3) 测试或检测：借助各种仪器、仪表等辅助手段进行量度。如无损检测中射线探伤、超声波探伤、声波测试等。

(4) 理化检验：是专业人员利用专门仪器设备、工具或化学试剂、药品对被检测对象的样品、试件的特性进行检验。水电工程中常见的理化检验包括各种机械性能、物理性能的测定、化学成分的测定、耐酸、耐碱等检验。

3. 质量检验的实施

(1) 承包人应首先对工程施工质量进行自检。未经承包人自检或自检不合格、自检资料不完善的单元工程（或工序），监理机构有权拒绝检验。

(2) 监理机构对承包人经自检合格后报验的单元工程（或工序）质量，应按有关技术标准和施工合同约定的要求进行检验。检验合格后方予签认。

(3) 监理机构可采用跟踪检测、平行检测方法对承包人的检验结果进行复核。平行检测和跟踪检测工作都应由具有国家规定的资质条件的检测机构承担。平行检测的费用由项目法人承担。

(4) 工程完工后需覆盖的隐蔽工程、工程的隐蔽部位，应经监理机构验收合格后方可覆盖。

(5) 在工程设备安装完成后，监理机构应督促承包人按规定进行设备性能试验，其后应提交设备操作和维修手册。

（二）工程项目的质量评定

1. 评定项目的分类

在水利水电工程中，单元工程是施工质量日常控制和考核的基础，其质量的评定是以检查项目和检查测点的质量为依据，将检查结果与标准规定的要求相比较。

在单元工程的质量评定中，常将进行质量检验的项目分为主要检验项目或保证检验项目、其他（或一般、基本）检验项目、允许偏差项目（或实测项目）。

主要检验项目（或保证检验项目）是指这些项目的质量对保证单元工程的质量起控制作用，因此这些项目的质量必须符合评定标准中规定的内容。

其他（或一般、基本）检验项目是指这些项目的质量对单元工程的质量并不起控制作用，允许其与质量标准存在一定偏差，因此要求这些检验项目的质量基本符合标准中规定的内容。

允许偏差项目（或实测项目）是指在质量检验评定标准中规定有"允许偏差"的检验项目，其中一些项目是对工程外观质量的要求；另一些项目是对工程内在质量的要求，如密度、强度等。

2. 质量等级评定标准

水利水电工程质量的评定、考核，是以单元工程为统计单位的，评定单位工程质量的依据是分部工程质量评定的结果，而评定分部工程质量的依据是单元工程质量评定的结果，因此，在进行工程质量评定时，首先应明确单位工程、分部工程和单元工程的划分原则和方法，而且重点在评定单元工程的质量。

单元工程质量评定的具体标准，可参见《水利水电基本建设工程单元工程质量等级评定标准》。对于质量不合格的单元工程，应返工进行质量补强处理，直到符合标准和设计要求为止。全部返工的工程可重新评定质量等级，但一律不得评为优良；未经处理的工程，不能评为合格。质量合格是指工程质量符合相应的质量标准中规定的合格要求；质量优良是指工程质量在合格的基础上达到质量标准中规定的优良要求。

单位工程的质量评定，除以单元工程的质量为基础进行评定外，尚须进行最终检验，检验的主要项目包括混凝土坝（主坝）的混凝土强度保证率、离差系数（变异系数）和抗渗、抗冻标号是否符合设计要求；土石坝（主坝）压实干密度，不合格样品的数量及其干密度偏离施工规范要求的偏差；水轮发电机组在设计水头工况下能否达到出力；工程投入运行后工作是否正常等。满足上述检验条件的工程最终才能评为优质工程。

3. 工程项目质量评定的组织

监理机构应监督承包人真实、齐全、完善、规范地填写质量评定表。承包人应按规定对工序、单元工程、分部工程、单位的工程质量等级进行自评。监理机构应对承包人的工程质量等级自评结果进行复核。监理机构应按规定参与工程项目外观质量评定和工程项目施工质量评定工作。

（1）工序或单元工程。工序或单元工程的质量检验评定是在班组自检合格的基础上，由单位工程负责人组织工长、班组长、班组质量员、专职质量检查员进行评定，并由专职质量检查员核定，然后定期报监理单位和质量监督站确认。对于隐蔽工程、工程的关键部位和重要部位，施工单位应在自检合格的基础上，报送监理单位和质量监督站，由监理工程师会同项目法人、设计单位和质量监督站的代表共同检查评定，监理单位和质量监督站有权不定期地进行现场抽查。

（2）分部工程。分部工程的质量检验评定是由相当于施工队一级的技术负责人组织有关人员进行评定，专职质量检验人员核定，然后填写《中间交工证书》，分别报送监理单位和质量监督站检查评定。

（3）单位工程。单位工程完成后，由企业的技术负责人组织企业的技术、质量、生产等有关部门人员到现场进行检验评定，评定结束后，汇总并向监理单位提供全部分项工程（或单元工程）和分部工程质量检验评定记录、签证和全部质量保证资料（对于水利水电工程为全部保证项目或主要项目的技术资料），由监理工程师组织有关部门（项目法人、设计单位、施工单位、生产运行单位、质量监督站等）进行评定，最后送交质量监督部门核定。

八、水利工程常见的施工质量控制

（一）混凝土工程质量控制

1. 原材料质量控制

（1）水泥。

1）水泥品种。承包人应按各建筑物部位施工图纸的要求，配置混凝土所需品种，各种水泥均应符合技术条款指定的国家和行业的现行标准。

大型水工建筑物所用的水泥，可根据具体情况对水泥的矿物成分等提出专门要求。每一工程所用水泥品种以 1～2 种为宜，并且固定厂家供应。有条件时，应优先采用散装水泥。

2）运输。运输时，不得受潮和混入杂物。不同品种、标号、出厂日期和出厂编号的水泥应分别运输装卸，并做好明显标志，严防混淆。承包人应采取有效措施防止水泥受潮。

3）贮存。进厂（场）水泥的贮放应符合下列规定：①散装水泥宜在专用的仓罐中贮放。不同品种和标号的水泥不得混仓，并应定期清仓。散装水泥在库内贮放时，水泥库的地面和外墙内侧应进行防潮处理；②袋装水泥应在库房内贮放，库房地面应有防潮措施。库内应保持干燥，防止雨露侵入。袋装水泥的出厂日期不应超过 3 个月，散装水泥不应超过 6 个月，快硬水泥不应超过 1 个月，袋装水泥的堆放高度不得超过 15 袋。

4）检验。每批水泥均应有厂家的品质试验报告。承包人应按国家和行业的有关规定，对每批水泥进行取样检测，必要时还应进行化学成分分析。

（2）骨料。骨料应根据优质条件、就地取材的原则进行选择。可选用天然骨料、人工骨料，或两者互相补充。混凝土骨料应按监理人批准的料源进行生产，对含有活性成分的骨料必须进行专门的试验论证，并经监理人批准后，方可使用。冲洗、筛分骨料时，应控制好筛分进料量、冲洗水压和用水量、筛网的孔径与倾角等，以保证各级骨料的成品质量符合要求，尽量减少细砂流失。

1）骨料的堆存和运输应符合下列要求：①堆存骨料的场地，应有良好的排水设施，不同粒径的骨料必须分别堆存，并设置隔离设施；②应尽量减少转运次数，粒径大于40mm的粗骨料的净自由落差不宜大于3m，超过时应设置缓降设备；③骨料堆存时，不宜堆成斜坡或锥体，以防产生分离。骨料储仓应有足够的数量和容积，并应维持一定的堆料厚度。砂仓的容积、数量还应满足砂料脱水的要求。应避免泥土混入骨料和骨料的严重破碎。

2）细骨料的质量要求规定如下：①细骨料的细度模数，应在2.4～3.0范围内，测试方法按《水工混凝土试验规程》中3.0.1进行；②砂料应质地坚硬、清洁、级配良好，使用山砂、特细砂应经过试验论证。其他砂的质量要求如含泥量、石粉含量、云母含量、轻物质含量、硫化物及硫酸盐含量、坚固性和密度应满足要求。

3）粗骨料的质量要求应符合下列规定：

粗骨料的最大粒径，不应超过钢筋最小间距的2/3及构件断面边长的1/4，素混凝土板厚的1/2，对少筋或无筋结构，应选用较大的粗骨料粒径。

施工中应将骨料粒径分成下列几种级配：

二级配：分成5～20mm和20～40mm，最大粒径40mm。

三级配：分成5～20mm、20～40mm和40～80mm，最大粒径为80mm。

四级配：分成5～20mm、20～40mm、40～80mm和80～150mm（120mm），最大粒径为150mm（120mm）。

采用连续级配或间断级配，应由试验确定并经监理人同意。如采用间断级配，应注意混凝土运输中骨料分离的问题。

其他粗骨料的质量要求如含泥量、坚固性、硫酸盐及硫化物含量、有机质含量、比重、吸水率、针片状颗粒含量等应满足要求。应严格控制各级骨料的超、逊径含量。以原孔筛检验，其控制标准：超径小于5%，逊径小于10%。当以超、逊径筛检验时，其控制标准：超径为零，逊径小于2%。

（3）水。

1）凡适宜饮用的水均可使用，未经处理的工业废水不得使用。拌和用水所含物质不应影响混凝土和易性和混凝土强度的增长，以及引起钢筋和混凝土的腐蚀。水的pH值、不溶物、可溶物、氯化物、硫化物的含量应满足规定。

2）检查。拌和及养护混凝土所用的水，除按规定进行水质分析外，应按监理人的指示进行定期检测，在水质改变或对水质有怀疑时，应采取砂浆强度试验法进行检测对比，如果水样制成的砂浆抗压强度，低于原合格水源制成的砂浆28天龄期抗压强度的90%时，该水不能继续使用。

（4）掺合料。为改善混凝土的性能，合理降低水泥用量，宜在混凝土中掺入适量的活性掺合料，掺用部位及最优掺量应通过试验决定。非成品原状粉煤灰的品质指标如下：

1）烧失量不得超过12%。

2）干灰含水量不得超过1%。

3）三氧化硫（水泥和粉煤灰总量中的）不得超过3.5%。

4）0.08mm方孔筛筛余量不得超过12%。

（5）外加剂。为改善混凝土的性能，提高混凝土的质量及合理降低水泥用量，必须在混凝土中掺加适量的外加剂，其掺量通过试验确定。拌制混凝土或水泥砂浆常用的外加剂有减水剂、加气剂、缓凝剂、速凝剂和早强剂等。应根据施工需要，对混凝土性能的要求及建筑物所处的环境条件，选择适当的外加剂。有抗冻要求的混凝土必须掺用加气剂，并严格限制水灰比。

使用外加剂时应注意：

1）外加剂必须与水混合配成一定浓度的溶液，各种成分用量应准确。对含有大量固体的外加剂（如含石灰的减水剂），其溶液应通过0.6mm孔眼的筛子过滤。

2）外加剂溶液必须搅拌均匀，并定期取有代表性的样品进行鉴定。

（6）钢筋。承包人应负责钢筋材料的采购、运输、验收和保管，并应按合同规定，对钢筋进行进场材质检验和验点入库，监理人认为有必要时，承包人应通知监理人参加检验和验点工作。若承包人要求采用其他种类的钢筋替代施工图纸中规定的钢筋，应将钢筋的替代报送监理人审批。钢筋混凝土结构用的钢筋应符合热轧钢筋主要性能的要求。

每批钢筋均应附有产品质量证明书及出厂检验单，承包人在使用前，应分批进行以下钢筋机械性能试验：

1）钢筋分批试验，以同一炉（批）、同一截面尺寸的钢筋为一批。

2）根据厂家提供的钢筋质量证明书，检查每批钢筋的外表质量，并测量每批钢筋的代表直径。

3）在每批钢筋中，选取经表面质量检查和尺寸测量合格的两根钢筋中各取一个拉力试件（含屈服点、抗拉强度和延伸率试验）和一个冷弯试验，如一组试验项目的一个试件不符合规定数值时，则另取两倍数量的试件，对不合格的项目作第二次试验，如有一个试件不合格，则该批钢筋为不合格产品。

在水工结构非预应力混凝土中，不得使用冷拉钢筋，因为冷拉钢筋一般不作为受压筋。

钢筋的表面应洁净无损伤，油漆污染和铁锈等应在使用前清除干净。带有颗粒状或片状老锈的钢筋不得使用。

2. 混凝土配合比

各种不同类型结构物的混凝土配合比必须通过试验选定。混凝土配合比试验前，承包人应将各种配合比试验的配料及其拌和、制模和养护等的配合比试验计划报送监理人。

混凝土的水灰比应以骨料在饱和面干状态下的混凝土单位用水量对单位胶凝材料用量的比值为准，单位胶凝材料用量为每立方米混凝土中水泥与混合材料重量的总和。

配合比的设计：

（1）承包人应按施工图纸的要求和监理人的指示，通过室内试验成果进行混凝土配合比设计，并报送监理人审批。

（2）水工混凝土水灰比最大允许值根据部位和地区的不同，应满足相应的规定，并不超过如表8-4所示中的规定。

表 8-4　　水灰比最大允许值

混凝土所在部位	寒　冷　地　区	温　和　地　区
上、下游水位以上（坝体外部）	0.6	0.65
上、下游水位变化区（坝体外部）	0.5	0.55
上、下游最低水位以下（坝体外部）	0.55	0.60
基础	0.55	0.60
内部	0.70	0.70
受水流冲刷部位	0.50	0.50

注　1. 在环境水有侵蚀的情况下，外部水位变化区及水下混凝土的水灰比最大允许值应减 0.05。
2. 在采用减水剂和加气剂的情况下，经过试验论证，内部混凝土的水灰比最大允许值可增加 0.05。
3. 寒冷地区系指最冷月月平均气温在 3℃以下的地区。
4. 配合比调整：在施工过程中，承包人需要改变监理人批准的混凝土配合比，必须重新得到监理人批准。

（3）混凝土拌和的质量控制。承包人拌制现场浇筑混凝土时，必须严格遵照承包人现场试验室提供并经监理人批准的混凝土配料单进行配料，严禁擅自更改配料单。除合同另有规定外，承包人应采用固定拌和设备，设备生产率必须满足本工程高峰浇筑强度的要求，所有的称量、指示、记录及控制设备都应有防尘措施，设备称量应准确，其偏差量应不超过规定，承包人应按监理人的指示定期校核称量设备的精度。拌和设备安装完毕后，承包人应会同监理人进行设备运行操作检验。

对于混凝土拌和质量检查，应检查以下项目：

1）水泥、外加剂符合国家标准；混凝土拌和时间应通过试验决定，如表 8-5 所示中的拌和时间可参考使用；混凝土强度保证率不小于 80%，混凝土抗冻、抗渗标号符合设计要求。

2）混凝土坍落度、拌和物均匀性、抗压强度最小值、混凝土离差系数满足质量标准。

3）水泥、混合材、砂、石、水的称量在其允许偏差范围之内，不应超过如表 8-6 所示的规定。

表 8-5　　混凝土纯拌和时间　　单位：min

拌和机进料容量（m^3）	最大骨料粒径（mm）	坍落度（cm）		
		2～5	5～8	>8
1.0	80	—	2.5	2.0
1.6	150（120）	2.5	2.0	2.0
2.4	150	2.5	2.0	2.0
5.0	150	3.5	3.0	2.5

注　1. 入机拌和量不应超过拌和机容量的 10%。
2. 掺加混合材、加气剂、减水剂及加冰时，宜延长拌和时间，出机料不应有冰块。

表 8-6　　混凝土各组分称量的允许偏差

材料名称	允许偏差
水泥、掺合料	±1%
砂、石	±2%
水、片冰、外加剂溶液	±1%

在混凝土拌和过程中，应采取措施保持砂、石、骨料含水率稳定，砂子含水率应控制在6%以内。掺有掺合料（如粉煤灰等）的混凝土进行拌和时，掺合料可以湿掺也可以干掺，但应保证掺合均匀。

混凝土拌和均匀性检测：

1）承包人应按监理人指示，并会同监理人对混凝土拌和均匀性进行检测。

2）定时在出机口对一盘混凝土按出料先后各取一个试样（每个试样不少于30kg），以测量砂浆密度，其差值不应大于30kg/m³。

坍落度的检测：按施工图纸的规定和监理人的指示，每班应进行现场混凝土坍落度的检测，出机口应检测四次，仓面应检测两次。混凝土的坍落度，根据建筑物的性质、钢筋含量、混凝土的运输、浇筑方法和气候条件决定，尽可能采用小的坍落度。混凝土在浇筑地点的坍落度如表8-7所示。

表8-7　　混凝土浇筑地点坍落度（使用振捣器）

建筑物性质	标准圆锥坍落度（cm）
水工素混凝土或少钢筋混凝土	3～5
配筋率不超过1%的钢筋混凝土	5～7
配筋率超过1%的钢筋混凝土	7～9

注　有温控要求或在低温季节浇混凝土时，混凝土的坍落度可根据情况酌情增减。

3. 混凝土的运输

混凝土出拌和机后，应迅速运达浇筑地点，运输中不应有分离、漏浆和严重泌水现象。混凝土入仓时，应防止离析，最大骨料粒径150mm的四级配混凝土自由下落的垂直落距不应大于1.5m，骨料粒径小于80mm的三级配混凝土其垂直落距不应大于2m。

混凝土运至浇筑地点，应符合浇筑时规定的坍落度，当有离析现象时，必须在浇筑前进行二次搅拌。混凝土在运输过程中，应尽量缩短运输时间及减少转运次数。因故停歇过久，混凝土产生初凝时，应作废料处理。在任何情况下，严禁中途加水后运入仓内。

4. 混凝土浇筑

任何部位混凝土开始浇筑前，承包人必须通知监理人对浇筑部位的准备工作进行检查。检查内容包括：地基处理、已浇筑混凝土面的清理以及模板、钢筋、插筋、冷却系统、灌浆系统、预埋件、止水和观测仪器等设施埋设和安装等，经监理人检验合格后，方可进行混凝土浇筑。任何部位混凝土开始浇筑前，承包人应将该部位的混凝土浇筑的配料单提交监理人进行审核，经监理人同意后，方可进行混凝土的浇筑。

（1）基础面混凝土浇筑。

1）建筑物建基面必须验收合格后，方可进行混凝土浇筑。

2）岩基上的杂物、泥土及松动岩石均应清除，应冲洗干净并排干积水，如遇有承压水，承包人应指定引排措施和方法报监理人批准，处理完毕，并经监理人认可后，方可浇筑混凝土。清洗后的基础岩面在混凝土浇筑前应保持洁净和湿润。

3）易风化的岩基础及软基，在立模扎筋前应处理好地基临时保护层；在软基上进行操作时，应力求避免破坏或扰动原状土壤；当地基为湿陷性黄土时应按监理人指示采取专门的处理措施。

4）基岩面浇筑仓，在浇筑第一层混凝土前，必须先铺一层2～3cm厚的水泥砂浆，砂浆水灰比应与混凝土浇筑强度相适应，铺设施工工艺应保证混凝土与基岩结合良好。

（2）混凝土浇筑厚度。混凝土的浇筑层厚度，应根据拌和能力、运输距离、浇筑速度、气温及振捣器的性能等因素确定。一般情况下，浇筑层的允许最大厚度，不应超过如表8-8所示规定的数值；如采用低流态混凝土及大型强力振捣设备时，其浇筑层厚度应根据试验确定。

表8-8　　混凝土浇筑层的允许最大厚度

项次	振捣器类别		浇筑层的允许最大厚度
1	插入式振捣器	电动、风动振捣器	振捣器工作长度的0.8倍
		软轴振捣器	振捣器头长度的1.25倍
2	表面振捣器	在无筋和单层钢筋结构中	250mm
		在双层钢筋结构中	120mm

（3）浇筑层施工缝面的处理。在浇筑分层的上层混凝土层浇筑前，应对下层混凝土的施工缝面，按监理人批准的方法进行冲毛或凿毛处理。

（4）浇入仓内的混凝土的处理。浇入仓内的混凝土应随浇随平仓，不得堆积。仓内若有粗骨料堆叠时，应均匀地分布于砂浆较多处，但不得用水泥砂浆覆盖，以免造成内部蜂窝。不合格的混凝土严禁入仓，已入仓的不合格混凝土必须清除，并按规定弃置在指定地点。浇筑混凝土时，严禁在仓内加水。如发现混凝土的和易性较差，应采取较强振捣等措施，以保证质量。

（5）施工中混凝土的温度控制。施工中严格进行温度控制，是防止混凝土裂缝的主要措施。要防止大体积混凝土结构中产生裂缝，就要降低混凝土的温度应力，这就必须减少浇筑后混凝土的内外温差。为此应优先选用水化热低的水泥，掺入适量的粉煤灰，降低浇筑速度和减少浇筑厚度，浇筑后宜进行测温，采用一定的降温措施，控制内外温差不超过25℃，必要时，经过计算和取得设计单位同意后可留施工缝分层浇筑。

（6）施工缝留设。混凝土结构多要求整体浇筑，如因技术或组织上的问题不能连续浇筑时，且停留时间有可能超过混凝土的初凝时间，则应事先确定在适当的位置设置施工缝。由于混凝土的抗拉强度约为其抗压强度的1/10，因而施工缝是结构中的薄弱环节，宜设置在结构剪力较小而且施工方便的部位。对于其上有巨大荷载，整体性要求高，往往不允许留施工缝，要求一次性连续浇筑完毕。施工缝留设原则上应满足设计要求和规范规定，特别是小截面承重受力结构混凝土施工缝留设应严格按规范控制。

5．混凝土质量检查

（1）混凝土在拌制和浇筑过程中应按下列规定进行检查：

1）检查拌制混凝土所用原材料的品种、规格和用量，每一工作班至少两次。

2）检查混凝土在浇筑地点的坍落度，每一工作班至少两次。

3）在每一工作班内，当混凝土配合比由于外界影响有变动时，应及时检查。

4）混凝土的搅拌时间应随时检查。

（2）检查混凝土质量应进行抗压强度试验。对有抗冻、抗渗要求的混凝土，尚应进行抗冻性、抗渗性等试验。

（3）现场混凝土质量检验以抗压强度为主，同一标号混凝土试件的数量应符合下列要求：

1）大体积混凝土：28 天龄期，每 500m^3 成型试件 3 个；设计龄期，每 1000m^3 成型试件 3 个。

2）非大体积混凝土：28 天龄期，每 100m^3 成型试件 3 个；设计龄期，每 200m^3 成型试件 3 个。

3）对于抗拉强度：28 天龄期，每 2000m^3 成型试件 3 个。

混凝土试件应在机口随机取样成型，不得任意挑选。同时，须在浇筑地点取一定数量的试件，以资比较。

（4）每组 3 个试件应在同盘混凝土中取样制作，并按下列规定确定该组试件的混凝土强度代表值：

1）取 3 个试件强度的平均值。

2）当 3 个试件强度中的最大值或最小值之一与中间值之差超过中间值的 15％时，取中间值。

3）当 3 个试件强度中的最大值和最小值与中间值之差均超过中间值的 15％时，该组试件不应作为强度评定的依据。

（5）混凝土的质量评定按下列标准进行：

1）按许可应力法设计的结构（如大坝等），混凝土的极限抗压强度系指设计龄期 15cm^3 立方体强度。同批试件（$n \geqslant 30$ 组）统计强度保证率最低不得小于 80％。

2）按极限状态法设计的钢筋混凝土结构（如厂房等），同批试件（$n \geqslant 30$ 组）的统计强度保证率最低不得小于 90％。

（6）同批混凝土的施工质量匀质性指标，以现场试件 28 天龄期抗压强度离差系数 C_v 值表示。其评定标准如表 8－9 所示。

表 8－9　现场混凝土抗压强度离差系数 C_v 的评定标准

等级 / 混凝土标号	优秀	良好	一般	较差
＜20MPa	＜0.15	0.15～0.18	0.19～0.22	＞0.22
≥20MPa	＜0.11	0.11～0.14	0.14～0.18	＞0.18

6. 混凝土强度的合格评定

依据《水利水电工程施工质量检验与评定规程》规定，普通混凝土质量检测与评定标准如下。

（1）同一标号（或强度等级）混凝土试块 28 天龄期抗压强度的组数 $n \geqslant 30$ 时，应符合如表 8－10 所示要求。

表 8-10 同一标号混凝土试块 28 天龄期抗压强度组数 $n \geqslant 30$ 的质量标准

项 目	质量标准	
	优良	合格
任何一组试块抗压强度最低不得低于设计值的	90%	85%
无筋（或少筋）混凝土强度保证率	85%	80%
配筋混凝土强度保证率	95%	90%
混凝土抗压强度的离差系数：<20MPa ≥20MPa	<0.18 <0.14	<0.22 <0.18

（2）同一标号（或强度等级）混凝土试块 28 天龄期抗压强度的组数 $30>n\geqslant 5$ 时，混凝土试块强度应同时满足下列要求：

$$R_n - 0.7S_n > R_{标} \tag{8-1}$$

$$R_n - 1.60S_n \geqslant 0.83R_{标} \quad (当\ R_{标} \geqslant 20) \tag{8-2}$$

或

$$R_n - 1.60S_n \geqslant 0.80R_{标} \quad (当\ R_{标} < 20) \tag{8-3}$$

其中

$$S_n = \sqrt{\frac{\sum_{i=1}^{n}(R_i - R_n)^2}{n-1}}$$

式中 S_n——n 组试件强度的标准差，MPa。当统计得到的 $S_n<2.0$（或 1.5）MPa 时，应取 $S_n=2.0$MPa($R_{标}\geqslant 20$MPa)；$S_n=1.5$MPa($R_{标}<20$MPa)；

R_n——n 组试件强度的平均值，MPa；

R_i——单组试件强度，MPa；

$R_{标}$——设计 28 天龄期抗压强度值，MPa；

n——样本容量。

（3）同一标号（或强度等级）混凝土试块 28 天龄期抗压强度的组数 $5>n\geqslant 2$ 时，混凝土试块强度应同时满足下列要求：

$$\overline{R}_n \geqslant 1.15R_{标} \tag{8-4}$$

$$R_{min} \geqslant 0.95R_{标} \tag{8-5}$$

式中 $\overline{R}_n$——n 组试块强度的平均值，MPa；

$R_{标}$——设计 28 天龄期抗压强度值，MPa；

R_{min}——n 组试块中强度最小一组的值，MPa。

（4）同一标号（或强度等级）混凝土试块 28 天龄期抗压强度的组数只有一组时，混凝土试块强度应满足下列要求：

$$R \geqslant 1.15R_{标} \tag{8-6}$$

式中 R——试块强度实测值，MPa；

$R_{标}$——设计 28 天龄期抗压强度值，MPa。

（二）土石方开挖质量控制

1. 土石方明挖

土方是指人工填土、表土、黄土、砂土、淤泥、黏土、砾质土、砂砾石、松散的坍塌体及软弱的全风化岩石，以及不大于 $0.7m^3$ 的孤石和岩块等，无需采用爆破技术而可直接使用手工工具或土方机械开挖的全部材料。

在水利工程施工中，明挖主要是建筑物基础、导流渠道、溢洪道和引航道（枢纽工程具有通航功能时）、地下建筑物的进、出口等部位的露天开挖，为开挖工程的主体。明挖的施工部署也关系着工程全局，极为重要。依据工程地形特征，明挖的施工部署大体可考虑分为两种类型：一为工程规模大而开挖场面宽广，地形相对平坦，适宜于大型机械化施工，可以达到较高的强度，如葛洲坝工程和长江三峡工程；二为工程规模虽不很大，而工程处于高山峡谷之中，不利于机械作业，只能依靠提高施工技术，才能克服困难，顺利完成。

（1）施工方法选择应注意问题。土石方工程施工方案的选择必须依据施工条件、施工要求和经济效果等进行综合考虑，具体因素有如下几个方面：

1）土质情况。必须弄清土质类别，是黏性土、非黏性土或岩石，以及密实程度、块体大小、岩石坚硬性、风化破碎情况。

2）施工地区的地势地形情况和气候条件，距重要建筑物或居民区的远近。

3）工程情况。工程规模大小、工程数量和施工强度、工作场面大小、施工期长短等。

4）道路交通条件。修建道路的难易程度、运输距离远近。

5）工程质量要求。主要决定于施工对象，如坝、电站厂房及其他重要建筑物的基础开挖、填筑应严格控制质量。通航建筑物的引航道应控制边坡不被破坏，不引起塌方或滑坡。对一般场地平整的挖填有时是无质量要求的。

6）机械设备。主要指设备供应或取得的难易、机械运转的可靠程度、维修条件与能力。对小型工程或施工时间不长时，为减少机械购置费用，可用原有的设备。但旧机械完好率低、故障多，工作效率必然较低，配置的机械数量应大于需要的量，以补偿其不足。工程数量巨大、施工期限很长的大型工程，应该采用技术性能好的新机械，虽然机械购置费用较多，但新机械完好率高，生产率亦高，生产能力强，可保证工程顺利进行。

7）经济指标。当几个方案或施工方法均能满足工程施工要求时，一般应以完成工程施工所花费用低者为最好。有时，为了争取提前发电，经过经济比较后，也可选用工期短费用较高的施工方案。

（2）开挖中应注意的问题。

1）土方明挖。监理人应对开挖过程进行连续的监督检查，对开挖质量进行控制，在开挖过程中应注意：①除另有规定外，所有主体工程建筑物的基础开挖均应在旱地进行，雨季施工时，应有保证基础工程质量和安全施工的技术措施，有效防止雨水冲刷边坡和侵蚀地基土壤；②监理人有权随时抽验开挖平面位置、水平标高、开挖坡度等是否符合施工图纸的要求，或与承包人联合进行核测；③主体工程临时边坡的开挖，应按施工图纸所示或监理人的指示进行开挖；对承包人自行确定边坡坡度且时间保留较长的临时边坡，经监理人检查认为存在不安全因素时，承包人应进行补充开挖或采取保护措施。但承包人不得因此要求增加额外费用。

2）石方明挖。

a. 边坡开挖。边坡开挖前，承包人应详细调查边坡岩石的稳定性，包括设计开挖线外对施工有影响的坡面和岸坡等；设计开挖线以内有不安全因素的边坡，必须进行处理和采取相应的防护措施，山坡上所有危石及不稳定岩体均应撬挖排除，如少量岩块撬挖确有困难，经监理人同意可用浅孔微量炸药爆破。

开挖应自上而下进行，高度较大的边坡，应分梯段开挖，河床部位开挖深度较大时，应采用分层开挖方法，梯段（或分层）的高度应根据爆破方式（如预裂爆破或光面爆破）、施工机械性能及开挖区布置等因素确定。垂直边坡梯段高度一般不大于10m，严禁采取自下而上的开挖方式。

随着开挖高程下降，应及时对坡面进行测量检查以防止偏离设计开挖线，避免在形成高边坡后再进行处理。

对于边坡开挖出露的软弱岩层及破碎带等不稳定岩体的处理质量，必须按施工图纸和监理人的指示进行处理，并采取排水或堵水等措施，经监理人复查确认安全后，才能继续向下开挖。

b. 基础开挖。除经监理人专门批准的特殊部位开挖外，永久建筑物的基础开挖均应在旱地中施工。

承包人必须采取措施避免基础岩石面出现爆破裂隙，或使原有构造裂隙和岩体的自然状态产生不应有的恶化。

邻近水平建基面，应预留岩体保护层，其保护层的厚度应由现场爆破试验确定，并应采用小炮分层爆破的开挖方法。若采用其他开挖方法，必须通过试验证明可行，并经监理人批准。基础开挖后表面因爆破震松（裂）的岩石，表面呈薄片状和尖角状突出的岩石，以及裂隙发育或具有水平裂隙的岩石均需采用人工清理，如单块过大，亦可用单孔小炮和火雷管爆破。

开挖后的岩石表面应干净、粗糙。岩石中的断层、裂隙、软弱夹层应被清除到施工图纸规定的深度。岩石表面应无积水或流水，所有松散岩石均应予以清除。建基面岩石的完整性和力学强度应满足施工图纸的规定。

基础开挖后，如基岩表面发现原设计未勘查到的基础缺陷，则承包人必须按监理人的指示进行处理，包括（但不限于）增加开挖、回填混凝土塞、或埋设灌浆管等，监理人认为有必要时，可要求承包人进行基础的补充勘探工作。进行上述额外工作所增加的费用由发包人承担。

建基面上不得有反坡、倒悬坡、陡坎尖角；结构面上的泥土、锈斑、钙膜、破碎和松动岩块以及不符合质量要求的岩体等均必须采用人工清除或处理。

坝基不允许欠挖，开挖面应严格控制平整度。为确保坝体的稳定，坝基不允许开挖成向下游倾斜的顺坡。

在工程实施过程中，依据基础石方开挖揭示的地质特性，需要对施工图纸作必要的修改时，承包人应按监理人签发的设计修改图执行，涉及变更应按合同相关规定办理。

(3) 开挖质量的检查和验收。

1) 土方开挖质量的检查和验收。土方明挖工程完成后，承包人应会同监理人进行以下各项的质量检查和验收：①地基无树根、草皮、乱石、坟墓、水井泉眼已处理，地质符合设计要求；②取样检测基础土的物理性能指标，要符合设计要求；③岸坡的清理坡度符合设计要求；④坑（槽）的长或宽，底部标高，垂直或斜面平整度在满足设计要求，在允许偏差范围内。

2) 石方明挖的质量检查和验收。

a. 边坡质量检查和验收。对于岩石边坡开挖后，应进行以下项目的检查：保护层的开挖，布孔是否是浅孔、密孔、少药量、火炮爆破。岸坡平均坡度应不大于设计坡度。开挖坡面应稳定，无松动岩块。

b. 岩石基础检查和验收。承包人应会同监理人进行以下各款所列项目的质量检查和验收：保护层的开挖，布孔是否是浅孔、密孔、少药量、火炮爆破。建基面无松动岩块，无爆破影响裂隙。断层及裂隙密集带，按规定挖槽。槽深为宽度的1～1.5倍。规模较大时，按设计要求处理。多组切割的不稳定岩体和岩溶洞穴，按设计要求处理。对于软弱夹层，厚度大于5cm者，挖至新鲜岩层或设计规定的深度。对于夹泥裂隙，挖1～1.5倍断层宽度，清除夹泥，或按设计要求进行处理。坑（槽）长、宽，底部标高，垂直或斜面平整度应满足设计要求，(在允许偏差范围内)。

2. 地下洞室开挖

地下洞室开挖，其内容包括隧洞、斜井、竖井、大跨度洞室等地下工程的开挖，以及已建地下洞室的扩大开挖等。这里只适用于钻爆法开挖，不适用于掘进机施工。承包人应全面掌握本工程地下洞室地质条件，按施工图纸、监理人指示和技术条款规定进行地下洞室的开挖施工。其开挖工作内容包括准备工作、洞线测量、施工期排水、照明和通风、钻孔爆破、围岩监测、塌方处理、完工验收前的维护，以及将开挖石渣运至指定地区堆存和废渣处理等工作。

(1) 准备工作。在地下工程开挖前，承包人应根据施工图纸和技术条款的规定，提交施工措施计划、钻孔和爆破作业计划，报监理人审批。地下洞室开挖前，承包人应会同监理人进行地下洞室测量放样成果的检查，并对地下洞室洞口边坡的安全清理质量进行检查和验收。

(2) 钻孔爆破的设计和试验。

1) 地下洞室的爆破应进行专门的钻孔爆破设计。

2) 地下洞室的开挖应采用光面爆破和预裂爆破技术，其爆破的主要参数应通过试验确定，光面爆破和预裂爆破试验采用的参数可参照有关规范选用。

3) 承包人应选用岩类相似的试验洞段进行光面爆破和预裂爆破试验，以选择爆破材料和爆破参数，并将试验成果报送监理人。

(3) 地下洞室开挖。

1) 洞口开挖。洞口掘进前，应仔细勘察山坡岩石的稳定性，并按监理人的指示，对危险部位进行处理和支护。洞口削坡应自上而下进行，严禁上下垂直作业。同时应做好危石清理，坡面加固，马道开挖及排水等工作。进洞前，须对洞脸岩体进行鉴定，确认稳定或采取措施后，方可开挖洞口；洞口一般应设置防护棚，必要时，尚应在洞脸上部加设挡石拦栅。

2）平洞开挖。平洞开挖的方法应在保证安全和质量的前提下，根据围岩类别、断面尺寸、支护方式、工期要求、施工机械化程度和施工技术水平等因素选定。有条件时，应优先采用全断面开挖方法。根据围岩情况、断面大小和钻孔机械、辅助工种配合情况等条件，选择最优循环进尺。

3）竖井和斜井的开挖。竖井与斜井的开挖方法，可根据其断面尺寸、深度、倾角、围岩特性及施工设备等条件选定。竖井一般开挖方法有：自上而下全断面开挖方法和贯通导井后，自上而下进行扩大开挖方法。在Ⅰ、Ⅱ类围岩中开挖小断面的竖井，挖通导井后亦可采用溜碴法蹬碴作业，自下而上扩大开挖。最后随出碴随锚固井壁。

（4）支护。需要支护的地段，应根据地质条件、洞室结构、断面尺寸、开挖方法、围岩暴露时间等因素，做出支护设计。除特殊地段外，应优先采用喷锚支护。采用喷锚支护时，应检查锚杆、钢筋网和喷射混凝土质量。

1）锚杆材质和砂浆标号符合设计要求；砂浆锚杆抗拔力、预应力锚杆张拉力符合设计和规范要求；锚孔无岩粉和积水，孔位偏差、孔深偏差和孔轴方向符合要求。钢筋材质、规格和尺寸符合设计要求；钢筋网和基岩面距离满足质量要求；钢筋绑扎牢固。

2）喷射混凝土抗压强度保证率85%及其以上；喷混凝土性能符合设计要求；喷混凝土厚度满足质量要求；喷层均匀性、整体性、密实情况要满足质量要求；喷层养护满足质量要求。

3）贯通误差。对于地下洞室的开挖，其贯通测量容许极限误差应满足如表8－11所示的要求。

表8－11　　**贯通测量容许极限误差值**

相向开挖长度（km）		<	>
贯通极限误差（cm）	横向的	±10	±15
	纵向的	±20	±30
	竖向的	±5	±7.5

（5）地下洞室开挖质量检查及验收。承包人应按合同的有关规定，做好地下工程施工现场的粉尘、噪声和有害气体的安全防护工作，以及定时定点进行相应的监测，并及时向监理人报告监测数据。工作场地内的有害成分含量必须符合国家劳动保护法规的有关规定。

承包人应对地下洞室开挖的施工安全负责。在开挖过程中应按施工图纸和合同规定，做好围岩稳定的安全保护工作，防止洞（井）口及洞室发生塌方、掉块危及人员安全。开挖过程中，由于施工措施不当而发生山坡、洞口或洞室内塌方，引起工程量增加或工期延误，以及造成人员伤亡和财产损失，均应由承包人负责。

隧洞开挖过程中，承包人应会同监理人定期检测隧洞中心线的定线误差。

隧洞开挖完毕后，对于开挖质量应进行以下各项的检查：

1）开挖岩面无松动岩块、小块悬挂体。

2）如有地质弱面，对其处理符合设计要求。

3）洞室轴线符合规范要求。

4）底部标高、径向、侧墙、开挖面平整度在设计允许偏差范围内。

（三）土石方回填质量控制

在水利水电工程中，土石方填筑主要包括基础和岸坡处理、土石料以及填筑的质量控制。

1. 坝基与岸坡处理

坝基与岸坡处理系属隐蔽工程，直接影响坝的安全。一旦发生事故，较难补救，因此，必须按设计要求认真施工。施工单位应根据设计要求，充分研究工程地质和水文地质资料，借以制订有关技术措施。对于缺少或遗漏的部分，应会同设计单位补充勘探和试验。坝基和岸坡处理过程中，如发现新的地质问题或检验结果与勘探有较大出入时，勘测设计单位应补充勘探，并提出新的设计，与施工单位共同研究处理措施。对于重大的设计修改，应按程序报请上级单位批准后执行。

进行坝基及岸坡处理时，主要进行以下检查及检验。

（1）坝基及岸坡清理工序。

1）检查树木、草皮、树根、乱石、坟墓以及各种建筑物是否已全部清除；水井、泉眼、地道、洞穴等是否已经按设计处理。

2）检查粉土、细砂、淤泥、腐殖土、泥炭是否已全部清除，对风化岩石、坡积物、残积物、滑坡体等是否已按设计要求处理。

3）地质探孔、竖井、平洞、试坑的处理是否符合设计要求。

4）长、宽是否在允许偏差范围内；清理边坡应不陡于设计边坡。

（2）坝基及岸坡地质构造处理。

1）岩石节理、裂隙、断层或构造破碎带已按设计要求进行处理。

2）地质构造处理的灌浆工程符合设计要求和《水工建筑物水泥灌浆施工技术规范》（SL 62—94）的规定。

3）岩石裂隙与节理处理方法符合设计，节理、裂隙内的充填物冲洗干净，回填水泥浆、水泥砂浆、混凝土饱满密实。

4）进行断层或破碎带的处理，开挖宽度、深度符合设计要求，边坡稳定，回填混凝土密实，无深层裂缝，蜂窝麻面面积不大于0.5%，蜂窝进行处理。

（3）坝基及岸坡渗水处理。

1）渗水已妥善排堵，基坑中无积水。

2）经过处理的坝基及岸坡渗水，在回填土或浇筑混凝土范围内水源基本切断，无积水，无明流。

2. 填筑材料

（1）料场复查与规划。承包人应根据工程所需各种土石料的使用要求，对合同指定的土石料场进行复勘核查，其复查内容包括：

1）土石坝坝体等填筑体采用的各种土料和石料的开采范围和数量。

2）土料场开采区表土开挖厚度及有效开采层厚度；石料场的剥离层厚度、有效开采层厚度和软弱夹层分布情况。

3）根据施工图纸要求对土石料进行物理力学性能复核试验。

4）土石料场的开采、加工、贮存和装运。

承包人应根据合同提供的和承包人在料场复查中获得的料场地形、地质、水文气象、交通道路、开采条件和料场特性等各项资料以及监理人批准的施工措施计划，对各种用料进行统一规划，并提出料场规划报告报送监理人审批。料场规划报告的内容应包括：①开采工作面的划分，以及开采区的供电系统、排水系统、堆料场、各种用料加工场、运输线路、装料站、弃渣场以及备用料源开采区等的布置设计；②上述各系统和场站所需各项设备和设施的配置；③料场的分期用地计划（包括用地数量和使用时间）。

料场规划应遵循下列原则：①料场可开采量（自然方）与坝体填筑量的比值：堆石料为1.1～1.4；砂砾石料，水上为1.5～2.0，水下为2.0～2.5；②爆破工作面规划应与料场道路规划结合进行，并应满足不同施工时段填筑强度需要；③主堆石坝料的开采，宜选择运距较短、贮量较大和便于高强度开采的料场，以保证坝体填筑的高峰用量；④充分利用枢纽建筑物的开挖料。开挖时宜采用控制爆破方法，以获得满足设计级配要求的坝料，并做到“计划开挖、分类堆存”。

（2）开采。承包人必须按监理人批准的料场开采范围和开采方法进行开采；土料开采应采用毫采（或平采）的开采方法；石料应采用台阶法钻孔爆破分层开采的施工方法。

土料的开采应注意以下问题：

1）风化料开采过程中，应使表层坡残积土与其下层的土状和碎块状全风化岩石均匀混合，并使风化岩块通过开采过程得到初步破碎。

2）除专为心墙、斜墙的基础接触带开采的纯黏土外，在风化土料开采过程中，不应将土料和风化岩石分别堆放。

3）用于坝体反滤层、垫层、过渡层、混凝土和灌浆工程中的砂砾料，应按不使用要求，进行开挖、筛分、冲洗和分类堆存。

石料开采时应注意以下问题：①石料开采前，应按批准的料场开采规划和作业措施，进行表土和覆盖层的剥离，至可用石层为止。剥离的表层有机土壤和废土应按规定运往指定地点堆放；②在开采过程中，遇有比较集中的软弱带时，应按监理人的指示予以清除，严禁在可利用料内混杂废碴料。可利用料和废碴料均应分别运至指定的存料场堆放；③开采出的石料，颗粒级配必须符合施工图纸和技术条款的要求，超径部分应进行二次破碎处理；④堆料场的石料应分层存放，分层取用，严防颗粒分离。如已发生分离现象，承包人应重新将其混合均匀，且不得向发包人另行要求增加费用。

（3）制备和加工。承包人应按批准的施工措施以及现场生产性试验确定的参数进行坝料制备和加工。

（4）运输。

1）土料运输应与料场开采、装料和坝面卸料、铺料等工序持续和连贯进行，以免周转过多而导致含水量的过大变化。

2）反滤料运输及卸料过程中，承包人应采取措施防止颗粒分离。运输过程中反滤料应保持湿润，卸料高度应加以限制。

3）监理人认为不合格的土料、反滤料（含垫层料、过渡料）或堆石料，一律不得上坝。

（5）填筑材料的质量检查。料场质量控制应按设计要求与本规范有关规定进行，主要内容包括：

1）是否在规定的料区范围内开采，是否已将草皮、覆盖层等清除干净。

2）开采、坝料加工方法是否符合有关规定。

3）排水系统、防雨措施、负温下施工措施是否完善。

4）坝料性质、含水量（指黏性土料、砾质土）是否符合规定。

设计应对各种填筑材料提出一些易于现场鉴别的控制指标与项目，具体如表8-12所示。其每班试验次数可根据现场情况确定。试验方法应以目测、手试为主，并取一定数量的代表样进行试验。

表8-12　　填筑材料控制指标

坝料类别	控制项目与指标	备　注
黏性土	含水量上、下限值	
	黏粒含量下限值	
砾质土	允许最大粒径	
	含水量上、下限值；砾石含量上、下限值	
反滤料	级配；含泥量上限值；风化软弱颗粒含量	
过渡料	允许最大粒径；含泥量	
坝壳砾质土	小于5mm含量的上、下限值；含水量的上、下限值	
坝壳砂砾料	含泥量及砾石含量	
堆石	允许最大块径；小于5mm粒径含量；风化软弱颗粒含量	

3．填筑

施工过程中承包人应会同监理人定期进行以下各项目的检查。

（1）土料填筑。在施工过程中，进行土料填筑时，主要检验和检查项目如下：

1）土料铺筑，含水率适中，无不合格土，铺土均匀，铺土厚度满足设计要求，表面平整，无土块，无粗料集中，铺料边线整齐。

2）上、下层铺土之间的结合处理，砂砾及其他杂物清除干净，表面刨毛，保持湿润。

3）土料碾压，无漏压、欠压，表面平整，无弹簧土，起皮，脱空或剪力破坏现象，压实指标满足设计干密度的要求。

4）接合面处理，进行削坡，湿润，刨毛处理，搭接无界。

（2）堆石体填筑。进行堆石体填筑时，主要检验和检查项目如下：

1）填筑材料符合施工规范和设计要求。

2）每层填筑应在前一填筑层验收合格后才能进行。

3）按选定的碾压参数进行施工；铺筑厚度不得超厚、超径；含泥量、洒水量符合规范和设计要求。

4）材料的纵横向结合部位符合施工规范和设计要求；与岸坡结合处的料物不得分离、架空，对边角加强压实。

5）填筑层铺料厚度、压实后的厚度满足要求（每层应有不小于90%或95%的测点达到规定的铺料厚度）。

6）堆石填筑层面基本平整，分区能基本均衡上升，大粒径料无较大面积集中现象。

7）分层压实的干密度合格率满足要求（检测点的合格率不小于90%或95%，不合格值不得小于设计干密度的0.98）。

（四）设备安装质量控制

1. 设备安装准备阶段的质量控制

（1）严格审核安装作业指导书，优化安装方案。主要机电设备安装项目开工前，安装单位必须编制安装作业指导书供监理工程师审核。通过审核可以优化安装程序和方案，以免因安装程序和方案不当，造成返工或延误工期；另一方面，安装单位能按审批的安装作业指导书要求进行安装，更好地控制安装质量。安装作业指导书未经监理工程师审批，不允许施工。

（2）认真进行设备开箱验收，发现问题及时处理。设备运抵工地后，由监理、安装、项目法人和设备厂代表进行开箱检查和验收。在开箱检查时，对机电设备的外观进行检查、核对产品型号和参数、检查出厂合格证、出厂试验报告、技术说明书等资料，核对专用工具和备品备件，对缺损件和不合格品进行登记。

（3）加强巡视检查、重点部位和重要试验旁站监理。机电设备的安装工序较多。每道工序一般都不重复，有时一天要完成几个工序的安装，因此，监理工程师现场的巡视和跟踪是非常重要的，要掌握第一手资料，及时协调和处理发生的各种问题，使安装工程有序地进行。

2. 设备安装过程的质量控制

设备安装过程的检查，包括设备基础、设备就位、设备调平找正、设备复查与二次灌浆。

（1）设备基础。每台设备都有一个坚固的基础，以承受设备本身的重量和设备运转时产生的振动力和惯性力。若无一定体积的基础来承受这些负荷和抵抗振动，必将影响设备本身的精度和寿命。

根据使用材料的不同，基础分为素混凝土基础和钢筋混凝土基础。素混凝土基础主要用于安装静止设备和振动力不大的设备。钢筋混凝土基础用于安装大型及有振动力的设备。

设备安装就位前，安装单位应对设备基础进行检验，以保证安装工作的顺利进行。一般是检查基础的外形几何尺寸、位置等。对于大型设备的基础，应审核土建部门提供的预压及沉降观测记录，如无沉降观测记录，应进行基础预压，以免设备在安装后出现基础下沉和倾斜。

设备基础检验的主要内容有：

1）所在基础表面的模板、露出基础外的钢筋等必须拆除，地脚螺栓孔内模板、碎料及杂物、积水应全部清除干净。

2）根据设计图纸要求，检查所有预埋件的数量和位置的正确性。

3）设备基础断面尺寸、位置、标高、平整度和质量。

4）基础混凝土的强度是否满足设计要求。

5）设备基础检查后，如有不合格的应及时处理。

（2）设备就位。在设备安装中，正确的找出并划定设备安装的基准线，然后根据基准线将设备安放到正确的位置上。包括纵、横向的位置和标高。设备就位前，应将其底座底面的油污、泥土等去掉，须灌浆处的基础或地坪表面应凿成麻面，被油沾污的混凝土应予凿除，否则，灌浆质量无法保证。

设备就位时，一方面要根据基础上的安装基准线；另一方面还要根据设备本身划出的中心线（定位基准线）。为了使设备上的定位基准线对准安装基准线，通常将设备进行微移调整，使其安装过程中所出现的偏差控制在允许范围之内。

设备就位应平稳，防止摇晃位移；对重心较高的设备，应采取措施预防失稳倾覆。

（3）设备调平找正。设备调平找正主要是使设备通过校正调整达到国家规范所规定的质量标准。分为以下 3 个步骤：①设备的找正，设备的找正找平也需要相应的基准面和测点，所选择的测点应有足够的代表性。一般情况下对于刚性较大的设备，测点数可较少；对于易变形的设备，测点数应适当增多；②设备的初平，设备的初平是在设备就位找正之后，初步将设备的安装水平调整到接近要求的程度。设备初平常与设备就位结合进行；③设备的精平，设备的精平是对设备进行最后的检查调整，设备的精平在清洗后的精加工面上进行，精平时，设备的地脚螺栓已经灌浆，其混凝土强度不应低于设计强度的 70%，地脚螺栓可紧固。

（4）设备的复查与二次灌浆。每台设备安装定位，找正找平以后，要进行严格的复查工作，使设备的标高、中心和水平螺栓调整垫铁的紧度完全符合技术要求，如果检查结果完全符合安装技术标准，并经监理单位审核合格后，即可进行二次灌浆工作。

3. 设备安装质量的检验

设备转动精度的检查是设备安装质量检验的重点和难点。设备运行时是否平稳以及使用寿命的长短，不仅与组成这台机器的单体设备的制造质量有关，而且还与靠联轴器将各单体设备连成一体时的安装质量有关。机器的惯性越大，转速越高，对联轴器安装质量的要求也越高。为了避免设备安装产生的连接误差，许多国外设备的电动机与所驱动的设备被制造成一个整体，共用一个安装底（支）座，各自不再拥有独立的安装底座，从而方便了安装。目前检测联轴器安装精度较先进的仪器有激光对中仪，由于价格较贵，使用范围受限还没有普及，多数设备安装单位使用的仍是百分表、量块。

设备安装质量的另一项重要检测是轴线倾斜度，即两个相连转动设备的同轴度。

在设备安装监理过程中应对安装单位使用测量仪器的精度提出要求和进行检查，在安装过程中对半联轴器的加工精度进行复测，对螺栓的紧固应使用扭力扳手，有条件的最好使用液压扳手。在安装前要求安装单位预先提交检测记录表审核其检测项目有无缺项，允差标准值是否符合规范要求。目的是促使安装单位在安装过程中按照规范要求进行调试，以保证安装精度。

九、工程质量事故处理

（一）水利工程质量事故概述

水利工程质量事故根据《水利工程质量事故处理暂行规定》是指在水利工程建设过程中，由于建设管理、监理、勘测、设计、咨询、施工、材料及设备等原因造成工程质量不符合规程规范和合同规定的质量标准，影响使用寿命和对工程安全运行造成隐患和危害的事件。

工程一旦发生质量事故，就会造成停工、返工，甚至影响正常使用，有的质量事故会不断发展恶化，导致建筑物倒塌，并造成重大人身伤亡事故。这些都会给国家和人民造成不应有的损失。由于工程项目建设不同于一般的工业生产活动，其实施过程的一次性，生产组织特有的流动性、综合性，劳动的密集性及协作关系的复杂性，均能造成工程质量事故更具有复杂性、严重性、可变性及多发性的特点。

（二）水利工程质量事故的分类

工程质量事故按直接经济损失的大小，检查、处理事故对工期的影响时间长短和对工程正常使用的影响，分为一般质量事故、较大质量事故、重大质量事故、特大质量事故。水利工程质量事故分类标准如表8-13所示。

表8-13　　水利工程质量事故分类标准

<table>
<tr><td colspan="2">事故类别
损失情况</td><td>特大质量事故</td><td>重大质量事故</td><td>较大质量事故</td><td>一般质量事故</td></tr>
<tr><td rowspan="2">事故处理所需的物质、器材和设备、人工等直接损失费用（人民币万元）</td><td>大体积混凝土、金属结构制作和机电安装工程</td><td>＞3000</td><td>＞500
≤3000</td><td>＞100
≤500</td><td>＞20
≤100</td></tr>
<tr><td>土石方工程、混凝土薄壁工程</td><td>＞1000</td><td>＞100
≤1000</td><td>＞30
≤100</td><td>＞10
≤30</td></tr>
<tr><td colspan="2">事故处理所需合理工期（月）</td><td>＞6</td><td>＞3
≤6</td><td>＞1
≤3</td><td>≤1</td></tr>
<tr><td colspan="2">事故处理后对工程功能和寿命影响</td><td>影响工程正常使用，需限制条件运行</td><td>不影响正常使用，但对工程寿命有较大影响</td><td>不影响正常使用，但对工程寿命有一定影响</td><td>不影响正常使用和工程寿命</td></tr>
</table>

注　1. 直接经济损失费用为必需条件，其余两项主要适用于大中型工程。
　　2. 小于一般质量事故的质量问题称为质量缺陷。

（三）工程质量事故原因分析

1. 质量事故原因要素

质量事故的发生往往是由多种因素构成的，其中最基本的因素有：人、材料、机械、工艺和环境。人的最基本的问题是知识、技能、经验和行为特点等；材料和机械的因素更为复杂和繁多，例如建筑材料、施工机械等存在千差万别；事故的发生也总和工艺及环境紧密相关，如自然环境、施工工艺、施工条件、各级管理机构状况等。由于工程建设往往涉及到设计、施工、监理和使用管理等许多单位或部门，因此分析质量事故时，必须对这些基本因素以及它们之间的关系，进行具体的分析探讨，找出引起事故的一个或几个具体原因。

2. 引起事故的直接与间接原因

引发质量事故的原因，常可分为直接原因和间接原因两类。

直接原因主要有人的行为不规范和材料、机械不符合规定状态。例如，设计人员不遵照国家规范设计，施工人员违反规程作业等，都属人的行为不规范；又如水泥的一些指标不符合要求等，属材料不符合规定状态。

间接原因是指质量事故发生场所外的环境因素，如施工管理混乱，质量检查监督工作失责，规章制度缺乏等。事故的间接原因，将会导致直接原因的发生。

3. 质量事故链及其分析

工程质量事故，特别是重大质量事故，原因往往是多方面的，由单纯一种原因造成的事故很少。如果把各种原因与结果连起来，就形成一条链条，通常称之为事故链。由于原因与结果、原因与原因之间逻辑关系不同，则形成的事故链的形状也不同，主要有下列三种：

(1) 多因果集中型。各自独立的几个原因，共同导致事故发生，称为“集中型”。

(2) 因果连锁型。某一原因促成下一要素的发生，这一要素又引发另一要素的出现，这些因果连锁发生而造成的事故，称为“连锁型”事故。

(3) 复合型。从质量事故的调查中发现，单纯的集中型或单纯的连锁型均较少，常见的往往是某些因果连锁，又有一些原因集中，最终导致事故的发生，称为“复合型”。

在质量事故的调查与分析中，都涉及人（设计者、操作者等）和物（建筑物、材料、机具等），开始接触到的大多数是直接原因，如果不深入分析和进一步调查，就很难发现间接和更深层的原因，不能找出事故发生的本质原因，就难以避免同类事故的再次发生。因此对一些重大的质量事故，应采用逻辑推理法，通过事故链的分析，追寻事故的本质原因。

(四) 造成质量事故一般原因

造成工程质量事故的原因多种多样，但从整体上考虑，一段原因大致可以归纳为下列几方面。

1. 违反基本建设程序

基本建设程序是建设项目建设活动的先后顺序，是客观规律的反映，是几十年工程建设正反两方面经验的总结，是工程建设活动必须遵循的先后次序。

2. 工程地质勘察失误或地基处理失误

工程地质勘察失误或勘测精度不足，导致勘测报告不详细、不准确，甚至错误，不能准确反映地质的实际情况，因而导致严重质量事故。

3. 设计方案和设计计算失误

在设计过程中，忽略了该考虑的影响因素，或者设计计算错误，是导致质量重大事故的祸根。

4. 人的原因

施工人员的问题。表现在：

(1) 施工技术人员数量不足、技术业务素质不高或使用不当。

(2) 施工操作人员培训不够，素质不高，对持证上岗的岗位控制不严，违章操作。

5. 建筑材料及制品不合格

不合格工程材料、半成品、构配件或建筑制品的使用，必然导致质量事故或留下质量隐患。

6. 施工方法

施工方法的问题主要有：不按图施工，施工方案和技术措施不当。

7. 环境因素影响

环境因素影响主要有：施工项目周期长、露天作业多，受自然条件影响大，地质、台风、暴雨等都能造成重大的质量事故，施工中应特别重视，采取有效措施予以预防。

施工技术管理制度不完善，表现在：

(1) 没有建立完善的各级技术责任制。

(2) 主要技术工作无明确的管理制度。

(3) 技术交底不认真，又不作书面记录或交底不清。

（五）工程质量事故分析处理程序与方法

工程质量事故分析与处理的主要目的是：正确分析和妥善处理所发生的事故原因，创造正常的施工条件；保证建筑物、构筑物的安全使用，减少事故的损失；总结经验教训，预防事故发生，区分事故责任；了解结构的实际工作状态，为正确选择结构计算简图、构造设计，修订规范、规程和有关技术措施提供依据。

1. 质量事故分析的重要性

质量事故分析的重要性表现在：防止事故的恶化；创造正常的施工条件；总结经验教训，预防事故再次发生；减少损失。

2. 工程质量事故分析处理程序

依据1999年水利部颁发的《水利工程质量事故处理暂行规定》，工程质量事故分析处理程序如下。

(1) 下达停工指示。事故发生（发现）后，总监理工程师首先向施工单位下达停工通知。发生（发现）较大、重大和特大质量事故，事故单位要在48h内向有关单位写出书面报告；突发性事故，事故单位要在4h内电话向有关单位报告。发生质量事故后，项目法人必须将事故的简要情况向项目主管部门报告。项目主管部门接到事故报告后，按照管理权限向上级水行政主管部门报告。

一般质量事故向项目主管部门报告。较大质量事故逐级向省级水行政主管部门或流域机构报告。重大质量事故逐级向省级水行政主管部门或流域机构报告并抄报水利部。特大质量事故逐级向水利部和有关部门报告。

有关单位接到事故报告后，必须采取有效措施，防止事故扩大，并立即按照管理权限向上级部门报告或组织事故调查。

(2) 事故调查。发生质量事故，要按照规定的管理权限组织调查组进行调查，查明事故原因，提出处理意见，提交事故调查报告。

一般事故由项目法人组织设计、施工、监理等单位进行调查，调查结果报项目主管部门核备。较大质量事故由项目主管部门组织调查组进行调查，调查结果报上级主管部门批准并报省级水行政主管部门核备。重大质量事故由省级以上水行政主管部门组织调查组进行调查，调查结果报水利部核备。特大质量事故由水利部组织调查。

事故调查组的主要任务：

1）查明事故发生的原因、过程、财产损失情况和对后续工程的影响。

2）组织专家进行技术鉴定。

3）查明事故的责任单位和主要责任者应负的责任。

4）提出工程处理和采取措施的建议。

5）提出对责任单位和责任者的处理建议。

6）提交事故调查报告。

事故调查组提交的调查报告经主持单位同意后，调查工作即告结束。

(3) 事故处理。发生质量事故，必须针对事故原因提出工程处理方案，经有关单位审定后实施。一般质量事故，由项目法人负责组织有关单位制定处理方案并实施，报上级主管部门备案。较大质量事故，由项目法人负责组织有关单位制定处理方案，经上级主管部门审定后实施，报省级水行政主管部门或流域机构备案。重大质量事故，由项目法人负责组织有关单位提出处理方案，征得事故调查组意见后，报省级水行政主管部门或流域机构审定后实施。特大质量事故，由项目法人负责组织有关单位提出处理方案，征得事故调查组意见后，报省级水行政主管部门或流域机构审定后实施，并报水利部备案。事故处理需要进行设计变更的，需原设计单位或有资质的单位提出设计变更方案。需要进行重大设计变更的，必须经原设计审批部门审定后实施。

(4) 检查验收。事故部位处理完成后，必须按照管理权限经过质量评定与验收后，方可投入使用或进入下一阶段施工。

(5) 下达复工通知。事故处理经过评定和验收后，总监理工程师下达复工通知。

3. 工程质量事故处理的依据和原则

(1) 工程质量事故处理的依据。进行工程质量事故处理的主要依据有4个方面：质量事故的实况资料；具有法律效力的，得到有关当事各方认可的工程承包合同、设计委托合同、材料或设备购销合同以及监理合同或分包合同等的合同文件；有关的技术文件、档案；相关的建设法规。

在这4方面依据中，前三种是与特定的工程项目密切相关的具有特定性质的依据。第四种法规性依据，是具有很高权威性、约束性、通用性和普遍性的依据，因而它在质量事故的处理事务中，也具有极其重要的作用。

(2) 工程质量事故处理原则。因质量事故造成人身伤亡的，还应遵从国家和水利部伤亡事故处理的有关规定。

质量事故发生后，应坚持“三不放过”的原则，即事故原因不查清楚不放过、主要事故责任者和职工未受到教育不放过、补救和防范措施不落实不放过。

由质量事故而造成的损失费用，坚持谁该承担事故责任，由谁负责的原则。施工质量事故若是施工承包人的责任，则事故分析和处理中发生的费用完全由施工承包人自己负责；施工质量事故责任者若非施工承包人，则质量事故分析和处理中发生的费用不能由施工承包人承担，而施工承包人可向委托人提出索赔。若是设计单位或监理单位的责任，应按照设计合同或监理委托合同的有关条款，对责任者按情况给予必要的处理。

事故调查费用暂由项目法人垫付，待查清责任后，由责任方偿还。

（六）工程质量事故处理方案的确定及鉴定验收

工程质量事故处理方案是指技术处理方案，其目的是消除质量隐患，以达到建筑物的安全可靠和正常使用各项功能及寿命要求，并保证施工的正常进行。其一般处理原则是：正确确定事故性质，是表面性还是实质性、是结构性还是一般性、是迫切性还是可缓性，正确确定处理范围，除直接发生部位，还应检查处理事故相邻影响作用范围的结构部位或构件。

事故处理要建立在原因分析的基础上，对有些事故一时认识不清时，只要事故不致产生严重的恶化，可以继续观察一段时间，做进一步的调查分析，不要急于求成，以免造成同一事故多次处理的不良后果。事故处理的基本要求是：安全可靠，不留隐患，满足建筑功能和使用要求，技术可行，经济合理，施工方便。在事故处理中，还必须加强质量检查和验收。对每一个质量事故，无论是否需要处理都要经过分析，作出明确的结论。

尽管对造成质量事故的技术处理方案多种多样，但根据质量事故的情况可归纳为三种类型的处理方案，监理人应掌握从中选择最适用处理方案的方法，方能对相关单位上报的事故技术处理方案作出正确审核结论。

1. 工程质量事故处理方案的确定

（1）修补处理。这是最常用的一类处理方察。通常当工程的某个检验批、分项或分部的质量虽未达到规定的规范、标准或设计要求，存在一定缺陷，但通过修补或更换器具、设备后还可达到要求的标准，又不影响使用功能和外观要求，在此情况下，可以进行修补处理。

对较严重的质量问题，可能影响结构的安全性和使用功能，必须按一定的技术方案进行加固补强处理。这样往往会造成一些永久性缺陷，如改变结构外形尺寸，影响一些次要的使用功能等。

（2）返工处理。当工程质量未达到规定的标准和要求，存在的严重质量问题，对结构的使用和安全构成重大影响，且又无法通过修补处理的情况下，可对检验批、分项、分部甚至整个工程返工处理；例如，某防洪堤坝填筑压实后，其压实土的干密度未达到规定值，经核算将影响土体的稳定且不满足抗渗能力要求，可挖除不合格土，重新填筑，进行返工处理。对某些存在严重质量缺陷，且无法采用加固补强等修补处理或修补处理费用比原工程造价还高的工程，应进行整体拆除，全面返工。

（3）不做处理。施工项目的质量问题，并非都要处理，即使有些质量缺陷，虽已超出了国家标准及规范要求，但也可以针对工程的具体情况，经过分析、论证，作出无须处理的结论。总之，对质量问题的处理，也要实事求是，既不能掩饰，也不能扩大，以免造成不必要的经济损失和延误工期。

无须作处理的质量问题常有以下几种情况：

1）不影响结构安全，生产工艺和使用要求。

2）检验中的质量问题，经论证后可不作处理。

3）某些轻微的质量缺陷，通过后续工序可以弥补的，可不处理。

4）对出现的质量问题，经复核验算，仍能满足设计要求者，可不作处理。

2. 质量问题处理的鉴定

质量问题处理是否达到预期的目的，是否留有隐患，需要通过检查验收来作出结论。事故处理质量检查验收，必须严格按施工验收规范中有关规定进行；必要时，还要通过实测、实量、荷载试验、取样试压，仪表检测等方法来获取可靠的数据。这样，才可能对事故作出明确的处理结论。

事故处理结论的内容有以下几种：

（1）事故已排除，可以继续施工。

（2）隐患已经消除，结构安全可靠。

（3）经修补处理后，完全满足使用要求。

（4）基本满足使用要求，但附有限制条件，如限制使用荷载，限制使用条件等。

（5）对耐久性影响的结论。

（6）对建筑外观影响的结论。

（7）对事故责任的结论等。

此外，对一时难以作出结论的事故，还应进一步提出观测检查的要求。

事故处理后，还必须提交完整的事故处理报告，其内容包括：事故调查的原始资料、测试数据；事故的原因分析、论证；事故处理的依据；事故处理方案、方法及技术措施；检查验收记录；事故勿需处理的论证；以及事故处理结论等。

第二节　施工进度控制

施工阶段是工程实体的形成阶段，对其进度实施控制是工程进度控制的重点。监理工程师受项目法人的委托在工程施工阶段实施监理时，其进度控制的任务是在满足工程项目建设总进度计划要求的基础上，编制或审核施工进度计划，将计划付诸实施，在实施的过程中经常检查实际进度是否按计划要求进行，如有偏差，则分析产生偏差的原因，采取补救措施或调整、修改原计划，以保证工程项目按期竣工交付使用。

一、工程项目施工阶段进度控制的目标系统

工程建设项目监理进度控制是为了最终实现建设项目按计划规定的时间完成，因此，工程进度控制的最终目标是确保项目按一定的时间动用或提前交付使用，进度控制的总目标是建设工期。为了有效控制施工进度，首先要将施工进度总目标从不同的角度进行层层分解，形成施工进度控制目标体系，从而作为实施进度控制的依据。分解的类型有如下几种。

1. 按施工阶段分解，突出控制重点

根据水利工程项目的特点，可把整个工程划分成若干施工阶段，如堤坝枢纽工程可分为导流、截流、基础处理、施工度汛、坝体拦洪、水库蓄水和机组运行发电等施工阶段，以网络计划图中表示这些施工阶段的起止的事件作为控制节点，明确提出若干个阶段进度目标，这些目标要根据总体网络计划来确定，要有明确标志，应是整个施工过程的大事件。监理工程师应根据所确定的控制节点，实施进度控制。

2. 按施工单位分解，明确分包进度目标

一个水利工程项目一般都是由多个施工单位参加施工。监理工程师要以总进度目标为依据，确定各施工单位承包的进度目标，并通过承包合同落实承包责任，以实现分部目标来确保项目总目标的实现。监理工程师应协调各承包单位之间的关系，编制和落实分各承包项目进度计划。为了避免或减少各承包单位施工进度的相互影响和作业干扰，确定各承包项目开始、完成时限和中间进度时要考虑以下因素：

(1) 不同分标间工作的逻辑关系的相互制约。

(2) 不同分标间工作的相互干扰。

3. 按专业工种分解，确定交接日期

在同专业或同工种的任务之间，要进行综合平衡；在不同专业或工种的任务之间，要强调相互的衔接配合，要确定相互之间交接日期。保证不因本工序的延误而影响下一道工序。工序的管理是项目管理的基础，监理工程师通过掌握对各工序完成的质量和时间，才能控制住各分部工程的进度计划。

4. 按工程工期及进度目标，将施工总进度分解成年、季、月进度计划

这样将更有利于监理工程师对进度计划的控制，根据各阶段确定的目标或工程量，监理工程师可以按月、季度向承包商提出工程形象进度要求并监督其实施；检查其完成情况，督促承包商采取有效措施赶上进度。

二、影响进度的因素分析

水利工程具有规模庞大、工程结构与工艺复杂、周期长、相关单位多等特点，因而建设工程进度将受许多因素的影响。影响建设工程进度的不利因素有很多，如人为因素，技术因素，材料、设备因素，资金因素、水文、地质与气象因素，以及其他自然与社会环境等方面的因素。其中，人为因素是最大的干扰因素。从产生的根源看，有的来源于建设单位及其上级主管部门；有的来源于勘察设计、施工及材料、设备供应单位；有的来源于政府、建设主管部门、有关协作部门和社会；有的来源于各种自然条件；也有的来源于监理单位本身。在工程建设过程中，常见的影响因素包括以下几方面：

(1) 项目法人因素。如项目法人使用要求改变而进行设计变更；应提供的施工场地条件不能及时提供或所提供的场地不能满足工程正常需要；不能及时向施工承包单位或材料供应单位付款等。

(2) 勘察设计因素。如勘察资料不准确，特别是地质资料错误或遗漏；设计内容不完善，规范应用不恰当，设计有缺陷或错误；设计对施工的可能性未考虑或考虑不周；施工图纸供应不及时、不配套，或出现重大差错等

(3) 自然环境因素。如复杂的工程地质条件；不明的水文气象条件；地下埋藏文物的保护、处理；洪水、地震、台风等不可抗力等。

(4) 社会环境因素。如外单位临近工程施工干扰；交通运输受阻；临时停水、停电；法律变化，经济制裁，企业倒闭等。

(5) 施工技术因素。如施工工艺错误；不合理的施工方案；施工安全措施不当；不可靠技术的应用等。

(6) 资金因素。如有关方拖欠资金，资金不到位，资金短缺；汇率浮动和通货膨

胀等。

(7) 材料、设备因素。如材料、机具、设备供应环节的差错，品种、规格、质量、数量、时间不能满足工程的需要；特殊材料及新材料的不合理使用；施工设备不配套，选型失当、安装错误，有故障等。

(8) 组织管理因素。如有关部门提出各种申请审批手续的延误；合同签订时遗漏条款、表达失当；计划安排不周密，组织协调不力，导致停工待料、相关作业脱节；领导不力，指挥失当，使参加工程建设的各个单位、各个专业、各个施工过程之间交接、配合上发生矛盾等。

三、施工实施阶段进度控制的监理工作内容

在工程项目施工阶段的监理过程中，监理工程师在工程进度控制方面的主要工作有以下几方面。

(一) 发布开工通知

监理工程师应在专用合同条款规定的期限内，向承包人发出开工通知。承包人应在接到开工通知后及时调遣人员和调配施工设备、材料进入工地。并从开工日起按签订协议书时商定的进度计划进行施工准备。由于项目法人的原因，不能按合同规定期限下达开工令或下达开工令后不能按合同规定给出相应等级数量的交通道路、营地、施工场地以及供水、供电、通信、通风等条件，一般合同中都规定了承包商费用索赔和工期索赔的权力。同样，如果下达开工令后，承包商由于组织、资金、设备等种种原因不能尽快开工，项目法人可以认为承包商违约。

(二) 编制控制性总进度计划

监理机构应在工程项目开工前依据施工合同约定的工期总目标、阶段性目标等，协助项目法人编制控制性总进度计划。经项目法人批准后的控制性总进度计划，是监理机构审核施工进度计划、材料设备供应计划、供图计划及其他资源供应计划和控制工程项目进度的基础文件。随着工程进展和施工条件的变化，监理机构应及时提请项目法人对控制性总进度计划进行必要的调整。由于水利工程特别是大、中型水利工程的施工技术、施工条件和环境条件复杂，施工期较长，对来自外部的自然、社会因素的影响比较敏感，监理机构应随工程施工进展，根据具体情况和进度检查结果，及时对控制性总进度计划进行优化、修改和调整。

(三) 审批承包商的施工进度计划

1. 施工进度计划

(1) 合同进度计划。承包人应按技术条款规定的内容和期限以及监理工程师的指示，编制施工总进度计划报送监理工程师审批。监理工程师应在技术条款规定的期限内批复承包人。经监理工程师批准的施工总进度计划（称合同进度计划），作为控制本合同工程进度的依据，并据此编制年、季和月进度计划报送监理工程师审批。在施工总进度计划批准前，应按签订协议书时商定的进度计划和监理工程师的指示控制工程进展。

承包人的施工进度计划应报监理机构审批后方可实施。经监理机构批准的施工进度计划，承包人应完全依照执行。若需调整，需报监理机构批准。

承包商编报的施工进度计划经监理工程师正式批准后，就作为“合同性施工进度”，成为合同的补充性文件，具有合同同等的效力。对项目法人和承包商都具有约束作用，同时它也是以后处理可能出现的工程延期和索赔的依据之一。假如监理工程师未按进度计划的要求及时提供图纸，影响了承包商的施工进度，承包商有权力要求延长工期和增加费用。如果承包商延误施工进度，则应自费加速施工，以挽回延误了的工期；否则，就应承担拖延工期责任。这一施工进度计划不同于承包商在投标书中附的进度计划，投标书中的进度计划一般只作为项目法人评标、决标的根据之一。中标后报送的进度计划，从编制时间、资料精度、施工方法及符合项目法人意图等方面都优于前者，这一进度计划将作为进度控制和处理工期索赔的重要文件。

所以，监理工程师在施工阶段进度控制的依据，就是合同文件规定的进度控制时间和在满足合同文件规定的条件下由承包商编制并经监理工程师批准的施工进度计划。

（2）修订进度计划。在施工过程中，按照监理工程师的要求，承包商应对施工进度计划进行修订，承包商还应按时间规定报送年、季、月施工进度计划，经监理工程师批准后实施。施工合同条件示范文本规定，不论何种原因发生工程的实际进度与经监理工程师批准的施工总进度计划不符时，承包人应按监理工程师的指示在 28 天内提交一份修订的进度计划报送监理工程师审批，监理工程师应在收到该进度计划后的 28 天内批复承包人。批准后的修订进度计划作为合同进度计划的补充文件；不论何种原因造成施工进度计划拖后，承包人均应按监理工程师的指示，采取有效措施赶上进度。承包人应在向监理工程师报送修订进度计划的同时，编制一份赶工措施报告报送监理工程师审批，赶工措施应以保证工程按期完工为前提调整和修改进度计划。

（3）单位工程（或分部工程）进度计划。监理工程师认为有必要时，承包人应按监理工程师指示的内容和期限，并根据合同进度计划的进度控制要求，编制单位工程（或分部工程）进度计划报送监理工程师审批。

（4）提交资金流估算表。承包人应在按规定向监理工程师报送施工总进度计划的同时，按专用合同条款规定的格式，向监理工程师提交按月的资金流估算表，参考格式如表 8－14 所示。估算表应包括承包人计划可从项目法人处得到的全部款额，以供项目法人参考。此后，如监理工程师提出要求，承包人还应在监理工程师指定的期限内提交修订的资金流估算表。

表 8－14　　　　资金流估算表（参考格式）金额单位＿＿＿＿＿

年	月	工程和材料预付款	完成工作量付款	保留金扣留	预付款扣还	其他	应得付款

施工进度计划一般以横道图或网络图的形式编制，同时应说明施工方法、施工场地、道路利用的时间及范围、项目法人所提供的临时工程和辅助设施的利用计划，并附机械设备需要计划、主要材料需求计划、劳动力计划、财务资金计划及附属设施计划等。

2. 工程进度计划的审批

监理机构应在工程项目开工前依据控制性总进度计划审批承包人提交的施工进度计

划。在施工过程中，依据施工合同约定审批各单位工程进度计划，逐阶段审批年、季、月施工进度计划。

(1) 施工进度计划审批的程序：

1) 承包人应在施工合同约定的时间内向监理机构提交施工进度计划。

2) 监理机构应在收到施工进度计划后及时进行审查，提出明确审批意见。必要时召集由项目法人、设计单位参加的施工进度计划审查专题会议，听取承包人的汇报，并对有关问题进行分析研究。

3) 如施工进度计划中存在问题，监理机构应提出审查意见，交承包人进行修改或调整。

4) 审批承包人提交的施工进度计划或修改、调整后的施工过度计划。

(2) 施工进度计划审查的主要内容：

1) 在施工进度计划中有无项目内容漏项或重复的情况。

2) 施工进度计划与合同工期和阶段性目标的响应性与符合性。

3) 施工进度计划中各项目之间逻辑关系的正确性与施工方案的可行性。

4) 关键路线安排和施工进度计划实施过程的合理性。

5) 人力、材料、施工设备等资源配置计划和施工强度的合理性。

6) 材料、构配件、工程设备供应计划与施工进度计划的衔接关系。

7) 本施工项目与其他各标段施工项目之间的协调性。

8) 施工进度计划的详细程度和表达形式的适宜性。

9) 对项目法人提供施工条件要求的合理性。

10) 其他应审查的内容。

(四) 对施工进度进行检查

在施工进度检查、监督中，监理人如果发现实际进度较计划进度拖延，一方面应分析这种偏差对工程后续进度及工程工期的影响；另一方面应分析造成进度拖延的原因。若工期拖延属于发包人责任或风险，则应在保留承包人工期索赔权力的情况下，经发包人同意，做出正确的处理：批准工程延期或发出加速施工指令，同时商定由此给承包人造成的费用补偿。若工期拖延属于承包人自己的责任或风险造成的进度拖延，则监理人可视拖延程度及其影响，发出相应的赶工指令，要求承包人加快施工进度，必要时应调整其施工进度计划，直到监理人满意为止。

1. 施工进度监督、检查的日常监理工作

(1) 现场监理人员每天应对承包人的施工活动安排，人员、材料、施工设备等进行监督、检查，促使承包人按照批准的施工方案、作业安排组织施工，检查实际完成进度情况，并填写施工进度现场记录。

(2) 对比分析实际进度与计划进度的偏差，分析工作效率现状及其潜力，预测后期施工进展。特别是对关键路线，应重点做好进度的监督、检查、分析和预控。

(3) 要求承包人做好现场施工记录，并按周、月提交相应的进度报告，特别是对于工期延误或可能的工期延误，应分析原因，得出解决对策。

(4) 督促承包人按照合同规定的总工期目标和进度计划，合理安排施工强度，加强施工资源供应管理，做到按章作业、均衡施工、文明施工，尽量避免出现突击抢工、赶工局面。

（5）督促承包人建立施工进度管理体系，做好生产调度、施工进度安排与调整等各项工作，并加强质量、安全管理，切实做到“以质量促进度、以安全促进度”。

（6）通过对施工进度的跟踪检查，及早预见、发现并协调解决影响施工进度的干扰因素，尽量避免因承包人之间作业干扰、图纸供应延误、施工场地提供延误和设备供应延误等对施工进度的干扰与影响。

2. 施工进度的例会监督检查

结合现场监理例会（如周例会、月例会），要求承包人对上次例会以来的施工进度计划完成情况进行汇报，对进度延误说明原因。依据承包人的汇报和监理人掌握的现场情况，对存在的问题进行分析，并要求承包人提出合理、可行的赶工措施方案，经监理人同意后落实到后续阶段的进度计划中。

（五）对施工进度进行动态调整

施工进度是动态的，原计划的关键路线可能转化为非关键路线，而原来的某些非关键路线又有可能上升为关键路线。因此，必须随时进行实际进度与计划进度的对比、分析，及时发现新情况，适时调整进度计划。经过施工实际进度与计划进度的对比和分析，若进度的拖延对后续工作或工程工期影响较大时，监理人不容忽视，应及时采取相应措施。如果进度拖延不是由于承包人的原因或风险造成的，应在剩余网络计划分析的基础上，着手研究相应措施（如发布加速施工指令、批准工程工期延期或加速施工与部分工程工期延期的组合方案等），并征得发包人同意后实施，同时应主动与发包人、承包人协调，决定由此应给予承包商相应的费用补偿，随着片支付一并办理；如果工程施工进度拖延是由于承包人的原因或风险造成的，监理人可发出赶工指令，要求承包人采取措施，修正进度计划，以使监理人满意。监理人在审批承包人的修正进度计划时，可根据剩余网络的分析结果作以下考虑。

1. 在原计划范围内采取赶工措施

工程进度延误后，进度计划调整的原则是：

（1）计划调整应从工程建设全局出发，对后续工程的施工影响小，即日进度的延误尽量在周计划内调整，周进度的延误尽量在下周计划内调整，月计划的延误尽量在下月计划内调整；一个项目（或标段）的进度延误尽量在本项目（或标段）计划时间内或其时差内赶工完成，尽量减少对后续项目尤其是其他标段项目的影响。

（2）进度里程碑目标不得随意突破。

（3）合同规定的总工期和中间完工日期不得随意调整。

（4）计划的调整应首先保证关键工作的按期完成。

（5）计划调整应首先保证受洪水、降雨等自然条件影响和公路交叉、穿越市镇、影响市政供水供电等项目按期完成。

（6）计划调整应选择合理的施工方案和适度增加资源的投入，使费用增加较少。

2. 超过合同工期的进度调整

当进度拖延造成的影响在合同规定的控制工期内调整计划已无法补救时，只有调整控制工期。这种情况只有在万不得已时才允许。调整时应注意：

（1）先调整投产日期外的其他控制日期。例如：截流日期拖延可考虑以加快基坑施工进度来弥补，厂房土建工期拖延可考虑以加快机电安装进度来弥补，开挖时间拖延可考虑以加快浇筑进度来弥补，以不影响第一台机组发电时间为原则。

（2）经过各方认真研究讨论，采取各种有效措施仍无法保证合同规定的总工期时，可考虑将工期后延，但应在充分论证的基础上报上级主管部门审批。进度调整应使完工日期推迟最短。

3. 工期提前的调整

在工程建设实践中，经常由于技术方案合理、管理得当、工程建设环境有利，使工程施工进度总体提前，只有个别项目的进度制约工程提前投产，而这些制约工程提前投产的项目其提前完工的赶工费用又不大，这是调整计划提前完工投产的极好时机。例如，水电站项目蓄水、引水系统和电站土建部分基本具备发电条件，加快机组安装，提前发电，往往效益巨大；再如，供水工程全线施工进度总体提前，提前通水只是受个别标段或单位工程施工进度的制约情况。此时，监理人应协助发包人全面分析工程提前完工的可能性、费用增加以及提前投产的效益。若通过赶工作业，提前完工有利，应协助发包人拟定合理方案，并就赶工引起的合同问题与承包人沟通、协商，通过补充协议落实承包人按照要求提前完工的措施计划、发包人应提供的条件以及应补偿承包人的费用与激励办法。

一般情况下，只要能达到预期目标，调整应越少越好。在进行项目进度调整时，应充分考虑如下各方面因素的制约：

（1）后续施工项目合同工期的限制。

（2）进度调整后，给后续施工项目会不会造成赶工或窝工而导致其工期和经济上遭受损失。

（3）材料物资供应需求上的制约。

（4）劳动力供应需求的制约。

（5）工程投资分配计划的制约。

（6）外界自然条件的制约。

（7）施工项目之间逻辑关系的制约。

（8）进度调整引起的支付费率调整。

（六）暂停施工

1. 暂停施工的原因

引起暂停施工的原因很多，可分为：发包人原因、承包人原因和其他事件原因。

（1）发包人原因暂停施工。发包人原因引起的暂停施工主要有：①发包人要求暂停施工；②整个工程或部分工程的设计有重大改变，近期内提不出施工图；③发包人在工程款支付方面遇到严重困难，或者按合同规定由发包人承担的工程设备供应、材料供应及场地提供等遇到严重困难。

（2）承包人原因暂停施工。承包人原因引起的暂停施工主要有：①承包人自身原因的暂停施工；②承包人未经许可即进行主体工程施工；③承包人未按照批准的施工组织设计或工法施工，并且可能会出现工程质量问题或造成安全事故隐患时；④承包人拒绝服从监理机构的管理，不执行监理机构的指示，从而将对工程质量、进度和投资控制产生严重影响。

（3）其他事件原因暂停施工。除了上述发包人或承包人原因可能引起暂停施工外，引起暂停施工的其他原因还很多，如：①工程继续施工将会对第三者或社会公共利益造成损害；②为了保证工程质量、安全所必要的；③发生了须暂时停止施工的紧急事件，如出现恶性现场施工条件、事故等（包括隧洞塌方、地基沉陷等）；④施工现场气候条件的限制，如严寒季节要停止浇筑混凝土，连绵多雨时不宜修筑土坝黏土心墙。这里说的施工现场气候条件的限制不同于恶劣的气候条件，属于承包人的施工承包风险，发生的额外费用由承包人自己承担；⑤不可抗力发生，如：出现特殊风险，如战争、内战、放射性污染、动乱等；特大自然灾害，如强烈地震、毁灭性水灾等；严重流行性传染病蔓延，威胁现场工人的生命安全。

2. 暂停施工的责任

（1）承包人的责任。发生下列暂停施工事件，属于承包人的责任：①由于承包人违约引起的暂停施工；②由于现场非异常恶劣气候条件引起的正常停工；③为工程的合理施工和保证安全所必须的暂停施工；④未得到监理人许可的承包人擅自停工；⑤其他由于承包人原因引起的暂停施工。

上述事件引起的暂停施工，承包人不能提出增加费用和延长工期的要求。

（2）发包人的责任。发生下列暂停施工事件，属于发包人的责任：①由于发包人违约引起的暂停施工；②由于不可抗力的自然或社会因素引起的暂停施工；③其他由于发包人原因引起的暂停施工。

上述事件引起的暂停施工造成的工期延误，承包人有权提出工期索赔要求。

3. 暂停施工的处理程序

（1）暂停施工指示。①监理人认为有必要并征得发包人同意后（紧急事件可在签发指示后及时通知发包人），可向承包人发布暂停工程或部分工程施工的指示，承包人应按指示的要求立即暂停施工，不论由于何种原因引起的暂停施工，承包人应在暂停施工期间负责妥善保护工程和提供安全保障；②由于发包人的责任发生暂停施工的情况时，若监理人未及时下达暂停施工指示，承包人可向其提出暂停施工的书面请求，监理人应在接到请求后的48小时内予以答复，若不按期答复，可视为承包人请求已获同意。

（2）复工通知。工程暂停施工后，监理人应与发包人和承包人协商采取有效措施积极消除停工因素的影响。当工程具备复工条件时，监理人应立即向承包人发出复工通知，承包人收到复工通知后，应在监理人指定的期限内复工。若承包人无故拖延和拒绝复工，由此增加的费用和工期延误责任由承包人承担。

（3）暂停施工持续56天以上。

1）若监理人在下达暂停施工指示后，56天内仍未给予承包人复工通知，除了该项停工属于承包人责任的情况外，承包人可向监理人提交书面通知，要求监理人在收到书面通知后28天内准许已暂停施工的工程或其中一部分工程继续施工。若监理人逾期不予批准，则承包人有权作出以下选择：当暂时停工仅影响合同中部分工程时，按合同有关变更条款规定将此项停工工程视作可取消的工程，并通知监理人；当暂时停工影响整个工程时，可视为发包人违约，应按合同有关发包人违约的规定办理。

2）若发生由承包人责任引起的暂停施工时，承包人在收到监理人暂停施工指示后56天内不积极采取措施复工造成工期延误，则应视为承包人违约，可按合同有关承包人违约的规定办理。

（七）落实按合同规定应由项目法人提供的施工条件

通常在施工承包合同中除了规定承包商应为项目法人完成的工程建设任务外，项目法人也应为承包商施工提供必须的施工条件，一般包括支付工程款、给出施工场地与交通道路，提供水、电、风和通信，提供某些特定的工程设备、施工图纸与技术资料等。监理工程师除了监督承包商的施工进度外，也应及时落实按合同规定应由项目法人提供的施工条件。

（八）进度协调与生产会议

生产会议是施工阶段组织协调工作的一种重要形式。监理工程师应定期组织召开不同层次的现场生产协调会议，以解决工程施工过程中的相互协调配合问题，通报工程项目建设的重大变更事项，解决各个承包单位之间以及项目法人与承包商之间的重大协调配合问题。通常包括：各承包单位之间的进度协调问题；工作面交接和阶段成品保护责任问题；场地与公用设施利用中的矛盾问题；某一方面断水、断电、断路、开挖，要求对其他方面进行协调以及资源保护等。在平行、交叉施工单位多，工序交接频繁且工期紧迫的情况下，生产协调会就显得更为重要。对于某些未曾预料的突发变故和问题，监理工程师还可以发布紧急协调指令，督促有关单位采取应急措施维护施工的正常秩序。

（九）工程设备和材料供应的进度控制

审查设备加工订货单位的资质和社会信誉，落实主要设备的订货情况，核查交货日期与安装时间的衔接，以提高设备按期供货的可靠度。同时，还应控制好其他材料物资按计划供应，以保证施工按计划实施。

（十）公正合理地处理好施工单位的工期索赔要求

尽可能减少对工期有重大影响的“工程变更”指令，以保证施工按计划执行。

（十一）参加隐蔽工程质量验收和阶段性工程质量验收以及竣工验收并签署验收意见

四、工程进度计划实施的检查与调整分析方法

（一）实际进度和计划进度的对比和分析

施工进度检查的主要方法是对比法。常用的比较方法有以下几种。

1. 横道图比较法

用横道图编制施工进度计划，指导工程项目实施已是人们常用的很熟悉的方法。它简明、形象和直观，编制方法简单，使用方便。

横道图比较法是指将在项目实施中检查实际进度收集的数据，经整理后直接用横道线平行绘于原计划的横道线处，进行实际进度与计划进度比较的方法。例如某工程项目的基础工程的施工实际进度与计划进度比较，如图8-4所示。其中双线条表示计划进度，粗实线表示工程施工的实际进度。从比较中可以看出，在第9周末进行施工进度检查时，挖土方和做垫层两项工作已经完成；支模板按计划也应该完成，但实际只完成75%；绑扎

钢筋按计划应该完成 60%，而实际只完成 20%，任务量拖欠 40%。

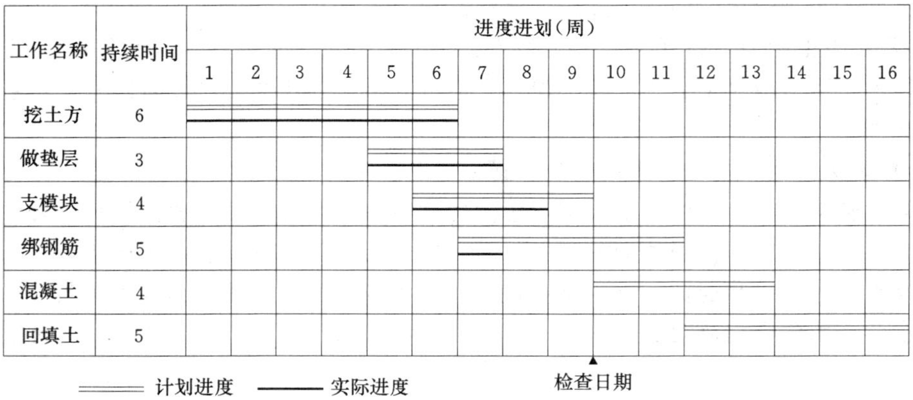

图 8－4　某基础工程实际进度与计划进度比较图

通过上述记录与比较，为进度控制者提供了实际进度与计划进度之间的偏差，为采取调整措施提供了明确的任务。这是人们施工中进行进度控制经常使用的一种最简单、熟悉的方法。但是它仅适用于施工中的各项工作都是按均匀的速度进行，即每项工作在单位时间内完成的任务量都是相等的。

根据工程项目实施中各项工作的速度不一定相同，以及进度控制要求和提供的进度信息不同，可以采用以下几种方法。

（1）匀速进展横道图比较法。匀速进展是指工程项目中，每项工作的实施进展速度都是均匀的，即在单位时间内完成的任务都是相等的，累计完成的任务量与时间成直线变化。

其比较方法的步骤为：

1）编制横道图进度计划。

2）在进度计划上标出检查日期。

3）将检查收集的实际进度数据经加工整理后按比例用涂黑的粗线标于计划进度线的下方，如图 8－5 所示。

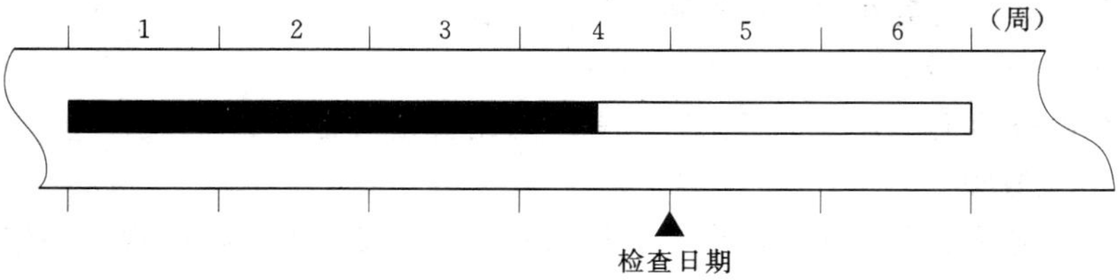

图 8－5　匀速进展横道图

4）比较分析实际进度与计划进度。①涂黑的粗线右端与检查日期相重合，表明实际进度与计划进度相一致；②涂黑的粗线右端在检查日期左侧，表明实际进度拖后；③涂黑的粗线右端在检查日期的右侧，表明实际进度超前。

必须指出：该方法只适用于工作从开始到完成的整个过程中，其进展速度是不变的，累计完成的任务量与时间成正比。若工作的进展速度是变化的，用这种方法就不能进行实际进度与计划进度之间的比较。

(2) 非匀速进展横道图比较法。匀速进展横道图比较法，只适用实施进展速度是不变的情况下的实际进度与计划进度之间的比较。当工作在不同的单位时间里的进展速度不同时，累计完成的任务量与时间的关系就不是成直线变化的。此时，应采用非匀速进展横道图比较法。

非匀速进展横道图在用涂黑粗线表示工作实际进度的同时，还要标出其对应时刻完成任务的累计百分比，将该百分比与其同时刻计划完成任务的累计百分比相比较，判断工作的实际进度与计划进度之间的关系。

其比较方法的步骤为：

1) 编制横道图进度计划。

2) 在横道线上方标出各主要时间工作的计划完成任务累计百分比。

3) 在横道线下方标出相应时间工作的实际完成任务累计百分比。

4) 用涂黑粗线标出实际进度线，由开工日标起，同时反映出实施过程中的连续与间断情况。

5) 对照横道线上方计划完成任务累计量与同时刻的下方实际完成任务累计量，判断出实际进度与计划进度之偏差，可能有三种情况：①同一时刻上下两个累计百分比相等，表明实际进度与计划进度一致；②同一时刻上方的累计百分比大于下方的累计百分比，表明该时刻实际进度拖后，拖欠的量为二者之差；③同一时刻上方的累计百分比小于下方累计百分比，表明该时刻实际进度超前，超前的量为二者之差。

可以看出，由于工作进展速度是变化的，因此横道图中进度横线，不管是计划的还是实际的，都只表示工作的开始时间、持续天数和完成的时间，并不表示计划完成量和实际完成量。这两个量分别通过标注在横道线上方及下方的累计百分比来表示。此外，采用非匀速进展横道图比较法，不仅可以进行某一时刻（如检查日期）实际进度与计划进度的比较，而且还能进行某一时间段实际进度与计划进度的比较，不过需要实施部门按规定的时间记录当时的任务完成情况。

【例 8-1】 某工程的绑扎钢筋工作按施工计划安排需要 9 天完成，每天统计累计完成任务的百分比，工作的每天实际进度和检查日累计完成任务的百分比如图 8-6 所示。

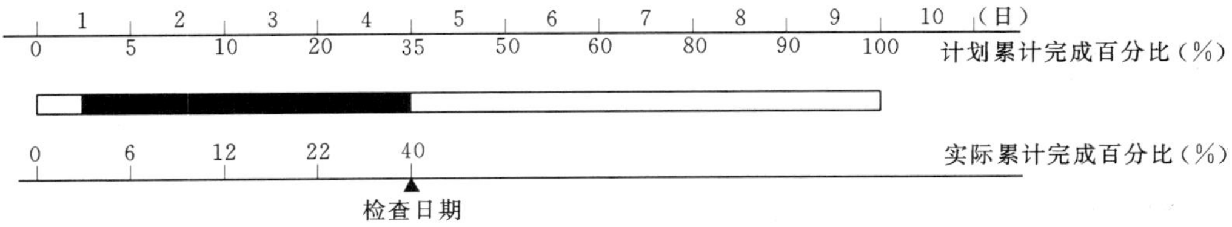

图 8-6　非匀速进展横道图

【解】 (1) 编制横道图进度计划，如图 8-6 所示。

(2) 在横道线上方标出绑扎钢筋工作每天计划累计完成任务的百分比，分别为：5%、10%、20%、35%、50%、60%、80%、90%、100%。

（3）在横道线的下方标出工作一天、二天、三天以至检查日期的实际累计完成任务的百分比，分别为：6%、12%、22%、40%。

（4）用涂黑粗线标出实际进度线。从图 8－6 可看出，实际开始工作时间比计划时间晚一段时间，进程中连续工作。

（5）比较实际进度与计划进度的偏差。从图 8－6 可以看出，第一天末实际进度比计划进度超前 1%，以后各天分别超前 2%、2%、5%。

综上所述可以看出，横道图比较法具有以下优点：记录和比较方法都简单，形象直观，容易掌握，应用方便，较广泛采用于简单的进度监测工作中。但是它以横道图进度计划为基础，因此带有其不可克服的局限性。如各工作之间的逻辑关系不明显，关键工作和关键线路无法确定，一旦某些工作进度产生偏差时，难以预测对后续工作和整个工期的影响以及确定调整方法。因此，横道图比较法主要用于工程项目中某些工作实际进度与计划进度的局部比较。

2. S 形曲线比较法

S 形曲线比较法是以横坐标表示进度时间，纵坐标表示累计完成任务量，而绘制出一条按计划时间累计完成任务量的 S 形曲线，将工程项目的各检查时间，实际完成的任务量绘在 S 形曲线图上，进行实际进度与计划进度相比较的一种方法。

从整个工程项目的进展全过程看，一般是开始和结尾时，单位时间投入的资源量较少，中间阶段单位时间投入的资源量较多，与其相关单位时间完成的任务量也是呈同样变化的。而随时间进展累计完成的任务量，则应该呈 S 形变化。

（1）S 形曲线绘制方法。下面以一个例子说明 S 形曲线的绘制步骤。

【例 8－2】 某土方工程的总开挖量为 10000m^3，要求在 10 天完成，不同时间的土方开挖量如图 8－7 所示，试绘制该土方工程的 S 形曲线。

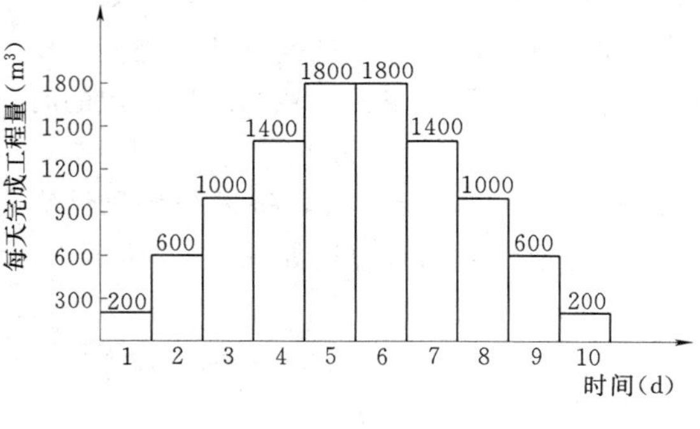

图 8－7　每天完成工程量图

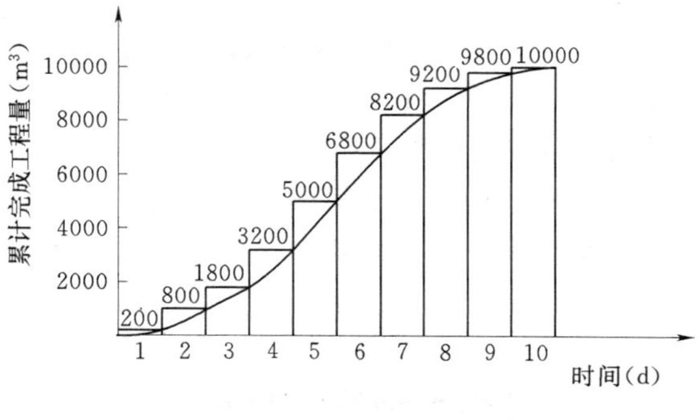

图 8－8　S 形曲线图

【解】 根据已知条件：

1）确定单位时间计划完成任务量。本例中，将每天完成的土方开挖量列于如表 8－15 所示中。

2）计算不同时间累计应完成的土方量，依次计算每天计划累计完成的土方量，结果列于如表 8－15 所示中。

3）根据累计完成任务量绘制 S 形曲线，如图 8－8 所示。

表 8-15　　完成工程量汇总表

时间（d）	1	2	3	4	5	6	7	8	9	10
每天完成量（m^3）	200	600	1000	1400	1800	1800	1400	1000	600	200
累计完成量（m^3）	200	800	1800	3200	5000	6800	8200	9200	9800	10000

（2）实际进度与计划进度的比较。

同横道图一样，S形曲线比较法也是在图上直观地进行工程项目实际进度与计划进度比较。在项目实施过程中，按规定时间将检查的实际完成任务情况，绘制在与计划S形曲线同一张图上，可得出实际进度S形曲线如图8-9所示。比较两条S形曲线可以得到如下信息：

1）工程项目实际进度与计划进度比较情况。当实际进展点落在计划S形曲线左侧则表示此时实际进度比计划进度超前，如图8-9中的a点；若落在其右侧，则表示实际进度拖后，如图8-9中的b点；若刚好落在其上，则表示二者一致。

2）工程项目实际进度比计划进度超前或拖后的时间。在S形曲线比较图中可以直接读出实际进度比计划进度超前和拖后的时间。如图8-9所示，ΔT_a 表示 T_a 时刻实际进度超前的时间；ΔT_b 表示 T_b 时刻实际进度拖后的时间。

3）工程项目实际进度比计划进度超额或拖欠的任务量。在S形曲线比较图中也可以直接读出实际进度比计划进度超额和拖欠的任务量。如图8-9所示，ΔQ_a 表示 T_a 时刻超额的任务量；ΔQ_b 表示 T_b 时刻拖欠的任务量。

（3）后期工程进度预测。如果后期工程按原计划速度进行，则可做出后期工程计划S形曲线如图8-9中虚线所示，从而可以确定工期拖延预测值为ΔT。

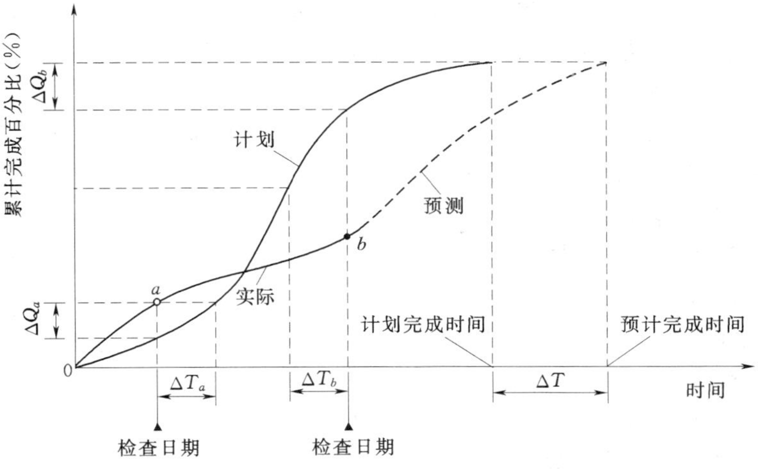

图8-9　S形曲线比较图

3. 香蕉形曲线比较法

香蕉形曲线是两种S形曲线组合成的闭合曲线。从S形曲线比较法中可知：工程项目计划时间和累计完成任务量之间的关系，都可以用一条S形曲线表示。对于一个工程项目的网络计划，在理论上总是分为最早和最迟两种开始与完成时间。因此，一般说来，按任何一个工程项目的网络计划，都可以绘制出两种曲线：其一是以各项工作的计划最早开始时间安排进度而绘制的S形曲线，称为ES曲线；其二是以各项工作的计划最迟开始时间安排进度，而绘制的S形曲线，称为LS曲线。两条S形曲线都是从计划的开始时刻开始和完成时刻结束，因此两条曲线是闭合的。其余时刻，一般情况，S形曲线上的各点均落在LS曲线相应点的左侧，形成一个形如香蕉的曲线，故此称为香蕉形曲线，如图8－10所示。

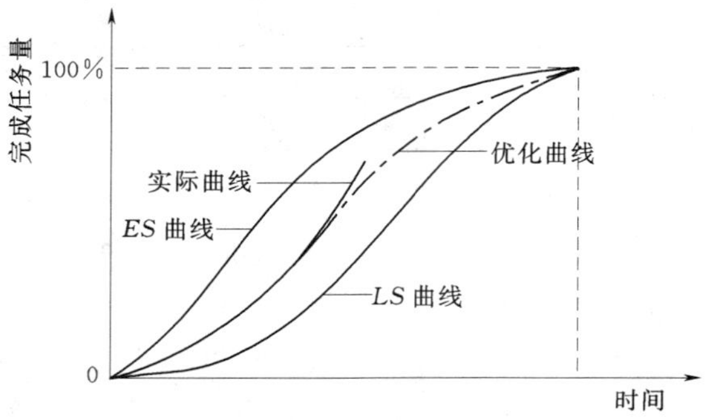

图8－10　香蕉形曲线比较图

在项目的实施中进度控制的理想状况是任一时刻按实际进度描出的点，应落在该香蕉形曲线的区域内。如图8－10中的实际进度线。

(1) 香蕉形曲线比较法的作用。

1) 利用香蕉形曲线对进度进行合理安排。

2) 对工程实际进度与计划进度作比较。

3) 确定在检查状态下，后期工程的ES曲线和LS曲线的发展趋势。

(2) 香蕉形曲线的绘制步骤。香蕉形曲线的绘制方法与S形曲线的绘制方法基本相同，所不同之处在于它是以工作的最早开始时间和最迟开始时间分别绘制的两条S形曲线的组合。其具体步骤如下：

1) 以工程项目的网络计划为基础，确定该工程项目的最早开始时间和最迟开始时间。

2) 确定各项工作在不同时间的计划完成任务量，分为两种情况：①根据工程项目的早时标网络计划，确定各工作在各单位时间的计划完成任务量；②根据工程项目的迟时标网络计划，确定各工作在各单位时间的计划完成任务量。

3) 计算工程项目总任务量，即对所有工作在各单位时间计划完成的任务量累加求和。

4) 分别根据工程项目的早时标网络计划和迟时标网络计划，确定工程项目在各单位时间计划完成的任务量，即将各项工作在某一单位时间内计划完成的任务量求和。

5) 分别根据工程项目的早时标网络计划和迟时标网络计划，确定不同时间累计完成的任务量和任务量的百分比。

6) 绘制香蕉形曲线。分别根据工程项目的早时标网络计划和迟时标网络计划而确定的累计完成任务量和任务量的百分比描绘各点，并连接各点得到ES曲线和LS曲线，由ES曲线和LS曲线组成香蕉形曲线。

在工程项目实施过程中，根据检查得到的实际累计完成任务量，按同样的方法在原计划香蕉形曲线图上绘出实际进度曲线，便可以进行实际进度与计划进度的比较。

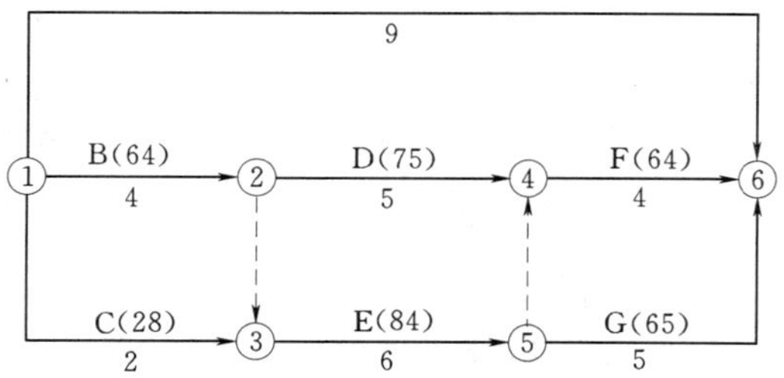

图8－11　某工程项目网络计划

【例8－3】 某工程项目网络计划如图8－11所示，图中箭线上方括号内数字表示各项工作计划完成的任务量，以劳动消耗量表示；箭线下方数字表示各项工作的持续时间(周)。试绘制香蕉形曲线。

【解】 假设各项工作均为匀速进展，即各项工作每周的劳动消耗量相等。

(1) 确定各项工作每周的劳动消耗量

工作 A：135/9＝15

工作 B：64/4＝16　　　　工作 C：28/2＝14

工作 D：75/5＝15　　　　工作 E：84/6＝14

工作 F：64/4＝16　　　　工作 G：65/5＝13

(2) 计算工程项目劳动消耗总量 Q：$Q=135+64+28+75+84+64+65=515$

(3) 根据早时标网络计划，确定工程项目每周计划劳动消耗量及各周累计劳动消耗量，如图 8－12 所示。

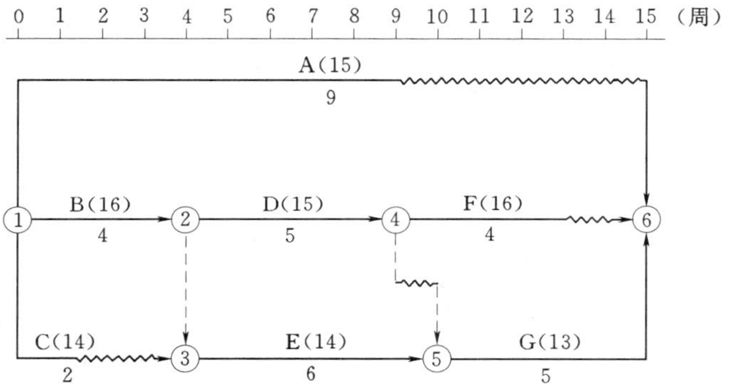

每周劳动消耗量	45	45	31	31	44	44	44	44	44	30	29	29	29	13	13
累计劳动消耗量	45	90	121	152	196	240	284	328	372	402	431	460	489	502	515

图 8－12　按早时标网络计划安排的进度计划及劳动消耗量

(4) 根据迟时标网络计划，确定工程项目每周计划劳动消耗量及各周累计劳动消耗量，如图 8－13 所示。

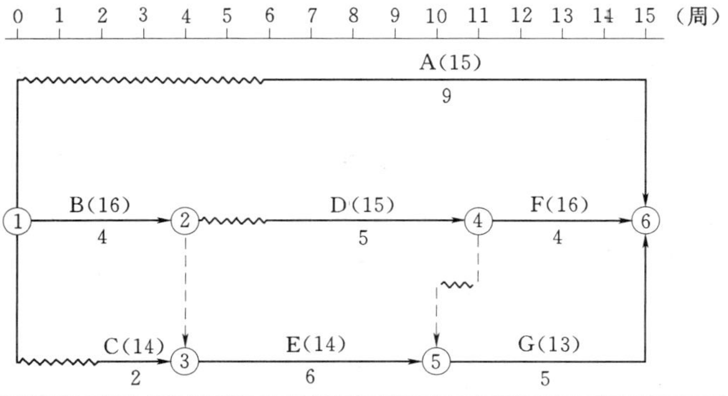

每周劳动消耗量	16	16	30	30	14	14	44	44	44	44	43	44	44	44	44
累计劳动消耗量	16	32	62	92	106	120	164	208	252	296	339	383	427	471	515

图 8－13　按迟时标网络计划安排的进度计划及劳动消耗量

（5）根据不同的累计劳动消耗量分别绘制 ES 曲线和 LS 曲线，便得到香蕉形曲线，如图 8－14 所示。

4. 前锋线比较法

前锋线比较法简称前锋线，是我国首创的用于时标网络计划控制的工具，是一种简单的进行工程实际进度与计划进度的比较方法。其主要方法是从检查时刻的时标点出发，将检查时刻正在进行工作的点都依次连接起来，组成一条一般为折线的前锋线。根据前锋线与箭线交点的位置判定工程实际进度与计划进度的偏差。

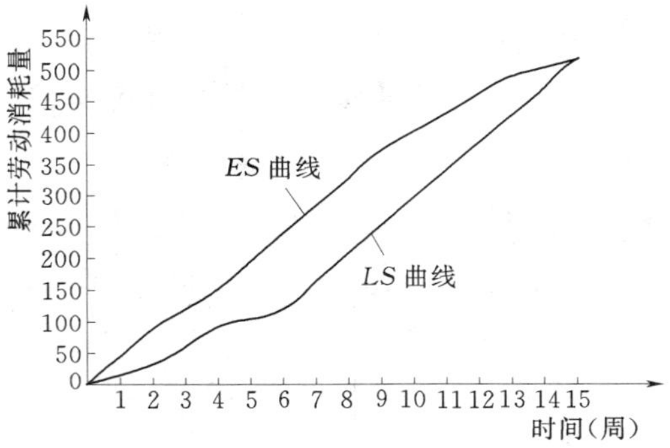

图 8－14　香蕉形曲线图

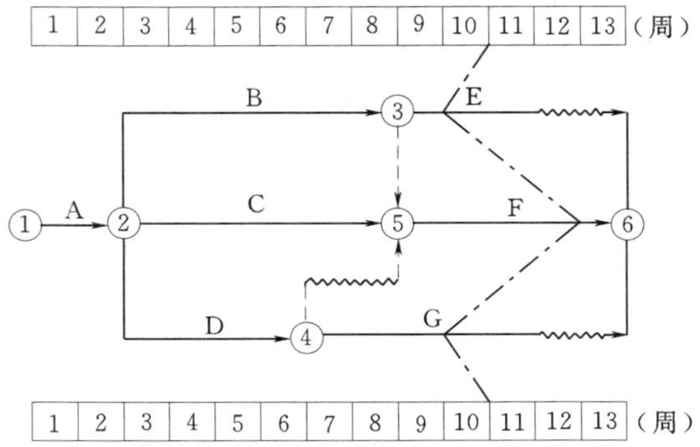

图 8－15　某工程前锋线比较图

【例 8－4】 某工程承包商按照监理工程师批准的时标网络计划（如图 8－15 所示）组织施工。在工程进展到第 10 周末检查的实际进度为：工作 A、B、C、D 均全部完成，工作 E 完成了 1/3 的计划任务量，工作 F 完成了 4/5 的计划任务量，工作 G 完成了 3/5 的计划任务量。试用前锋线进行实际进度与计划进度的比较。

【解】 根据第 10 周末实际进度的检查结果绘制前锋线，如图 8－15 中点划线所示。进行实际进度与计划进度比较。从图可以看出：工作 E 实际进度拖延 1 周，但不影响工期；工作 F 提前 2 周，因为在关键路线上，将使工期提前 2 周；工作 G 拖延 1 周，不影响总工期。

5. 列表比较法

当采用无时间坐标网络图计划时，也可以采用列表比较法，比较工程实际进度与计划进度的偏差情况。该方法是记录检查时应该进行的工作名称和已进行的作业时间，然后列表计算有关时间参数，根据原有总时差和剩余总时差判断实际进度与计划进度的比较方法。列表比较法步骤如下：

（1）计算检查时应该进行的工作，根据已经作业的时间，确定其尚需作业时间。

（2）根据原进度计划计算检查时刻应该进行的工作从检查时刻到原计划最迟完成时间尚余时间。

（3）计算工作剩余总时差，其值等于工作从检查时刻到原计划最迟完成时间尚余时间与该工作尚需作业时间之差。

（4）比较实际进度与计划进度，可能有以下几种情况：

1）如果工作剩余总时差与原有总时差相等，说明该工作实际进度与计划进度一致。

2）如果工作剩余总时差大于原有总时差，说明该工作实际进度超前，超前的时间为二者之差。

3）如果工作剩余总时差小于原有总时差，且为非负值，说明该工作实际进度拖后，拖后的时间为二者之差，但不影响总工期。

4）如果工作剩余总时差小于原有总时差，且为负值，说明该工作实际进度拖后，拖后的时间为二者之差，此时工作实际进度偏差将影响总工期。

【例 8－5】 已知网络计划如图 8－16 所示，在工程进展到第 5 周末检查的工程进度为：工作 A 已全部完成，工作 B 已进行 1 周，工作 C 已进行 2 周，其余工作均未开始。试用列表比较法进行实际进度与计划进度比较。

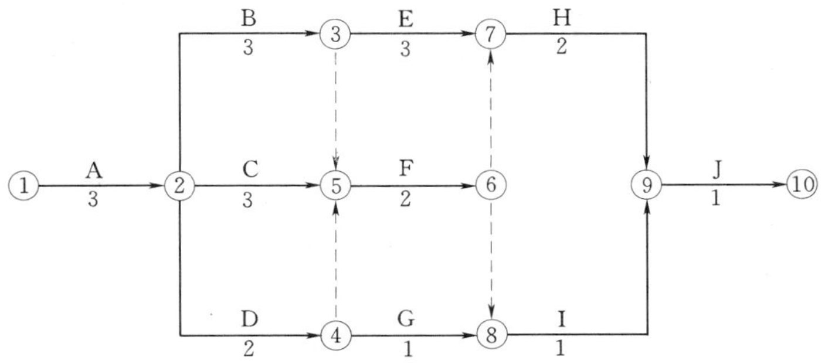

图 8－16 某网络计划图（单位：周）

【解】 根据工程项目进度计划及实际进度检查结果，可以计算出检查时刻应进行工作的尚需作业时间、原有总时差及剩余总时差，计算结果如表 8－16 所示。通过比较剩余总时差和原有总时差，即可判断目前工程实际进展情况。

表 8－16　　工程进度检查比较表

工作代号	工作名称	检查计划时尚需作业周数	到计划最迟完成时尚需周数	原有总时差	剩余总时差	情况判断
2－3	B	2	1	0	－1	拖后 1 周，影响工期 1 周
2－5	C	1	2	1	1	正常
2－4	D	2	2	2	0	拖后 2 周，但不影响工期

（二）进度计划实施中的调整方法

1. 分析偏差对后续工作及总工期的影响

当出现进度偏差时，需要分析该偏差对后续工作及总工期产生的影响。偏差的大小及其所处的位置，对后续工作和总工期的影响程度是不同的。分析的方法主要是利用网络计划中总时差和自由时差的概念进行判断。由时差概念可知：当偏差小于该工作的自由时差时，对工作计划无影响；当偏差大于自由时差，而小于总时差时，对后续工作的最早开工时间有影响，对总工期无影响；当偏差大于总时差时，对后续工作和总工期都有影响。具体分析步骤如下：

（1）分析出现进度偏差的工作是否为关键工作。根据工作所在线路的性质或时间参数的特点，判断其是否为关键工作。若出现偏差的工作为关键工作，则无论偏差大小，都对后续工作及总工期产生影响，必须采取相应的调整措施；若出现偏差的工作不是关键工作，需要根据偏差值与总时差和自由时差的大小关系，确定对后续工作和总工期的影响程度。

（2）分析进度偏差是否大于总时差。若工作的进度偏差大于该工作的总时差，说明此偏差必将影响后续工作和总工期，必须采取相应的调整措施；若工作的进度偏差小于或等于该工作的总时差，说明此偏差对总工期无影响，但它对后续工作的影响程度，需要根据此偏差与自由时差的比较情况来确定。

（3）分析进度偏差是否大于自由偏差。若工作的进度偏差大于该工作的自由时差，说明此偏差对后续工作产生影响，应根据后续工作允许影响的程度而确定如何调整；若工作的进度偏差小于或等于该工作的自由时差，则说明此偏差对后续工作无影响，原进度计划可以不作调整。

进度偏差的分析判断过程如图 8－17 所示。经过分析，进度控制人员可以确认应该调整产生进度偏差的工作和调整偏差的大小，以便确定采取调整措施，获得符合实际进度情况和计划目标的新进度计划。

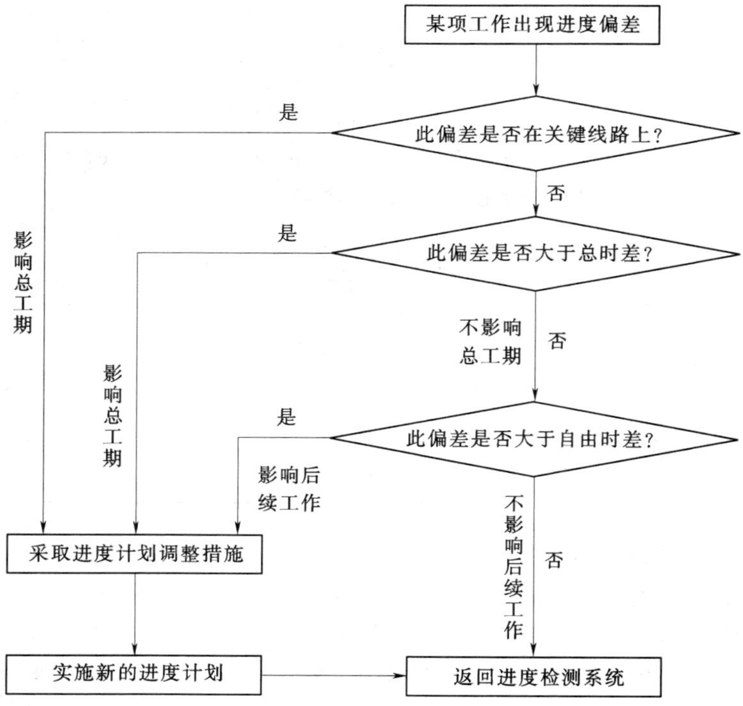

图 8－17　进度偏差对后续工作和总工期影响分析过程图

2．进度计划的调整方法

在对实施的进度计划分析的基础上，确定调整原计划的方法，一般主要有以下两种。

（1）改变某些工作间的逻辑关系。若实施中的进度产生的偏差影响了总工期，并且有关工作之间的逻辑关系允许改变，可以改变关键线路和超过计划工期的非关键线路上的有关工作之间的逻辑关系，达到缩短工期的目的。这种方法用起来效果是很显著的。例如可以把依次进行的有关工作改变为平行的或互相搭接的以及分成几个施工段进行流水施工的工作，都可以达到缩短工期的目的。

（2）缩短某些工作的持续时间。这种方法是不改变工作之间的逻辑关系，只是缩短某些工作的持续时间，而使施工进度加快，以保证实现计划工期的方法。这些被压缩持续时间的工作是位于因实际施工进度的拖延而引起总工期增长的关键线路和某些非关键线路上的工作。同时，这些工作又是可压缩持续时间的工作。这种方法通常可在网络图上直接进行。其调整方法视限制条件及对后续工作的影响程度的不同而有所区别，一般可分为以下三种情况：

1）网络计划中某项工作进度拖延的时间在该项工作的总时差范围内和自由时差以外。根据前述内容可知，这一拖延不会对总工期产生影响，而只对后续工作产生影响。因此，在进行调整前，需确定后续工作允许拖延的时间限制，并以此作为进度调整的限制条件。这个限制条件的确定有时是很复杂的，特别是当后续工作由多个平行的分包单位负责实施时更是如此。后续工作在时间上产生的任何变化都可能使合同不能正常履行而使受损失的一方向引起这一现象发生的另一方提出索赔。因此，寻找合理的调整方案，把对后续工作的影响减小到最低程度，是监理工程师的一项重要工作。

【例 8-6】 某工程项目双代号时标网络计划如图 8-18 所示，该计划执行到第 35 天下班时刻检查时，其实际进度如图 8-18 中前锋线所示。试分析目前实际进度对后续工作和总工期的影响，并提出相应的进度调整措施。

【解】 从图中可看出，目前只有工作 D 的开始时间拖后 15 天，而影响其后续工作 G 的最早开始时间，其他工作的实际进度均正常。由于工作 D 的总时差为 30 天，故此时工作 D 的实际进度不影响总工期。

该进度是否需要调整，取决于工作 D 和 E 的限制条件。

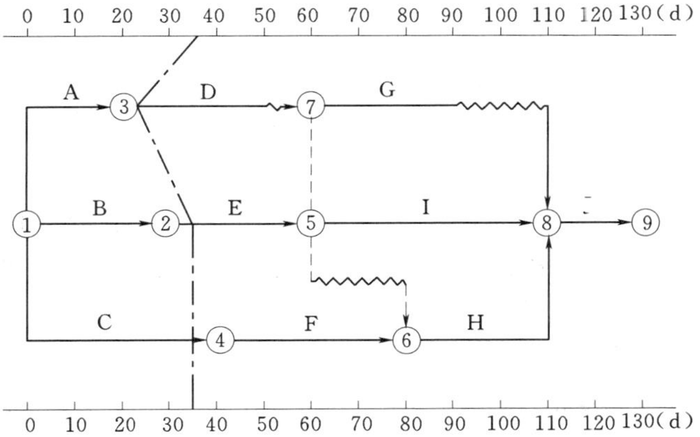

图 8-18 某工程项目时标网络计划

a）后续工作拖延的时间无限制。如果后续工作拖延的时间完全被允许时，可将拖延后的时间参数带入原计划，并化简网络图（即去掉已执行部分，以进度检查日期为起点，将实际数据带入，绘制出未实施部分的进度计划），即可得调整方案。本例中，以检查时刻第 35 天为起点，将工作 D 的实际进度数据及工作 G 被拖延后的时间参数带入原计划（此时工作 D、G 的开始时间分别为 35 天和 65 天），可得如图 8－19 所示的调整方案。

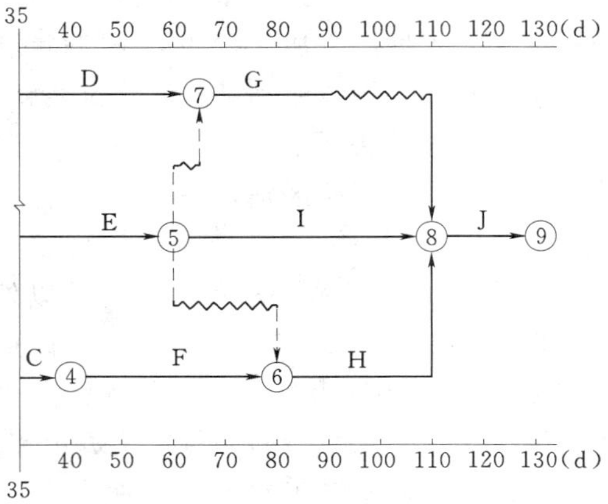

图 8－19　后续工作拖延时间无限制时的网络计划

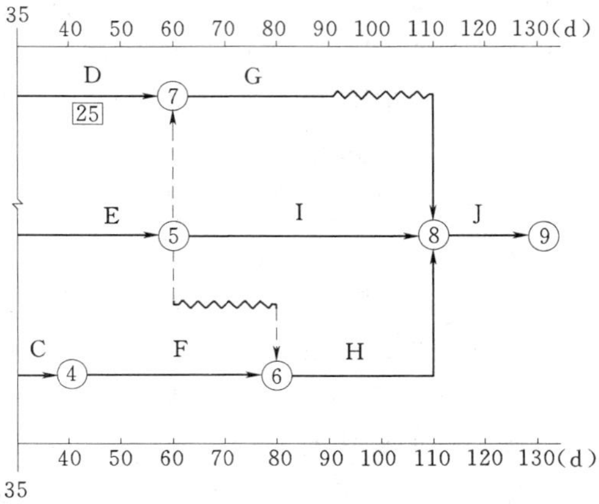

图 8－20　后续工作拖延时间有限制时的网络计划

b）后续工作拖延时间有限制。如果后续工作不允许拖延和拖延的时间有限制时，需要根据限制条件对网络计划进行调整，寻求最优方案。本例中，如果工作 G 的开始时间不允许超过第 60 天，则只能将其紧前工作 D 的持续时间压缩为 25 天，调整后的网络计划如图 8－20 所示。如果在工作 D、G 之间还有多项工作，则可以利用工期优化的原理确定应压缩的工作，得到满足 G 工作限制条件的最优调整方案。

2）网络计划中某项工作进度拖延的时间超过其总时差。如果网络计划中某项工作进度拖延的时间超过其总时差，则该工作无论是否为关键工作，这种拖延都对后续工作和总工期产生影响，其进度计划的调整方法又可分为以下三种情况：

a）项目总工期不允许拖延。这种情况也就是项目必须按期完成。调整的方法只能采取缩短关键线路上后续工作的持续时间以保证总工期目标的实现。其实质是工期优化的方法。

【例 8－7】 仍以图 8－18 所示网络计划为例，如果在计划执行到第 40 天下班时刻检查时，其实际进展如图 8－21 中前锋线所示，试分析目前实际进度对后续工作和总工期的影响，并提出相应的进度调整措施。

【解】 由图 8－21 可见，工作 D 实际进度拖后 10 天，但不影响其后续工作，也不影响总工期；工作 E 实际进度正常；工作 C 实际进度拖后 10 天，由于其为关键工作，故将使总工期延长 10 天，并使其后续工作 F、H 和 J 的开始时间推迟 10 天。

如果该工程项目总工期不允许拖延，则为了保证其按原计划工期 130 天完成，必须采用工期优化的方法，缩短关键线路上后续工作的持续时间。假设工作 C 的后续工作 F、H

和 J 均可以压缩 10 天，通过比较，压缩工作 H 的持续时间所付出的代价最小，故将工作 H 的持续时间由 30 天缩短为 20 天。调整后的网络计划如图 8-22 所示。

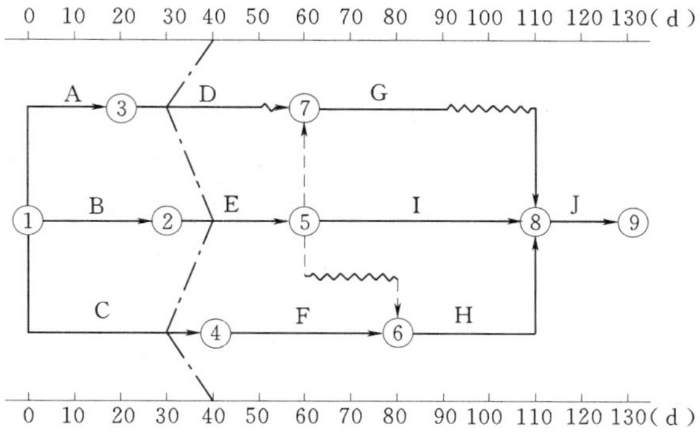

图 8-21　某工程实际进度前锋线图

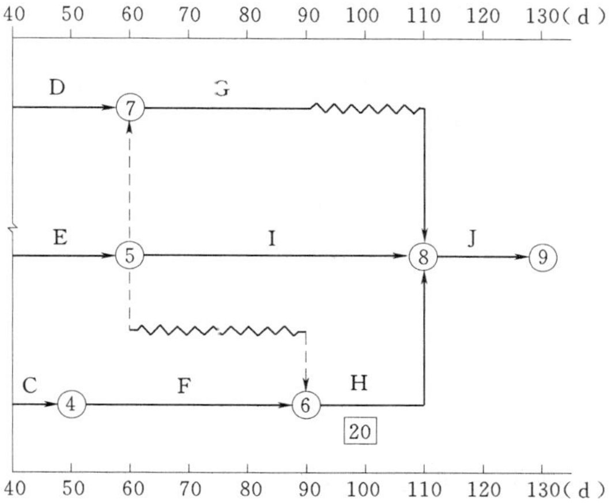

图 8-22　调整后工期不拖延的网络计划

b）项目总工期允许拖延。如果项目总工期允许拖延，则此时只需以实际数据取代原计划数据，并重新绘制实际进度检查日期之后的简化网络计划即可。

【例 8-8】 以图 8-21 所示前锋线为例，如果项目总工期允许拖延，此时只需以检查日期第 40 天为起点，用其后各项工作尚需作业时间取代相应的原计划数据，绘制出网络计划如图 8-23 所示。方案调整后，项目总工期为 140 天。

c）项目总工期允许拖延的时间有限。如果项目总工期允许拖延，但允许拖延的时间有限，则当实际进度拖延的时间超过此限制时，也需要对网络计划进行调整，以满足要求。具体的调整方法是以总工期的限制作为规定工期，对检查日期之后尚未实施的网络计划进行工期优化，即通过缩短关键路线上后续工作持续时间的方法使总工期满足规定工期的要求。

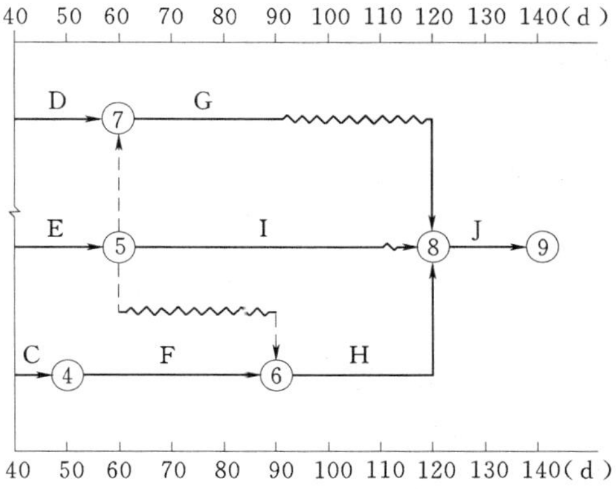

图 8-23　调整后拖延工期的网络计划

【例 8-9】 仍以图 8-21 所示前锋线为例，如果项目总工期只允许拖延至 135 天，则可按以下步骤进行调整：

（1）绘制化简的网络计划，如图 8-23 所示。

（2）确定需要压缩的时间。从图 8-23 中可见，在第 40 天检查实际进度时发现总工期将延长 10 天，该项目至少需要 140 天才能完成。而总工期只允许延长至 135 天，故需将总工期压缩 5 天。

（3）对网络计划进行工期优化。从图 8-23 可看出，此时关键线路上的工作为 C、F、H 和 J。现假设通过比较，压缩关键工作 H 的持续时间所需付出的代价最小，故将其持

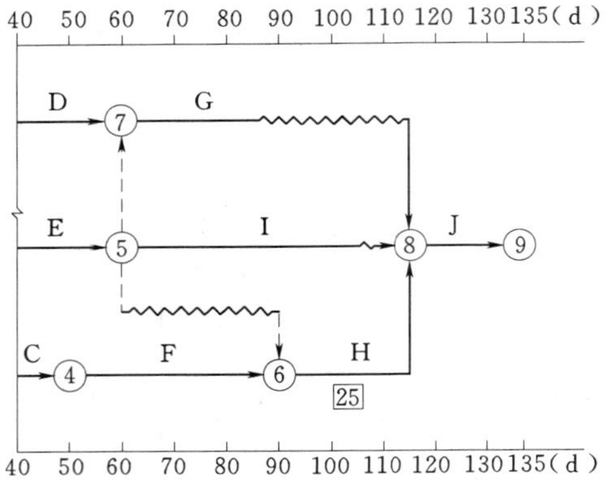

图 8-24　总工期拖延时间有限时的网络计划

续时间由原来的 30 天压缩为 25 天，调整后的网络计划如图 8-24 所示。

上面所提到的三种进度调整方式，均是以总工期为限制条件来进行的（即总工期允许拖延，总工期不允许拖延以及总工期允许拖延的时间有限这三种情况）。值得注意的是，当出现某工作时间的拖延超过其总时差，对进度进行调整时，除需考虑总工期的限制条件外，还应考虑网络计划中的一些后续工作在时间上是否也有限制条件，特别是对总进度计划的控制更应注意这一点。在这类网络计划中，一些后续工作也许就是一些独立的施工合同段，时间上的任何变化，都会带来协调上的麻烦或者引起索赔。因此，当遇到网络计划中某些后续工作对时间的拖延有限制时，可以以此作为条件，并按前述方法进行调整。

3）网络计划中某项工作进度超前。监理工程师受项目法人委托，对项目的进度进行控制，其总的任务就是在项目进度计划的执行过程中，保证项目按期完成。在计划阶段所确定的工期目标，往往是综合考虑各方面因素而优选的合理工期，因此，时间的任何变化，无论是拖延还是超前，都可能造成其他目标的失控。例如，在一个项目施工总进度计划中，由于某项工作的超前，致使资源的使用发生变化，打乱了原始计划对资源的合理安排，特别是当采用多个平行分包单位进行施工时，由此引起后续工作时间安排的变化而给监理工程师的协调工作带来许多麻烦。因此，实际中若出现进度超前的情况，进度控制人员必须综合分析由于进度超前对后续工作产生的影响，并与有关承包单位共同协商，提出合理的进度调整方案。

第三节　施工投资控制

监理工程师在施工阶段进行投资控制的基本原理是把计划投资额作为投资控制的目标值，在工程施工过程中定期地进行投资实际值与目标值的比较，通过比较发现并找出实际支出额与投资控制目标值之间的偏差，分析产生偏差的原因，并采取有效措施加以控制，以保证投资控制目标的实现。

一、投资构成及计价方式

（一）水利工程建设项目投资构成

水利工程建设项目投资构成如图 8-25 所示。

（二）计价方式

水利水电工程施工中，大多数项目采用单价计价方式进行工程价款的支付。在固定单价合同中，项目的计价一般采用单价计价、包干计价、计日工费用的计价三种计价支付方式，简要介绍如下。

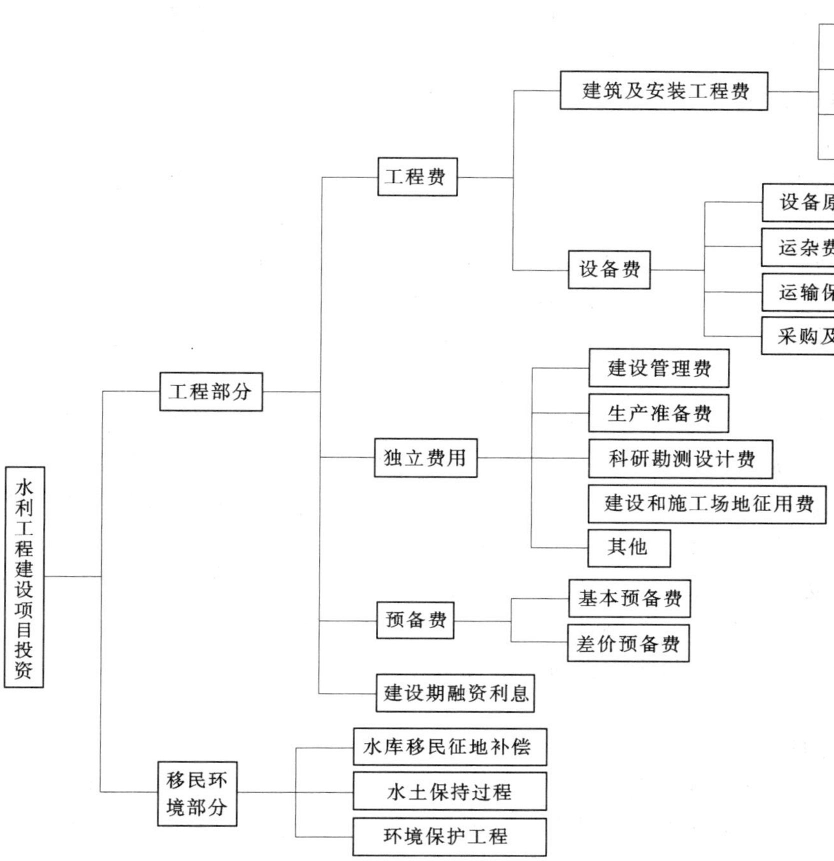

图 8-25　水利工程建设项目投资构成

1. 单价计价项目的计价支付

对于水利水电工程，单价计价方式是按工程量清单中的单价和实际完成的可准确计量的工程量来计价的项目。在计价支付中，监理工程师应注意以下问题：

(1) 工程价值的确定。对于承包商已完成项目的价值，应根据工程量清单中的单价与监理工程师计量的工程数量来确定。按照 FIDIC 合同条件的规定，除监理工程师根据合同条件发出的工程变更外，工程量清单中的单价是不能改变的。因此，工程款项的支付，不允许采用清单中单价以外的任何价格。

(2) 没有标价的项目不予支付任何款项。根据合同文件的规定，承包商在投标时，对工程量清单中的每项都应提出报价。因此对于工程量清单中没有单价或款额的项目，将被认为该项的费用已包括在其他单价或款额中。因此，对工程量清单中没有标价的项目一律不予支付任何款项。

2. 包干计价

在水利水电工程施工固定单价合同中，有一些项目由于种种原因，不易计算工程量，不宜采用单价计价，而采用包干计价，如临建工程、房建工程、观测仪器埋设、机电安装工程等，采用按项包干的方式计算费用。对于采用包干计价的项目，一般在合同中规定，在开工后规定的时间内，由承包商向监理工程师递交一份包干项目分析表，在分析表中将包干项目分解为若干子项，列出每个子项的合理价格。该分析表经监理工程师批准后即可作为包干项目实施时支付的依据。

3. 计日工费用的计价

(1) 计日工费用的计价方法。计日工费用的计价，一般采用下述方法：①工程量清单中，对采用计日工形式可能涉及到不同工种的劳力、材料、设备的价格进行了规定，因此在进行计日工工作时，一些劳力、材料及设备的费用可根据工程量清单中相同项目的单价计取有关费用；②尽管工程量清单中对一些劳力、材料及设备进行了定价，但进行计日工工作时，往往还有一些劳力、材料及设备在清单中没有定价。对于清单中没有定价的项目，应按实际发生的费用加上合同中规定的费用率支付有关的费用。

(2) 计日工的支付。计日工实质上也属于备用金（暂定金额）的性质，它是用于完成在招标、投标时不能预料的一些工作。对于计日工费用的支付，一般应符合以下规定：①以计日工的形式进行的任何工作，必须有监理工程师的指令，没有监理工程师的批准，承包商不能以计日工的形式进行任何工作，当然也不能支付任何款项；②经监理工程师批准以计日工的形式进行的工作，承包商在施工过程中，每天应向监理工程师提交参加该项计日工工作的人员姓名、职业、级别、工作时间和有关的材料、设备清单，同时每月向监理工程师提交一份关于记载计日工工作所用的劳力、材料、设备价格的报表。否则承包商无权要求对计日工的付款。

二、投资控制的措施

要有效控制项目投资，应从组织、技术、经济、合同与信息管理等多方面采取措施。从组织上采取措施包括明确项目组织结构，明确项目投资控制者及其任务，以使项目投资控制由专人负责，明确组织职能分工；从技术上采取措施包括重视设计多方案选择，严格审查初步设计、技术设计、施工图设计、施工组织设计，深入技术领域研究节约投资的可能性；从经济上采取措施包括动态比较项目投资的实际值和计划值，严格审核各项费用支出，采取节约投资的奖励措施等。

三、施工实施阶段投资控制的主要监理工作

施工实施阶段工程投资控制的主要监理工作包括以下各项：

(1) 审批承包人提交的资金流计划。

(2) 协助项目法人编制合同项目的付款计划。

(3) 根据工程实际进展情况，对合同付款情况进行分析，提出资金流调整意见。

(4) 审核工程付款申请，签发付款证书。

(5) 根据施工合同约定进行价格调整。

(6) 根据授权处理工程变更所引起的工程费用变化事宜。

(7) 根据授权处理合同索赔中的费用问题。

(8) 审核完工付款申请，签发完工付款证书。

(9) 审核最终付款申请，签发最终付款证书。

四、资金投入计划和投资控制规划的编制

在施工阶段，监理工程师担负着繁重的投资控制任务。为了做好投资控制工作，做到

在施工过程的各时段，在资金投入需求量、资金筹措、资金分配等方面有计划、有措施地协调运作，以达到合理、稳妥地控制投资的目的，监理工程师应于施工前做好资金投入计划和投资控制规划工作。即根据承包商的投标报价，承包商提交的现金流量计划，综合考虑由承包人提供或者物资采购合同中有关物资供应、材料供应、场地使用、图纸供应等有关方面的费用，考虑一定的可变因素影响，在项目分解的基础上，做出资金使用计划。

监理工程师在审批承包商呈报的现金流通量估算计划的基础上，要编制工程项目建设资金的投入计划，为进行有效的投资（费用）控制奠定基础。资金投入计划的编制过程为：首先在工程施工招标文件的工程量清单项目划分的基础上，根据承包商的投标报价和物资采购合同的报价，综合考虑承包人的其他支出，进行资金分配；其次，按照施工进度计划的安排（如网络进度计划、横道计划等），统计各时段需要投入的资金，得到资金投入现金流过程；最后，在资金投入现金流过程的基础上，按时间对资金进行累积计算，即可得到资金投入计划。

五、工程计量

在施工过程中，对承包人已完成的工程量的测量和计算，称为工程计量，简称计量。为进行这项工作，国外有工程量测算师，在我国目前实行的监理工程师制度中，监理机构应配备测量工程师和工程测量员，协助监理工程师进行工程量测量和计算。

在水利水电工程施工中，对承包商的工程价款支付，大多数是按照实际完成的工程数量来进行计算的。工程量清单中开列的工程量是合同的估算工程量，不是承包人为履行合同应当完成的和用于结算的工程量。结算的工程量应是承包人实际完成的并按合同有关计量规定计量的工程量。因此，项目的计量支付，必须以监理工程师确认的中间计量作为支付的凭证，未经监理工程师计量确认的任何项目，一律不予支付。

工程计量控制是监理工程师投资控制的基础之一。在施工过程中，由于地质、地形条件变化、设计变更等多方面的影响，招标中的名义工程量和施工中的实际工程量很难一致，再加上工期长，影响因素多，因此，在计量工作中，监理工程师既要做到公正、诚信、科学，又必须使计量审核统计工作在工程一开始就达到系统化、程序化、标准化和制度化。

（一）计量原则

（1）计量的项目必须是合同中规定的项目。

1）工程量清单中的全部项目。

2）已由监理工程师发出变更指令的工程变更项目。

3）合同文件中规定应由监理工程师现场确认的，并已获得监理工程师批准同意的项目。

（2）计量项目应确属完工或正在施工项目的已完成部分。

（3）计量项目的质量应达到合同规定的技术标准。

（4）计量项目的申报资料和验收手续应该齐全。

（5）计量结果必须得到监理工程师和承包商双方确认。

（6）计量方法的一致性。

（7）监理工程师在计量中具有权威性。

1）承包商完成的任何永久工程或完成的任何工作，必须得到监理工程师的确认。

2）由承包商进行的工程测量和计算，必须经监理工程师复核和认定。

3）监理工程师有权提出对工程的任何部分进行计量的要求。

监理工程师在计量方面的权威性并不妨碍承包商对监理工程师计量结果提出异议，承包商仍有维护其合法权益的权利；监理工程师按照合同规定行使计量的权利；也必须接受项目法人的检查。

（二）计量的方式

1. 由承包人在监理人的监督下进行计量

承包人应按合同规定的计量办法，按月对已完成的质量合格的工程进行准确计量，并在每月末随同月付款申请单，按工程量清单的项目分项向监理人提交完成工程量月报表和有关计量资料。

然后，监理人对承包人提交的工程量月报表进行复核，以确定当月完成的工程量，若有疑问时，可以要求承包人派代表与监理人共同复核，并可要求承包人按规定进行抽样复测，此时，承包人应指派代表协助监理人进行复核并按监理人的要求提供补充的计量资料。若承包人未按监理人的要求派代表参加复核，则监理人复核修正的工程量应被视为承包人实际完成的准确工程量。

2. 监理人与承包人联合计量

在监理人认为有必要时，可要求与承包人联合进行测量计量，即在承包人完成了工程量清单中每个项目的全部工程量后，监理人要求承包人派代表共同对每个项目的历次计量报表进行汇总和通过测量核实该项目的最终结算工程量，并可要求承包人提供补充计量资料，以确定该项目最后一次进度付款的准确工程量。如承包人未按监理人的要求派代表参加，则监理人最终核实的工程量应被视为该项目完成的准确工程量。

有些特殊项目诸如建筑物的原始地形、水下地形、疏浚工程量的计算等，在合同中也可以约定由发包人代表、设计代表、监理人、承包人联合进行测量和计算，以确保工程量的计算计量准确。

采用这种计量方式，由于双方在现场共同确认计量结果，减少了计量与计量结果确认的时间，同时也保证了计量的质量，是目前提倡的计量方式。

（三）计量依据

（1）中间交工证书。

（2）《工程量清单》前（序）言。

（3）技术规范中的“计量支付”条款。

（4）设计图纸。

其中《工程量清单》前言和技术规范是确定计量方法的依据。对于计量的几何尺寸要以设计图纸为依据，监理人对承包人超出设计图纸要求增加的工程量和自身原因造成返工的工程量，不予计量。

（四）合同计量的范围

所谓合同计量的范围，是指承包人完成的、并按照合同约定应予以计量并据此作为计算合同支付价款的项目，合同中未予规定的部分不予计量。例如：合同规定按设计开挖线支付，对因承包人原因造成的不合理超挖部分不予计量；再如，对合同工程量清单中未单列但又属于合同约定承包人应完成的项目（如承包人自己规划设计的施工便道、临时栈桥、脚手架以及为施工需要而修建的施工排水泵、河岸护堤、隧洞内避车洞、临时支护等），不应予计量，这些项目的费用被认为在承包人报价中已经考虑，分摊到合同工程量清单中的相应项目中了。

一般来说，应予以计量的合同项目范围为：

(1) 合同工程量清单中的全部项目。

(2) 经监理人发出变更指令的变更项目。

(3) 经监理人同意并由承包人完成的计日工项目。

（五）计量的方法

工程计量是项目法人向承包商支付工程价款的主要依据。监理工程师应按合同技术规范中有关计量与支付的办法严格执行。

关于计量方法，投标人在投标时就应该认真考虑，对工程量清单中表列项目所包含的工作内容、范围以及计量、支付应该清楚，并把表列项目中为完成技术规范要求而可能发生的工作费用计入其报价中去。除合同另有规定外，各个项目的计量办法应按技术条款的有关规定执行。按照合同中所规定的计量总则及分项计量细则对照合同中的技术规范要求，结合承包商是否已完成工程量表列项目所包含的工作内容，进行现场测量和计算，是工程量计量的基本方法。一般情况下，有以下几种方法。

1. 现场测量

现场测量就是根据现场实际完成的工程情况，按规定的方法进行丈量、测算，最终确定支付工程量。

在每月的计量工作中，对承包人递交的收方资料，除了进行室内复核工作之外，还应现场进行测量抽查，抽查数量一般控制在递交剖面的5%～10%。对工程量和投资影响较大的收方资料，抽查量应适当增加，反之可减少。如覆盖层开挖计量，除检查施工面貌外，可适当抽查几个部位，并且采取中间计量的方式进行月计量，最终以开挖面貌或设计开挖线形成后的总量控制。要特别注意土石方开挖和土石方填筑工程量的计量规则，是按实际开挖的面貌还是按设计开挖线计量，应依据合同规定确定。

土石方开挖工程量的计量，要特别注意土方和石方的计量界线。水利水电工程施工合同技术条款中以施工开挖方法和使用的开挖机械划分土方和石方的计量界线。将无须采用爆破技术进行开挖，而可直接使用手工工具或土方机械开挖的料物定义为“土方”，将需要采用系统钻孔和爆破作业开挖的料物定义为“石方”。并规定使用机械开挖的风化岩石，以及不大于$0.7m^3$的孤石或岩块均列为“土方”；体积大于$0.7m^3$、需用钻爆方法破碎的孤石或岩块均列为“石方”。由于各个工程的规模及其开挖所用的机械不同，合同中规定的土方和石方的计量界线不同，例如：二滩工程以$1m^3$坚硬孤石，三峡工程以$1.5m^3$坚硬孤石为界。对于一般大中型工程施工设备而言，以$0.7m^3$的坚硬孤石为界较好。

2. 按设计图纸计量

按设计图纸计量是指根据施工图对完成的工程量进行计算，以确定支付工程量的方法。一般对混凝土、砖石砌体、钢木结构等建筑物或构筑物按设计图纸的轮廓线计算工程量。

3. 仪表测量

仪表测量是指通过仪表对所完成的工程量的计量，如项目所使用的风、水、电、油等，以及混凝土灌浆、泥土灌浆等。

4. 按单据计算

按单据计算是指根据工程实际发生的进货或进场材料、设备的发票、收据等，对所完成工程进行的计量。这些材料和设备须符合合同规定或有关规范的要求，且已应用到项目中。

5. 按监理人批准计量

按监理人批准计量是指在工程实施中承包人按照监理人的批准、指示完成某些工作，其批准、指示中明确的工程量作为支付工程量，承包人据此申请支付。这类计量主要发生在现场条件变化情况，如隧洞支护的随机锚杆、基础处理的换填等。

6. 合同中个别总价项目的计量

在水电工程施工固定单价合同中，有一些项目由于种种原因，不宜采用单价计价，而采用总价，如临建工程、临时房建工程、某些导截流工程、观测仪器埋设、机电安装工程等。

承包人应将工程量清单中的总价承包项目进行分解，并在签订协议书后的28天内将该项目的分解表提交监理人审批。分解表应标明其所属子项和分阶段需支付的金额。在合同实施过程中，依据承包人完成的总价项目形象进度和总价项目分解表进行支付。

（六）工程量计量的计算

所有工程项目的工程量的计量计算方法均应符合合同技术条款的规定，这里主要介绍水利水电工程施工合同技术条款规定的水利工程工程量的计量计算方法。

1. 重量计量的计算

（1）凡以重量计量的材料，应使用经国家计量部门检验合格的称量器，在规定的地点进行称量。

（2）钢材的计量应按施工图纸所示的净值计量。在水利工程中使用的钢材主要包括钢结构中使用的板、管、型材以及钢筋混凝土中使用的钢筋、钢丝等。

1）钢筋应按监理人批准的钢筋下料表，以直径和长度计算，不计入钢筋损耗和架设定位的附加钢筋量。

2）预应力钢绞线、预应力钢筋和预应力钢丝的工程量，按锚固长度与工作长度之和计算重量。

3）钢板和型钢钢材按制成件的成型净尺寸和使用钢材规格的标准单位重量计算其工程量，不计其下料损耗量和施工安装等所需的附加钢材用量。施工附加量均不单独计量，而应包括在有关钢筋、钢材和与预应力钢材等各自的单价中。

2. 面积计量的计算

结构面积的计算，应按施工图纸所示结构物尺寸线或监理人指示在现场实际量测的结构物净尺寸进行计算。

3. 体积计量的计算

(1) 结构物体积计量的计算，应按施工图纸所示轮廓线内的实际工程量或按监理人指示在现场量测的净尺寸线进行计算。大体积混凝土中所设体积小于 $0.1m^3$ 的空洞、排水管、预埋管和凹槽等工程量不予扣除，按施工图纸和指示要求对临时孔洞进行回填的工程量不重复计量。

(2) 混凝土工程量的计量，应按监理人签认的已完工程的净尺寸计算。

(3) 土石方填筑工程量的计量，应按完工验收时实测的工程量进行最终计量。

4. 长度计量的计算

所有以延长米计量的结构物，除施工图纸另有规定，应按平行于结构物位置的纵向轴线或基础方向的长度计算。

(七) 特殊情况下的计量

1. 按资源价值消耗计量

工程量的测量和计算，一般指工程量清单中列明的永久工程实物量的计量，但有时也需要对承包人完成监理人指示的计日工或应急抢险等所需要的现场实际资源消耗进行计量。这时，计量的要素主要有：

(1) 人工消耗（工日数）。

(2) 机械台（时）班消耗。

(3) 材料消耗。

(4) 时间消耗。

(5) 其他有关消耗。

根据现场实际资源实际消耗量进行计量，监理人应做好同期的记录，并及时认证形成书面文件资料，做到“日清周结月汇总”，切勿拖延签字认证。

2. 赔偿计量

费用控制中遇到的赔偿计量主要是对承包人提出的索赔的计量。赔偿计量中主要是对资源损失的计量，包括有形资源（人工、机械、材料）、损失计量和无形资源（时间、效率、空间）损失计量。

计量的方法一般根据现场记录计算资源的实际损失，但有时也采用有无影响事件发生两种情况下的对比方法。有形资源损失较易计量，监理人一般可根据对专项工作连续监测和记录（如监理日记、承包人的同期记录等）按实际损失法计量；时间、空间损失情况较为复杂，一般根据现场记录和文件，通过综合分析、计算进行计量；承包人的效率损失则常采用对比分析的方法，在资料分析的基础上，通过协商确定“效率降低系数”（影响事件使正常效率降低的程度）进行计量。

在这类赔偿计量中，首先应区分承发包双发的责任，对承包人自身原因造成的费用增加不应予以计量。

六、工程款的支付

监理工程师在项目法人明确授权的合同价格范围内以及可以直接援引合同规定通过计量和支付手段进行的费用控制活动，称为合同内支付。合同价格内的支付控制是项目法人聘请监理工程师的基本目的，而涉及合同价格变动的工程变更和一般索赔，只要是可以直接援引合同有关规定做出决定的，项目法人也会给监理工程师一定范围的授权。所以合同内支付一般可由监理工程师自行处理；遇到超越项目法人授权范围的问题时，有的需要把处理结果报送项目法人，有的需要与项目法人协商处理，有的则需经项目法人批准处理。

一般说来，合同内支付内容包括预付款的支付与扣还、阶段付款（临时付款）、保留金的扣留与退还、完工支付（竣工支付）与最终支付、工程变更支付、暂定金额支付、合同内支付的价格调整及索赔款支付等。

（一）项目法人对监理工程师合同内支付的授权及其限制

1. 全面授权

通常情况下，项目法人聘请监理工程师在合同价格内的阶段付款是全面授权的。因为这种支付以监理工程师对承包商完成的实物量的测量和计算为依据，以合同规定的单价计算，发生争议的可能性不大，同时监理工程师也是通过用阶段付款作为其约束承包商全面履行合同的主要手段。

监理工程师在合同通用条件和专用条件的有关规定下进行监督、审查，按程序支付和扣还，项目法人也是全面授权的。

竣工支付尽管内容多、工作量大，涉及各种费用的全面计算，但只要合同正常履行，项目法人基本上也是全面授权的。

项目法人往往也全面授权给监理工程师对保留金的退还进行把关。

监理工程师应熟悉各种支付的性质、依据、作用、程序以及为熟练操作而需要进行的例行工作内容。

2. 有限授权

我国现行管理体制下的工程施工合同条件［如《水利水电工程施工合同和招标文件示范文本》（GF—2000—0208）中的合同条件等］以及 FIDIC 合同条件中均指明，由项目法人主办该工程，对永久工程的成败、投资活动的成败负有全部责任，因此，项目法人不能不是施工阶段的全部活动的施控主体。除了在程序性控制工作之外，项目法人对涉及费用变动的问题必然对监理工程师的权力具有有限授权的性质。即使在程序性控制的全面授权中，项目法人对监理工程师的支付基础——质量和计量工作，仍然要进行经常性的检查和监督。

在涉及费用变动的支付中，项目法人往往采取有限授权的办法来限制监理工程师的权力，以使实际实现的工程费用不致超出其可接受的一定范围。FIDIC 合同条件的一个基本原则是，监理工程师有权决定额外付款。同时也指出，如果项目法人希望限制监理工程师的权力，则应在合同第Ⅱ部分明确规定。在合同第Ⅱ部分中，项目法人往往把监理工程师的支付权力限制在一定范围内。

项目法人对监理工程师在费用变动方面的有限授权具有普遍性，然而授权范围的大小，对不同的合同可以有很大差别。

项目法人限制监理工程师支付权力的主要办法是：

（1）在合同第Ⅱ部分写明授权支付的金额限制，超过此限额的额外支付（变更、索赔等）则规定要报项目法人批准。

（2）在项目法人与监理工程师签订的委托服务合同中规定程序限制。当发生超过一定金额的费用变动支付时，项目法人规定监理工程师必须与之协商确定等。

在监理实践中，项目法人授权的限制程度没有统一规定。不同的具体合同，其授权的限制程度一般也不同，这与项目法人的资金状况、项目法人对监理工程师能力的信任以及承包商的素质等多种因素有关。

（二）支付的条件

计价支付是监理工程师投资控制的重要环节，监理工程师既要熟悉计价支付业务，又要具有严谨、廉洁、公正的工作作风。按照我国现行管理体制下的工程施工合同条件以及FIDIC合同条件的规定，工程支付必须符合以下条件。

1. 质量合格的工程项目

工程质量达到合同规定的标准，工程项目才予以计量，这也是工程支付的必备条件。监理工程师只对质量合格的工程项目予以支付，对于不合格的项目，要求承包商修复、返工，直到达到合同规定标准后，才予以计量支付。

2. 有监理工程师变更通知的变更项目

合同条件规定，承包商没有得到监理工程师的变更指示，不得对工程进行任何变更。未经监理工程师批准的任何工程变更，不管其必要性和合理性如何，一律不予支付。

3. 符合合同文件的规定

工程的任何一项支付，都必须符合合同文件的规定，这既是为了维护项目法人的利益，又是监理工程师投资控制的权限所在。例如，监理工程师只有在暂定金额范围内支付计日工和意外事件费用，超出合同规定的暂定金额数目时，应重新得到承包人的批准。又如，动员预付的款额应符合投标书附件中规定的数量，支付的条件应满足合同的有关规定，即承包商只有在签订了合同协议书、提供了履约担保、提供了动员预付款的担保（如果合同要求）且其月支付款应大于合同规定的最低限额时，才予以支付动员预付款。

4. 月支付款应大于合同规定的最低限额

FIDIC合同条件规定，承包商每月应得到的支付款额（已扣除了保留金及其他应扣款后的款额）等于或小于合同规定的阶段证书的最低限额时才予以支付。不予支付的金额将按月结转，直到批准的付款金额达到或超过最低限额时，才予以支付。

5. 承包商的工程活动使监理工程师满意

为了确保监理工程师在合同管理中的核心地位，并通过经济手段约束承包商全面履行合同中规定的各项责任和义务，FIDIC合同条件赋予了监理工程师在支付方面的充分权力，规定："监理工程师可通过任何临时证书对他所签发过的任何原有的证书进行任何修正或更改，如果他对任何工作执行情况不满，他有权在任何临时证书中删去或减少该工作的价值。"

（三）工程价款的结算

按现行规定，工程价款结算可以根据不同情况采取多种方式。

(1) 按月结算。即先预付工程备料款，在施工过程中按月结算工程进度款，竣工后进行竣工结算。我国现行工程价款结算中，相当一部分实行按月结算方式。

(2) 竣工后一次结算。建设项目或单项工程全部建筑安装工程建设期在12个月以内，或者工程承包合同价在100万元以下的，可以实行工程价款每月月中预支，竣工后一次结算。

(3) 分段结算。即当年开工，当年不能竣工的单项工程或单位工程按照工程形象进度，划分不同阶段进行结算。分段结算可以按月预支工程款。

实行竣工后一次结算和分段结算的工程，当年结算的工程款应与分年度的工作量一致，年终不另行清算。

(4) 结算双方约定的其他结算方式。

1) 由承包人自行采购建筑材料的，发包单位可在双方签订合同后，按年度工作量的一定比例向承包人预付备料，并在一个月内付清。

2) 由项目法人供应材料，其材料可按合同约定价格转给承包人，材料价款在结算工程款时陆续扣回。这部分材料，承包人不收取备料款。

上述结算款在施工期间一般不应超过承包价的95%，另外5%的尾款在工程竣工验收后按规定清算。

(四) 预付款

工程预付款是建设工程施工合同订立后由项目法人按照合同约定，在正式开工前预支付给承包人的工程款，是施工准备和所需材料、结构件等流动资金的主要来源。预付工程款的具体事宜由发承包双方根据建设行政主管部门的规定，结合工程款、建设工期和包工包料情况在合同中约定。

根据《水利工程设计概（估）算编制规定》，预付款一般可划分为工程预付款和工程材料预付款两部分。

1. 工程预付款的支付与扣还

工程预付款是项目法人为了帮助承包人解决工程施工前期资金周转困难而提前给付的一笔款项，仅仅是相当于建设单位给承包人的无息贷款，主要供承包人为添置本合同工程施工设备以及承包人需要预先垫支的部分费用。按合同规定，工程预付款需在以后的进度付款中扣还。工程是否实行预付款，取决于工程性质、工程规模以及发包人在招标文件中的规定。

(1) 工程预付款的支付条件。

1) 发包人与承包人之间的协议书已签订并生效。

2) 承包人根据合同条款，在收到中标通知书后28天内已向业主提供了履约担保。

3) 承包人根据合同的格式与要求已提交了预付款保函（数额等同于工程预付款）。

(2) 工程预付款的支付。在合同签订后，承包商必须按合同规定办理预付款保函。该保函应在承包人收回全部预付款之前一直有效。监理工程师在审查了承包商的预付款保函后，应按合同规定开具向承包商支付预付款的证明。工程预付款的总金额为合同价格的10%～20%，分两次支付给承包人。第一次预付款的金额应不低于工程预付款的40%。工程预付款总金额的额度和分次付款比例，应根据工程的具体情况由项目法人通过编制合同资金流计划予以测定，并在专用条款中规定。第一次预付款应在协议书签署21天内，并在承包人向项目法人提交了经项目法人认可的付款保函后支付。第二次支付需待承包人主要设备进入工地后，其完成的工作和进场的设备的估算价值已达到预付款金额时，由承包人提出书面申请，经监理单位核实后出具付款证书提交给项目法人，项目法人收到监理单位出具的付款证书后的 14 天内支付给承包商。

工程预付款分两次支付，是考虑了当前承包人提交预付款保函的困难。只要求承包人提交第一次工程预付款保函，第二次工程预付款不需要保函，而用进入工地的承包人设备作为抵押，代替保函。

(3) 工程预付款的扣还。工程预付款由项目法人从月进度付款中扣回。在合同累计完成金额达到专用合同条款规定的数额时开始扣款，直至合同累计完成金额达到专用合同条款规定的数额时全部扣清。在每次进度付款时，累计扣回的金额按式 (8-7) 计算：

$$R=\frac{A}{(F_2-F_1)S}(C-F_1S) \tag{8-7}$$

式中 R——每次进度付款中累计扣回的金额；

A——工程预付款总金额；

S——合同价格；

C——合同累计完成金额；

F_1——按专用合同条款规定开始扣款时合同累计完成金额达到合同价格的比例；

F_2——按专业合同条款规定全部扣清时合同累计完成金额达到合同价格的比例。

开始扣款的时间通常为合同累计完成金额达到合同价格的 20%时，全部扣清的时间通常为合同累计完成金额达到合同价格的 90%时，可视工程的具体情况酌定。

预付款的支付与扣还方式应在合同中明确地规定下来。如果在合同实施中发生了整个工程移交证书颁发时或合同中止等情况时，工程预付款仍未扣清，未扣偿清的工程预付款余额应全部、一次退还给发包人。

2. 工程材料预付款

水利工程一般规模较大，所需材料的种类和数量较多，提前备料所需资金较大，因此考虑向承包商支付一定数量的材料预付款。材料预付款用于帮助承包商在施工初期购进成为永久工程组成部分的主要材料的款项。用于具体工程时，工程的主要材料应在专用合同条款中指明，如水泥、钢筋、钢板和其他钢材等。《水利水电工程施工合同和招标文件示范文本》规定，专用合同条款中规定的工程主要材料到达工地并满足以下条件后，承包人可向监理工程师提交材料预付款支付申请单，要求给予材料预付款。

(1) 材料的质量和储存条件符合《技术条款》的要求。

(2) 材料已到达工地，并经承包人和监理工程师共同验点入库。

(3) 承包人应按监理工程师的要求提交材料的订货单、收据或价格证明文件。

预付款金额为经监理工程师审核后的实际材料价的 90%，在月进度付款中支付。预付款从付款月后的 6 个月内在月进度付款中每月按该预付款金额的 1/6 平均扣还。上述材料不宜大宗采购后在工地仓库存放过久，应尽快用于工程，以免材料变质和锈蚀。由于形成工程后，承包人即可从项目法人处得到工程付款，故按材料使用的大致周期规定该预付款从付款月后 6 个月内扣清。

(五) 工程进度款的支付

工程进度款的支付常采用阶段付款的方式。阶段付款是按照工程施工进度分阶段对承包商支付的一种付款方式。在水利水电工程施工承包合同中，工程进度款的支付，一般按当月实际完成工程量进行结算，工程竣工后办理竣工结算。在工程竣工前，承包人收取的工程预付款和进度款的总额一般不超过建筑安装工程造价的95%，预留5%作为尾款，在工程竣工结算时除保留金外一并清算。

1. 月支付的程序

（1）承包商每月月初应向监理工程师递交上月所完成的工程量分项清单及其相应附件、合同工程量清单中其他表列项目的支付申请（如计日工）、进场永久工程设备清单、进场材料清单及其证明文件以及按合同规定有权得到的其他金额。

（2）监理工程师对承包商递交的支付申请材料进行审核，并将审核后的材料返回承包商。监理工程师有权通过对以往历次已签证的月进度付款证书的汇总和复核中发现的错、漏或重复进行修正或更改；承包人亦有权提出此类修正或更改。经双方复核同意的此类修正或更改，应列入月进度付款证书中予以支付或扣除。

（3）承包商根据监理工程师审核后的工程量和其他项目，计算应支付的费用，并向监理工程师正式递交进度支付申请。

承包人应在每月末按监理工程师规定的格式提交月进度付款申请单（一式4份），工程价款月支付申请一般包括以下内容：①本月已完成的并经监理机构签认的《工程量清单》中的工程项目的应付金额；②经监理机构签认的当月计日工的应付金额；③工程材料预付款金额；④价格调整金额；⑤承包人应有权得到的其他金额；⑥工程预付款和工程材料预付款扣回金额；⑦保留金扣留金额；⑧合同双方争议解决后的相关支付金额。

（4）监理工程师在收到月进度付款申请单后的14天内完成核查，并向项目法人出具月进度付款证书，提出他认为应当到期支付给承包人的金额。

（5）支付凭证报送项目法人。项目法人收到监理工程师签证的月进度付款证书并审批后支付给承包人，支付时间不应超过监理工程师收到月进度付款申请单后28天。若不按期支付，则应从逾期第一天起按专用合同条款中规定的逾期付款违约金加付给承包人。

2. 月支付的控制

在月支付费用控制中，监理工程师都应认真审查、核定、分析，严格把关，尤其应加强下列环节的工作，并有权开具或不开具支付证书：①月报表中所开列的永久工程的价值，必须以质量检验的结果和计量结果为依据，签认的合格工程及其计量数量应经监理工程师认可；②必须以预定的进度要求为依据，一般以扣除保留金额及其他本期应扣款额后的总额大于投标书中规定的最小金额为支付依据；小于这个金额，监理工程师不开具本期支付证书；③承包商运进现场的用于永久工程的材料必须是合格的，有材料出厂（场）证明，有工地抽检试验证明，有经监理人员检验认可的证明，不合格材料不但得不到材料预付款支付，不准使用，而且必须尽快运出现场，如果到时不能运出，监理工程师将雇人将其运出，一切费用由该承包商承担；④未经监理工程师事先批准的计日工，不给承包商支付；⑤把好价格调整和索赔关。

工程价款月支付属工程施工合同的中间支付，监理机构或按照施工合同的约定，对中间支付的金额进行修正和调整，并签发付款证书。

（六）完工支付（完工结算）

在永久工程竣工、验收、移交后，监理工程师应开具完工支付证书，在项目法人与承包商之间进行完工结算。完工支付证书是对项目法人以前支付过的所有款额以及项目法人有权得到的款额的确认，指出项目法人还应支付给承包商或承包商还应支付给项目法人的余额，具有结算的性质。因此，完工支付也叫完工结算。

完工支付证书与阶段付款证书不同。阶段付款证书是以监理工程师审核结果为准的，可以将承包商申请的款项删掉，可以对前一个阶段付款进行修正，也可以将认为满意了的项目加在下一个阶段付款证书中；阶段付款证书的支付项目与支付金额，按合同规定以及视监理工程师满意或不满意审核认定，而完工支付证书的结算性质决定了监理工程师已无后续证书可以修正，因此他必须与承包商在其提出的竣工报告草稿的基础上协商并达成一致的意见。

完工支付证书必须以所有阶段付款证书为基础，但又必须处理好各种有争议的款项，在支付证书中不再出现未经解决的有争议的款项。例如最常见的关于索赔费用的争议，虽然 FIDIC 合同条件允许索赔费用在完工支付证书中支付，但对事件本身，应在此之前解决完毕。

完工支付证书是对监理工程师费用控制工作的全面总结，要全面清理和准确审核工程全过程发生的实际费用，工作量是较大的。

1. 完工支付的内容

确认按照合同规定竣工应支付给承包商的款额；确认项目法人以前支付的所有款额以及项目法人有权得到的款额；确认项目法人还应支付给承包商或者承包商还应支付给项目法人的余额，双方以此余额相互找清。

2. 完工支付的程序

(1) 承包商提出完工验收申请报告。当工程具备以下条件时，承包人即可向项目法人和监理工程师提交完工验收申请报告（附完工资料）。

1) 已完成了合同范围内的全部单位工程以及有关的工作项目，但经监理工程师同意列入保修期内完成的尾工项目除外。

2) 已按规定备齐了符合合同要求的完工资料。

3) 已按监理工程师的要求编制了在保修期内实施的尾工工程项目清单和未修补的缺陷项目清单以及相应的施工措施计划。

完工资料（一式 6 份）应包括：

1) 工程实施概况和大事记。

2) 已完工程移交清单（包括工程设备）。

3) 永久工程竣工图。

4) 列入保修期继续施工的尾工工程项目清单。

5) 未完成的缺陷修复清单。

6) 施工期的观测资料。

监理工程师指示应列入完工报告的各类施工文件、施工原始记录（含图片和录像资料）以及其他应补充的完工资料。

(2) 完工验收，监理工程师颁发移交证书。监理工程师收到承包人按合同条款规定提交的完工验收申请报告后，应审核其报告的各项内容，并按以下不同情况进行处理。

1）监理工程师审核后发现工程尚有重大缺陷时，可拒绝或推迟进行完工验收，但监理工程师应在收到完工验收申请报告后的28天内通知承包人，指出完工验收前应完成的工程缺陷修复和其他的工作内容和要求，并将完工验收申请报告同时退还给承包人。承包人应在具备完工验收条件后重新申报。

2）监理工程师审核后对上述报告及报告中所列的工作项目和工作内容持有异议时，应在收到报告后的28天内将意见通知承包人，承包人应在收到上述通知后的28天内重新提交修改后的完工验收申请报告，直至监理工程师同意为止。

3）监理工程师审核后认为工程已具备完工验收条件，应在收到完工验收申请报告后的28天内提请项目法人进行工程验收。项目法人在收到完工验收申请报告后的56天内签署工程移交证书，颁发给承包人。

4）在签署移交证书前，应由监理工程师与项目法人和承包人协商核定工程的实际完工日期，并在移交证书中写明。

监理工程师审核后认为工程已具备完工验收条件，应在收到完工验收申请报告后的28天内提请项目法人进行工程验收。项目法人在收到完工验收申请报告后的56天内签署工程移交证书，颁发给承包人。

（3）承包商提交完工付款申请。在本合同工程移交证书颁发后的28天内，承包人应按监理工程师批准的格式提交一份完工付款申请单（一式4份），并附有下述内容的详细证明文件。

1）至移交证书注明的完工日期止，根据合同所累计完成的全部工程价款金额。

2）承包人认为根据合同应支付给他的追加金额和其他金额。

（4）监理工程师开具付款证明。监理工程师应在收到承包人提交的完工付款申请单后的28天内完成复核，并与承包人协商修改后，在完工付款申请单上签字和出具完工付款证书报送项目法人审批。项目法人应在收到上述完工付款证书后的42天内审批后支付给承包人。若项目法人不按期支付，则应按合同规定的办法将逾期付款违约金加付给承包人。

（七）保留金的扣留与退还

1．保留金的扣留

保留金也叫滞留金或滞付金，是发包人从承包人完成的合同工程款额中扣留的用于承包人完成工程缺陷修复和尾工义务的担保。合同一般规定，监理工程师应从第一个月开始，在给承包人的月进度付款中扣留按专用合同条款规定百分比（一般为应支付价款的5％～10％）的金额作为保留金（其计算额度不包括预付款和价格调整金额），直至扣留的保留金总额达到专用合同条款规定的数额为止。

2．保留金的退还

随着工程项目的完工和保修期满，发包人应依据合同规定向承包人退还扣留的保留金，一般分两次退还，具体方式为：

（1）当整个工程通过完工验收并颁发移交证书后14天内，监理人应开具支付证书将所扣保留金的一半支付给承包人。如果是颁发部分工程的移交证书，监理人则应开具证书将与该部分永久工程价值相应的保留金余额的一半付给承包人。

（2）剩余的保留金在全部工程保修期满后退还给承包人。需要注意的是监理人在颁发了缺陷责任证书后，若仍发现有工程缺陷应由承包人维修，剩余的保留金仍可暂不退还。

（八）最终结算

在缺陷责任期终止后，并且监理工程师颁发了缺陷责任证书，可进行工程的最终结算，程序如下。

（1）保修责任终止证书。在整个工程保修期满后的28天内，由项目法人或授权监理工程师签署和颁发保修责任终止证书给承包人。若保修期满后还有缺陷未修补，则需待承包人按监理工程师的要求完成缺陷修复工作后，再发保修责任终止证书。尽管颁发了保修责任终止证书，项目法人和承包人均仍应对保修责任终止证书颁发前尚未履行的义务和责任负责。

（2）承包商向项目法人提交书面清单。承包人在收到保修责任终止证书后的28天内，按监理工程师批准的格式向监理工程师提交一份最终付款申请单（一式4份），该申请单应包括以下内容，并附有关的证明文件。

1）按合同规定已经完成的全部工程价款金额。

2）按合同规定应付给承包人的追加金额。

3）承包人认为应付给他的其他金额。

若监理工程师对最终付款申请单中的某些内容有异议时，有权要求承包人进行修改和提供补充资料，直至监理工程师同意后，由承包人再次提交经修改后的最终付款申请单。

承包人向监理工程师提交最终付款申请单的同时，应向项目法人提交一份结清单，并将结清单的副本提交监理工程师。该结清单应证实最终付款申请单的总金额是根据合同规定应付给承包人的全部款项的最终结算金额。但结清单只在承包人收到退还履约担保证件和项目法人已向承包人付清监理工程师出具的最终付款证书中应付的金额后才生效。

（3）监理工程师签发最终支付证书。监理工程师收到经其同意的最终付款申请单和结清单副本后的14天内，向项目法人出具一份最终付款证书提交项目法人审批。最终付款证书应说明：

1）按合同规定和其他情况应最终支付给承包人的合同总金额。

2）项目法人已支付的所有金额以及项目法人有权得到的全部金额。

（4）最终支付。项目法人审查监理工程师提交的最终付款证书后，若确认还应向承包人付款，则应在收到该证书后的42天内支付给承包人。若确认承包人应向项目法人付款，则项目法人应通知承包人，承包人应在收到通知后的42天内付还给项目法人。不论是项目法人或承包人，若不按期支付，均应按专用合同条款规定的办法将逾期付款违约金加付给对方。

（九）备用金（暂定金额）

1. 备用金的使用

在工程招投标期间，对于没有足够资料可以准确估价的项目和意外事件，可以采取备用金的形式在招标文件的工程量清单中列出。备用金又称暂定金额，指由项目法人在工程量清单中专项列出的用于签订协议书时尚未确定或不可预见项目的备用金额。该项金额应按监理工程师的指示，并经项目法人批准后才能动用。承包人仅有权得到由监理工程师决定列入备用金有关工作所需的费用和利润。监理工程师应与项目法人协商后，将决定通知承包人。除了按合同文件中规定的单价或合价计算的项目外，承包人应提交监理工程师要求的属于备用金专项内开支的有关凭证。监理工程师可以指示承包人进行上述备用金项下的工作，并根据合同关于变更的规定办理。

2. 计日工支付

计日工亦称“点工”或“散工”，是指在合同实施的过程中，某些零星的工作在工程量清单中没有包括，监理人认为这些工作有必要进行并认为按计日工更适宜，从而以数量或时间的消耗为基础进行计量与支付的工作。例如，施工中发现了具有考古价值的文物、化石等需要开挖，发现了难以预见的地下障碍等。

在招标文件中，包含有一套零星的计日工表，表中标明了工程设备类型、材料、人工、施工机械设备等预估项目；有的招标文件还给出了这些设备、材料、人工和机械设备的名义工程量。投标人对这个表的单价进行填报，有名义工程量的还要计算合价和总价。计日工实质上也属于备用金的性质，作为一笔预备费，其价款支付也包含在备用金之内。

对于计日工的支付，一般应符合以下规定：

（1）以计日工的形式进行的任何工作，必须有监理人的指示。

（2）经监理人批准以计日工的形式进行的工作，承包人在施工过程中，每天应向监理人提交参加该项计日工工作的人员姓名、职业、级别、工作时间和有关的材料、设备清单和使用的消耗量及耗时，同时每月向监理人提交一份关于记录计日工工作所用的劳力、材料、设备价格和数量以及时间消耗的报表。

计日工随工程进度款一并支付。

（十）合同解除后的结算

解除合同是指在履行合同过程中，由于某些原因而使继续履行合同成为不合适或不可能，从而终止合同的履行。对施工承包合同，有三种情况下的解除合同：承包人违约，业主违约和不可抗力引起的解除合同。

1. 承包人违约引起解除合同后的结算

因承包人违约造成施工合同解除的，监理人应就合同解除前承包人应得到但未支付的下列工程价款和费用签发付款证书，但应扣除根据施工合同约定应由承包人承担的违约费用：

（1）已实施的永久工程合同金额。

（2）工程量清单中列有的、已实施的临时工程合同金额和计日工金额。

（3）为合同项目施工合理采购、制备的材料、构配件、工程设备的费用。

（4）承包人依据有关规定、约定应得到的其他费用与违约费用之差。

2. 业主违约引起解除合同后的结算

因发包人违约造成施工合同解除的，监理人应就合同解除前承包人所应得到但未支付的下列工程价款和费用签发付款证书：

（1）已实施的永久工程合同金额。

（2）工程量清单中列有的、已实施的临时工程合同金额和计日工金额。

（3）为合同项目施工合理采购、制备的材料、构配件、工程设备的费用。

(4) 承包人的退场费用。

(5) 由于解除施工合同给承包人造成的直接损失。

(6) 承包人依据有关规定、约定应得到的其他费用。

3. 不可抗力引起解除合同后的结算

在履行合同过程中，发生不可抗力事件使一方或双方无法继续履行合同时，可解除合同。因不可抗力致使施工合同解除的，监理人应根据施工合同约定，就承包人应得到但未支付的下列工程价款和费用签发付款证书：

(1) 已实施的永久工程合同金额。

(2) 工程量清单中列有的、已实施的临时工程合同金额和计日工金额。

(3) 为合同项目施工合理采购、制备的材料、构配件、工程设备的费用。

(4) 承包人依据有关规定、约定应得到的其他费用。

七、工程变更价款的确定

在工程项目的实施过程中，由于多方面的情况变更，经常出现工程量变化、施工进度变化，以及项目法人与承包方在执行合同中的争执等许多问题。由于工程变更所引起的工程量的变化、承包商的索赔等，都有可能使项目投资超出原来的预算投资，监理工程师必须严格予以控制，密切注意其对未完工程投资支出的影响和对工期的影响。

(一) 变更的概念

变更是指对施工合同所做的修改、改变等，从理论上来说，变更就是施工合同状态的改变，施工合同状态包括合同内容、合同结构、合同表现形式等，合同状态的任何改变均是变更。水利水电土建工程受自然条件等外界的影响较大，工程情况比较复杂，且在招标阶段未完成施工图设计，因此，在施工合同签订后的实施过程中不可避免地会发生变更。

(二) 变更的范围和内容

在履行合同过程中，变更经发包人同意后，监理人可按发包人的授权指示承包人进行各种类型的变更。变更的范围和内容如下。

1. 增加或减少合同中任何一项工作内容

在合同履行过程中，如果合同中的任何一项工作内容发生变化，包括增加或减少，均须监理人发布变更指示。

2. 增加或减少合同中的工程量超过专用合同条款规定的百分比

FIDIC 合同条件专用条件 52.2 款规定，供当事人在签订合同时考虑。当某一项目涉及的款额超过合同价的 2%，以及在该项目下实施的实际工程量超出或少于工程量表中规定的工程量的 25%以上时，一般应视为变更，应按变更处理，并允许对合同价进行调整。

FIDIC 合同条件专用条件 52.3 款规定，当工程变更合同价的增加或减少值合起来超过有效合同价（合同价减去暂定金额及计日工）的 15%，一般应视为变更，应按变更处理，并允许对合同价进行调整。

3. 取消合同中任何一项工作

如果发包人要取消合同任何一项工作，应由监理人发布变更指示，按变更处理，但被取消的工作不能转由发包人实施，也不能由发包人雇佣其他承包人实施。此规定主要为了防止发包人在签订合同后擅自取消合同价格偏高的项目，转由发包人自己或其他承包人实施而使本合同承包人蒙受损失。

4. 改变合同中任何一项工作的标准或性质

对于合同中任何一项工作的标准或性质，合同技术条款都有明确的规定，在施工合同实施中，如果根据工程的实际情况，需要提高标准或改变工作性质，同样需监理人按变更处理。

5. 改变工程建筑物的形式、基线、标高、位置或尺寸

如果施工图纸与招标图纸不一致，包括建筑物的结构形式、基线、高程、位置以及规格尺寸等发生任何变化，均属于变更，应按变更处理。

6. 改变合同中任何一项工程的完工日期或改变已批准的施工顺序

合同中任何一项工程都规定了其开工日期和完工日期，而且施工总进度计划、施工组织设计、施工顺序已经监理人批准，要改变就应由监理人批准，按变更处理。

7. 追加为完成工程所需的任何额外工作

额外工作是指合同中未包括而为了完成合同工程所需增加的新项目，如临时增加的防汛工程或施工场地内发生边坡塌滑时的治理工程等额外工作项目。这些额外的工作均应按变更项目处理。

需要说明的是，以上范围内的变更项目未引起工程施工组织和进度计划发生实质性变动和不影响其原定的价格时，不予调整该项目单价和合价，也不需要按变更处理的原则处理。例如：若工程建筑物的局部尺寸稍有修改，虽将引起工程量的相应增减，但对施工组织设计和进度计划无实质性影响时，不需按变更处理。

另外，监理人发布的变更指令内容，必须是属于合同范围内的变更。即要求变更不能引起工程性质有很大的变动，否则，应重新订立合同。因为若合同性质发生很大的变动而仍要求承包人继续施工是不恰当的，除非合同双方都同意将其作为原合同的变更。所以，监理人无权发布不属于本合同范围内的工程变更指令，否则，承包人可以拒绝。

（三）变更的价款调整原则

当工程变更需要调整合同价格时，可按以下三种不同情况确定其单价或合价。承包人在投标时提供的投标辅助资料，如单价分析表、总价合同项目分解表等，经双方协商同意，可作为计算变更项目价格的重要参考资料。

（1）当合同工程量清单中有适用于变更工作的项目时，应采用该项目单价或合价。

（2）当合同工程量清单中无适用于变更工作的项目时，则可在合理的范围内参考类似项目的单价或合价作为变更估价的基础，一由监理人与承包人协商确定变更后的单价或合价。

（3）当合同工程量清单中无类似项目的单价或合价可供参考，则应由监理人与发包人和承包人协商确定新的单价或合价。

（四）变更的报价

（1）承包人收到监理工程师发出的变更指示后28天内，应向监理工程师提交一份变更报价书，其内容应包括承包人确认的变更处理原则和变更工程量及其变更项目的报价单。监理工程师认为必要时，可要求承包人提交重大变更项目的施工措施、进度计划和单价分析等。

(2) 承包人对监理工程师提出的变更处理原则持有异议时，可在收到变更指示后 7 天内通知监理工程师，监理工程师则应在收到通知后 7 天内答复承包人。

(五) 变更支付应遵循的原则

(1) 凡是属于承包商违约或毁约，或由于他的责任导致监理工程师有必要发出变更指令的情况，则由此造成的附加费用，应由承包商承担，而且不准出现在或包含在月支付申请表中。

(2) 当监理工程师认为有必要对工程或其中任何部分的形式、质量或数量作出任何变更时，应向承包商发布工程变更通知令，承包商在按要求完成这一变更工程后，可根据工程变更令中确定的单价或价格进行支付申请，填入月支付申请表中。

(六) 变更决定

(1) 监理工程师应在收到承包人变更报价书后 28 天内对变更报价书进行审核后作出变更决定，并通知承包人。

(2) 项目法人和承包人未能就监理工程师的决定取得一致意见，则监理工程师可暂定他认为合适的价格和需要调整的工期，并将其暂定的变更处理意见通知项目法人和承包人，此时承包人应遵照执行。对已实施的变更，监理工程师可将其暂定的变更费用列入月进度付款中。但项目法人和承包人均有权在收到监理工程师变更决定后的 28 天内要求提请争议调解组解决，若在此期限内双方均未提出上述要求，则监理工程师的变更决定即为最终决定。

(3) 在紧急情况下，监理工程师向承包人发出的变更指示，可要求立即进行变更工作。承包人收到监理工程师的变更指示后，应先按指示执行，向监理工程师提交变更报价书，监理工程师则仍应补发变更决定通知。

(七) 工程变更的实施

(1) 经监理机构审查同意的工程变更建议书需报项目法人批准。

(2) 经项目法人批准的工程变更，应由项目法人委托原设计单位负责完成具体的工程变更设计工作。

(3) 监理机构核查工程变更设计文件、图纸后，应向承包人下达工程变更指示，承包人据此组织工程变更的实施。

(4) 监理机构根据工程的具体情况，为避免耽误施工，可将工程变更分两次向承包人下达：先发布变更指示（变更设计文件、图纸），指示其实施变更工作。

待合同双方进一步协商确定工程变更的单价或合价后，再发出变更通知（变更工程的单价或合价）。

八、合同价格调整

在项目范围内的变更项目，未引起工程施工组织和进度计划发生实质性变动，不影响其原定的价格，则不予调整该项目的单价。当变更较大，需调整合同价格时，则应由监理人与发包人和承包人协商确定新的单价或合价。

(一) 引起合同价调整的原因

1. 工程变更

(1) 工程量变化。

(2) 新增项目。出现招标文件规定的工作范围以外的工作项目叫新增项目。从合同含义上分析，新增工程应按其工程范围划分附加工程和额外工程两种：属于工程项目合同范围的新增工程，称为附加工程；超出工程项目合同范围以外的新增工程，称为额外工程。

(3) 不利的自然条件。

(4) 工期调整。

(5) 物价上涨。

(6) 后续立法变更。

(7) 项目法人风险及特殊风险。

(二) 调整施工单价

1. 改变原定单价的方式

投标文件中工程量清单所列的各个工作项目的单价，即原定单价，对于固定单价合同来说，是不能变更的。因为它是竞争性招标过程中承包商对项目法人招标邀请的要约，具有一定的法律约束力，是承包商中标的条件之一，没有特殊情况，是不能变更的。

但是，在承包商施工实践中，工程量、工期、施工条件等不断变化，使承包商原来确定单价的根据发生了变化。这时，固定单价合同中的施工单价则是可以变动的。

根据承包商提出的改变施工单价的理由和论证资料，在符合下列情况时，对单价进行调整。

(1) 标书规定的施工顺序或时间发生了变化，使施工的难度增大，时间延长，费用增多。

(2) 合同规定的工程性质发生了变化，超出了合同的工作范围。

(3) 施工的连续性被破坏了，引起了施工拖期的波纹效应。

(4) 出现了不利的自然条件，使施工难度大为增加。

(5) 实际施工工期较原合同工期大量增延，引起施工直接费和间接费的增加。

(6) 施工进度受到外界或项目法人的干扰，施工效率降低，引起施工费用增加等。

监理工程师应该在发出变更指令起的 14 天内，向承包商正式通知施工新单价。否则，承包商有权不开始实施该项工程变更。

2. 单价调整方法

(1) 工效降低引起的单价调整：

$$A=a[1+(ET-EA)/ET] \quad (8-8)$$

式中　A——调整后的新单价；

a——工程量清单中的原单价；

ET——投标书中的施工效率，即原定效率；

EA——实际效率。

(2) 按工程成本确定单价。一个合理的施工单价，就比较接近实际的成本，并有适当的利润。

(三) 物价波动引起的合同价格调整的计算

建设项目的建设周期一般都比较长，在此期间，根据市场经济的特点，在项目招标时应该认真考虑物价上涨风险的承担问题，并且将物价上涨的风险，写入合同文件中。

通常引起价格变化的主要因素有以下几方面：

（1）由于人工劳务费用和材料设备费用的上涨，引起价格的变化。

（2）由于动力、燃料费用等的价格上涨，引起价格的变化。

（3）由于国家或省（自治区、直辖市）政策、法令的改变，引起工程费用的上涨。

（4）由于外币汇率的变化引起价格的变化。

（5）由于运输费的价格变化引起施工费用变化。

《工程建设项目施工招标投标办法》（2003 年 5 月 1 日，国家发展计划委员会、建设部、铁道部、交通部、信息产业部、水利部、民用航空总局、国家广电总局令第 30 号）规定：工期超过 12 个月的，招标文件中可以规定造价指数体系、价格调整因素、调整方法。

物价波动对合同价格调整常采用两种方法，即调价公式法和文件凭据法。调价公式法适用于社会经济信息健全，物价波动时有专业的机构发布物价波动的信息记录，包括材料、劳务、设备等。对没有物价信息记录或一些突发事件造成的物价波动，诸如立法的变更，只有采用文件凭据法进行调整了。

1. 调价公式法

《水利水电土建工程施工合同条件》规定的调价公式为：

$$\Delta P = P_0\left(A + \sum B_n \frac{F_{tn}}{F_{on}} - 1\right) \tag{8-9}$$

式中 ΔP——需调整的价格差额；

P_0——按付款证书中承包人应得到的已完成工程量的金额（不包括价格调整，不计保留金的扣留和支付以及预付款的支付和扣还；若变更已按现行价格计价的亦不计在内）；

A——定值权重（即不调部分的权重）；

B_n——各可调因子的变值权重（即可调部分的权重），为各可调因子在合同估算价中所占的比例；

F_{tn}——各可调因子的现行价格指数，指与付款证书相关周期最后一天前 42 天的各可调因子的价格指数；

F_{on}——各可调因子的基本价格指数，指投标截止日前 42 天的各可调因子的价格指数。

以上价格调整公式中的各可调因子、定值和变值权重，以及基本价格指数及其来源规定在投标辅助资料的价格指数和权重表内。价格指数应首先采用国家或省、自治区、直辖市的政府物价管理部门或统计部门提供的价格指数，若缺乏上述价格指数时，可采用上述部门提供的价格或双方商定的专业部门提供的价格指数或价格代替。

在计算调整差额时得不到现行价格指数，可暂用上一次的价格指数计算，并在以后的付款中再按实际的价格指数进行调整。

由于变更导致原定合同中的权重不合理时，监理工程师应与承包人和项目法人协商后进行调整。

除在专用合同条款中另有规定和上述调价原因外，其余因素的物价波动均不另行调价。

2. 文件凭据法

在使用文件凭据法调价时要注意以下问题：

（1）价格调整的范围和基准。采用文件证据法调价首先要仔细研究和明确合同文件中规定的价格调整的范围，哪些项要调，哪些项不调，采用何种方法调。在水电工程实施中，价格调整涉及的范围很广，包括下列各方面：

1）材料。水电工程建设中使用的材料除钢材、木材、水泥、油料、水工材料、粉煤灰等大宗材料以外，还有更多种类的建筑材料、电工器材。

2）劳务。包括不同工种、不同等级的劳务费用。

3）税费。需要交纳的税款包括关税、营业税、地方附加税、企业所得税、个人所得税、个人收入调节税、车辆牌照税、印花税等。

需要交纳的费用包括海关检验费、进口手续费、口岸管理费、车辆购置附加费、注册登记费、养路费等。

4）运输费。包括海运、空运、公路、铁路、内河航运的运费及各种附加费用。

5）通信和邮政费。包括国内外邮政及电信费用，如电话、电报、传真、函件、包裹、网络通信等。

6）施工用电。

以上涉及的各方面费用在施工期间价格都可能发生变化，价格涉及范围太广，一般在招标文件中限定调价的范围，其他材料涨价的风险由投标人承担。

对于可调的项目，必须明确调价的基准点，即补差的基本价格或原始价格，以及用以计算税费的文件公布日期，材料价格一般均在招标文件或投标文件中开列基本价格，同时招标文件还规定以开标前 28 天的立法状况或价格水平作为投标报价的依据，以此作为进行价格调整的基准。

（2）价差和补差数量的审核和计算方法。文件凭据法调价的基本公式：

$$\Delta M=(M-M_0)Q \tag{8-10}$$

式中　ΔM——应补偿差价；

M——现行价格；

M_0——合同文件中规定的投标基本价格；

Q——合同文件中规定允许补差的数量。

M_0 可以在招标文件中规定，投标人以此为基本价格报价。有时，也可采用投标人在投标文件中列出，经发包人认可作为调价的基本价格。M 为现行价格，由于市场条件复杂，采购的地点和厂家不一，所以同一种产品可能现行价格差别很大，因此，对承包人提交的发票应认真地审核。对控制价格调整来说，补差物资的数量审核同样极为重要。不能认为承包人采购的所有材料或物资都要补差，一般在合同文件中规定：只对用于主体工程并以图纸或其他容易核实的方法计量的材料物资才予以价格补差。

九、投资偏差分析

在确定了投资控制目标之后，为了有效进行投资控制，监理工程师必须定期进行投资计划值与实际值的比较，当实际值偏离计划值时，分析产生偏差的原因，采取适当的纠偏措施，以使投资超支尽可能小。

（一）投资偏差的概念

投资偏差是指投资的实际值与计划值的差异，即：投资偏差＝已完工程实际投资－已完工程计划投资

结果为正，表示投资超支；结果为负，表示投资节约。但是，进度偏差对投资偏差分析的结果有重要影响，如果不考虑就不能正确反映投资偏差的实际情况。如，某一阶段的投资超支，可能是由于进度超前导致的，也可能是由于物价上涨导致的。所以，必须引入进度偏差的概念。以时间表示的进度偏差为：进度偏差＝已完工程实际时间－已完工程计划时间。

为了与投资偏差联系起来，进度偏差也可用投资表示为：进度偏差＝拟完工程计划投资－已完工程计划投资。

拟完工程计划投资是指根据进度安排在某一确定时间内所应完成的工程内容的计划投资。即拟完工程计划投资＝拟完工程量（计划工程量）×计划单价。

进度偏差为正，表示工期拖延；结果为负，表示工期提前。但是以投资表示的进度偏差，其思路是可以接受的，但表达不严格。在实际应用时，为了便于工期调整，还需要将用投资差额表示的进度偏差转换为所需要的时间。

另外，在进行投资偏差分析时，还要考虑以下几组投资偏差参数。

1．局部偏差与累计偏差

局部偏差有两层含义：一是对于整个项目而言，指各单项工程、单位工程及分部分项工程的投资偏差；另一层含义是对于整个项目已经实施的时间而言，是指每一控制周期所发生的投资偏差。累计偏差是一个动态的概念，其数值总是与具体的时间联系在一起，第一个累计偏差在数值上等于局部偏差，最终的累计偏差就是整个项目的投资偏差。

局部偏差的引入，可使项目投资管理人员清楚了解偏差发生的时间、所在的单项工程，这有利于分析其发生的原因。而累计偏差所涉及的工程内容较多、范围较大，且原因也较复杂，因而累计偏差分析必须以局部偏差分析为基础。从另一方面来看，因为累计偏差分析是建立在对局部偏差进行综合分析的基础上，所以其结果更能显示出代表性和规律性，对投资控制工作在较大范围内具有指导作用。

2．绝对偏差和相对偏差

绝对偏差是指投资实际值与计划值比较所得到的差额，绝对偏差的结果很直观，有助于投资管理人员了解项目投资出现偏差的绝对数额，并依此采取一定的措施，制定或调整投资支付计划和资金筹措计划。但是，绝对偏差有其不容忽视的局限性。如同样是1万元的投资偏差，对于总投资1000万元的项目和总投资10万元的项目而言，其严重性显然是不同的。因此需要引入相对偏差的概念，其表达式为：

$$相对偏差=\frac{绝对偏差}{投资计划值}=\frac{投资实际值-投资计划值}{投资计划值} \qquad (8-11)$$

与绝对偏差一样，相对偏差可正可负，且两者同号。正值表示投资超支，反之表示投资节约。两者都只涉及投资的计划值和实际值，既不受项目层次的限制，也不受项目实施时间的限制，因而在各种投资比较中均可采用。

3．偏差程度

偏差程度是指投资实际值对计划值的偏离程度，其表达式为：

$$投资偏差程度=\frac{投资实际值}{投资计划值} \tag{8-12}$$

偏差程度可参照局部偏差和累计偏差分为局部偏差程度和累计偏差程度。需要注意的是，累计偏差程度并不等于局部偏差程度的简单相加。以月为一控制周期，则两者公式为：

$$投资局部偏差程度=\frac{当月投资实际值}{当月投资计划值} \tag{8-13}$$

$$投资累计偏差程度=\frac{累计投资实际值}{累计投资计划值} \tag{8-14}$$

将偏差程度与进度结合起来，引入进度偏差程度的概念，则可得到以下公式：

$$进度偏差程度=\frac{已完工程实际时间}{已完工程计划时间} \tag{8-15}$$

或

$$进度偏差程度=\frac{拟完工程计划投资}{已完工程计划投资} \tag{8-16}$$

上述各组偏差和偏差程度变量都是投资比较的基本内容和主要参数。投资比较的程度越深，为下一步的偏差分析提供的支持就越有力。

（二）偏差分析方法

常用的偏差分析方法有横道图法、表格法和曲线法。

1．横道图法

用横道图法进行投资偏差分析，是用不同的横道标识已完工程计划投资、拟完工程计划投资和已完工程实际投资，横道的长度与其金额成正比，如图 8－26 所示。

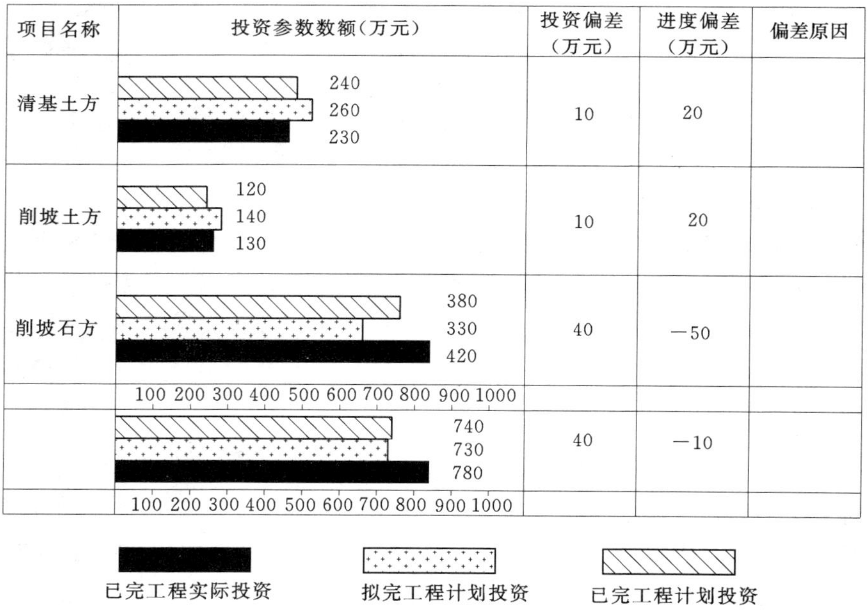

图 8－26　横道图法的投资偏差分析

横道图法具有形象、直观、一目了然等优点，能够准确表达出投资的绝对偏差，而且能够一眼感受到偏差的严重性。但是，这种方法反映的信息少，一般在项目的较高管理层应用。

2. 表格法

表格法是将项目的编号、名称、各投资参数以及投资偏差综合归纳入一张表格中，并且直接在表格中进行比较。由于各参数都在表中列出，使得投资管理者能够综合了解并处理这些数据。

表格法具有灵活、实用性强、信息量大、可借助于计算机等优点，是进行偏差分析最常用的一种方法。如表8-17所示为用表格法进行投资偏差分析的例子。

表8-17　　投资偏差分析表

名　　称	(1)	清基土方	削坡土方	削坡石方
计划单价(元/m^3)	(2)			
拟完工程量(万 m^3)	(3)			
拟完工程计划投资(万元)	(4)=(2)×(3)	256.50	137.57	331.34
已完工程量(m^3)	(5)			
已完工程计划投资(万元)	(6)=(2)×(5)	240.07	120.01	351.91
实际单价(元/m^3)	(7)			
其他款项(万元)	(8)			
已完工程实际投资(万元)	(9)=(5)×(7)+(8)	229.95	129.99	388.91
投资局部偏差(万元)	(10)=(9)-(6)	-10.12	9.98	37.01
投资局部偏差程度	(11)=(9)÷(6)	0.96	1.08	1.11
投资累计偏差(万元)	(12)=∑(10)			
投资累计偏差程度	(13)=∑(9)÷∑(6)			
进度局部偏差(万元)	(14)=(4)-(6)	16.43	17.56	-20.57
进度局部偏差程度	(15)=(4)÷(6)	1.07	1.15	0.94
进度累计偏差(万元)	(16)=∑(14)			
进度累计偏差程度	(17)=∑(4)÷∑(6)			

3. 曲线法（赢值法）

曲线法是用投资累计曲线（S形曲线）来进行投资偏差分析的一种方法，如图8-27所示。其中 a 表示投资实际值曲线，p 表示投资计划值曲线，两条曲线之间的竖向距离表示投资偏差。

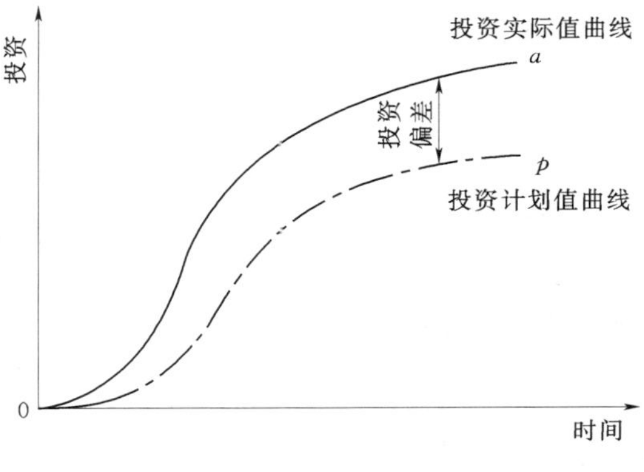

图8-27　投资计划值与实际值曲线

在用曲线法进行投资偏差分析时，首先要确定投资计划值曲线。投资计划值曲线是与确定的进度计划联系在一起的。同时，也应考虑实际进度的影响，应当引入投资参数曲线，即已完工程实际投资曲线

a，已完工程计划投资曲线 b 和拟完工程计划投资曲线 p，如图 8-28 所示。图中曲线 a 和曲线 b 的竖向距离表示投资偏差，曲线 b 与曲线 p 的水平距离表示进度偏差。

图 8-28 反映的偏差为累计偏差。用曲线法进行偏差分析同样具有形象、直观的特点，但这种方法很难直接用于定量分析，只能对定量分析起到一定的指导作用。

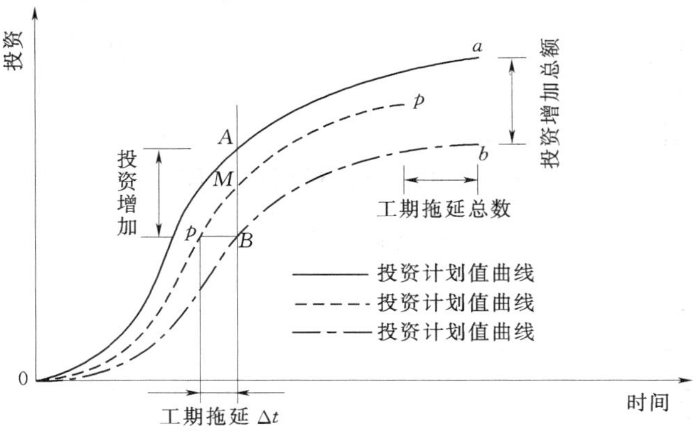

图 8-28　三条投资参数曲线

【例 8-10】　某工程项目施工合同于 2002 年 12 月签订，约定的合同工期为 20 个月，2003 年 1 月正式施工，施工单位按合同工期要求编制了混凝土结构工程施工进度时标网络计划，如图 8-29 所示，并经专业监理工程师审核批准。

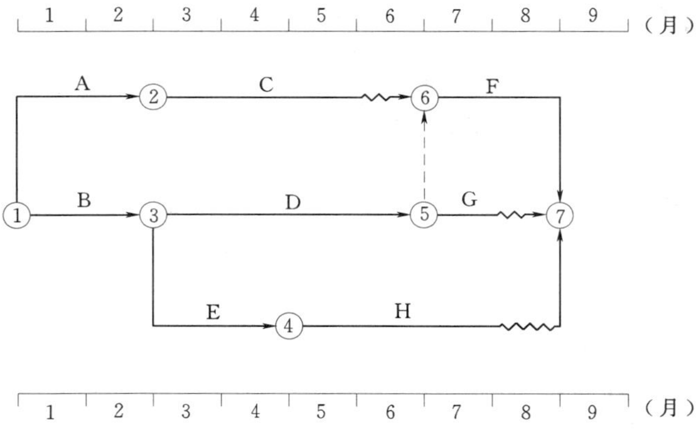

图 8-29　时标网络计划

该项目的各项工作均按最早开始时间安排，且各工作每月所完成的工程量相等。各工作计划工程量和实际工程量如表 8-18 所示。工作 D、E、F 的实际工作持续时间与计划工作持续时间相同。

合同约定，混凝土结构工程综合单价为 1000 元/m^3，按月结算。结算价按项目所在地混凝土结构工程价格指数进行调整，项目实施期间各月的混凝土结构工程价格指数如表 8-19 所示。

施工期间，由于项目法人原因使工作 H 的开始时间比计划的开始时间推迟 1 个月，并由于工作 H 工程量的增加使该工作的持续时间延长 1 个月。

表 8-18　　**计划工程量和实际工程量**　　单位：m^3

工　作	A	B	C	D	E	F	G	H
计划工程量	8600	9000	5400	10000	5200	6200	1000	3600
实际工程量	8600	9000	5400	9200	5000	5800	1000	5000

表 8-19　　**工程价格指数**　　%

时　间	12月	1月	2月	3月	4月	5月	6月	7月	8月	9月
混凝土结构工程价格指数	100	115	105	110	115	110	110	120	110	110

问题：

(1) 请按施工进度计划编制资金使用计划（即计算每月和累计拟完工程计划投资），并简要写出其步骤。计算结果填入如表 8-20 所示中。

(2) 计算工作 H 各月的已完工程计划投资和已完工程实际投资。

(3) 计算混凝土结构工程已完工程计划投资和已完工程实际投资，计算结果填入如表 8-20 所示中。

(4) 列式计算 8 月末的投资偏差和进度偏差（用投资额表示）。

【解】 1) 将各工作计划工程量与单价相乘后，除以该工作持续时间，得到各工作每月拟完工程计划投资额；再将时标网络计划中各工作分别按月纵向汇总得到每月拟完工程计划投资额；然后逐月累加得到各月累计拟完工程计划投资额。

2) H 工作 6～9 月每月完成工程量为：5000/4＝1250（m^3/月）

H 工作 6～9 月已完工程计划投资均为：1250×1000＝125（万元）

H 工作已完工程实际投资：

6 月：125×110%＝137.5（万元）

7 月：125×120%＝150（万元）

8 月：125×110%＝137.5（万元）

9 月：125×110%＝137.5（万元）

3) 计算结果填入表 8-20 中。

表 8-20　　**计算结果**　　单位：万元

项　目	投资数据								
	1月	2月	3月	4月	5月	6月	7月	8月	9月
每月拟完工程计划投资	880	880	690	690	550	370	530	310	
累计拟完工程计划投资	880	1760	2450	3140	3690	4060	4590	4900	
每月已完工程计划投资	880	880	660	660	410	355	515	415	125
累计已完工程计划投资	880	1760	2420	3080	3490	3845	4360	4775	4900
每月已完工程实际投资	1012	924	726	759	451	390.5	618	456.5	137.5
累计已完工程实际投资	1012	1936	2662	3421	3872	4262.5	4880.5	5337	5474.5

4）偏差分析：

8 月末投资偏差＝已完工程实际投资－已完工程计划投资＝5337－4775＝562（万元），超支 562 万元；

8 月末进度偏差＝拟完工程计划投资－已完工程计划投资＝4900－4775＝125（万元），拖后 125 万元。

（三）偏差原因分析

偏差分析的一个重要目的就是要找出引起偏差的原因，从而有可能采取有针对性的措施，减少或避免相同原因的再次发生。在进行偏差原因分析时，首先应将已经导致和可能导致偏差的各种原因逐一列举出来。导致不同工程项目产生偏差的原因具有一定共性，因而可以通过对已建项目的投资偏差原因进行归纳、总结，为该项目采用预防措施提供依据。

一般来说，产生投资偏差的原因有以下几种，如图 8－30 所示。

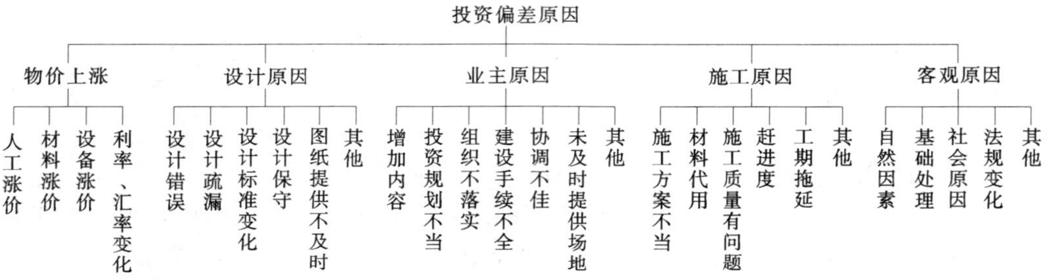

图 8－30　投资偏差原因

（四）纠偏

对偏差原因进行分析的目的是为了有针对性地采取纠偏措施，从而实现投资的动态控制和主动控制。

纠偏首先要确定纠偏的对象，如上面介绍的偏差原因，有些是无法避免和控制的，如客观原因。充其量只能对其中少数原因做到防患于未然，力求减少该原因所产生的经济损失。对于施工原因所导致的经济损失通常是由承包商自己承担的，从投资控制的角度只能加强合同的管理，避免被承包商索赔。所以，这些偏差原因都不是纠偏的主要对象。纠偏的主要对象是项目法人原因和设计原因造成的投资偏差。在确定了纠偏的主要对象之后，就需要采取有针对性的纠偏措施。纠偏可采用组织措施、经济措施、技术措施和合同措施等。

第四节　施工安全与环境保护控制

一、水利工程参建各方的安全生产责任

（一）建设工程安全生产法律制度

建设工程的安全生产，不仅关系到人民群众的生命和财产安全，而且关系到国家经济的发展，社会的全面进步。《中华人民共和国安全生产法》作为安全生产领域的基本法律，

全面规定了安全生产的原则、制度、具体要求及责任。作为新中国成立以来第一部全面规定安全生产各项制度的法律，它的出台不仅表明党中央、国务院对安全问题的高度重视，反映了人民群众对安全生产的意愿和要求，也是安全生产管理全面纳入法制化的标志，是安全生产各项法律责任完善与健全的标志。《中华人民共和国安全生产法》的实施，对于全面加强我国安全生产法制建设，强化安全生产监督管理，规范生产经营单位的安全生产，遏制重大、特大事故，促进经济发展和保持社会稳定，具有重大而深远的意义。

2004 年 2 月 1 日起实施了《建设工程安全生产管理条例》。为了加强水利工程建设安全生产监督管理，明确安全生产责任，防止和减少安全生产事故，保障人民群众生命和财产安全，并结合水利工程的特点，水利部于 2005 年 7 月 22 日颁发了《水利工程建设安全生产管理规定》。

《水利工程建设安全生产管理规定》规定：项目法人、勘察（测）单位、设计单位、施工单位、建设监理单位及其他与水利工程建设安全生产有关的单位，必须遵守安全生产法律、法规和本规定，保证水利工程建设安全生产，依法承担水利工程建设安全生产责任。

（二）建设单位安全生产责任

1. 建设单位向施工单位提供资料

建设单位应当向施工单位提供施工现场及毗邻区域内供水、排水、供电、供气、供热、通信、广播电视等地下管线资料，气象和水文观测资料，相邻建筑物和构筑物、地下工程的有关资料，并保证资料的真实、准确、完整。建设单位因建设工程需要，向有关部门或者单位查询规定的资料时，有关部门或者单位应当及时提供。

（1）对建设单位设定提供资料的业务，是考虑到建设单位在选择施工地点、勘察、设计过程中，它处于主导地位，决定工程的环节。因此，在施工开始前，建设单位应向施工单位提供有关资料。同时，建设单位还应提供气象和水文观测资料，这也是考虑到施工周期比较长，大部分时间又是露天作业，受气候的条件影响相当大，在不同的季节和天气里，对施工安全需要采取不同的措施，涉及的安全生产费用也是不同的；同样的，水文观测资料对施工安全也是至关重要的，不同水文条件下，所采取的措施和所需要的费用也是不同的。提供相邻建筑物和构筑物、地下工程的有关资料，以便能够在施工过程中采取相应的措施加以保护，避免在施工中挖断管线、损伤地下设施等。

（2）所谓真实，就是指建设单位是通过合法途径取得的，不是伪造、篡改的；所谓准确，是指资料的科学性，能够反映实际情况，精度能满足施工的需要；所谓完整，是指资料齐全，能满足施工的需要。

（3）在我国目前的体制下，有关的资料并不是由一个部门或单位保管，建设单位向有关部门查询的时候，应及时提供，当然应保证这些资料的真实、准确性。

2. 按规定选择设计、施工、工程监理单位

建设单位不得对勘察、设计、施工、工程监理等单位提出不符合建设工程安全生产法律、法规和强制性标准规定的要求，不得压缩合同约定的工期。

（1）建设单位在选择勘察、设计、施工、工程监理单位时，必须按照法律法规的规定，选择有相应资质的单位。由于目前建筑市场竞争相当激烈，很大程度上是买方市场，

勘察、设计、施工、工程监理单位为了承揽到业务，往往对建设单位提出的要求尽量满足，这就造成建设单位为了以最小的投资达到最大的经济效益，提出一些非法要求。在选择承包单位时，就以这些要求为条件，降低成本；而勘察、设计、施工、工程监理单位尽管明知费用过低，条件比较苛刻，但也先将工程承揽下来，再在生产过程中压缩费用，造成安全事故隐患，甚至导致安全生产事故的发生。

（2）法律、法规是包括所有对建设工程安全生产作出规定的法律、行政法规、地方性法规。强制性标准，是指根据《标准化法》第七条的规定："国家标准、行业标准分为强制性标准和推荐性标准。保护人体健康，人身、财产安全的标准和法律、行政法规规定强制执行的标准是强制性标准，其他标准是推荐性标准。"在工程建设领域，强制性标准包括：①工程建设勘察、规划、设计、施工（包括安装）及验收等通用的综合标准和重要的通用的质量标准；②工程建设通用的有关安全、卫生和环境保护的标准；③工程建设重要的通用术语、符号、代号、量与单位、建筑模数和制图方法标准；④工程建设重要的通用试验、检验和评定方法等标准；⑤工程建设重要的通用信息技术标准；⑥国家需要控制的其他工程建设通用的标准。对于强制性标准，是参与工程建设各方都必须执行的，建设单位如果提出违反强制性标准规定的要求，应承担相应的法律责任。

3．编制工程概算

建设单位在编制工程概算时，应当确定建设工程安全作业环境及安全施工措施所需费用。作为工程总造价的组成部分，以满足确保工程安全的需要。

（1）安全就是效益，这是所有企业管理者应该建立起来的安全经济观。而合理配置安全生产资金、加强安全生产培训、依靠先进的科技手段和先进设备、设施，也是实现安全生产、有效避免重大安全事故发生的根本所在。

（2）概算是指在初步设计阶段，根据初步设计的图纸、概算定额及其有关文件，概略计算的拟建工程费用。建设单位编制工程概算时，应当确定建设工程安全作业环境及安全施工措施所需费用。同时《建设工程安全生产管理条例》中规定，对于建设单位未提供安全生产管理费用的，责令限期改正，逾期未改正的，责令该建设工程停止其施工。

4．建设单位不得明示或者暗示施工单位购买、租赁、使用不符合安全施工要求的安全防护用具、机械设备、施工机具及配件、消防设施和器材

（1）建设工程材料设备的供应有三种方式。第一种方式，由建设单位提供材料设备（所谓"甲供"），应当将材料设备的种类、规格、数量、单价、质量等级和供应时间、地点等内容填写在《甲方供应材料设备一览表》内，作为合同的附件。第二种方式，由施工单位采购材料设备，即乙方根据合同约定，按照设计要求和技术规范的规定采购工程所需要的材料设备，并提供产品合格证明。第三种方式，由建设单位或者设计单位指定采购某生产厂家的材料设备（所谓"甲定"），这会出现以下的问题：一是，指定生产厂家的产品的实际采购价格超过市场采购价格；二是，指定生产厂家的产品不能及时到位导致施工现场停工待料，影响工期。甲乙双方必须在合同中对各自的责任作出约定。一般而言，不论"甲供"还是"甲定"，工程发包人均应在招标文件中明示，且在专用条款中详细约定，以保障投标人的权益，避免合同纠纷。

（2）首先，由于工程的建设投资、投资效益的回收以及工程质量后果都是由建设单位

承担，建设单位对工程建设的各个环节都是最为关心的，在材料设备的采购上，建设单位或多或少地都要对施工单位产生影响，这就要求建设单位与施工单位在合同中明确约定双方的权利义务，采取哪种供货方式等，在合同约定之外，建设单位不得再采用明示或者暗示的手段对施工单位施加影响；其次，无论施工单位在购买、租赁还是使用有关安全生产的材料设备时，建设单位都不得提出不符合安全施工条件的要求；第三，重点强调与安全生产有关的材料设备，主要包括安全防护用具、机械设备、施工机具及配件、消防设施和器材。

5. 建设单位应组织编制安全生产的措施方案

建设单位应当组织编制保证安全生产的措施方案，并自开工报告批准之日起15天内报有管辖权的水行政主管部门、流域管理机构或者其委托的水利工程建设安全生产监督机构（以下简称安全生产监督机构）备案。建设过程中安全生产的情况发生变化时，应当及时对保证安全生产的措施方案进行调整，并报原备案机关。

保证安全生产的措施方案应当根据有关法律法规、强制性标准和技术规范的要求并结合工程的具体情况编制，应当包括以下内容：

（1）项目概况。

（2）编制依据。

（3）安全生产管理机构及相关负责人。

（4）安全生产的有关规章制度制定情况。

（5）安全生产管理人员及特种作业人员持证上岗情况等。

（6）生产安全事故的应急救援预案。

（7）工程度汛方案、措施。

（8）其他有关事项。

6. 拆除工程

通过对近年来拆除工程伤亡事故分析，造成事故的主要原因：一是，建设单位违规发包拆除任务。拆除工程危险性较大，需要一定的技术力量支持，但长期以来人们忽视了这一点，建设单位往往将拆除工程发包给不具备安全生产条件的无照、无证和无技术力量的农民工队伍。二是，拆除施工缺乏必要技术力量支持。拆除施工时既不编制施工方案，又不按安全技术规程作业，缺少安全技术措施，缺少必要的机械设备，作业人员不了解工程结构，也缺乏拆除工程的专业知识，为追求速度，冒险蛮干。关于拆除工程的安全生产管理，《中华人民共和国建筑法》第五十条作了明确规定，房屋拆除应当由具备保证安全条件的施工单位承担，由建筑施工单位负责人对安全生产负责。

（1）拆除工程施工单位资质要求。为了规范拆除工程市场秩序，提高拆除工程的技术保证水平，避免发生安全事故，建设部2001年颁布的《建筑业企业资质管理规定》将爆破与拆除工程列为专业承包工程资质序列，并对取得该资质的具体条件、承包工程范围作了严格的规定。因此，为了保证拆除活动的安全，建设单位必须选择有相应资质等级的单位承担拆除工程。

（2）拆除工程备案资料。建设单位应当在拆除工程施工15天前，向建设工程所在地的县级以上地方人民政府建设行政主管部门或者其他有关部门备案。

1）施工单位资质等级证明。

2）拟拆除建筑物、构筑物及可能危及毗邻建筑的说明。

3）拆除施工组织方案。

4）堆放、清除废弃物的措施。

实施爆破作业的，应当遵守国家有关民用爆炸物品管理的规定。

（3）拆除施工准备工作。由于被拆除的建筑物的情况各异，容易发生危险，在进行拆除工作前，应当做好充分的准备工作，包括：

1）应根据建设单位提供的相关资料，对拟拆除及其地面附着物、地下建筑物、相关管线、建筑物结构强度等做详细调查，制定拆除施工方案，并对全体作业人员进行详细的安全技术交底，技术负责人要到现场指挥施工。

2）拆除工作开始前，应先将电线、自来水管道、燃气管道等通往被拆除建筑物的支线切断或迁移，特别是地下情况不明时，应试拆部分建筑物后，逐步推进。

3）拆除建筑物前，应在周围设安全围栏，设置警示标志，禁止其他人员入内。

4）拆除建筑物，应遵照拆除方案。

5）拆除前应将有倒塌危险的结构物，用支柱、绳索等临时加固。

6）拆除较大或较重的材料，应用起重机械吊下，运走。散碎材料应用溜放槽溜下，拆下材料要及时清理、运走。

7）采用推倒拆除法和爆破拆除法时，必须经设计计算后，制定和落实专项安全技术措施，统一指挥，防止事故发生。

（三）勘测（察）、设计单位的安全生产责任

1. 按法律、法规进行勘察

勘察（测）单位应当按照法律、法规和工程建设强制性标准进行勘察（测），提供的勘察（测）文件必须真实、准确，满足水利工程建设安全生产的需要。勘察（测）单位在勘察（测）作业时，应当严格执行操作规程，采取措施保证各类管线、设施和周边建筑物、构筑物的安全。

（1）建设工程勘察是工程的基础工作，我国一直对勘察工作非常重视。《中华人民共和国建筑法》对勘察单位的责任和勘察文件的要求都作了原则规定。国务院2000年9月25日公布的《建设工程勘察设计管理条例》对勘察活动中的有关制度作了具体规定。因此，勘察单位必须按照法律、法规的规定以及工程建设强制性标准的要求进行勘察。勘察的成果，即勘察文件，是建设项目规划、选址和设计的重要依据，勘察文件的准确性、科学性极大地影响着建设项目的规划、选址和设计的正确性。因此，要求勘察单位提供真实、准确的勘察文件，不能弄虚作假，并且强调了勘察文件要满足建设工程安全生产的需要。

（2）勘察单位在进行勘察作业时，也易发生安全事故。为了保证勘察作业人员的安全，要求勘察人员必须严格执行操作规程；同时，还应当采取措施保证各类管线、设施和周边建筑物、构筑物的安全，这也是保证作业人员安全的需要。

2. 按法律、法规进行设计

设计单位应当按照法律、法规和工程建设强制性标准进行设计，并考虑项目周边环境

对施工安全的影响，防止因设计不合理导致生产安全事故的发生。

设计单位应当考虑施工安全操作和防护的需要，对涉及施工安全的重点部位和环节在设计文件中注明，并对防范生产安全事故提出指导意见。

采用新结构、新材料、新工艺以及特殊结构的水利工程，设计单位应当在设计中提出保障施工作业人员安全和预防生产安全事故的措施建议。

设计单位和有关设计人员应当对其设计成果负责。设计单位应当参与与设计有关的生产安全事故分析，并承担相应的责任。

（1）设计单位必须按照法律、法规和工程建设强制性标准进行设计。特别是工程建设强制性标准是工程建设技术和经验的总结、积累，对保证建设工程质量和安全起着重要作用。

（2）《建设工程勘察设计管理条例》对设计文件的编制作了明确规定，该条例进一步细化了设计单位在设计中的安全责任。设计单位应当考虑施工安全操作和防护的需要，对涉及施工安全的重点部位和环节在设计文件中注明，并对防范生产安全事故提出指导意见。特别是对采用新结构、新材料、新工艺的建设工程和特殊结构的建设工程，设计单位应当在设计中提出保障施工作业人员安全和预防生产安全事故的措施建议。设计单位的工程设计文件对保证建筑结构安全非常重要；同时，设计单位在编制设计文件时，应当结合建设工程的具体特点和实际情况，考虑施工安全作业和安全防护的需要，为施工单位制定安全防护措施提供技术保障。涉及施工安全的重点部位和环节应当在设计文件中注明，施工单位作业前，设计单位应当就设计意图、设计文件向施工单位做出说明和技术交底，并对防范生产安全事故提出指导意见。

（3）采用新结构、新材料、新工艺的工程以及特殊结构的工程，设计单位应当在设计中提出保障施工作业人员安全和预防生产安全事故的措施建议。施工单位对新技术、新工艺和新材料的了解与认识不足，对其安全技术性能掌握不充分，未能及时采取有效的安全防护措施，这些新技术、新工艺和新材料将可能成为导致安全事故发生的重大隐患。因此，当设计单位在工程设计中采用新技术、新工艺和新材料或者设计的结构特殊时，要在设计文件中做出特别说明，并提出安全操作、运用建议，防止施工中发生生产安全事故。

（4）设计单位的责任主要是指由于设计责任造成事故的，设计单位除承担行政责任外，还要对造成的损失进行赔偿；注册执业人员应当在设计文件上签字，对设计文件负责。

（四）监理单位的安全生产责任

监理单位和监理人员应当按照法律、法规和工程建设强制性标准实施监理，并对水利工程建设安全生产承担监理责任。建设监理单位应当审查施工组织设计中的安全技术措施或者专项施工方案是否符合工程建设强制性标准。监理单位在实施监理过程中，发现存在生产安全事故隐患的，应当要求施工单位整改；对情况严重的，应当要求施工单位暂时停止施工，并及时向水行政主管部门、流域管理机构或者其委托的安全生产监督机构以及项目法人报告。

（1）监理单位受建设单位的委托，作为公正的第三方承担监理责任，不仅要对建设单位负责，同时，也应当承担国家法律、法规和建设工程监理规范所要求的责任。也就是说，监理单位应当贯彻落实安全生产方针政策，督促施工单位按照施工安全生产法律、法规和标准组织施工，消除施工中的冒险性、盲目性和随意性，落实各项安全技术措施，有效地杜绝各类安全隐患，杜绝、控制和减少各类伤亡事故，实现安全生产。

（2）监理单位对施工安全的责任主要体现在审查施工组织设计中的安全技术措施或者专项施工方案是否符合工程建设强制性标准。施工组织设计是规划和指导即将建设的工程施工准备到竣工验收全过程的综合性技术经济文件。它既要体现建设工程的设计要求和使用需求，又应当符合建设工程施工的客观规律，对整个施工的全过程起着非常重要的作用。施工组织设计中必须包含安全技术措施和施工现场临时用电方案，对基坑支护与降水工程、土方开挖工程、模板工程、起重吊装工程、脚手架工程、拆除、爆破工程达到一定规模的危险性较大的分部分项工程应当编制专项施工方案，工程监理单位对这些技术措施和专项施工方案进行审查，审查的重点在是否符合工程建设强制性标准，对于达不到强制性标准的，应当要求施工单位进行补充完善。

（五）施工单位的安全生产责任

施工单位的安全责任主要包括以下几个方面。

1. 依法取得资质和承揽工程

施工单位从事建设工程的新建、扩建、改建和拆除等活动，应当具备国家规定的注册资本、专业技术人员、技术装备和安全生产等条件，依法取得相应等级的资质证书，并在其资质等级许可的范围内承揽工程。

（1）从事建设工程施工的单位，必须取得国家颁发的资质证书，这主要是考虑到这个行业直接关系公共利益，需要确定具备特殊信誉、特殊条件或者特殊技能等，由行政机关对申请人是否具备特定技能作出认定，是为了提高从业水平。因此，对于从事建设工程施工的单位，国家明确规定了资质条件；只有具备这些条件，取得国家的许可后，才能承揽建设工程。

（2）对施工单位进行资质条件的审查时，强调其必须具备基本的安全生产条件。“安全生产条件”是指施工单位的各个系统、设施和设备以及与施工相适应的管理组织、制度和技术措施等，能够满足保障生产经营安全的需要，在正常情况下不会导致人员伤亡和财产损失。具体包括以下内容：

1）具备安全生产的管理制度。

2）有负责安全生产的机构和人员。

3）对于施工单位的管理人员和其他作业人员进行安全培训的制度。

4）对已经发生的安全事故的处理情况及整改情况。

施工单位具备了相应的安全生产条件，发生生产安全事故的可能性就会大大降低；相反，施工单位如果不具备相应的安全生产条件，就会存在安全事故隐患，甚至发生安全生产事故。因此，对于不具备安全生产条件的施工单位，不得颁发资质证书，从根本上防止安全事故的发生。

2. 具有安全生产管理机构和人员配备

施工单位应当设立安全生产管理机构，配备专职安全生产管理人员。专职安全生产管理人员负责对安全生产进行现场监督检查。发现安全事故隐患，应当及时向项目负责人和安全生产管理机构报告；对违章指挥、违章操作的，应当立即制止。

根据《中华人民共和国安全生产法》的有关规定，矿山、建筑施工单位和危险物品的生产、经营、储存单位，应当设置安全生产管理机构或者配备专职安全生产管理人员。安全生产管理机构是指施工单位专门负责安全生产管理的内设机构，其人员即为专职安全生产管理人员。安全生产管理机构主要负责落实国家有关安全生产的法律法规和工程建设强制性标准，监督安全生产措施的落实，组织施工单位进行内部的安全生产检查活动，及时整改各种安全事故隐患以及日常的安全生产检查。针对建设行业的特点和安全事故多发的情况，本条要求施工单位设立安全生产管理机构，配备专职安全生产管理人员。

3. 建立安全生产制度和操作规程

（1）施工单位应当在施工现场建立消防安全责任制度，确定消防安全责任人，制定用火、用电、使用易燃易爆材料等各项消防安全管理制度和操作规程，设置消防通道、消防水源，配备消防设施和灭火器材，并在施工现场人口处设置明显标志。

实行防火安全责任制行之有效，它有利于增强人们的消防安全意识，调动各方做好消防安全工作的积极性，转变消防工作就是公安消防机构的责任的不正确认识，提高全社会整体抗御火灾的能力。对施工单位来说，首先是单位的主要负责人应当对本单位的消防安全工作全面负责，并在单位内部实行和落实逐级防火责任制、岗位防火责任制。各部门、各班组负责人以及每个岗位人员应当对自己管辖工作范围内的消防安全负责，切实做到“谁主管，谁负责；谁在岗，谁负责”，保证消防法律、法规的贯彻执行，保证消防安全措施落到实处。

施工单位必须制定消防安全制度、消防安全操作规程。如制定用火用电制度、易燃易爆危险物品管理制度、消防安全检查制度、消防设施维护保养制度、消防控制室值班制度、员工消防教育培训制度等等。同时要结合本企业的实际，制定生产、经营、储运、科研过程中预防火灾的操作规程，确保消防安全。

按照国家有关规定配置消防设施和器材，应当定期组织检验、维修。主要包括两方面内容：①任何单位都应按照消防法规和国家工程建筑消防技术标准配置消防设施和器材、设置消防安全标志。各类消防设施、器材和标志均应与建筑物同时验收并投入使用。②定期组织对消防设施、器材进行检验、维修，确保完好、有效，这是施工单位的重要职责。建筑消防设施能否发挥预防火灾和扑灭初期火灾的作用，关键是日常的维修保养，应当经常检查，定期维修。

消防安全标志的设置应当按照国家有关标准，主要是：1996 年 2 月 1 日起施行的《消防安全标志设置要求》（GB 15630—1995），1993 年 3 月 1 日起施行的《消防安全标志》（GB 13495—1992）。

（2）施工单位主要负责人依法对本单位的安全生产工作全面负责。施工单位应当建立健全安全生产责任制度和安全生产教育培训制度，制定安全生产规章制度和操作规程，保证本单位安全生产条件所需资金的投入，对所承担的建设工程进行定期和专项安全检查，并做好安全检查记录。

4. 确保安全费用的投入和合理使用

施工单位对列入建设工程概算的安全作业环境及安全施工措施所需费用，应当用于施工安全防护用具及设施的采购和更新、安全施工措施的落实、安全生产条件的改善，不得挪作他用。

安全作业环境及安全施工措施所需费用，是指建设单位在编制建设工程概算时，为保障安全施工确定的费用。这笔费用是由建设单位提供，与施工单位为保证本单位的安全生产条件所支出的费用是不同的。建设单位为保证施工的安全，根据工程项目的特点和实际需要，在工程概算中要确定安全生产费用，并全部、及时地将这笔费用划转给施工单位。只有将安全生产费用足额到位，才能从资金上保证安全生产。

5．对管理和作业人员实行安全教育培训制度和考核上岗

（1）垂直运输机械作业人员、安装拆卸工、爆破作业人员、起重信号工、登高架设作业人员等特种作业人员，必须按照国家有关规定经过专门的安全作业培训，并取得特种作业操作资格证书后，方可上岗作业。

特种作业人员所从事的岗位，有较大的危险性，容易发生人员伤亡事故，对操作者本人、他人及周围设施的安全有重大危害。因此，特种作业人员工作的好坏直接关系到作业人员的人身安全，也直接关系到施工单位的安全生产工作。《中华人民共和国安全生产法》第二十三条规定，特种作业人员必须按照国家有关规定经专门的安全作业培训，取得特种作业资格证书，方可上岗作业。

对于特种作业人员的范围，国务院有关部门作过一些规定。如 1999 年 7 月 12 日国家经贸委发布的《特种作业人员安全技术培训考核管理办法》，明确特种作业包括：电工作业；金属焊接切割作业；起重机械（含电梯）作业；企业内机动车辆驾驶；登高架设作业；锅炉作业（含水质化验）；压力容器操作；制冷作业；爆破作业；矿山通风作业（含瓦斯检验）；矿山排水作业（含尾矿坝作业）。

特种作业操作资格证书在全国范围内有效，但异地使用时，各地方政府对此有验证要求或再培训要求，应从其要求。离开特种作业岗位一定时间后，应当按照规定重新进行实际操作考核，经确认合格后方可上岗作业。

（2）施工单位的主要负责人、项目负责人、专职安全生产管理人员应当经建设行政主管部门或者其他有关部门考核合格后方可任职。

施工单位应当对管理人员和作业人员每年至少进行一次安全生产教育培训，其教育培训情况记入个人工作档案。安全生产教育培训考核不合格的人员，不得上岗。安全教育教训可以促使劳动者充分认识安全工作的重要意义，提高其执行国家职业安全卫生法规自觉性，也是提高劳动者技术素质的一个组成部分。

安全教育培训具有以下几个特点：

1）安全教育培训的全员性，安全教育培训的对象是施工单位所有从事生产活动的人员，从施工单位的主要负责人、项目经理、专职安全生产管理人员以及一般作业人员，都必须接受安全教育培训。

2）安全教育培训的长期性，安全教育培训是一项长期性的工作，这个长期性体现在三个方面：安全教育培训贯穿于每个工作的全过程；安全教育培训贯穿于每个工程施工的全过程；安全教育培训贯穿于施工企业生产的全过程。

3）安全教育培训的专业性，安全生产既有管理性要求，也有技术性知识，使得安全

教育培训具有专业性要求。教育培训者既要有充实的理论知识，也要有丰富的实践经验，这样才使安全教育培训做到深入浅出，通俗易懂。

因此，施工单位加强安全教育培训，提高从业人员素质，是控制和减少安全事故的关键措施。施工企业的主要负责人、项目负责人和安全生产管理人员在施工安全方面的知识水平和管理能力直接关系到本单位、本项目的安全生产管理水平。

（3）作业人员进入新的岗位或者新的施工现场前，应当接受安全生产教育培训。未经教育培训或者教育培训考核不合格的人员，不得上岗作业。

6. 明确安全生产责任

建设工程实行施工总承包的，由总承包单位对施工现场的安全生产负总责。总承包单位应当自行完成建设工程主体结构的施工。

总承包单位依法将建设工程分包给其他单位的，分包合同中应当明确各自的安全生产方面的权利、义务。总承包单位和分包单位对分包工程的安全生产承担连带责任。分包单位应当服从总承包单位的安全生产管理，分包单位不服从管理导致生产安全事故的，由分包单位承担主要责任。

（1）施工总承包，是指发包单位将建设工程的施工任务，包括土建施工和有关设施、设备安装调试的施工任务，全部发包给一家具备相应的施工总承包资质条件的承包单位，由该施工总承包单位对全过程向建设单位负责，直到工程竣工，向建设单位交付符合设计要求和合同约定的建设工程的承包方式。实行施工总承包的，施工现场由总承包单位全面统一负责，包括工程质量、建设工期、造价控制、施工组织等，由此，施工现场的安全生产也应当由施工总承包单位负责。

（2）根据《中华人民共和国建筑法》第二十九条的规定，施工总承包的，建筑工程主体结构的施工必须由总承包单位自行完成。建筑法作出这样的规定，主要是为了防止一些承包单位在承揽到建设工程项目后以分包的名义倒手转包，使得工程款项并没有真正用在工程建设上，造成工程质量的降低，安全生产事故的频发，从而损害建设单位的利益，破坏建筑市场秩序，给人民生命财产造成重大损失。实行施工总承包的，建设工程的主体结构必须由总承包单位自行完成，不得分包。

（3）总承包单位与分包单位的安全责任的划分，是一个重点，也是一个难点。分包合同是确定总承包单位与分包单位权利与义务的依据。分包合同是总承包合同的承包人（分包合同的发包人）与分包人之间订立的合同。分包合同中对于分包单位承担的工程任务、工期、款项、质量责任、安全责任等都要依法作出明确约定，这是双方进行工程施工的依据，也是双方确定相应责任的依据。

总承包单位与分包单位对分包合同的安全生产承担连带责任。所谓连带责任，是指按照法律规定或者当事人约定，共同责任人不分份额地共同向权利人或者受害人承担民事责任。就施工总承包而言，对于分包工程发生的安全责任以及违约责任，受损害方可以向总承包单位请求赔偿，也可以向分包单位请求赔偿，总承包单位进行赔偿后，有权对不属于自己的责任赔偿依据分包合同向分包单位追偿；同样的，分包单位先赔偿的，也有权就不属于自己的责任赔偿依据分包合同向总承包单位追偿。这样规定，一方面强化了总承包单位和分包单位的安全责任意识，另一方面有利于保护受损害者的合法权益。

总承包单位既然对施工现场的安全生产负总责，就要求分包单位服从总承包单位的管理。施工现场情况复杂，有的时候一个施工工地，会同时有几个不同的分包单位在施工，因此，针对安全生产来说，就是要服从总承包单位的安全生产管理，包括制定安全生产责任制度，遵守相关的规章制度和操作等。如果由于分包单位不服从总承包单位的管理，导致生产安全事故的发生，应当由分包单位承担主要责任。

7. 对使用安全防护品和施工机具设备的安全管理

施工单位应当向作业人员提供安全防护用具和安全防护服装，并书面告知危险岗位的操作规程和违章操作的危害。

（1）施工单位必须采购、使用具有生产许可证、产品合格证的产品，并建立安全防护用具和防护服装的采购、使用、检查、维修、保养的责任制。

（2）建设工程的施工有其特殊性，存在很多危险因素，属于安全事故高发行业。从发生事故的统计情况看，伤亡事故多发生于高处坠落、触电、物体打击、机械和起重伤害四个方面。直接接触这些危险因素的从业人员往往是生产安全事故的直接受害者。如果从业人员知道并且掌握有关安全知识和处理办法，就可以消除许多不安全因素和事故隐患，避免事故发生或者减少人身伤亡。所以，《安全生产法》规定，生产经营单位从业人员有权了解其作业场所和工作岗位存在的危险因素及事故应急措施。要保证从业人员这项权利的行使，施工单位就有义务事前告知有关危险因素和事故应急措施，特别是对于一些危险岗位，应当明确告知操作规程和违章操作的危害，并要求以书面形式履行告知义务。

8. 编制安全控制措施

施工单位应当在施工组织设计中编制安全技术措施和施工现场临时用电方案，对下列达到一定规模的危险性较大的分部、分项工程编制专项施工方案，并附具安全验算结果，经施工单位技术负责人、总监理工程师签字后实施，由专职安全生产管理人员进行现场监督：基坑支护与降水工程；土方开挖工程；模板工程；起重吊装工程；脚手架工程；拆除、爆破工程；国务院建设行政主管部门或者其他有关部门规定的其他危险性较大的工程。

（1）施工单位在施工前必须编制施工组织设计。施工组织设计是规划和指导施工全过程的综合性技术经济文件，是施工准备工作的重要组成部分，是做好施工准备工作的重要依据和保证。施工组织设计要体现设计的要求，选择最佳施工方案，追求最佳经济效益；同时，它要保证施工准备阶段各项工作的顺利进行和各分包单位、各工种、各类材料构件、机具等的供应时间和顺序，对一些关键部位和需要控制的部位，要提出相应的安全技术措施。

安全技术措施是为了实现安全生产，在防护上、技术上和管理上采取的措施。具体来说，就是在工程施工中，针对工程的特点、施工现场环境、施工方法、劳动组织、作业方法、使用的机械、动力设备、变配电设施、架设工具以及各项安全防护设施等制定的确保安全施工的措施。安全技术措施要有针对性，切不可随意、简单、应付了事。

施工组织设计中还应当包括施工现场临时用电方案。临时用电方案直接关系到用电人员的安全，也关系到施工进度和工程质量。

（2）对于达到一定规模的危险性较大的专项工程，还应当编制专项施工方案，并附具安全验算结果，经施工单位技术负责人、总监理工程师签字后实施，由专职安全生产管理人员进行现场监督。

危险性较大的专项工程包括：

1）基坑支护与降水工程。基坑支护是指为确保基坑开挖和基础结构的顺利进行，设计并建造的临时结构和支撑体系，用于承受基坑周围土体的土、水压力，防止坍塌。降水工程是指基坑开挖时，为创造必要的施工环境和确保基坑边坡的稳定，防止地下水的渗入所采取的人工降低水位的措施。降水工程主要是阻截土中潜流和降低自然水位。由于改变了地下水流方向，相应地减少了对基坑的渗流，从而保证了边坡的稳定，防止坑底隆起和避免产生流砂。

2）土方开挖工程，是指建筑工程中一切土的挖掘、填筑和运输过程以及排水、土壁支撑等准备和辅助工程的总称。

3）模板工程，是指为保持浇筑的混凝土符合规定的形状和尺寸，并支持混凝土达到适当强度的临时结构工程，包括模板设计、制备、组装和拆除。模板对混凝土和钢筋混凝土在其硬化前起支持作用。无论是在传统的房屋建筑中作为墙壁和天花板模板，还是在特殊条件下用于桥梁和隧道建筑，在几乎所有的建筑方案中均有模板的用场。

4）起重吊装工程，是指利用各类起重机械设备吊运、顶举物料，进行重物提升、移动，工程结构安装工作的总称。

5）脚手架工程。

6）拆除、爆破工程。

上述工程在施工中存在很大的危险性，为了保证作业人员的安全，编制的专项施工方案要有针对性，具体可行。

（3）对于结构复杂，危险性较大、特性较多的特殊工程，不仅要按照上述要求编制专项施工方案，还应当组织专家进行论证、审查。这些工程包括：

1）深基坑，是指开挖深度超过5m的基坑（槽）、或深度未超过5m但地质情况和周围环境较复杂的基坑（槽）。

2）地下暗挖工程，是不扰动上部覆盖层面修建地下工程的一种方法。

3）高大模板工程，是指模板支撑系统高度超过8m，或者跨度超过18m，或者施工总荷载大于10kN/m，或者集中线荷载大于15kN/m的模板支撑系统。

9. 创建安全文明的施工现场

（1）施工单位应当在施工现场入口处、施工起重机械、临时用电设施、脚手架、出入通道口、楼梯口、电梯井口、孔洞口、桥梁口、隧道口、基坑边沿、爆破物及有害危险气体和液体存放处等危险部位，设置明显的安全警示标志。安全警示标志必须符合国家标准。

1）施工现场的危险部位往往是引发生产安全事故的重要因素。施工现场无小事，如果忽视施工现场的细小环节，就有可能酿成生产安全事故。因此，施工单位不能有任何麻痹思想，不能只重视抓大问题而忽视小细节。

2）施工单位应当根据建设工程的实际情况，使用的设施设备和材料的情况，存储物品的情况等，具体确定本施工现场的危险部位，并设置明显的安全警示标志。安全警示标志应当设置于明显的地点，让作业人员和其他进行施工现场的人员易于看到。安全警示标志如果是文字，应当易于人们读懂；如果是符号，则应当易于人们理解；如果是灯光，则应当明亮显眼。安全警示标志必须符合国家标准，即《安全标志》（GB 2894—1996）、《安全标志使用导则》（GB 16719—1996）。各种安全警示标志设置后，未经施工单位负责人批准，不得擅自移动或者拆除。

（2）施工单位应当将施工现场的办公、生活区与作业区分开设置，并保持安全距离；办公、生活区的选址应当符合安全性要求。职工的膳食、饮水、休息场所等应当符合卫生标准。施工单位不得在尚未竣工的建筑物内设置员工集体宿舍。

1）施工单位既要做到安全施工，同时也应当做到文明施工。安全施工与文明施工是相辅相成的，只有安全施工才能达到文明施工，文明施工又促进了安全施工。通过不断改进作业环境，提高作业人员的工作和生活条件，创造安全、文明的施工环境，是减少生产安全事故，保证施工企业经济效益的重要措施。

2）施工现场的办公区和生活区的设置应当符合条例的规定。首先，办公区、生活区应当与作业区分开设置，并保持安全距离。这主要是考虑到办公区、生活区是人们进行办公和日常生活的区域，人员比较多而杂，安全防范措施和意识比较弱，况且一般来说，办公时间与施工时间不完全一致，不同的施工作业人员上岗作业的时间也不完全相同，如果将办公区、生活区与作业区设在一起，势必会造成施工现场的混乱，极易发生生产安全事故，现实中也发生多起因将生活区与作业区设在一起而导致的安全生产事故。办公区、生活区与作业区的安全距离，应当根据施工现场的实际情况确定，总的原则是分开的、独立的区域，并应当设有明显的指示标志。其次，对于办公区和生活区的选址，有特别要求，即办公用房、生活用房都必须建在安全地带，保证办公用房、生活用房不会因滑坡、泥石流等地质灾害而受到破坏，造成人员伤亡和财产损失。在进行工程勘察时，不仅对需要进行工程施工的区域进行勘察，还应当对办公用房、生活用房的建设区域进行勘察，详细了解有关情况，保证办公用房、生活用房的建设符合安全性的要求。

3）施工单位必须对职工的膳食、饮水、休息场所的卫生条件高度重视，根据施工人员的多少，配备必要的食品原料处理、加工、贮存等场所以及上、下水等卫生设施，做到防尘、防蝇等，与污染源保持安全距离，同时，保证施工现场的内外整洁。施工单位违反《中华人民共和国食品卫生法》等有关法律、法规的，应当承担相应的法律责任。

4）所谓未竣工的建筑物，是指未进行竣工验收的建筑物，这类建筑物由于是在施工过程中，条件比较差，如将员工集体宿舍设在其中，则会造成相当大的安全事故隐患。因此，为了保证员工的安全和健康，在未竣工的建筑物内都不得设置员工集体宿舍。

5）施工现场临时搭建的建筑物应当符合安全使用要求。施工现场使用的装配式活动房屋应当具有产品合格证。由于建设工程的施工阶段要持续一段时间，因此，在施工现场需要搭建一些临时建筑，以供生产和生活的需求。一般来说，临时建筑物包括施工现场的办公用房、宿舍、食堂、仓库、卫生间、淋浴室等。虽然是临时建筑，但也必须符合安全要求。临时建筑物要稳固、安全、整洁，并满足消防要求，禁止使用竹棚、石棉瓦、油毡搭建。

（3）施工单位应当遵守有关环境保护法律、法规的规定，在施工现场采取措施，防止或者减少粉尘、废气、废水、固体废物、噪声、振动和施工照明对人和环境的危害和污染。

1）安全生产的含义也不仅仅是不发生伤亡事故，不造成经济损失，而应当重新认识安全，既包括人身财产的安全，也包括人们生存环境的安全。从国际发展趋势看，安全生产的含义也包括减少对环境的污染。《中华人民共和国建筑法》第四十一条规定："建筑施工企业应当遵守有关环境保护和安全生产的法律、法规的规定，采取控制和处理施工现场的各种粉尘、废气、废水、固体废物以及噪声、振动对环境的污染和危害的措施。"

2）施工单位应采取措施控制施工现场的各种粉尘、废水、废气、固体废弃物（建筑垃圾、生活垃圾）以及噪声、振动和施工照明对环境的污染和危害，严格遵守国家的有关法律、法规。

10. 进行安全技术交底

建设工程施工前，施工单位负责项目管理的技术人员应当对有关安全施工的技术要求向施工作业班组、作业人员作出详细说明，并由双方签字确认。

（1）施工前的详细说明制度，就是通常所说的交底制度，是指在施工前，施工单位的技术负责人将工程概况、施工方法、安全技术措施等情况向作业班组、作业人员进行详细地讲解和说明。这项制度非常有助于作业班组和作业人员尽快了解需要进行施工的具体情况，掌握操作方法和注意事项，保护作业人员的人身安全，减少因安全事故导致的经济损失。实践证明，安全技术措施的交底制度是安全施工的重要保障，对减少生产安全事故起着重要作用。

（2）由双方确定的交底制度，有利于明确双方的安全责任，因此，施工单位应当将安全技术措施的交底制度落到实处，而不是敷衍了事，使之真正起到保障安全施工的作用。同时，施工单位负责项目管理的技术人员与接受任务负责人要认真履行签字义务，这是对其行为的一种有效的监督和制约，有利于促使他们提高工作责任心，保证安全技术交底的效果和交底单的真实、准确，签字也为发生生产安全事故时确定和分清责任提供了有效的依据。施工单位负责项目管理的技术人员与接受任务负责人要对弄虚作假的行为承担相应的法律责任。

11. 起重机械和架设设施验收

施工单位在使用施工起重机械和整体提升脚手架、模板等自升式架设设施前，应当组织有关单位进行验收，也可以委托具有相应资质的检验检测机构进行验收；使用承租的机械设备和施工机具及配件的，由施工总承包单位、分包单位、出租单位和安装单位共同进行验收。验收合格的方可使用。

（1）建筑行业本身就是一个危险性较高的行业，施工工地上的一切都是动态的，随时都在变化之中。施工现场由于对使用的起重机械、整体提升脚手架、模板（主要指提升或滑升模板）管理不善、缺乏安全装置或使用不当又是造成重大、特大伤亡事故的主要原因，是重大危险源。因此，加强对这些设备设施的管理监控尤为重要。

（2）施工现场使用的起重机械主要指塔吊、外用电梯、龙门架及井字架、汽车吊等；各类提升式脚手架；模板及自升式架设设施在使用前必须进行验收。施工单位可以自己组织有关单位进行验收，也可以委托具有相应资质的检验检测机构进行验收。验收的主要内容包括：基础的制作、架体的垂直度、附墙距离、顶端的自由高度；电气及安全装置的灵敏度；空载试验、额定载荷试验；设备、设施出厂前具有检验检测机构的检验检测报告、出厂合格证等。

对于使用承租的机械设备和施工机具及配件的，应当由施工总承包单位、分包单位、出租单位和安装单位共同进行验收。

（六）其他有关单位的安全责任

1. 配备齐全有效的安全设施

为建设工程提供机械设备和配件的单位，应当按照安全施工的要求配备齐全有效的保险、限位等安全设施和装置。

（1）建设工程施工中需要的机械设备，主要包括起重机械、挖掘机械、土方铲运机械、凿岩机械、基础及凿井机械、钢筋混凝土机械、筑路机械以及其他施工机械设备八类。施工机械设备是施工现场的重要设备，随着工程规模的扩大和施工工艺的提高，其在建筑施工中的地位将越来越突出。生产单位应当将安全保护装置配备齐全，并保证灵敏可靠，以保证施工机械设备安全使用，减少施工机械设备事故的发生。

（2）为建设工程提供机械设备和配件的单位，应当依据国家有关法律法规和安全技术规范进行生产活动。生产单位应当具有与其生产的产品相适应的生产条件、技术力量和产品检测手段，建立健全质量管理制度和安全责任制度。这些单位所生产的产品属于生产许可证或国家强制认证、核准、许可管理范围的，应取得生产许可证或强制性认证、核准、许可证书，在为建设工程提供上述产品时，应同时提供生产许可证或强制性认证、核准、许可证书、产品合格证、产品使用说明书、整机型式检验报告、安全保护装置型式检验合格证等，合格证应注明产品主要技术参数、规格型号和编号等。

施工起重机械的安全保护装置应当符合国家和行业有关技术标准和规范的要求。对配件的生产与制造，应当符合设计要求，并保证质量和安全性能可靠。同时，在施工过程中，严禁拆除机械设备上的自动控制机构、力矩限位器等安全装置，不得拆除监测、指示、仪表、警报器等自动报警、信号装置。

为建设工程提供机械设备和配件的单位，应当对其提供的施工机械设备和配件等产品的质量和安全性能负责，对因产品质量造成生产安全事故的，应当承担相应的法律责任。

2. 出租设备

出租的机械设备和施工机具及配件，应当具有生产（制造）许可证、产品合格证。出租单位应当对出租的机械设备和施工机具及配件的安全性能进行检测，在签订租赁协议时，应当出具检测合格证明。

禁止出租检测不合格的机械设备和施工机具及配件。

（1）目前，建设工程施工过程中，越来越多的施工单位是通过租赁方式得到机械设备和施工机具及配件，这对于施工单位减少成本、发挥机械设备和施工机具及配件的使用效率等是有着积极作用的。但同时，也存在出租的机械设备和施工机具及配件的安全责任不明确，造成生产安全事故，无法追究有关单位的责任。

（2）本条对出租机械设备和施工机具及配件的单位明确规定了责任：

1）对于出租的机械设备和施工机具及配件必须具有生产（制造）许可证、产品合格证。根据国务院1984年4月7日发布的《工业产品生产许可证试行条例》的规定，凡实施工业产品生产许可证的产品，企业必须取得生产许可证才具有生产该产品的资格。因此，对于实施工业产品生产许可证的机械设备和施工机具及配件，必须有生产（制造）许可证。根据《中华人民共和国产品质量法》的规定，产品质量应当检验合格，不得以不合格产品冒充合格产品。出租机械设备和施工机具及配件的企业，也必须出租合格的产品，也就是有产品合格证的产品。

2）尽管租赁单位在最初是购买了合格的产品，但随着产品的多次使用，其性能是会发生变化的，特别是安全性能，与其出厂时的安全性能相比，会有很大的不同。因此，出租单位应当对出租的机械设备和施工机具及配件的安全性能进行检测，以保证出租的产品是合格的，安全性能是符合规定的；同时，要求在签订租赁协议时，出租单位应当出具检测合格证明。这对于发生生产安全事故的责任追究，是至关重要的。

3. 在施工现场安装、拆卸施工起重机械和整体提升脚手架、模板等自升式架设设施，必须由具有相应资质的单位承担安装、拆卸施工起重机械和整体提升脚手架、模板等自升式架设设施，应当编制拆装方案、制定安全施工措施，并由专业技术人员现场监督

施工起重机械和整体提升脚手架、模板等自升式架设设施安装完毕后，安装单位应当自检，出具自检合格证明，并向施工单位进行安全使用说明，办理验收手续并签字。

（1）从事施工起重机械和自升式架设设施安装、拆卸活动的单位，必须具有相应的资质。施工起重机械是指施工中用于垂直升降或者垂直升降并水平移动重物的机械设备；自升式架设设施，是指通过自有装置可将自身升高的架设设施。根据《建筑业企业资质管理规定》（建设部令第87号）的规定，从事起重设备安装、整体提升脚手架等施工的专业队伍应当按照其拥有的注册资本金、净资产、专业技术人员、技术装备和已完成的建筑工程业绩的资质条件申请资质，经审查合格，取得相应资质等级的证书后，方可在其资质等级许可的范围内从事安装、拆卸活动。

按照《建筑业企业资质等级标准》的规定，起重设备安装工程专业承包资质分为一级、二级、三级3个等级标准。一级企业可承担各类起重设备的安装与拆卸；二级企业可承担单项合同额不超过企业注册资本金5倍的1000kN/m及以下塔吊等起重设备、120t及以下起重机或龙门吊的安装与拆卸；三级企业可承担单项合同额不超过企业注册资本金5倍的800kN/m及以下塔吊等起重设备、60t及以下起重机或龙门吊的安装与拆卸。按照《建筑业企业资质等级标准》的规定，整体提升脚手架专业承包资质分为一级、二级两个等级标准。一级企业可承担各类整体提升脚手架的设计、制作、安装、施工；二级企业可承担80m及以下整体提升脚手架的设计、制作、安装、施工。

自升式模板的安装、拆卸施工，也存在着一定的技术含量，具有一定的危险性。因此，从事这项工作的单位，应建立相对固定的队伍，人员也应相对固定并配备相应的专业技术人员及操作人员，按照有关的技术规范和规程进行施工作业。

（2）安装、拆卸施工起重机械和自升式架设设施，应当编制拆装方案，制定安全措施，并由专业技术人员现场监督。施工起重机械的安装单位在进行安装、拆卸作业前，应当根据施工起重机械的安全技术标准、使用说明书、施工现场环境、辅助起重机械设备条件等，制定施工方案和安全技术措施。所制定的施工方案和安全技术措施要严格按照国家

标准、行业标准和生产厂家使用说明书，并严格按照技术人员制定的安装拆卸工艺和方案进行作业。安装拆卸方案一般主要包括：安装、拆卸施工的作业环境，安装条件、安装拆卸作业前检查、安装制度，安装工艺流程及安装要点，升降及锚固作业工艺，安装后的检验内容和试验方法，拆卸工艺流程及拆卸要点，工序、各部位有关的安全措施，安装、拆卸安全注意事项等。

脚手架在建筑施工中是一项不可缺少的重要工具。脚手架要求有足够的面积，能满足工人操作、材料堆置和运输的需要，同时还要求坚固稳定，能保证施工期间在各种荷载和气候条件下，不变形、不倾斜和不摇晃。脚手架工程属高处作业，制定施工方案时必须有完善的安全防护措施，要按规定设置安全网、安全护栏、安全挡板，操作人员上下架子，要有保证安全的扶梯、爬梯或斜道，必须有良好的外电防护、避雷装置，钢脚手架等均应可靠接地，高于四周建筑物的脚手架应设避雷装置等安全措施。在制定模板工程的安全施工措施时，应当根据不同材质模板和不同型式模板的特殊要求，严格执行有关的技术规范，并要求作业人员按照施工方案进行作业。

起重机械和自升式架设设施施工方案，应当由施工单位技术负责人审批，并在安装拆卸前向全体作业人员按照施工方案要求进行安全技术交底。在安装拆卸施工起重机械和整体提升脚手架、模板等自升式架设设施时，应对现场进行检查和清理，为机械作业提供道路、水电、临时机棚或者停机现场等必要条件，消除对机械作业有妨碍或者不安全的因素。如：对现场环境、行驶道路、架空线路、建筑物以及构件重量和分布进行全面了解，并进行封闭施工或者设立隔离区域，以防止无关人员进入作业现场。进场作业的司机、电工、起重工、信号工等作业人员应严格执行各自的安全责任制和安全操作规程，按照施工方案和安全技术措施要求进行施工，并做到持证上岗。安装、拆卸单位专业技术人员应按照自己的职责，在作业现场实行全过程监控。在进行安装、拆卸或上升、下降作业时，要根据专项施工方案的要求，明确施工作业人员的安全责任，专业技术人员必须全过程监控，并在作业过程中进行统一指挥。自升式架设设施控制中心应设专人负责操作，禁止其他人员操作。在安装、拆卸或上升、下降过程中还应当设置安全警戒区域或警戒线。在自升式架设设施下部严禁人员进入，并且应当设专人负责监护。操作人员应当熟悉作业环境和施工条件，听从指挥，遵守现场安全规则。当使用机械设备与安全发生矛盾时，必须服从安全的要求。

(3) 施工起重机械和整体提升脚手架、模板等自升式架设设施安装完毕后，安装单位应当自检，出具自检和合格证明，并向施工单位进行安全使用说明，办理验收手续并签字。施工起重机械和整体提升脚手架、模板等自升式架设设施安装单位应在安装前对零部件、构件、总成、安全保护装置等按照安全技术规范进行严格的安装工程前自检，自检项目包括：电气装置、安全装置（包括各种限位、保险、限制器等）、控制器、照明和信号系统；金属结构、连接件、吊笼、导轨架、附墙架梯子、信道、司机室和走台等；防护装置；传动机构、动力设备、升降动力控制台；制动器、防坠防倾装置、安全器；吊钩、钢丝绳及其连接；滑轮组、滑轮组的轴和固定零件；液压系统；架体结构、架体悬挑长度、架体高度、附着支撑结构、架体的防护；各部位连接紧固件及连接紧固情况等。自检应当有记录，填写检验记录表。自检合格后应当向施工单位出具检验合格证明，并以书面形式将有关安全性能和使用过程中应注意的安全事项向施工单位作出说明，填写安全的技术交底书。施工起重机械和自升式架设设施安装单位自检合格后，安装单位和施工单位应当按照国家有关标准、规程所规定的检验项目进行双方验收，做好验收记录，并由双方负责人签字。

4. 专业资质的检验检测机构

施工起重机械和整体提升脚手架、模板等自升式架设设施的使用达到国家规定的检验检测期限的，必须经具有专业资质的检验检测机构检测。经检测不合格的，不得继续使用。

（1）施工起重机械和自升式架设设施在使用过程中，应当按照规定进行定期检测，并及时进行全面检修保养。对于达到国家规定的检验检测期限的，必须经具有专业资质的检验检测机构检测。建设部于2000年10月16日发布了《建筑施工附着升降脚手架管理暂行规定》，规定出现以下情况之一的，必须予以报废：

1）焊接件严重变形且无法修复或严重锈蚀。

2）导轨、附着支承结构件、水平梁架杆部件、竖向主框架等构件出现严重弯曲。

3）螺栓连接件变形、磨损、锈蚀严重或螺栓损坏。

4）弹簧件变形、失效。

5）钢丝绳扭曲、打结，断股，磨损断丝严重达到报废规定。

6）其他不符合设计要求的情况。其他施工起重机械和自升式架设设施的检验检测期限，国务院有关部门将作出具体规定。

从事施工起重机械定期检验、监督检验的检测机构，应当经国务院特种设备安全监督部门核准，取得核准后方可从事检测检验活动。

（2）施工起重机械和自升式架设设施的检测检验，必须经具有专业资质的检验检测机构进行检测。按照国务院2003年3月11日颁布《特种设备安全监察条例》的规定，从事施工起重机械定期检验、监督检验的检验检测机构，应当经国务院特种设备安全监督部门核准，取得核准后方可从事检测检验活动。检验检测机构必须具备与所从事的检验检测工作相适应的检验检测人员，检验检测仪器和设备，有健全的检验检测管理制度和检验检测责任制度。同时，为了确保安全，要求检验检测机构进行检测工作时应当符合安全技术规范的要求，检验检测结果和判断必须科学、合理、可靠，防止随意性，并对检测结果负责。经检测不合格的，不得继续使用。

5. 检验检测机构对检测合格的施工起重机械和整体提升脚手架、模板等自升式架设设施，应当出具安全合格证明文件，并对检测结果负责

（1）检验检测机构是第三方，是经过国家认可的中介组织。按照《特种设备安全监察条例》第十七条的规定，施工起重机械和整体提升脚手架、模板等自升式架设设施都必须经过检验检测机构的检测。检验检测机构应当认真履行职责，遵循诚信的原则和方便企业的原则，为施工单位提供可靠、便捷的检测服务。检测工作应当符合安全技术规范的要求，不受任何单位的影响和左右，检验检测机构出具的结果必须是公正、客观的；检测人员应当严格按照国家有关法律、法规，根据国家有关的安全技术标准、规范，公正、客观、及时地出具检测结果、鉴定结论，检测结果、鉴定结论应当真实、准确，经检测人员

签字后，由检验检测机构负责人签发。检验检测机构应当将检测结果书面通知施工单位，检测合格的，应当出具合格证明文件。

（2）检验检测机构在从事检测工作中，不得将所承担的检测工作转包给其他检验检测机构，应当指派持有检验检测人员证的人员从事相应的检验检测工作。检验检测机构对涉及的受检单位的商业秘密，负有保密义务。此外，检验检测机构还应当建立健全现场检测安全制度，落实安全责任，加强检验检测人员安全教育，督促检验检测人员遵章守纪，严格按照操作规程实施检验检测，保证检验检测人员自身安全与健康。

检验检测机构及其工作人员违反法律、法规的规定，伪造检测结果或者出具虚假的检测结果，都要承担相应的法律责任，包括行政责任、民事责任和刑事责任。

二、建设工程安全生产监督管理

建设工程安全生产关系到人民群众的生命和财产安全，国家应当加强对建设工程安全生产的监督管理。政府对公共事务的监督管理有多种形式，可以事前监督，也可以事后监督；可以主要运用行政手段监督，也可以主要运用法律、经济手段监督。政府的监督管理形式应当和经济社会发展需要相适应，在我国现阶段，与强调和发展社会主义市场经济的要求相一致。这就要求政府的监督管理应当主要运用经济和法律手段，主要通过事后监督来实现。政府监督管理的目的是要充分发挥市场主体的积极性和创造性，营造健康有序的市场环境。

（一）建设工程安全生产的监督管理制度

1. 综合监督管理

国务院负责安全生产监督管理的部门依照《中华人民共和国安全生产法》的规定，对全国建设工程安全生产工作实施综合监督管理。

县级以上地方人民政府负责安全生产监督管理的部门依照《中华人民共和国安全生产法》的规定，对本行政区域内建设工程安全生产工作实施综合监督管理。

（1）综合监督管理主要有以下的一些内容：

1）依照有关法律、法规的规定，对有关涉及安全生产的事项进行审批、验收。

2）依法对生产经营单位执行有关安全生产的法律、法规和国家标准或者行业标准的情况进行监督检查。

3）按照国务院规定的权限组织对重大事故的调查处理。

4）对违反安全生产法的行为依法给予行政处罚。

（2）综合监督管理实际上涉及两个层次的监督管理：一是对市场主体的监督管理；二是对管理者的监督管理。在综合监督管理的内部，也存在着分级负责的问题，即国务院负责安全生产监督管理的部门对全国的建设工程安全生产工作实施综合监督管理，同时，地方人民政府负责安全生产监督管理的部门对其管辖的行政区域内的建设工程安全生产工作实施综合监督管理。

2. 监督管理的责任

国务院建设行政主管部门对全国的建设工程安全生产实施监督管理。国务院铁路、交通、水利等有关部门按照国务院规定的职责分工，负责有关专业建设工程安全生产的监督管理。

县级以上地方人民政府建设行政主管部门对本行政区域内的建设工程安全生产实施监督管理。县级以上地方人民政府交通、水利等有关部门在各自的职责范围内，负责本行政区域内的专业建设工程安全生产的监督管理。

（二）安全施工条件的审查

建设行政主管部门在审核发放施工许可证时，应当对建设工程是否有安全施工措施进行审查，对没有安全施工措施的，不得颁发施工许可证。

建设行政主管部门或者其他有关部门对建设工程是否有安全施工措施进行审查时，不得收取费用。

（三）行政部门的安全生产监督管理

1. 监督管理的权力

为了保证建设工程安全生产的监督管理正常进行，条例赋予了县级以上人民政府负有建设工程安全生产监督管理职责的部门在各自的职责范围内履行安全监督检查职责时，有权采取的一系列的广泛的措施，主要有：

（1）获得有关文件和资料的权力。建设工程安全生产的很多工作都是需要进行文字记载的，这些文件资料是行政部门了解有关安全措施及其实施情况的重要依据。或者这些文件和资料是监督管理最基本的形式。这里的文件包括被检查单位从行政管理部门获得的有关批准文件，也包括被检查单位的内部管理的文件。这里的资料主要是指被检查单位的生产情况记载。

（2）现场检查的权力。监督检查必须到现场，否则就无法了解真实的情况。根据这一规定，检查单位可以进入施工现场进行检查，包括施工现场的办公区域和施工作业区域。可以向有关单位和人员了解情况，包括被检查单位的负责人和其他人员，也包括其他了解情况的单位和人员。

（3）纠正违法行为的权力。对施工中违反安全生产要求的行为有权利进行纠正，有些可以当场进行纠正，包括违章指挥或者违章操作，未按照要求佩带、使用劳动防护用品等。对于难以立即纠正的，如未建立安全生产责任制，未按照要求设立安全生产管理机构、配备管理人员，安全生产资金投入不到位等，有权要求被检查单位在一定期限内纠正。同时，对于依法应当给予处罚的，还应当依据有关法律、法规的规定进行处罚。这里所说的法律法规，不仅仅包括安全生产方面的法律、法规，还包括行政处罚等专门规范政府共同行政行为的法律、法规。

（4）事故隐患的处理权力。监督检查的目的之一就是要发现事故隐患并及时处理。因此，负有安全生产监督检查管理职责的部门对检查中发现的事故隐患，有权并应当责令被检查单位立即采取措施，予以排除；对于重大的、有现实危险性的事故隐患，在排除前或者排除过程中无法保证安全的，有权并应当责令从危险区域内撤出作业人员或者暂时停止施工。这里的暂时停止施工，并不是行政处罚，而是一种临时性的行政强制措施。因此不需要经过行政处罚的相关程序，而应当遵守国家对行政强制措施的有关规定。

2. 监督管理应注意的事项

需要注意的是，监督检查的目的是保证生产经营活动的正常进行，因此，监督检查不得影响被检查单位正常的生产经营活动，应当是负有安全生产监督检查管理职责的部门的一项义务。根据这一要求，负有建设工程安全生产监督管理职责的部门在履行监督检查职责时，应当注意以下几点：

(1) 检查内容应当严格限制在涉及安全生产的事项上。对于被检查单位和安全生产无关的生产经营方面的其他事项，不能予以干涉，同时，不得对被检查单位提出与检查无关的其他要求。

(2) 检查要讲究方式、方法。

(3) 作出有关处理决定时，要慎重，要严格依照有关规定。特别是不能在没有根据的情况下随意作出对被检查单位的生产经营活动有重大影响的查封、扣押或者责令暂时停产停业等决定。

(四) 施工现场的监督检查

建设行政主管部门或者其他有关部门可以将施工现场的监督检查委托给建设工程安全监督机构具体实施。

1. 委托行为要求

行政机关应当根据法律、法规的要求行使自己的权力，履行自己的义务。但是对于一些特殊的事项，比如一些专业性、技术性很强的事项，行政机关本身很难完成，行政机关也没有必要纠缠于一些技术性的工作。因此法律、法规会允许行政机关将一些特定的事项委托给专业部门完成。委托在行政法上是一个很重要的制度，行政机关不能任意委托，一般来说只能在法律、法规明确允许的情况下才能委托，被委托机关必须在委托的权限范围内行为，被委托机关并不因为委托而获得行政主体的资格，他只能以委托机关的名义行为，被委托机关行为的法律责任由委托机关承担。

2. 委托业务范围

委托给建设工程安全监督机构行使的行政权力只能是施工现场的监督检查，这是对于委托范围的限制性规定。行政管理从根本上来说是行政机关不可推卸的责任和义务，只有在行政机关力所难及的领域或者不宜由行政机关直接从事的工作，才可以委托其他事业组织代为履行一部分职责。具体到建设工程安全生产而言，只有那些日常的、具体的、技术性的监督检查事项，是行政机关难以凭借自身力量完成，而必须进行委托的。除此之外的其他事项，属于纯粹的行政管理事项，比如安全施工条件的审查、企业资质的评定等，只能由行政机关作出。

行政权委托以后，行政机关仍然必须履行监督管理的职责，仍然要对被委托机构的行为负责。因此，行政机关应当加强对这些安全监督机构本身的管理和监督，提高其人员的素质，规范其执法行为。

(五) 淘汰有可能危及施工安全的工艺、设备、材料

国家对严重危及施工安全的工艺、设备、材料实行淘汰制度。具体目录由国务院建设行政主管部门会同国务院其他有关部门制定并公布。

(1) 严重危及施工安全的工艺、设备、材料是指不符合生产安全要求，极有可能导致生产安全事故发生，致使人民群众生命和财产安全遭受重大损失的工艺、设备和材料。只要是使用了严重危及施工安全的工艺、设备和材料，即使安全管理措施再严格，人的作用发挥的再充分，也仍然难以避免安全生产事故的发生。因此，工艺、设备和材料与建设施

工安全息息相关。为了保障人民群众生命和财产安全，本条明确规定，国家对严重危及施工安全的工艺、设备和材料实行淘汰制度。这一方面有利于保障安全生产；另一方面也体现了优胜劣汰的市场经济规律，有利于提高生产经营单位的工艺水平，促进设备更新。

（2）对严重危及施工安全的工艺、设备和材料，实行淘汰制度，需要国务院建设行政主管部门会同国务院其他有关部门，在认真分析研究的基础上，确定哪些是严重危及施工安全的工艺、设备和材料，并且以明示的方法予以公布。对于已经公布的严重危及施工安全的工艺、设备和材料，建设单位和施工单位都应当严格遵守和执行，不得继续使用此类工艺和设备，也不得转让他人使用。否则，就要承担相应的法律责任。

三、建设工程安全生产法律责任

一般来说，法律责任按主体违反法律规范的不同可以分为刑事责任、民事责任和行政责任三大类。其具体承担方式，又可分为人身责任、财产责任、行为（能力）责任等。究竟采用哪一种或几种法律责任形式，应当根据法律调整对象、方式的不同，违法行为人所侵害的社会关系的性质、特点以及侵害的程度等多种因素来确定。

1. 刑事责任

它是指法律关系主体违反国家刑事法律规范，所应承担的应当给予刑罚制裁的法律责任。刑事责任是最为严厉的法律责任，只能由国家审判机关、检察机关依法予以追究。根据我国刑法规定，我国刑罚分为主刑和附加刑两大类。主刑主要有管制、拘役、有期徒刑、无期徒刑、死刑；附加刑主要有罚金、剥夺政治权利、没收财产。

2. 民事责任

它是指法律关系主体违反民事法律规范，所应承担的应当给予民事制裁的法律责任。根据《中华人民共和国民法通则》、《中华人民共和国合同法》、《中华人民共和国担保法》等法律的规定，我国民事责任的形式主要有停止侵害、排除妨碍、消除危险、返还财产、赔偿损失、消除影响、恢复名誉、赔礼道歉等。

3. 行政责任

它又称为行政法律责任，是指法律关系主体由于违反行政法律规范，所应承担的一种行政法律后果。根据追究的机关不同，行政责任可分为行政处罚和行政处分。

根据《建设工程安全生产管理条例》，各单位承担的规定如下：

（1）县级以上人民政府建设行政主管部门或者其他有关行政管理部门的工作人员，有下列行为之一的，给予降级或者撤职的行政处分；构成犯罪的，依照刑法有关规定追究刑事责任：

1）对不具备安全生产条件的施工单位颁发资质证书的。

2）对没有安全施工措施的建设工程颁发施工许可证的。

3）发现违法行为不予查处的。

4）不依法履行监督管理职责的其他行为。

（2）建设单位未提供建设工程安全生产作业环境及安全施工措施所需费用的，责令限期改正；逾期未改正的，责令该建设工程停止施工。建设单位未将保证安全施工的措施或者拆除工程的有关资料报送有关部门备案的，责令限期改正，给予警告。

（3）建设单位有下列行为之一的，责令限期改正，处 20 万元以上 50 万元以下的罚款；造成重大安全事故，构成犯罪的，对直接责任人员，依照刑法有关规定追究刑事责任；造成损失的，依法承担赔偿责任：

1）对勘察、设计、施工、工程监理等单位提出不符合安全生产法律、法规和强制性标准规定的要求的。

2）要求施工单位压缩合同约定的工期的。

3）将拆除工程发包给不具有相应资质等级的施工单位的。

（4）勘察单位、设计单位有下列行为之一的，责令限期改正，处10万元以上30万元以下的罚款；情节严重的，责令停业整顿，降低资质等级，直至吊销资质证书；造成重大安全事故，构成犯罪的，对直接责任人员，依照刑法有关规定追究刑事责任；造成损失的，依法承担赔偿责任：

1）未按照法律、法规和工程建设强制性标准进行勘察、设计的。

2）采用新结构、新材料、新工艺的建设工程和特殊结构的建设工程，设计单位未在设计中提出保障施工作业人员安全和预防生产安全事故的措施建议的。

（5）工程监理单位有下列行为之一的，责令限期改正；逾期未改正的，责令停业整顿，并处10万元以上30万元以下的罚款；情节严重的，降低资质等级，直至吊销资质证书；造成重大安全事故，构成犯罪的，对直接责任人员，依照刑法有关规定追究刑事责任；造成损失的，依法承担赔偿责任：

1）未对施工组织设计中的安全技术措施或者专项施工方案进行审查的。

2）发现安全事故隐患未及时要求施工单位整改或者暂时停止施工的。

3）施工单位拒不整改或者不停止施工，未及时向有关主管部门报告的。

4）未依照法律、法规和工程建设强制性标准实施监理的。

（6）注册执业人员未执行法律、法规和工程建设强制性标准的，责令停止执业3个月以上1年以下；情节严重的，吊销执业资格证书，5年内不予注册；造成重大安全事故的，终身不予注册；构成犯罪的，依照刑法有关规定追究刑事责任。

（7）为建设工程提供机械设备和配件的单位，未按照安全施工的要求配备齐全有效的保险、限位等安全设施和装置的，责令限期改正，处合同价款1倍以上3倍以下的罚款；造成损失的，依法承担赔偿责任。

（8）出租单位出租未经安全性能检测或者经检测不合格的机械设备和施工机具及配件的，责令停业整顿，并处5万元以上10万元以下的罚款；造成损失的，依法承担赔偿责任。

（9）施工起重机械和整体提升脚手架、模板等自升式架设设施安装、拆卸单位有下列行为之一的，责令限期改正，处5万元以上10万元以下的罚款；情节严重的，责令停业整顿，降低资质等级，直至吊销资质证书；造成损失的，依法承担赔偿责任：

1）未编制拆装方案、制定安全施工措施的。

2）未由专业技术人员现场监督的。

3）未出具自检合格证明或者出具虚假证明的。

4）未向施工单位进行安全使用说明，办理移交手续的。

施工起重机械和整体提升脚手架、模板等自升式架设设施安装、拆卸单位有前款规定的第1）项、第3）项行为，经有关部门或者单位职工提出后，对事故隐患仍不采取措施，因而发生重大伤亡事故或者造成其他严重后果，构成犯罪的，对直接责任人员，依照刑法有关规定追究刑事责任。

（10）施工单位挪用列入建设工程概算的安全生产作业环境及安全施工措施所需费用的，责令限期改正，处挪用费用20%以上50%以下的罚款；造成损失的，依法承担赔偿责任。

（11）施工单位有下列行为之一的，责令限期改正；逾期未改正的，责令停业整顿，并处5万元以上10万元以下的罚款；造成重大安全事故，构成犯罪的，对直接责任人员，依照刑法有关规定追究刑事责任：

1）施工前未对有关安全施工的技术要求作出详细说明的。

2）未根据不同施工阶段和周围环境及季节、气候的变化，在施工现场采取相应的安全施工措施，或者在城市市区内的建设工程的施工现场未实行封闭围挡的。

3）在尚未竣工的建筑物内设置员工集体宿舍的。

4）施工现场临时搭建的建筑物不符合安全使用要求的。

5）未对因建设工程施工可能造成损害的毗邻建筑物、构筑物和地下管线等采取专项防护措施的。

施工单位有前款规定第4）项、第5）项行为，造成损失的，依法承担赔偿责任。

（12）施工单位有下列行为之一的，责令限期改正；逾期未改正的，责令停业整顿，并处10万元以上30万元以下的罚款；情节严重的，降低资质等级，直至吊销资质证书；造成重大安全事故，构成犯罪的，对直接责任人员，依照刑法有关规定追究刑事责任；造成损失的，依法承担赔偿责任：

1）安全防护用具、机械设备、施工机具及配件在进入施工现场前未经查验或者查验不合格即投入使用的。

2）使用未经验收或者验收不合格的施工起重机械和整体提升脚手架、模板等自升式架设设施的。

3）委托不具有相应资质的单位承担施工现场安装、拆卸施工起重机械和整体提升脚手架、模板等自升式架设设施的。

4）在施工组织设计中未编制安全技术措施、施工现场临时用电方案或者专项施工方案的。

（13）施工单位的主要负责人、项目负责人未履行安全生产管理职责的，责令限期改正；逾期未改正的，责令施工单位停业整顿；造成重大安全事故、重大伤亡事故或者其他严重后果，构成犯罪的，依照刑法有关规定追究刑事责任。

作业人员不服从管理、违反规章制度和操作规程冒险作业，造成重大伤亡事故或者其他严重后果，构成犯罪的，依照刑法有关规定追究刑事责任。

施工单位的主要负责人、项目负责人有违法行为，尚不构成刑事处罚的，处2万元以上20万元以下的罚款，或者按照管理权限给予撤职处分；自刑罚执行完毕或者受处分之日起，5年内不得担任任何施工单位的主要负责人、项目负责人。

（14）施工单位取得资质证书后，降低安全生产条件的，责令限期改正；经整改仍未达到与其资质等级相适应的安全生产条件的，责令停业整顿，降低其资质等级直至吊销资质证书。

（15）行政处罚，由建设行政主管部门或者其他有关部门依照法定职权决定。违反消防安全管理规定的行为，由公安消防机构依法处罚。有关法律、行政法规对建设工程安全生产违法行为的行政处罚决定机关另有规定的，从其规定。

四、生产安全事故报告和调查处理

为了规范生产安全事故的报告和调查处理，落实生产安全事故责任追究制度，防止和减少生产安全事故，2007年6月1日实施了《生产安全事故报告和调查处理条例》（国务院第493号令）。

1. 生产安全事故的等级划分

根据生产安全事故（以下简称事故）造成的人员伤亡或者直接经济损失，事故一般分为以下等级：

（1）特别重大事故，是指造成30人以上死亡，或者100人以上重伤（包括急性工业中毒，下同），或者1亿元以上直接经济损失的事故。

（2）重大事故，是指造成10人以上30人以下死亡，或者50人以上100人以下重伤，或者5000万元以上1亿元以下直接经济损失的事故。

（3）较大事故，是指造成3人以上10人以下死亡，或者10人以上50人以下重伤，或者1000万元以上5000万元以下直接经济损失的事故。

（4）一般事故，是指造成3人以下死亡，或者10人以下重伤，或者1000万元以下直接经济损失的事故。

国务院安全生产监督管理部门可以会同国务院有关部门，制定事故等级划分的补充性规定。

事故分类中"以上"包括本数，所称的"以下"不包括本数。

2. 生产安全事故的报告制度

（1）事故发生后，事故现场有关人员应当立即向本单位负责人报告；单位负责人接到报告后，应当于1小时内向事故发生地县级以上人民政府安全生产监督管理部门和负有安全生产监督管理职责的有关部门报告。

情况紧急时，事故现场有关人员可以直接向事故发生地县级以上人民政府安全生产监督管理部门和负有安全生产监督管理职责的有关部门报告。

（2）安全生产监督管理部门和负有安全生产监督管理职责的有关部门接到事故报告后，应当依照下列规定上报事故情况，并通知公安机关、劳动保障行政部门、工会和人民检察院：

1）特别重大事故、重大事故逐级上报至国务院安全生产监督管理部门和负有安全生产监督管理职责的有关部门。

2）较大事故逐级上报至省（自治区、直辖市）人民政府安全生产监督管理部门和负有安全生产监督管理职责的有关部门。

3）一般事故上报至设区的市级人民政府安全生产监督管理部门和负有安全生产监督管理职责的有关部门。安全生产监督管理部门和负有安全生产监督管理职责的有关部门依照前款规定上报事故情况，应当同时报告本级人民政府。国务院安全生产监督管理部门和负有安全生产监督管理职责的有关部门以及省级人民政府接到发生特别重大事故、重大事故的报告后，应当立即报告国务院。

必要时，安全生产监督管理部门和负有安全生产监督管理职责的有关部门可以越级上报事故情况。

安全生产监督管理部门和负有安全生产监督管理职责的有关部门逐级上报事故情况，每级上报的时间不得超过 2h。

（3）报告事故应当包括下列内容：

1）事故发生单位概况。

2）事故发生的时间、地点以及事故现场情况。

3）事故的简要经过。

4）事故已经造成或者可能造成的伤亡人数（包括下落不明的人数）和初步估计的直接经济损失。

5）已经采取的措施。

6）其他应当报告的情况。

（4）事故报告后出现新情况的，应当及时补报。自事故发生之日起 30 天内，事故造成的伤亡人数发生变化的，应当及时补报。道路交通事故、火灾事故自发生之日起 7 天内，事故造成的伤亡人数发生变化的，应当及时补报。

（5）事故发生单位负责人接到事故报告后，应当立即启动事故相应应急预案，或者采取有效措施，组织抢救，防止事故扩大，减少人员伤亡和财产损失。

（6）事故发生后，有关单位和人员应当妥善保护事故现场以及相关证据，任何单位和个人不得破坏事故现场、毁灭相关证据。因抢救人员、防止事故扩大以及疏通交通等原因，需要移动事故现场物件的，应当做出标志，绘制现场简图并做出书面记录，妥善保存现场重要痕迹、物证。

3. 生产安全事故调查

（1）特别重大事故由国务院或者国务院授权有关部门组织事较调查组进行调查。重大事故、较大事故、一般事故分别由事故发生地省级人民政府、设区的市级人民政府、县级人民政府负责调查。省级人民政府、设区的市级人民政府、县级人民政府可以直接组织事故调查组进行调查，也可以授权或者委托有关部门组织事故调查组进行调查。未造成人员伤亡的一般事故，县级人民政府也可以委托事故发生单位组织事故调查组进行调查。

（2）特别重大事故以下等级事故，事故发生地与事故发生单位不在同一个县级以上行政区域的，由事故发生地人民政府负责调查，事故发生单位所在地人民政府应当派人参加。

（3）根据事故的具体情况，事故调查组由有关人民政府、安全生产监督管理部门、负有安全生产监督管理职责的有关部门、监察机关、公安机关以及工会派人组成，并应当邀请人民检察院派人参加。事故调查组可以聘请有关专家参与调查。

（4）事故调查组组长由负责事故调查的人民政府指定。事故调查组组长主持事故调查组的工作。事故调查组成员应当具有事故调查所需要的知识和专长，并与所调查的事故没有直接利害关系。

(5) 事故调查组履行下列职责:

1) 查明事故发生的经过、原因、人员伤亡情况及直接经济损失。

2) 认定事故的性质和事故责任。

3) 提出对事故责任者的处理建议。

4) 总结事故教训，提出防范和整改措施。

5) 提交事故调查报告。

(6) 事故调查组有权向有关单位和个人了解与事故有关的情况，并要求其提供相关文件、资料，有关单位和个人不得拒绝。事故发生单位的负责人和有关人员在事故调查期间不得擅离职守，并应当随时接受事故调查组的询问，如实提供有关情况。事故调查中发现涉嫌犯罪的，事故调查组应当及时将有关材料或者其复印件移交司法机关处理。

(7) 事故调查组应当自事故发生之日起 60 天内提交事故调查报告；特殊情况下，经负责事故调查的人民政府批准，提交事故调查报告的期限可以适当延长，但延长的期限最长不超过 60 天。

(8) 事故调查报告应当包括下列内容:

1) 事故发生单位概况。

2) 事故发生经过和事故救援情况。

3) 事故造成的人员伤亡和直接经济损失。

4) 事故发生的原因和事故性质。

5) 事故责任的认定以及对事故责任者的处理建议。

6) 事故防范和整改措施。事故调查报告应当附具有关证据材料。事故调查组成员应当在事故调查报告上签名。

(9) 事故调查报告报送负责事故调查的人民政府后，事故调查工作即告结束。事故调查的有关资料应当归档保存。

4. 生产安全事故处理

(1) 重大事故、较大事故、一般事故，负责事故调查的人民政府应当自收到事故调查报告之日起 15 天内做出批复；特别重大事故，30 天内做出批复，特殊情况下，批复时间可以适当延长，但延长的时间最长不超过 30 天。

有关机关应当按照人民政府的批复，依照法律、行政法规规定的权限和程序，对事故发生单位和有关人员进行行政处罚，对负有事故责任的国家工作人员进行处分。事故发生单位应当按照负责事故调查的人民政府的批复，对本单位负有事故责任的人员进行处理。负有事故责任的人员涉嫌犯罪的，依法追究刑事责任。

(2) 事故发生单位应当认真吸取事故教训，落实防范和整改措施，防止事故再次发生。防范和整改措施的落实情况应当接受工会和职工的监督。安全生产监督管理部门和负有安全生产监督管理职责的有关部门应当对事故发生单位落实防范和整改措施的情况进行监督检查。

(3) 事故处理的情况由负责事故调查的人民政府或者其授权的有关部门、机构向社会公布，依法应当保密的除外。

5. 法律责任

（1）事故发生单位主要负责人有下列行为之一的，处上一年年收入40%～80%的罚款；属于国家工作人员的，并依法给予处分；构成犯罪的，依法追究刑事责任：

1）不立即组织事故抢救的。

2）迟报或者漏报事故的。

3）在事故调查处理期间擅离职守的。

（2）事故发生单位及其有关人员有下列行为之一的，对事故发生单位处100万元以上500万元以下的罚款；对主要负责人、直接负责的主管人员和其他直接责任人员处上一年年收入60%～100%的罚款；属于国家工作人员的，并依法给予处分；构成违反治安管理行为的，由公安机关依法给予治安管理处罚；构成犯罪的，依法追究刑事责任：

1）谎报或者瞒报事故的。

2）伪造或者故意破坏事故现场的。

3）转移、隐匿资金、财产，或者销毁有关证据、资料的。

4）拒绝接受调查或者拒绝提供有关情况和资料的。

5）在事故调查中作伪证或者指使他人作伪证的。

6）事故发生后逃匿的。

（3）事故发生单位对事故发生负有责任的，依照下列规定处以罚款：

1）发生一般事故的，处10万元以上20万元以下的罚款。

2）发生较大事故的，处20万元以上50万元以下的罚款。

3）发生重大事故的，处50万元以上200万元以下的罚款。

4）发生特别重大事故的，处200万元以上500万元以下的罚款。

（4）事故发生单位主要负责人未依法履行安全生产管理职责，导致事故发生的，依照下列规定处以罚款；属于国家工作人员的，并依法给予处分；构成犯罪的，依法追究刑事责任：

1）发生一般事故的，处上一年年收入30%的罚款。

2）发生较大事故的，处上一年年收入40%的罚款。

3）发生重大事故的，处上一年年收入60%的罚款。

4）发生特别重大事故的，处上一年年收入80%的罚款。

（5）有关地方人民政府、安全生产监督管理部门和负有安全生产监督管理职责的有关部门有下列行为之一的，对直接负责的主管人员和其他直接责任人员依法给予处分；构成犯罪的，依法追究刑事责任：

1）不立即组织事故抢救的。

2）迟报、漏报、谎报或者瞒报事故的。

3）阻碍、干涉事故调查工作的。

4）在事故调查中作伪证或者指使他人作伪证的。

（6）事故发生单位对事故发生负有责任的，由有关部门依法暂扣或者吊销其有关证照；对事故发生单位负有事故责任的有关人员，依法暂停或者撤销其与安全生产有关的执业资格、岗位证书；事故发生单位主要负责人受到刑事处罚或者撤职处分的，自刑罚执行完毕或者受处分之日起，5年内不得担任任何生产经营单位的主要负责人。

为发生事故的单位提供虚假证明的中介机构，由有关部门依法暂扣或者吊销其有关证照及其相关人员的执业资格；构成犯罪的，依法追究刑事责任。

(7) 参与事故调查的人员在事故调查中有下列行为之一的，依法给予处分；构成犯罪的，依法追究刑事责任：

1) 对事故调查工作不负责任，致使事故调查工作有重大疏漏的。

2) 包庇、袒护负有事故责任的人员或者借机打击报复的。

最后强调安全生产过程重于结果。即如果在施工过程中没有发生安全事故，则对安全投入多少，安全措施是否规范、落实等是不追究的，反之，即使安全投入再多，制度再详细，措施再具体，也要追究安全责任。

五、环境保护

1. 环境保护责任

承包人在施工过程中应严格遵守国家和地方的有关环境保护的法规和规章以及施工合同的有关规定，并应对其违反上述法规和规章以及合同的规定所造成的环境破坏及人员和财产的损失承担全部责任。

2. 采取合理的措施保护环境

(1) 承包人应在编报的施工组织设计中做好施工弃渣的处理措施，严格按批准的弃渣规划有序地堆放和利用弃渣，防止任意堆放弃渣影响河道的防洪标准和本工程其他承包人的正常施工以及下游居民的安全。

(2) 承包人应按合同规定采取有效措施对施工开挖的边坡及时进行支护和做好排水措施，避免由于施工造成的水土流失。

(3) 承包人在施工过程中应采取有效措施，注意保护饮用水源免受施工活动造成的污染。

(4) 承包人应按合同技术规范的规定加强对噪声、粉尘、废气的控制和治理，采取先进设备和技术，努力降低噪声，控制粉尘浓度以及废水和废油的治理和排放。

(5) 承包人应保持施工区和生活区以及周围环境卫生，及时清除施工废弃物并运至指定地点，不能阻碍通道。

FIDIC合同条件在环境保护里，还重点强调了生活环境方面的内容，诸如劳务人员的住房、健康与安全、消灭虫害措施、传染病、食物供应、供水、酒精饮料和毒品、节假日及宗教习惯问题，都要有适当的考虑。

3. 监理机构在环境保护控制上的主要工作

(1) 工程项目开工前，监理机构应督促承包人按施工合同约定，编制施工环境管理和保护方案，并对落实情况进行检查。

(2) 监理机构应监督承包人避免对施工区域的植物和建筑物等的破坏。

(3) 监理机构应要求承包人采取有效措施对施工中开挖的边坡及时进行支护和做好排水措施，尽量避免对植被的破坏并对受到破坏的植被及时采取恢复措施。

(4) 监理机构应监督承包人严格按照批准的弃渣规划有序地堆放、处理和利用废渣，防止任意弃渣造成的环境污染、影响河道行洪能力和其他承包人的施工。

(5) 监理机构应监督承包人严格执行有关规定，加强对噪声、粉尘、废气、废水、废油的控制，并按施工合同约定进行处理。

(6) 监理机构应要求承包人保持施工区和生活区的环境卫生，及时清除垃圾和废弃物，并运至指定地点进行处理。进入现场的材料、设备应有序放置。

(7) 工程完工后，监理机构应监督承包人按施工合同约定拆除施工临时设施，清理场地，做好环境恢复工作。

思　考　题

1. 试述影响质量的因素。
2. 什么是质量控制？简述施工阶段质量控制的主要内容。
3. 质量控制中统计分析方法的用途各有哪些？
4. 监理工程师在开工条件控制方面的主要工作有哪些？
5. 监理工程师施工进度控制工作包括哪些内容？
6. 监理工程师检查实际施工进度的方式有哪些？
7. 实际进度与计划进度的对比方法有哪几种？
8. 施工进度计划的调整方法有哪些？
9. 简述工程变更价款的确定方法。
10. 简述索赔费用的一般构成和计算方法。
11. 投资偏差分析的方法有哪些？
12. 投资偏差的原因有哪些？
13. 简述工程进度月支付的程序。
14. 简述工程计量的程序。
15. 简述监理工程师在施工安全和环境保护控制方面的主要工作。
16. 简述投资偏差分析的方法和投资偏差的原因。
17. 试总结质量与安全控制的异同点？

第九章 施工实施阶段监理的管理工作

第一节 合 同 管 理

在市场经济条件下，市场主体之间的所有经济流转，是通过市场交易来进行的，工程建设领域也不例外。为了保证市场经济行为的有序进行，就要求市场主体必须遵守行为规范。该行为规范分为法律和合同两个层次。法律是包括法律规定、条例、法规和政策等，由国家制定并强制执行；合同由各方当事人签订，仅对签订合同的当事人具有法律效力，即当事人各方必须全面履行合同。在项目的整个建设过程中，项目法人与设计单位、施工单位、监理单位和设备、材料供应商等之间的经济行为均由合同来约束和规范。所以合同管理是工程项目管理的核心，它对整个工程项目的实施起总控制和总保证作用。

工程项目合同形式繁多，每种合同管理内容也十分广泛。本节在阐述有关合同和工程项目合同一般知识的基础上，主要介绍工程施工合同管理的一些问题。

一、合同管理基础

（一）合同的概念

合同，又称契约。我国《民法通则》第八十五条规定：“合同是当事人之间设立、变更、终止民事关系的协议。”当事人可以是双方的，也可以是多方的。民事关系指民事法律关系，也就是民法规范所调整的财产关系和人身关系在法律上的表现。民事法律关系由权利主体、权利客体和内容三部分组成。

权利主体，又称民事权利义务主体。指民事法律关系的参加者，也就是在民事法律关系中依法享受权利和承担义务的当事人。从合同角度看，也就是签订合同的双方或多方当事人，包括自然人和法人。

权利客体，是指权利主体的权利和义务共同指向的对象。它包括物、行为和精神产品，物是指由民事主体支配并能满足人们需要的物质财富，它是民事法律关系中常见的客体。行为是指人的活动及活动的结果。精神产品也称智力成果。

内容，是指民事权利和义务。

一切合同，不论其主体是谁，客体是什么，内容如何，都具有以下共同的法律特征：首先合同是一种民事法律行为；其次合同是当事人的法律行为。

（二）合同的内容

根据《中华人民共和国合同法》第十二条规定，合同的内容包含以下几个方面：

（1）合同当事人的名称或者姓名和住所。

（2）合同的标的。合同标的是当事人双方的权利、义务共指的对象。它可能是实物

（如生产资料、生活资料、动产、不动产等）、服务性工作（如劳务、加工）、智力成果（如专利、商标、专有技术）等。如工程承包合同，其标的是完成工程项目。标的是合同必须具备的条款。无标的或标的不明确，合同是不能成立的，也无法履行。

（3）标的的数量和质量：标的的数量和质量共同确定和定义标的的具体特征。标的的数量一般以度量衡作计算单位，以数字作为衡量标的尺度；标的质量是指质量标准、功能技术要求、服务条件等。

没有标的数量和质量的尺度，合同是无法生效和履行的，发生纠纷也不易分清责任。

（4）合同价金或酬金。合同价金或酬金即为取得标的（物品、劳务或服务）的一方向对方支付的代价，作为对方完成合同义务的补偿。合同中应写明价金数量、付款方式、结算程序。合同应遵循等价互利的原则。

（5）合同期限和履行的地点。合同期限指履行合同期限，即从合同生效到合同结束时间。

履行地点指合同标的物所在地，如以承包工程为标的的合同，其履行地点是工程计划文件所规定的工程所在地。

由于一切经济活动都是在一定的时间和空间上进行的，离开具体的时间，经济活动是没有意义的，所以合同中应非常具体地规定合同期限和履行地点。

（6）违约责任。违约责任即为合同一方或双方因过失不能履行或不能完全履行合同责任，侵犯另一方经济权利时所应负的责任。违约责任是合同的关键条款之一。若没有规定违约责任，则合同对双方难以形成法律约束力，难以确保圆满地履行，发生争执也难以解决。

（7）解决争议的方法。在合同的履行过程中，合同当事人双方的争执总是有的。合同争执通常具体表现在：合同当事人双方对合同规定的义务和权利理解不一致，最终导致对经济合同的履行和不履行的后果和责任的分担产生争议。

经济合同争执的解决通常有协商、调解、仲裁和诉讼。我国新的仲裁制度建立后，仲裁与诉讼成为平行的两种解决争议的最终方式。经济合同的当事人不能同时选择仲裁和诉讼作为争议（纠纷）解决的方式。

（三）合同的订立

1. 合同主体资格

当事人订立合同，应当具有相应民事权利能力和民事行为能力。当事人可依法委托代理人订立合同。民事权利能力是参与民事活动、享有民事权利，承担民事义务的能力；民事行为能力是指以自己的意思进行民事活动，取得权利和承担义务的能力。

对建设工程合同，承包人必须经审查合格，取得相应资质证书后，才可在其资质等级许可的范围内订立合同；当由同一专业几个单位组成联合体，按资质等级低的单位确定资质等级。

2. 合同形式

当事人订立合同，有书面形式、口头形式和其他形式。法律、行政法规规定采用书面形式的，应当采用书面形式；当事人约定采用书面形式的，应当采用书面形式。其中，合同法又规定，建设工程合同必须用书面形式。

3. 合同订立原则

订立合同，要求遵循下列原则：

（1）平等原则。合同当事人法律地位上是平等的，一方不能凌驾于另一方之上，不得将自己的意志强加给另外一方。

（2）自愿原则。当事人有是否订立和与谁订立合同的自由，任何人和任何单位均不得强迫对方与之订立合同。在不违法的情况下，当事人对合同的内容、合同的形式等均应遵循自愿原则，任何单位和个人不得非法干预。自愿原则和平等原则是相辅相成，不可分割的。平等体现了自愿，自愿要求平等。

（3）公平原则。公平原则是指本着社会公认的公平观念，确定当事人的权利义务。主要体现在：①当事人在订立合同时，应当按照公平的标准确定合同的权利和义务，合同的权利义务不能显失公平；②当事人发生纠纷时，法院应当按照公平原则对当事人确定的权利和义务进行价值判断，以决定其法律效力；③当事人变更、解除合同或者履行合同，应体现公平精神，不能有不公平的行为。

（4）诚信原则。诚实信用原则，一个重要方面要求合同当事人在合同订立和合同履行过程中，遵守法律法规和双方的约定，本着实事求是的精神，以善意的方式履行合同义务，不准出现欺诈行为，不乘人之危进行不正当竞争等；另一个重要方面是要将诚信原则作为解释合同的依据。在合同的内容含糊不清时、发生歧义等情况下，就需要对当事人的真实意思表示进行解释。

（5）合法原则。当事人订立、履行合同应当遵守各种法律、行政法规，主要是指遵守强制性的规定。

4. 合同订立方式

当事人订立合同，采取要约、承诺方式。

要约是一方当事人以缔结合同为目的向对方表达意愿的行为。提出要约的一方为要约人，对方称为受要约人。要约人在提出要约时，除了表示订立合同的愿望外，还必须明确提出合同的主要条款，以使对方考虑是否接受要约。显然，工程招标文件就是要约，招标人为要约人，而投标人就是受要约人。

承诺是受要约人按照要约规定的方式，对要约的内容表示同意的行为。一项有效的承诺必须具备以下条件：

（1）承诺必须在要约的有效期内做出。

（2）承诺要由受要约人或其授权的代理人做出。

（3）承诺必须与要约的内容一致。如果受要约人对要约的内容加以扩充、限制或变更，这就不是承诺而是新要约。新要约须经原要约人承诺才能订立合同。

（4）承诺的传递方式要符合要约提出的要求。

从有效承诺的四个条件分析，投标书是承诺的一种特殊形式。它包含着新要约的必然过程。因为投标人（受要约人）在接受招标文件内容（要约）的同时，必然要向业主（要约人）提出接受要约的代价（即投标报价），这就是一项新要约。此时，投标人成了要约人，而招标人为受要约人。招标人（业主）接受了投标人的新要约之后，才能订立合同。

5. 工程承包合同的谈判和签订

工程承包合同签订前一般要进行合同谈判，这谈判一般分两个阶段。

(1) 决标前的谈判。开标以后，招标人常要和投标人就工程有关技术问题和价格问题逐一进行谈判。招标人组织决标前谈判的目的在于：

1) 通过谈判，了解投标人报价的构成，进一步审核报价。

2) 进一步了解和审核投标人的施工规划和各项技术措施的合理性，及对工程质量和进度的保证程度。

3) 根据参加谈判的投标人的建议和要求，也可吸收一些好的建议，可能对工程建设会有一定的影响。

投标人有机会参加决标前的谈判，则应充分利用这一机会：

1) 争取中标，即通过谈判，宣传自身的优势，包括技术方案的先进性，报价的合理性，必要时可许诺优惠条件，以争取中标。

2) 争取合理价格，既要准备对付招标人的压价，又要准备当招标人拟增加项目、修改设计或提高标准时适当增加报价。

3) 争取改善合同条件，包括争取修改过于苛刻的和不合理的条件，澄清模糊的条款和增加有利于保护投标人利益的条款。

决标前谈判一般来说招标人较主动。

(2) 决标后的谈判。招标人确定中标者并发出中标函后，招标人还要和中标者进行决标后的谈判，即将过去双方达成的协议具体化，并最后对所有条款和价格加以认证。决标后的谈判一般来说对中标承包商比较主动，这时他地位有所改善，他经常利用这一点，积极地、有理有节地同业主就合同的有关条款谈判，以争取对自身有利的合同条件。

招标人和中标者在对价格和合同条款谈判达成充分一致的基础上，签订合同协议书。至此，双方即建立了受法律保护的合同关系。

(四) 工程项目合同类型

工程项目本身的复杂性决定了承包合同的多样性，其类型可按不同标准加以划分。

1. 按合同的“标的”性质分类

根据工程项目的标的性质，一般将合同分成下列几种类型：

(1) 勘察设计合同。

(2) 咨询合同。

(3) 监理合同。

(4) 供应合同。

(5) 设备加工生产合同。

(6) 工程施工合同。

(7) 劳务合同。

2. 按合同所包括的工作范围和承包关系分类

根据合同所包括的工程范围和承包关系可将合同分为总包合同和分包合同。

(1) 总包合同。它是指业主与总承包商之间就某一工程项目的承包内容签订的合同。总包合同的当事人是业主和总承包商，工程建设中所涉及的权利和义务关系，只能在业主和总承包商之间发生。

（2）分包合同。它是指总承包商将工程项目的某部分或某子项工程分包给某一分包商去完成所签订的合同，分包合同的当事人是总承包商和分包商。分包合同所涉及的权利和义务关系，只在总承包商和分包商间发生。业主与分包商之间不直接发生合同法律关系，但分包商要间接地承担总承包商对业主承担的而由分包商承担的工程项目的有关义务。

3. 根据计价方式对承包合同的分类

按承包合同的计价方式，可将合同分为总价合同、单价合同、成本加固定费用合同和混合合同4种类型，总价合同和单价合同又可细分许多形式。

（1）总价合同。总价合同又可分为以下三种：

1）固定总价合同。这种合同以图纸和工程说明为依据，按照商定的总价进行承包，并一笔包死。在合同执行过程中，除非业主要求变更原定的承包内容，否则承包商不得要求变更总价。这种合同方式一般适用于工程规模较小，技术不太复杂，工期较短，且签订合同时已具备详细设计文件的情况。

2）调值总价合同。在招标及签订合同时，以设计图纸、工程量清单及当时的价格计算签订总价合同，但在合同条款中双方商定，若在执行合同过程中由于通货膨胀引起工料成本增加时，合同总价应相应调整，并规定了调整方法。这种合同业主承担了物价上涨这一不可预测费用因素的风险，承包商承担其他风险。这种合同方式一般适用于工期较长，通货膨胀率难以预测，但现场条件较为简单的工程项目。

3）固定工程量总价合同。对这种合同，承包商在投标时按单价合同办法分别填报分项工程单价，从而计算出工程总价，据之签订合同。原定工程项目全部完成后，根据合同总价给承包商付款。若改变设计或增加新项目，则用合同中已确定的单价来计算新的工程量和调整总价。这种合同方式要求工程量清单中的工程量比较准确，不宜采用估算的数量。

（2）单价合同。它又可分为以下两种：

1）估计工程量单价合同。这种合同要求承包商投标时按工程量表中的估计工程量为基础，填入相应的单价作为报价。合同总价是根据结算单中每项的工程数量和相应的单价计算得出，但合同总价一般不是支付工程款项的最终金额，因单价合同中的工程数量是一估计值。支付工程款项应按实际发生工程量计，但当实际工程量与估计工程量相差过大，超过规定的幅度时，允许调整单价以补偿承包商。

2）纯单价合同。这种合同方式的招标文件只给出各分项工程内的工作项目一览表、工程范围及必要说明，而不提供工程量。承包商只要给出各项目的单价即可，将来实施时按实际工程量计算。

（3）实际成本加酬金合同。这类合同在实际中又有下列几种不同的做法：

1）实际成本加固定费用合同。这种合同的基本特点是以工程实际成本，加上商定的固定费用来确定业主应向承包商支付的款项数目。这种合同方式主要适用于开工前对工程内容尚不十分确定的情况。

2）实际成本加百分率合同。这种合同的基本特点是以工程实际成本加上实际成本的百分数作为付给承包商的酬金。这种合同方式不能鼓励承包商关心缩短建设工期和降低施工成本，因此较少采用。

3）实际成本加奖金合同。这种合同的基本特点是先商定一目标成本，另外规定一百分数作为酬金。最后结算时，若实际成本超过商定的目标成本，则减少酬金；若实际成本低于商定的目标成本，则增加酬金。这种合同方式鼓励承包商关心缩短建设工期和降低施工成本，业主和承包商均不会有太大的风险，因此采用得较多。但目标成本的确定常比较复杂。

（4）混合型合同。它是指有部分固定价格、部分实际成本加酬金合同和阶段转换合同形式的情况。前者是对重要的设计内容已具体化的项目采用得较多，而后者对次要的、设计还未具体化的项目较适用。

4. 按工程项目参建各方主体分类

这主要可分为项目法人的主要合同关系及承包商的主要合同关系。

项目法人作为工程（或服务）的买方，是工程的所有者，他可能是政府、企业、其他投资者，或几个企业的组合，或政府与企业的组合。项目法人根据对工程的需求，确定工程项目的整体目标，这个目标是所有相关工程合同的核心。要实现工程目标，项目法人必须将建筑工程的勘察设计、各专业施工、设备和材料供应等工作委托出去，并与有关单位签订如下合同：

（1）咨询（监理）合同。

（2）勘察设计合同。

（3）供应合同。

（4）工程施工合同。

（5）贷款合同等。

承包商是工程施工的具体实施者，是工程承包合同的执行者。承包商通过投标接受项目法人的委托，签订工程承包合同，承包商要完成承包合同的责任，包括工程量表所确定的工程范围的施工、竣工和保修，为完成这些工程提供劳动力、施工设备、材料，有时也包括技术设计。但承包商不可能也不必具备所有专业的工程施工能力，材料设备的生产和供应能力，也同样需要将许多专业工作委托出去。故承包商常常又有自己复杂的合同关系。如：

（1）分包合同。

（2）供应合同。

（3）运输合同。

（4）加工合同。

（5）租赁合同。

（6）劳务供应合同。

（7）保险合同等。

（五）工程项目承包合同类型的选择

工程项目合同类型的选择取决于工程项目的具体内容、工程项目的性质、业主和承包商双方的兴趣及合作基础、项目复杂程度及项目客观条件、项目风险程度等多种因素。一般而言，合同类型选择需考虑下列因素。

（1）业主和承包商的意愿。业主从自己的角度出发，一般都希望自己少担风险，简化管理手续，并期望通过各种合同条件将项目目标、责任及约束条件由承包商全部承担下来。因此，许多业主对固定总价合同更感兴趣。从承包商角度出发，一般都不愿对大型复杂项目搞总价包死的“交钥匙”合同，以免承担过大风险。若业主坚持搞固定总价合同，承包商往往把风险应变费和盈利打得很高，以应付可能出现的风险。

（2）工程项目规模和复杂程度。一般而言，项目规模越大，技术越复杂，越难于采用固定总价的合同，因为承包商要为此承担全部风险，有的承包商宁可少赚钱，也希望采用成本加酬金合同。从业主角度看，则刚好相反。对于小型项目或简单项目，总价合同和单价合同都易为业主和承包商所接受。

（3）工程项目的明确程度和设计深度。总价合同、单价合同要求工程细节明确，工程设计具有一定的深度，以便准确地估算工程成本。若工程细节不够明确，设计没有达到一定深度，则一般采用成本加酬金合同较合适。

（4）工程进度的紧迫程度。工期要求过紧的项目一般不宜采用固定价格合同。这种项目由于仓促上马，图纸不全，准备不充分，实施中变更频繁，很难以固定价格成交，多采用成本加酬金合同。

（5）项目竞争激烈程度和市场供求状况。当建筑承包市场呈现供过于求的买方市场时，业主对合同类型的选择拥有较大主动权。由于竞争激烈，承包商只能尽量满足业主意愿。相反，若施工任务多于施工力量，或承包商对项目某种特殊技术处于垄断地位，则承包商对合同类型选择起主导作用。

（6）项目外部因素和风险。项目实施要受到项目外部条件和环境的影响，当项目外部风险较大时，大型项目一般难于采用总价合同。比如通货膨胀率较高、政局不稳或者气候恶劣地区，由于物价、政治和自然条件多变，可能导致项目风险加大，承包商一般难以接受总价合同，因为这些不可控制因素可能导致项目成本大幅度上升。

合同类型选择是业主和承包商双方签约前共同协商的重要内容。由于涉及双方利益、责任和权限范围，业主、承包商应综合考虑上述多种因素，权衡利弊，根据项目具体的内、外部条件，在充分协商的基础上共同选择能为双方认可和接受的合同类型。

在规定使用标准合同条件的环境下，合同类型就不由业主和承包商自由选择了。例如，世界银行贷款项目，规定要使用 FIDIC 条件，只能用单价合同；在我国，由国家发展和改革委员会等九部委编制的《标准施工招标文件》和水利部编制的《水利水电工程标准施工招标文件》，根据我国目前的合同管理状况，编制本合同条款时，考虑了尽量适用于单价合同和总价合同两种模式。

二、施工合同文件

施工合同文件是施工合同管理的基本依据，也是业主（项目法人）、监理工程师和承包商进行项目管理的基本准则。不论是业主、监理工程师还是承包商不仅要掌握已经形成的最终的合同文件，而且还要了解这些条款或规定的来龙去脉；不仅要了解合同文件的主要部分，例如合同条款，而且也要熟悉报价单、规范和图纸等，要把合同文件作为一个整体来考虑。

（一）施工合同文件的内容

合同文件简称“合同”。《中华人民共和国合同法》规定，建设工程合同采用书面形式。合同文件就是指构成合同的所有书面文件。对施工承包合同而言，通常包括下列内容。

1. 合同条款

合同条款指由项目法人拟定和选定，经双方同意采用的条款，它规定了合同双方的权利和义务。合同条款一般包含两部分：第一部分——通用条款和第二部分——专用条款。

2. 规范

规范指合同中包括的工程规范以及由监理工程师批准的对规范所作的修改或增补。规范应规定合同的工作范围和技术要求。对承包商提供的材料质量和工艺标准，必须作出明确的规定。规范还应包括在合同期间由承包商提供的试样和进行试验的细节。规范通常还包括有计量方法。

3. 图纸

图纸指监理工程师根据合同向承包商提供的所有图纸、设计书和技术资料，以及由承包商提出并经监理工程师批准的所有图纸、设计书，操作和维修手册以及其他技术资料。图纸应足够详细，以便投标者在参照了规范和工程量清单后，能确定合同所包括的工作性质和范围。

4. 工程量清单

工程量清单指已标价的完整的工程量表。它列有按照合同应实施的工作的说明、估算的工程量以及由投标者填写的单价和总价。它是投标文件的组成部分。

5. 投标书

投标书指承包商根据合同的各项规定，为工程的实施、完工和修补缺陷向项目法人提出并为中标函所接受的报价表。投标书是投标者提交的最重要的单项文件。在投标书中投标者要确认他已阅读了招标文件并理解了招标文件的要求，并申明他为了承担和完成合同规定的全部义务所需的投标金额。这个金额必须和工程量清单中所列的总价相一致。此外，项目法人还必须在投标书中注明他要求投标书保持有效和同意被接受的时间，并经投标者确认同意。这一时间应足够用来完成评标、决标和授予合同等工作。

6. 投标书附件

投标书附件指包括在投标书内的附件，它列出了合同条款所规定的一些主要数据。

7. 中标函

中标函指项目法人发给承包商表示正式接受其投标书的函件。中标函应在其正文或附录中包括一个完整的合同文件清单，其中包含已被接受的投标书，以及对双方协商一致对投标书所作修改的确认。如有需要，中标函中还应写明合同价格以及有关履约担保及合同协议等问题。

8. 合同协议书

合同协议书指双方就最后达成协议所签订的协议书。按照《中华人民共和国合同法》规定，承包商提交了投标书（即要约）和项目法人发出了中标函（即承诺），已可以构成具有法律效力的合同。然而更多些情况下，仍需要双方签订合同协议书。

9. 其他

其他指明确列入中标函或合同协议书中的其他文件。

（二）合同文件的优先次序

构成合同的各种文件，应该是一个整体，他们是有机的结合，互为补充、互为说明。但是，由于合同文件内容众多、篇幅庞大，很难避免彼此之间出现解释不清或有异议的情况。因此合同条款中应规定合同文件的优先次序，即当不同文件出现模糊或矛盾时，以那个文件为准。除非合同另有规定，通常情况下，构成合同的各种文件的优先次序按如下排列：

（1）合同协议书。

（2）中标通知书。

（3）投标函和投标函附录。

（4）专用合同条款。

（5）通用合同条款。

（6）技术标准和要求。

（7）图纸。

（8）已标价工程量清单。

（9）其他合同文件。

如果项目法人选定不同于上述的优先次序，则可以在专用条款中予以修改说明；如果项目法人决定不分文件的优先次序，则亦可在专用条款中说明，并可将对出现的含糊或异议的解释和校正权赋予监理工程师，即监理工程师有权向承包商发布指令，对这种含糊和异议加以解释和校正。

（三）合同文件的主导语言

在国际工程中，当使用两种或两种以上语言拟定合同文件时，或用一种语言编写，然后译成其他语言时，则应在合同中规定据以解释或说明合同文件以及作为翻译依据的一种语言，称为合同的主导语言。

规定合同文件的主导语言是很重要的。因为不同的语言在表达上存在着不同的习惯，往往不可能完全相同地表达同一意思。一旦出现不同语言的文本有不同的解释时，则应以主导语言编写的文本为准，这就是通常所说的“主导语言原则”。

（四）合同文件的适用法律

国际工程中，应在合同中规定一种适用于该合同并据以对该合同进行解释的国家或州的法律，称为该合同的“适用法律”，适用法律可以选用合同当事人一方国家的法律，也可使用国际公约和国际立法，还可以使用合同当事人双方以外第三国的法律。

我国从维护国家主权的立场出发，遵照平等互利的原则和优选适用国际公约及参照国际惯例的做法，就涉外经济合同适用法律的选择分为一般原则、选择适用和强制适用三种类型。

1. 一般原则

是指我国涉外经济合同法的一般性规定，如在我国订立和履行的合同（除我国法律另有规定的外），应适用中华人民共和国法律。

2. 选择适用

是指当事人可以选择适用与合同有密切联系的国家的法律，当事人没有作法律适用选择时，可适用合同缔结地或合同履行地的法律。

3. 强制适用

是指法律规定的某些方面的涉外经济合同必须适用于我国法律，而不论当事人双方选择适用与否。

选择适用法律是很重要的。因为从原则上讲，合同文件必须严格按适用法律进行解释，解释合同不能违反适用法律的规定，当合同条款与适用法律规定出现矛盾时，以法律规定为准。也就是说，法律高于合同，合同必须符合法律。这也就是所谓的“适用法律原则”。

在国际工程承包合同中，一般都选用工程所在国的法律为适用法律。因此，承包商必须仔细研究工程所在国的法律和有关法规，以避免损失和维护自己的合法利益。

（五）合同与法律的关系

合同文件规定了签约双方所承担的责任、权利和义务，明确了合同双方的法律和经济关系。合同一经正式协商签订，就具有法律效力，受到法律保护，成为双方都必须遵照办事的准则。违反合同或撕毁合同，就是违法行为，要受到法律追究，违约一方要承担法律和经济责任。对于一个工程项目来说，它的合同文件就是工程项目签约双方的法律，是他们的行为准则，故有“建设宪法”之称。

在国际法系和合同事务中，公认的合同的一般原则是：

“在任何法系或环境下，合同都应按其规定予以准确而正当地执行。”

这就是说，不论在执行习惯法体系，大陆法体系或伊斯兰法体系的地区或国家，不论在什么条件或环境下，合同一旦被签订，签订者都应该遵守合同条款的规定，准确而严格地执行合同。但在实践中，由于工程所在国的有关现行法律和法令非常繁多，工程项目的合同条款不可能包罗万象，且可能出现论述和规定上的差异。这时，就要按照合同与法律的关系来处理问题。

从原则上讲，在国际工程承包合同与所在国法律规定出现矛盾时，以法律规定为准。在实际工作中应注意以下几个问题：

（1）签订合同时，应贯彻自愿协商的原则，在双方协商一致的基础上签订。任何强制性的合同，由于违反自愿协商的原则，被强制的一方有权通过诉讼拒绝承担合同规定的义务。

（2）签订合同时的另一个重要原则，是合同条款必须符合工程所在国的法律和法令，不能违背该国的民法规定。否则，这样的合同就不合法，就必须按该国的法律修改。

（3）有时，在签订工程承包合同以后，工程所在国的法律、法令发生改变，由此引起承包商的经济损失时，承包商有权提出索赔要求。其理由是，该项法令改变对承包商来说是没有能力可以“预见”的经济损失，应得到相应的经济补偿。

（六）合同文件的解释

合同文件有各个组成部分，都属于合同文件的内容，合同双方都应该遵照执行。但是，在实践中，组成合同文件的各部分往往在论述上相互有出入，甚至出现矛盾。这时，就应由主管合同的监理工程师做出文件上的正式解释，或最好在合同条款中明确规定合同文件的优先顺序，作为执行合同的依据。

即使合同中对合同文件的优先顺序做出了明确的规定，在合同实施过程中，仍会出现不同的理解和争议。这时，就要求监理工程师对争议事项发出解释的书面信件，或发出改变优先顺序的指令。这种指令，应视作变更指令，按合同变更的有关规定处理。

对合同文件的解释，除应遵循上述合同文件的优先次序原则外，还应遵循国际上对工程承包合同文件进行解释的一些公认的原则，主要有如下几点。

1. 诚实信用原则

各国法律都普遍承认诚实信用原则（简称诚信原则），它是解释合同文件的基本原则之一。诚信原则是指合同双方当事人在签订和履行合同中都应是诚实可靠、恪守信用的。根据这一原则，法律推定当事人在签订合同之前都认真阅读和理解了合同文件，都确认合同文件的内容是自己真实意思的表示，双方自愿遵守合同文件的所有规定。因此，按这一原则解释，即“任何法系和环境下，合同都应按其表述的规定准确而正当地予以履行。”

2. 反义居先原则

这个原则是指：如果由于合同中有模棱两可、含糊不清之处，因而导致对合同的规定有两种不同的解释时，则按不利于起草方的原则进行解释，也就是以与起草方相反的解释居于优先地位。

对于工程施工承包合同，项目法人总是合同文件的起草、编写方，所以当出现上述情况时，承包商的理解与解释应处于优先地位。但是在实践中，合同文件的解释权通常属于监理工程师，这时，承包商可以要求监理工程师就其解释作出书面通知，并将其视为“工程变更”来处理经济与工期补偿问题。

3. 明显证据优先原则

这个原则是指：如果合同文件中出现几处对同一问题有不同规定时，则除了遵照合同文件优先次序外，应服从如下原则，即具体规定优先于原则规定；直接规定优先于间接规定，细节的规定优先于笼统的规定。根据此原则形成了一些公认的国际惯例，细部结构图纸优先于总装图纸，图纸上数字标志的尺寸优先于其他方式（如用比例尺换算）；数值的文字表达优先于用阿拉伯数字表达，单价优先于总价；定量的说明优先于其他方式的说明；规范优先于图纸；专用条款优先于通用条款等。

4. 书写文件优先原则

按此原则规定：书写条文优先于打字条文；打字条文优先于印刷条文。

（七）合同文件中的明文条款、隐含条款和可推定条款

1. 明文条款

明文条款是指在合同文件中所有用明文写出的各项条款和规定。明文条款对双方的权利义务都已作出书面规定，合同双方应根据诚实信用原则严格按合同条款办事。

2. 隐含条款

隐含条款是指合同明文条款中没有写入，但符合合同双方签订合同时的真实思想和当时环境条件的一切条款。隐含条款可以从合同中明文条款所表达的内容引申出来，也可以从合同双方在法律上的合同关系引伸出来。例如国际工程的合同，一般都以工程所在国的

法律为适用法律。工程所在国的许多法律规定，如税收、保险、环保、海关、安全等，虽然在合同文件中没有明文写出，但合同双方必须遵照执行，这就是根据法律规定引伸出来的隐含条款。此外，在合同实施过程中，双方常就一些合同中未明确规定的事项，经过协商一致，付诸实施，这实质上也是一种隐含条款。

隐含条款一旦按法律法规指明，或为双方一致接受，即成为合同文件的内容，合同双方必须遵照执行。

3. 可推定条款

可推定条款指在施工过程中，项目法人或监理工程师虽未出正式指令，但其言行表示出了一种非正式的指示或意见，承包商亦予以执行。这种非正式的指示或意见，事实上相当于发布了一个正式指令，这在合同管理上称为“可推定指令”。

在工程施工中，常见这种情况，如当由于不是承包商的过失而发生施工工期延误时，项目法人和监理工程师仍要求承包商按期完工，否则将处以误期赔偿费。在这种情况下，承包商为避免误期赔偿，只能采取加速施工的措施，这称之为“可推定的加速施工”。

三、施工合同条款的内容及其标准化

（一）合同条款的内容

施工承包合同的合同条款，一般均应包括下述主要内容：定义，合同文件的解释，项目法人的权利和义务，承包商的权利和义务，监理工程师的权力和职责，分包商和其他承包商，工程进度、开工和完工，材料、设备和工作质量，支付与证书，工程变更，索赔，安全和环境保护，保险与担保，争议，合同解除与终止，其他。它的核心问题是规定双方的权利义务，以及分配双方的风险责任。

（二）合同条款的标准化

由于合同条款在合同管理中的重要性，所以合同双方都很重视。对作为条款编写者的项目法人方而言，必须慎重推敲每一个词句，防止出现任何不妥或有疏漏之处。对承包商而言，必须仔细研读合同条款，发现有明显错误应及时向项目法人指出，予以更正，有模糊之处必须及时要求项目法人方澄清，以便充分理解合同条款表示的真实思想与意图，还必须考虑条款可能带来的机遇和风险。只有在这些基础上才能得出一个合适的报价。因此，在订立一个合同过程中，双方在编制、研究、协商合同条款上要投入很多的人力、物力和时间。

世界各国为了减少每个工程都必须花在编制讨论合同条款上的人力物力消耗，也为了避免和减少由于合同条款的缺陷而引起的纠纷，都制订出自己国家的工程承包标准合同条款。第二次世界大战以后，国际工程的招标承包日益增加，也陆续形成了一批国际工程常用的标准合同条款。

实践证明，采用标准合同条款，除了可以为合同双方减少大量资源消耗外，还有以下优点：

(1) 标准合同条款能合理地平衡合同各方的权利和义务，公平地在合同各方之间分配风险和责任。因此多数情况下，合同双方都能赞同并乐于接受，这就会在很大程度上避免合同各方之间由于缺乏所需的信任而引起争端，有利于顺利完成合同。

(2) 由于投标者熟悉并能掌握标准合同条款，这意味着他们可以不必为不熟悉的合同条款以及这些条款可能引起的后果担心，可以不必在报价中考虑这方面的风险，从而可能导致较低的报价。

（3）标准合同条款的广泛使用，可为合同策划人员提供参考的模板，也可为合同管理人员的培训提供参考的依据。这将有利于提高工程项目的管理水平。

应该指出，标准化合同条款仅是一种格式条款。按我国《中华人民共和国合同法》规定：采用格式条款订立合同，应当遵循公平原则确定当事人之间的权利和义务；提供条款一方免除其责任、加重对方责任、排除对方主要权利的，该条款无效。《中华人民共和国合同法》也规定，对格式条款的理解发生争议的，应当按照通常理解予以解释，对格式条款有两种以上解释的，应当作出不利于提供格式条款一方的解释；格式条款与非格式条款不一致的，应当采用非格式条款。

（三）常见的标准合同条款

国际国内有代表性的标准合同条款如表 9－1 所示。

表 9－1　　　　标准合同条款

适用范围	编制者	标准合同条款名称
准国际	国际咨询工程师联合会（Federation Internationale Des Ingenieurs Conseils）	FIDIC 合同条款
英国及英联邦	英国土木工程师学会（Institute Of Civil Engineers）	ICE 合同条款
国际金融组织贷款项目	欧洲发展基金会（European Development Fund）	EDF 合同条款
	世界银行（国家复兴开发银行）（International Bank For Reconstruction And Development）	"工程采购招标文件样本"等
	亚洲开发银行（Asian Development Bank）	"土木工程采购招标文件样本"等
美国	美国建筑师学会（The American Institute Of Architects）	AIA 合同条款
	美国总承包商协会（Associated General Contractors Of America）	AGC 合同条款
	美国工程师合同文件委员会（Engineers' Joint Contract Document Committee）	EJCDC 合同条款
	美国联邦政府	SF－23A 合同条款
中国	中国财政部	"世界银行贷款项目招标采购文件范本"
	国家发展和改革委员会等九部委	"标准施工招标文件"
	有关行业主管部门	"行业标准施工招标文件"

（四）FIDIC《土木工程施工合同条款》简介

1. FIDIC 简介

FIDIC 是"国际咨询工程师联合会"（Federation Internationale Des Ingenieurs Conseils）五个法文词首的缩写。该组织在每个国家或地区只吸收一个独立的咨询工程师协会作为团体会员，至今已有 60 多个国家和地区的有关协会加入 FIDIC，它是国际上最具有权威性的咨询工程师组织。

为了规范国际工程咨询和承包活动，FIDIC 先后发表过很多重要的管理性文件和标准化的合同文件范本。目前，已成为国际工程界公认的标准化合同格式有“土木工程施工合同条件”（国际通称 FIDIC“红皮书”）、“电气与机械工程合同条件”（黄皮书）和“业主——咨询工程师标准服务协议书”（白皮书）。这些合同文件不仅已被 FIDIC 成员国广泛采用，还被其他非成员国和一些国际金融组织的贷款项目采用。近年 FIDIC 又出版了“设计——建造与交钥匙工程合同条件”（橘皮书）和“土木工程施工分包合同条件”（配合“红皮书”使用）。

2. FIDIC 条款简介

FIDIC 条款（第 4 版）包括两个部分以及一套标准格式。

（1）第一部分——通用条款。通用条款包括 25 个主题，72 条，194 款。它包括了每个土木工程施工合同应有的条款，全面地规定了合同双方的权利和义务，风险和责任，确定了合同管理的内容及做法。这部分不作任何改动附入招标文件。

（2）第二部分——专用条款。专用条款的作用是对第一部分通用条款进行修改和补充，它的编号与其所修改或补充的通用条款的各条相对应。通用条款和专用条款是一个整体，相互补充和说明，所以必须把相同编号的通用条款和专用条款一起阅读，才能全面正确地理解该条款的内容和用意。如果通用条款和专用条款有矛盾。则专用条款优先于通用条款。

第二部分中，还编入了一些第一部分未涉及的补充性条款，如防止贿赂，保密，承包商联营体等。供项目法人在需要时选用。这些新增条款的编号从第 73 条起顺序编排。

在第二部分中，有的条款列举了几种不同的措词。供编写者结合本工程实际情况选用或参考。

（3）标准格式。FIDIC 条款，还附有两个标准格式，即“协议书”和“投标书及其附件”，供参考选用。

3. FIDIC 条款的适用条件

FIDIC 条款的适用条件，主要有下列几点：

（1）必须要由独立的监理工程师来进行施工监督管理。从某种意义来讲，也可以说 FIDIC 条款是专门为监理工程师进行施工管理而编写的。

（2）项目法人应采用竞争性招标方式选择承包商。可以采用公开招标（无限制招标）或邀请招标（有限制招标）。

（3）适用于单价合同。

（4）要求有较完整的设计文件（包括规范、图纸、工程量清单等）。

（五）《标准施工招标文件》（2007 年版）简介

为了规范施工招标资格预审文件、招标文件编制活动，提高资格预审文件、招标文件编制质量，促进招标投标活动的公开、公平和公正，国家发展和改革委员会、财政部、建设部、铁道部、交通部、信息产业部、水利部、民用航空总局、广播电影电视总局联合编制了《标准施工招标资格预审文件》和《标准施工招标文件》（统一简称为《标准文件》）。自 2008 年 5 月 1 日起施行。

它适用于我国大中型以上国家投资的工程建设项目（投资 500 万元以上）招标和合同管理，也即适合工业民用建筑、交通、铁路、通信、水利和水电等土木建筑工程的招标投标和合同管理。《标准文件》的贯彻实施，对于进一步统一工程招标投标规则、提高招标文件质量、规范招标投标活动、加强政府投资管理，预防和遏制腐败，促进形成统一开放、竞争有序的招标投标市场有重大意义。

国务院有关行业主管部门可根据《标准施工招标文件》并结合本行业施工招标特点和管理需要，编制行业标准施工招标文件。行业标准施工招标文件重点对“专用合同条款”、“工程量清单”、“图纸”、“技术标准和要求”作出具体规定。

行业标准施工招标文件中的“专用合同条款”可对《标准施工招标文件》中的“通用合同条款”进行补充、细化，除“通用合同条款”明确“专用合同条款”可作出不同约定外，补充和细化的内容不得与“通用合同条款”强制性规定相抵触，否则抵触内容无效。

《标准施工招标文件》共包含封面格式和四卷八章的内容，第一卷包括第一章至第五章，涉及招标公告（投标邀请书）、投标人须知、评标办法、合同条款及格式、工程量清单等内容；第二卷由第六章图纸组成；第三卷由第七章技术标准和要求组成。第四卷由第八章投标文件格式组成。第一卷并列给出了三个第一章，两个第三章，由招标人根据项目特点和实际需要分别选择使用。标准招标文件相同序号标示的节、条、款、项、目，由招标人依据需要选择其一形成一份完整的招标文件。各章内容简要介绍如下：

第一章招标公告（未进行资格预审），包括招标条件、项目概况与招标范围、投标人资格要求、招标文件的获取、投标文件的递交、发布公告的媒介和联系方式等内容。

第一章投标邀请书（适用于邀请招标），包括被邀请单位名称、招标条件、项目概况与招标范围、投标人资格要求、招标文件的获取、投标文件的递交、确认和联系方式等内容。

第一章投标邀请书（代资格预审通过通知书），其中包括被邀请单位名称、购买招标文件的时间、售价、投标截止时间、收到邀请书的确认时间和联系方式等内容。

第二章投标人须知，包括投标人须知前附表、正文和附表格式。正文有：①总则，包括项目概况、资金来源和落实情况、招标范围、计划工期和质量要求、投标人资格要求等内容；②招标文件，包括招标文件的组成、招标文件的澄清与修改等内容；③投标文件，包括投标文件的组成、投标报价、投标有效期、投标保证金和投标文件的编制等内容；④投标，包括投标文件的密封和标识、投标文件的递交和投标文件的修改与撤回等内容；⑤开标，包括开标时间、地点和开标程序；⑥评标，包括评标委员会和评标原则等内容；⑦合同授予；⑧重新招标和不再招标；⑨纪律和监督；⑩需要补充的其他内容。附表格式分别是：开标记录表、中标通知书、中标结果通知书等格式。

第三章评标办法，分为经评审的最低投标价法和综合评估法两种评标办法，供招标人根据项目具体特点和实际需要选择适用。每种评标办法都包括评标办法前附表和正文。正文包括评标办法、评审标准和评标程序等内容。

第四章合同条款及格式，包括通用合同条款、专用合同条款和合同附件格式三节。通用合同条款包括一般约定、发包人义务、监理人、承包人、材料和工程设备、施工设备和临时设施、交通运输、测量放线、施工安全、治安保卫和环境保护、进度计划、开工和竣工、暂停施工、工程质量、试验与检验、变更、价格调整、计量与支付、竣工验收、缺陷责任与保修责任、保险、不可抗力、违约、索赔、争议的解决。专用合同条款由国务院有关行业主管部门和招标人根据需要编制。合同附件格式，包括合同协议书、履约担保、预付款担保等三个格式文件。

第五章工程量清单，包括工程量清单说明、投标报价说明、其他说明和工程量清单的格式等内容。

第六章图纸，包括图纸目录和图纸两部分。

第七章技术标准和要求，由招标人依据行业管理规定和项目特点进行编制。

第八章投标文件格式，包括投标函及投标函附录、法定代表人身份证明（授权委托书)、联合体协议书、投标保证金、已标价工程量清单、施工组织设计、项目管理机构、拟分包项目情况表、资格审查资料、其他材料等十个方面的格式或内容要求。

（六）《水利水电工程标准施工招标文件》（2009 年版）简介

为加强水利水电工程施工招标管理，规范资格预审文件和招标文件编制工作，在国家发展和改革委员会等九部委联合编制的《标准施工招标资格预审文件》和《标准施工招标文件》（简称《标准文件》）基础上，结合水利水电工程特点和行业管理需要，水利部组织编制了《水利水电工程标准施工招标资格预审文件》和《水利水电工程标准施工招标文件》（简称《水利水电工程标准文件》），于 2009 年 12 月 29 日印发，自 2010 年 2 月 1 日起正式施行。

凡列入国家或地方投资计划的大中型水利水电工程使用《水利水电工程标准文件》，小型水利水电工程可参照使用。

《水利水电工程标准施工招标资格预审文件》共分为资格预审公告、申请人须知、资格审查办法、资格预审申请文件格式、项目建设概况等 5 章，《水利水电工程标准施工招标文件》共四卷 8 章，第一卷主要对招标公告等内容、格式进行了规范；第二卷为图纸，主要对招标图纸的组成、编绘、目录等内容、格式提出了要求；第三卷主要内容为合同技术条款；第四卷为投标文件格式，对投标人的投标文件内容和应提供的材料进行了明确。

《水利水电工程标准文件》严格遵从国家发展改革委等九部委编制的《标准文件》的框架和架构，充实了《标准文件》空白章节（专用合同条款、图纸、合同技术条款)，并根据水利水电行业管理的实际和需要，修改了工程量清单，补充细化了《标准文件》要求不加修改引用的章节（申请人须知、资格审查办法、投标人须知、评标办法 、通用合同条款)。《标准文件》和《水利水电工程标准文件》结合使用，共同构成完整的水利水电工程施工招标文件。二者相同条款号若内容不一致时，采用《水利水电工程标准文件》。

《水利水电工程标准施工招标资格预审文件》中的“申请人须知”（申请人须知前附表及附件格式除外)、“资格审查办法”（资格审查办法前附表及附件格式除外)，以及《水利水电工程标准施工招标文件》中的“投标人须知”（投标人须知前附表及附件格式除外)、“评标办法”（评标办法前附表及附件格式除外)、“通用合同条款”，应不加修改地引用。

《水利水电工程标准文件》中的其他内容，供招标人参考。

“专用合同条款”可根据招标项目的具体特点和实际需要，按其条款编号和内容对“通用合同条款”进行补充、细化，但除“通用合同条款”明确“专用合同条款”可作出不同约定外，补充和细化的内容不得与通用合同条款规定相抵触，不得违反法律、法规和行业规章的有关规定和平等、自愿、公平和诚实信用原则。

水利部于1997年发布了《水利水电土建工程施工合同条件》，2000年进行了修订，发布了《水利水电工程施工合同和招标文件示范文本》（GF－2000－0208），对规范招标文件编制、加强施工招标管理起到了重要作用。与《水利水电工程施工合同和招标文件示范文本》相比，《水利水电工程标准文件》增加了资格预审文件编制要求，补充完善了投标人须知内容，突出了评标办法，丰富了通用合同条款，调整了投标文件格式，增加了适应计价规范的工程量清单格式，调整了技术条款的编排结构和内容，并对招标图纸提出通用要求。

《水利水电工程标准文件》涵盖了招标投标过程中的招标文件、资格预审、投标文件的内容，是水利工程建设领域的重要环节，对于规范统一招投标内容格式，促进水利工程招标投标市场健康发展及合同管理具有重要的意义。

四、施工合同管理的一般问题

业主和承包商在施工合同协议书上签字后，双方就应按该合同协议中的有关条款认真执行。在履行施工合同过程中，业主和承包商均有合同管理的问题，但业主一般是委托监理工程师对合同进行管理。施工合同管理中主要有下列一些问题。

1. 业主、承包商和监理工程师的基本关系

业主是建设工程项目的投资主体和责任主体。它通过招标投标，择优选择承包商和监理单位，并与中标人签订合同，通过合同文件规定合同双方的权利、义务、风险、责任和行为准则。对施工项目，业主与施工承包商签订施工承包合同，按合同向承包商支付其应支付的款额，并获得工程。业主与监理单位签订委托监理合同，委托监理单位对施工承包合同进行管理，控制工程的进度、质量和投资，并向监理单位支付报酬。

承包商应按照施工合同规定，实施工程项目的施工、完建以及修补工程的任何缺陷，并获得合理的利润。承包商应接受监理工程师的监督和管理，严格执行监理工程师的指令，并仅接受监理工程师的指令。

监理工程师受聘于业主，在业主的授权范围内进行合同管理，履行合同中规定的职责，行使合同中规定的或隐含的权力。监理工程师不是合同的当事人，无权修改合同，也无权解除合同任一方的任何职责、义务和责任。监理工程师可按照合同规定向承包商发布指令，承包商必须严格按指令进行工作。监理工程师可按合同对某些事宜作出决定，在决定前应与双方协商并力争达成一致，如不能达成一致，应作出一个公正的决定。业主和承包商都应遵守监理工程师作出的决定，如不同意，可在执行的同时提出索赔或仲裁。

2. 施工合同的转让和分包

（1）施工合同转让。转让是指中标的承包商对工程的承包权转让给另一承包商的行为。转让的实质是合同主体的变更，是权利和义务的转让，而不是合同内容的变化。施工承包合同一经转让，原承包商与业主就无合同关系，而改变为新承包商与业主的合同关系。一般说，原承包商是业主经过资格审查、招标投标和评标后选中，并在相互信任的基础上经过谈判，签订合同的。承包商擅自转让，显然是违约行为。所以，各种合同条款都规定，没有业主的事先同意，承包商不得将合同的任何部分转让给第三方。

（2）施工合同分包。分包是指承包合同中的部分工程分包给另一承包商承担施工任务。分包与转让不同，它的实质是为了弥补承包商某些专业方面的局限或力量上的不足，

借助第三方的力量来完成合同。

施工合同的分包有两种类型，即一般分包与指定分包：

1）一般分包指由承包商提出分包项目，选择分包商（称为一般分包商），并与其签订分包合同。一般也规定，承包商不得将其承包的工程肢解后分包出去，也不得将主体工程分包出去；未经监理工程师同意，承包商不得将工程任何部分分包出去；承包商应对其分包出去的工程以及分包商的任何工作和行为负全部责任，分包商应就其完成的工作成果向业主承担连带责任；分包商不得将其分包的工程再分包出去。

2）指定分包是指分包工程项目和分包商均由业主或监理工程师选定，但仍由承包商与其签订分包合同，此类分包商称为指定分包商。指定分包有两种情况：一种是业主根据工程需要，在招标文件中写明分包工程项目以及指定分包商的情况。若承包商在投标时接受了此项指定分包，则该项指定分包即视为与一般分包相同，其管理也与一般分包的管理相同；另一种是在工程实施过程中，业主为了更有效地保证某项工作的质量或进度，需要指定分包商来完成此项工作的情况。此种指定分包，应征得承包商的同意，并由业主协调承包商与分包商签订分包合同。业主还应保证补偿承包商由于指定分包而增加的一切额外费用，并向承包商支付一定数额的分包管理费。承包商应按分包合同规定负责分包工作的管理和协调。指定分包商应接受承包商的统一安排和监督管理。

3．工程的开工、延长和暂停

（1）工程开工。在投标书附件中规定了从中标函颁发之后的一段时间里，监理工程师应向承包商发出开工通知。而承包商收到此开工通知的日期即作为开工日期，承包商应尽快开工。竣工日期是从开工日起算的。若由于业主的原因，如征地、拆迁未落实，引起承包商工期延误或增加开支，则业主应对工期和费用给予补偿。

（2）工期延长。由于下列原因，承包商有权得到工期延长，能否得到费用补偿，要视具体情况而定。

1）额外的或附加的工作。

2）不利的自然条件。

3）由业主造成的任何延误。

4）不属于承包商的过失或违约引起的延误。

5）其他合同条件提到的原因。

承包商必须在导致延期事件开始发生后一定时间（如 28 天）内将要求延期的报告送达监理工程师。若导致延期的事件持续发生，则承包商应每 28 天向监理工程师送一份期中报告，说明事件详情。

（3）工程暂停。暂停施工是施工过程中出现了危及工程安全或一方违约使另一方受到严重损失的情况下，受害方采取的一种紧急措施，其目的是保护受害方的利益。引起工程暂停的原因可能是承包商也可能是业主。引起工程暂停的损失由责任方承担。在施工中出现暂停或需要暂停，一般监理工程师应下达暂停施工指令，当具备复工条件时，监理工程师再下达复工令。

4．工程变更、增加与删减

在监理工程师认为必要时，可以改变任何部分工程的形式、质量水平或数量。监理工程师用书面形式发出变更指令。

5. 工程计量与支付

（1）工程计量。工程量是予以支付的一个依据之一。予以支付的工程量必须满足：在内容上，必须是工程量清单上所列的，包括监理工程师批准的项目；在质量上，必须是经过检验的、质量合格的项目的工程量；在数量上，必须是按合同规定的原则和方法所确定的工程量。若合同中没有特殊规定，工程量一般均应测量净值计。仅当监理工程师批准或认定的工程量，才能作为支付的工程量。

（2）工程支付。施工承包合同支付或结算涉及的款项有：

1）工程进度款。是指对工程量清单中所列的项目，按实际完成的，满足支付条件的，并经监理工程师确认的工程量，乘以合同中规定的单价，得到向承包商支付的款项。工程进度款常按月支付，因此其也称月进度款。

2）暂定金。其包含在合同总价中，并在工程量清单中用该名称标明。暂定金可用于工程的任何部分施工的一笔费用。其也可用于采购货物、设备或服务；或用于指定分包；或供处理不可预见事件。按监理工程师的指令，暂定金可全部或部分被使用，也可能不需被动用。

3）计日工，又称点工。其是指监理工程师认为工程有必要做某些变动，且按计日工作制适宜于承包商开展工作，于是就以天为基础进行计量支付的一种结算制度。

4）工程变更、工程索赔、价格调整。

5）预付款。在施工合同中，预付款分为动员预付款和材料预付款。动员预付款是指承包商中标后，由业主向其提供一笔无息贷款，主要用于调迁施工队伍、施工机械，以及临时工程的建设等。材料预付款也是业主向承包商提供的无息贷款，不过其主要用于支持承包商采购材料和工程设备。预付款在工程进度款中将由业主逐步扣回。

6）保留金。为了施工过程中和施工完后的保修期里，工程的一些缺陷能得到及时的修补，承包商违约的损失能得到及时的补偿，一般在合同中规定，业主有权在工程月进度款中按其百分比扣留一笔款项，这就是保留金。合同中一般也规定，保留金累计扣留值达到合同价的2.5％～5％时，即停止扣留；在监理工程师签发合同工程移交证书后的14天内，业主应退还50％的保留金，在工程保修期满后的14天内，业主应将所有保留金退给承包商。

7）奖励与赔偿。施工中，如因承包商的原因，而使业主得到额外的效益，或致使业主额外的支付或损失时，业主应对承包商进行奖励，或向承包商要求赔偿。

8）完工支付和最终支付。在监理工程师签发合同工程移交证书后的28天内，承包商就应向业主提交完工支付申请，并附有详细的计算资料和证明文件；承包商在收到监理工程师签发的保修责任终止证书后的28天内，应向监理工程师提交一份最终支付申请表，并附有证明文件。

6. 质量检查

对所有材料、永久工程的设备和施工工艺，均应符合合同要求及监理工程师的指示。承包商应随时按照监理工程师的要求，在工地现场以及为工程加工制造设备的所有场所，为其检查提供方便。

监理工程师应将质量检查的计划在24小时前通知承包商。监理工程师或其授权代表经检查认为质量不合格时，承包商应及时补救，直到下次检查验收合格为止。对隐蔽工程，在监理工程师检查验收前不得覆盖。

质量检查费用一般由承包商承担，但下列情况应由业主支付。

（1）监理工程师要求检验的项目，但合同中无规定的。

（2）监理工程师要求进行的检验，虽在合同中有说明，但检验地点在现场以外或在材料、设备的制造现场以外，其检验结果合格时的费用。

（3）监理工程师要求对工程的任何部位进行剥露或开孔以检查工程质量，如果检查合格时，剥露、开孔及还原的费用。

7. 承包商的违约

承包商的违约是指承包商在实施合同过程中由于破产等原因而不能执行合同，或是无视监理工程师的指示有意或无能力去执行合同。承包商的下列几种行为均认为是违约。

（1）已不再承认合同。

（2）无正当理由而不按时开工，或是当工程进度太慢，收到监理工程师指令后又不积极赶工者。

（3）在检查验收材料、设备和工艺不合格时，拒不采取措施纠正缺陷或拒绝用合格的材料和设备替代原来不合格的材料和设备者。

（4）无视监理工程师事先的书面警告，公然无视履行合同中所规定的义务。

（5）无视合同中有关分包必须经过批准及承包商要为其分包承担责任的规定。

承包商违约，业主可自行或雇用其他承包商完成此工程，并有使用原承包商的设备、材料和临时工程的权利。监理工程师应对其已经做完的工作、材料、设备、临时工程的价值进行估价，并清理各种已支付的费用。

8. 业主的违约

业主的违约主要是业主的支付能力问题，包括下面几种情况：

（1）在合同规定的应付款期限内，未按监理工程师的支付证书向承包商支付款项。

（2）干扰、阻挠或拒绝批准监理工程师上报的支付证书。

（3）业主停业清理或宣告破产。

（4）由于不可预见原因或经济混乱，业主通知承包商，他已不可能继续履行合同。

若出现上述业主的违约，承包商有权通知监理工程师：在发出通知某期限内（如14天）终止承包合同，并不再受合同的约束，从现场撤出所有属自己的施工设备。此时，业主还应按合同条款向承包商支付款项，并赔偿由于业主违约而引起的对承包商的各种损失。

9. 争端解决

争端解决是合同管理中的主要问题之一。合同在执行过程中，经常会发生各种争端，有些争端可以按合同条款双方友好协商解决，但总会存在一些合同中没有详细规定，或虽有规定但双方理解不一的争端。争端解决的方式有许多，如谈判、调解、仲裁、诉讼等。

一般均是通过监理工程师去调解，当争议双方不愿谈判或调解，或者经过谈判和调解仍不能解决争端时，可以选择仲裁机构进行仲裁或法院进行诉讼审判的方式进行解决。

我国实行的是“或裁或审制”，即当事人只能选择仲裁或诉讼两种解决争议方式中的一种。

10. 索赔

一般而言，索赔是指在合同实施过程中，当事人一方不履行或未正确履行其义务，而使另一方受到损失，受损失的一方向违约方提出的赔偿要求。在施工承包中，施工索赔是指，承包商由于非自身原因发生了合同规定之外的额外工作或损失，而向业主所要求费用和工期方面的补偿。换言之，凡超出原合同规定的行为给承包商带来的损失，无论是时间上的还是经济上的，只要承包商认为不能从原合同规定中获得支付的额外开支，但应得到经济和时间补偿的，均有权向业主提出索赔。因此索赔是一种合理要求，是应取得的补偿。

广义上的索赔概念不仅是承包商向业主提出，而且还包括业主向承包商提出，后者也常称反索赔，索赔和反索赔往往并存。

11. 工程移交

工程移交分全部工程和局部工程移交两种。

（1）当承包商认为他所承包的全部工程实质上已完工，他可向监理工程师申请竣工验收。通过竣工验收，他可向监理工程师申请颁发移交证书。若监理工程师对工程验收满意，则他应签发一份移交证书。该移交证书经业主确认后，就意味着承包商将工程移交给了业主，此后该工程即由业主负责管理。

（2）区段或局部工程移交。这种移交常见在这三种情况：①合同中规定，某区段或部位有单独的完工要求和竣工日期；②已局部完工，监理工程师认为合格且为业主所占用，并成为永久工程的一部分；③在竣工前，业主已选择占用，这种占用在合同中无规定，或是属于临时性措施。对于上述情况之一，承包商均有权利向监理工程师申请签发区段或局部工程的移交证书。这类移交证书的签发，相应的区段或局部工程则移交给业主。

12. 缺陷责任期

缺陷责任期，亦称保修期，是指移交证书上确认的工程完工日期后的一段时间，通常为 1 年。若一个工程有几个竣工日期，则整个工程的缺陷责任期应以最后一部分工程的缺陷责任期的期满而结束。在缺陷责任期内，承包商应尽快完成竣工验收阶段所遗留的扫尾工作，并负责对各种工程缺陷的修补。若引起工程缺陷的责任在承包商，则其修补费用由承包商自负；若引起工程缺陷的责任不在承包商，则维修费用由业主支付。

第二节　施工索赔管理

“索赔”一词已日渐深入到社会经济生活的各个领域，为人们所熟悉。同样，在履行建设工程合同过程中，也常常发生索赔的情况。施工索赔是指在工程的建筑、安装阶段，建设工程合同的一方当事人因对方不履行合同义务或应由对方承担的风险事件发生而遭受的损失，向对方提出的赔偿或者补偿的要求。在工程施工索赔实践中，习惯上一般把承包人向发包人提出的赔偿或补偿要求称为索赔，把发包人向承包人提出的赔偿或补偿要求称为反索赔。

一、引起施工索赔的原因

在施工过程中，引起承包商向业主索赔的原因多种多样，主要有：

（1）业主违约。在施工招标文件中规定了业主应承担的义务，承包商正是在这基础上投标和报价的。若开始施工后，业主没有按合同文件（包括招标文件）规定，如期提供必要条件，势必造成承包商工期的延误或费用的损失，这就可能引起索赔。如，应由业主提供的施工场内外交通道路没有达到合同规定的标准，造成承包商运输机械效率降低或磨损增加，这时承包商就有可能提出补偿要求。

（2）不利的自然条件。一般施工合同规定，一个有经验的承包商无法预料到的不利的自然条件，如超标准洪水、地震、超标准的地下水等，承包商就可提出索赔。

（3）合同文件缺陷。合同缺陷表现为合同文件规定不严谨甚至矛盾、合同中的遗漏或错误。其缺陷既包括在商务条款中，也可能包括在技术规程和图纸中。对合同缺陷，监理工程师有权作出解释，但承包商在执行监理工程师的解释后引起施工成本的增加或工期的延长，有权提出索赔。

（4）设计图纸或工程量表中的错误。这种错误包括：①设计图纸与工程量清单不符；②现场条件与图纸要求相差较大；③纯粹工程量错误。由于这些错误若引起承包商施工费用增加或工期延长，则他极有可能提出索赔。

（5）计划不周或不适当的指令。承包商按施工合同规定的计划和规范施工，对任何因计划不周而影响工程质量的问题不承担责任，而弥补这种质量问题而影响的工期和增加的费用应由业主承担。业主和监理工程师不适当的指令，由此而引发的工期拖延和费用的增加也应由业主承担。

二、施工索赔的分类

关于施工索赔的分类，目前还没有统一的方法，大致有下列几种分类方法。

（1）按索赔的依据分类。按索赔依据分类是根据工程施工的合同条款，分析承包商的索赔要求是否有合同文字依据，将施工索赔分为：

1）合同内索赔。这种索赔涉及的内容可以在合同内找到依据。例如，工程量的计算、变更工程的计量和价格、不同原因引起的延期等。

2）合同外索赔，亦称超越合同规定的索赔。这种索赔在合同内找不到直接依据，但承包商可根据合同文件的某些条款的含义，或可从一般的民法、经济法或政府有关部门颁布的其他法规中找到依据。此时，承包商有权提出索赔要求。

3）道义索赔，亦称通融索赔或优惠索赔。这种索赔在合同内或在其他法规中均找不到依据，从法律角度讲没有索赔要求的基础，但承包商确实蒙受损失，他在满足业主要求方面也做了最大努力，因而他认为自己有提出索赔的道义基础。因此，他对其损失寻求优惠性质的补偿。有的业主通情达理，出自善良和友好，给承包商以适当补偿。

（2）按索赔所涉及的当事人分类。每一索赔均涉及两方当事人，即要求索赔者和被索赔者。在施工中，按索赔所及当事人，可将其分为下列三种。

1）承包商与业主之间的索赔。这是施工中最普遍的索赔形式，所涉及的内容大都和工程量计算、工程变更、工期、质量和价格等方面有关，也有关于违约、暂停施工等的补偿问题。

2）总承包商与分包商之间的索赔。这种索赔的内容范围与承包商和业主间索赔的内容范围基本相同，但它的形式为分包商向总承包商提出补偿要求，或总承包商向分包商罚款或扣留支付款。这种索赔的依据是总承包商和分包商间的分包合同。

3）业主或承包商与供货商之间的索赔。这种索赔的依据是供货合同。若供货商违反供货合同，给业主或承包商造成经济损失时，业主或承包商有权向供货商提出索赔。

（3）按索赔的目的分类。在施工中，索赔按其目的可分为延长工期索赔和费用索赔。

1）延长工期索赔，简称工期索赔。这种索赔的目的是承包商要求业主延长施工期限，使原合同中规定的竣工日期顺延，以避免承担拖期损失赔偿的风险。如遇特殊风险、变更工程量或工程内容等，使得承包商不能按合同规定工期完工，为避免追究违约责任，承包商在事件发生后就会提出顺延工期的要求。

2）费用索赔，亦称经济索赔。它是承包商向业主要求补偿自己额外费用支出的一种方式，以挽回不应由他负担的经济损失。

在施工实践中，大多数情况是承包商既提出工期索赔，又提出费用索赔。按照惯例，两种索赔要独立提出，不得将两种索赔要求写在同一报告中。因此若某一事件发生后，业主可能只同意工期索赔，而拒绝经济索赔。若两种要求在同一报告中，通常会被认为理由不充分或索赔要求过高，反而会被拒绝。

三、施工索赔程序和期限

（一）施工索赔程序

《水利水电土建工程施工合同条件》第43.1款规定："承包人有权根据本合同任何条款及其他有关规定，向发包人索取追加付款，但应在索赔事件发生后的28天内，将索赔意向书提交发包人和监理人。在上述意向书发出后的28天内，再向监理人提交索赔申请报告，详细说明索赔理由和索赔费用的计算依据，并应附必要的当时记录和证明材料。如果索赔事件继续发展或继续产生影响，承包人应按监理人要求的合理时间间隔列出索赔累计金额和提出中期索赔申请报告，并在索赔事件影响结束后的28天内，向发包人和监理人提交包括最终索赔金额、延续记录、证明材料在内的最终索赔申请报告。"根据《水利水电土建工程施工合同条件》的规定，承包人向发包人提出索赔要求一般按以下程序进行。

1. 提交索赔意向书

索赔事件发生后，承包人应在索赔事件发生后的28天内向监理人提交索赔意向书，声明将对此事件提出索赔，一般要求承包人应在索赔意向书中简单写明索赔依据的合同条款、索赔事件发生时间和地点，提出索赔意向。该意向书是承包人就具体的索赔事件向监理人和发包人表示的索赔愿望和要求。如果超过这个期限，监理人和发包人有权拒绝承包人的索赔要求。索赔事件发生后，承包人有义务做好现场施工的同期记录，监理人有权随时检查和调阅，以判断索赔事件造成的实际损害。

2. 提交索赔申请报告

索赔意向书提交后的28天内，或监理人可能同意的其他合理时间，承包人应提交正式的索赔申请报告。索赔申请报告的内容应包括：索赔事件的综合说明，索赔的依据，索赔要求补偿的款项和工期延长天数的详细计算，对其权益影响的证据资料，包括施工日志、会议记录、来往函件、工程照片、气候记录等有关资料。对于索赔报告，一般应文字简洁、事件真实、依据充分、责任明确、条例清楚、逻辑性强、计算准确、证据确凿充分。

3. 提交中期索赔报告

如果索赔事件继续发展或继续产生影响，承包人应按监理人要求的合理时间间隔（一般为 28 天）列出索赔累计金额和提交中期索赔申请报告。

4. 提交最终索赔申请报告

在该项索赔事件的影响结束后的 28 天内，承包人向监理人和发包人提交最终索赔申请报告，提出索赔论证资料、延续记录和最终索赔金额。

承包人发出索赔意向书，可以在监理人指示的其他合理时间内再报送正式索赔报告，也就是说，监理人在索赔事件发生后有权不马上处理该项索赔。但承包人的索赔意向书必须在索赔事件发生后的 28 天内提出，包括因对变更估价双方不能取得一致的意见，而先按监理人单方面决定的单价或价格执行时，承包人提出的索赔权利的意向书。如果承包人未能按时间规定提出索赔意向和索赔报告，此时其所受到损害的补偿，将不超过监理人认为应主动给予的补偿额。

（二）承包人提出索赔的期限

《水利水电土建工程施工合同条件》第 43.3 款规定了承包人提出索赔的期限，即：

(1) 承包人按合同规定提交了完工付款申请单后，应认为已无权再提出在本合同工程移交证书颁发前所发生的任何索赔。

(2) 承包人按合同规定提交的最终付款申请单中，只限于提出本合同工程移交证书颁发后发生的索赔。提出索赔的终止期限是提交最终付款申请单的时间。

四、监理人对索赔的处理

（一）监理人审核承包人的索赔申请

监理人收到承包人提交的索赔意向书后，应及时核查承包人的当时记录，并可指示承包人提供进一步的支持文件和继续作好延续记录以备核查。监理人还可要求承包人提交全部记录的副本，并可就记录提出不同意见，若监理人认为需要增加记录项目时，可要求承包人增加。同时监理人应建立自己的索赔档案，密切关注索赔事件的影响，并记录有关事项，以作为将来分析处理索赔、核对索赔报告证据的依据。

监理人在收到承包人提交的索赔申请报告和最终索赔申请报告后，认真研究承包人报送的索赔资料。首先在不确定责任归属的情况下，客观分析事件发生的原因，参照合同的有关条款，研究承包人的索赔证据，并检查其同期记录；其次通过对索赔事件的分析，监理人再依据合同条款划清责任界限，必要时还可以要求承包人进一步提供补充资料。尤其是对承包人与发包人或监理人都负有一定责任的事件影响，更应划出各方应该承担合同责任的比例。最后再审查承包人提出的索赔补偿要求，拟定自己计算的合理赔偿。

监理人应在收到承包人提交的索赔报告和有关资料后，按合同规定的期限（部颁合同条件规定 42 天），或在监理人建议并经承包人认可的期限内，做出回应，表示批准或不批准并附上具体意见，也可要求承包人补充进一步的证据资料。

（二）监理人判定索赔成立的原则

监理人判定承包人索赔成立的条件为：

（1）依据充分：即造成费用增加或工期延误的原因，按合同约定确实不属于承包人应承担的责任，包括行为责任或风险责任。

（2）证据充分：承包人能够提交充足的证据资料以说明或证明索赔事件发生当时详细的实际情况。

（3）有损失事实：与施工合同相对照，索赔事件本身确实造成了承包人施工成本的额外支出或工期延误。

（4）满足程序要求：承包人按合同规定的程序和期限提交了索赔意向书和索赔申请报告。

以上四个条件没有先后主次之分，应当同时具备。只有监理人认定索赔事件成立后，才能进一步处理应给予承包人的补偿额。

（三）监理人对索赔申请报告进行实质性审查

监理人对索赔申请报告进行实质性审查包括：

（1）事态调查。通过对合同实施的跟踪、分析了解事件经过、前因后果，掌握事件详细情况。主要是针对索赔报告中对索赔事件发生过程的说明进行追溯或重现，掌握索赔事件发生过程和重要细节。

（2）损害事件原因分析。也可以称为逻辑性分析，即因果关系，分析索赔事件是由何种原因引起，索赔事件和索赔要求之间是否存在必然的逻辑关系。在实际工作中，单一原因造成的损害一般比较容易分析，但有时损害后果是由多方面造成的，此时，就应把所有的原因都列出来，进行责任分解，划分责任范围。

（3）分析索赔理由。主要依据合同文件判明索赔事件是否属于未履行合同规定义务或为正确履行合同义务导致，是否在合同规定的赔偿范围之内。只有符合合同规定的索赔要求才有合法性，才能成立。例如，某合同规定，在工程总价5%范围内的工程变更属于承担人的风险。则发包人指令增加工程量在这个范围内，承包人不能提出索赔。

进行索赔理由分析时，必须注意两个问题：一是索赔依据必须充分，即索赔的提出必须有合同基础或相关的法规基础；二是论证必须充分，即根据合同或法律依据对索赔事件进行充分的论述，以证明事件发生的合理性、必然性等。通过该分析，就可以确定该索赔是否能够成立。

（4）实际损失分析。即索赔事件的影响，主要表现为工期的延长和费用的增加。如果索赔事件不造成损失，则无索赔而言。损失调查的重点是分析，对比实际和计划的施工进度，工程成本和费用方面的资料，在此基础核算索赔值。在此过程中，应注意两点：一是计算的基础数据应合理，即计算的基础数据是实际发生的，或是合同中的，或是概预算定额中；二是计算方法应合理，符合实际，即使相同的基础数据。不同的计算方法，计算结果也不同，所以应对计算技术方法进行分析比较。

（5）证据资料分析。主要分析证据资料的有效性、合理性、正确性，这也是索赔要求有效的前提条件。如果在索赔报告中提不出证明其索赔理由、索赔事件的影响、索赔值的计算等方面的充足的详细资料，索赔要求是不能成立的，或是不能完全成立的。如果监理人认为承包人提出的证据不能足以说明其要求的合理性，可以要求承包人进一步提交索赔的证据资料。

（四）确定合理的补偿额

1. 监理人与承包人协商补偿

监理人核查后初步确定应予以补偿的额度往往与承包人的索赔报告中要求的额度不一致，甚至差额较大。主要原因大多为对承担事件损害责任的界限划分不一致，索赔证据不充分，索赔计算的依据和方法分歧较大等，因此双方应就索赔的处理进行协商。

对于持续影响的时间超过28天以上的工期延误事件，当二期索赔条件成立时，对承包人每隔28天报送的阶段索赔临时报告审查后，每次均应作出批准临时延长工期的决定，并于事件影响结束后28天内承包人提出最终的索赔报告后，批准延长工期总天数。规定承包人在事件影响期间必须每隔28天提出一次阶段索赔报告，可以使监理人能及时根据同期记录批准该阶段应于顺延工期的天数，避免事件影响时间太长而不能准确确定索赔值。

2. 监理人索赔处理决定

在经过认真分析研究，与承包人、发包人广泛讨论后，监理人应该向发包人和承包人提出自己的“索赔处理决定”。监理人收到承包人送交的索赔报告和有关资料后，于合同规定的期限内给予答复或要求承包人进一步补充索赔理由和证据。

通常情况，监理人处理决定不是终局性的，对发包人和承包人都不具有强制性的约束力。承包人或发包人对监理人的处理决定不满意，可以按合同中的争议条款提交约定的仲裁机构或诉讼。《水利水电土建工程施工合同条件》规定：在发包人和承包人应在收到监理人的索赔处理决定后14天内，将其是否同意索赔处理决定的意见通知监理人，若双方均无异议，则监理人应在收到通知后的14天内，将确定的索赔金额列入支付证书中，或批复工期延长。若双方中任何一方不接受监理人的决定，可按合同规定提请仲裁或诉讼。

（五）发包人审查索赔处理

发包人首先根据事件发生的原因、责任范围、合同条款审核承包人的索赔申请和监理人的处理报告，在依据工程建设的目的、投资控制、竣工投产日期要求等有关情况，决定是否同意监理人的处理意见。例如，承包人某项索赔理由成立，监理人根据相应条款规定，即同意给予承包人一定的经济补偿，也批准顺延相应的工期。但发包人权衡了施工的实际情况和外部条件后，可能不同意顺延工期，而同意给承包人增加费用补偿，要求他采取赶工措施，按期或提前完工。这样的决定只有发包人才有权作出。

索赔报告经发包人同意后，监理人即可签发有关证书。

（六）承包人是否接受最终索赔处理

承包人接受最终的索赔处理确定，索赔事件的处理即告结束。如果承包人不同意，就会导致合同争议。通过协商双方达成互谅互让的解决方案，是处理争议的最理想方式。如达不成协议，承包人有权提交仲裁或诉讼解决。

五、费用索赔管理

（一）可以索赔的费用

从理论上讲，确定承包人可以索赔什么费用及索赔多少，有两条主要原则：

（1）所发生的费用应该是承包人履行合同所必需的，即如果没有该费用支出，就无法合理履行合同，无法使工程达到合同要求。

（2）给予补偿后，应该使承包人处于与假定未发生索赔事项情况下的同等有利或不利地位（承包人自己在投标中所确立的地位），即承包人不因索赔事项的发生而额外受益或额外受损。

从索赔发生的原因来看，承包人索赔可以简单分为损失索赔和额外工作索赔，前者主要是由业主违约或监理人工作失误引起的；后者主要是由合同变更，或第三方违约、非承包人承担的风险事件引起的。按照一般的法律原则，对损失索赔，业主应当给予赔偿损失，包括实际损失和可得利益（又称所失利益）。实际损失是指承包人多支出的额外成本。可得利益是指如果业主不违反合同，承包人本应取得的，但因业主违约而丧失了的利益。对额外工程索赔，业主应以原合同中的适用价格为基础、或者以监理人依据合同变更价格确定的原则，与合同当事人双方协商确定的合理价格给予付款。

计算损失索赔和额外工程索赔的主要区别是：前者的计算基础是成本，而后者的计算基础是价格（包括直接成本、管理费和利润）。计算损失索赔要求比较一下假定无违约成本和实际有违约成本（不一定是承包人投标成本或实际发生成本，应是合理成本），对两者之差给予补偿，与各工程项目的价格毫不相干，原则上不得包括额外成本的相应利润（除非承包人原合理预期利润的实现已经因此受到影响——这种情况只有当违约引起整个工程的延迟或完工前的合同解除时才会发生）。计算额外工程索赔则允许包括额外工作的相应利润，甚至在该工程可以顺利列入承包人的工作计划、不会引起总工期延长，从而事实上承包人并未遭受到损失时也是如此。

索赔仅仅是承包人要求对实际损失或额外费用给予补偿。承包人究竟可以就哪些损失提出索赔，这取决于合同规定和有关适用法律。无论损失的金额有多大，也无论是什么原因引起的，合同规定都是决定这种损失是否可以得到补偿的最重要的依据。

无论对承包人还是监理人（业主），根据合同和有关法律规定，事先列出一个将来可能索赔的损失项目的清单，这是索赔管理中的一种良好做法，可以帮助防止遗漏或多列某些损失项目。根据费用索赔分析原则，可索赔费用的组成如图 9－1 所示。

（二）不允许索赔的费用

一般情况下，下列费用是不允许索赔的。

1. 承包人的索赔准备费用

毫无疑问，对每一项索赔，从预测索赔机会，保持原始记录、提交索赔意向通知、提交索赔账单、进行成本和时间分析，到提交正式索赔报告、进行索赔谈判，直至达成索赔处理协议，承包人都需要花费大量的精力进行认真细致的准备工作。有时，这个索赔的准备和处理过程还会比较长，而且业主也可能提出许多这样那样的问题，承包人可能需要聘请专门的索赔专家来进行索赔的咨询工作。所以，索赔准备费用可能是承包人的一项不小的开支。但是，除非合同另有规定，通常都不允许承包人对这种费用进行索赔。从理论上说，索赔准备费用是作为现场管理费的一个组成部分得到补偿的。

2. 工程保险费用

由于工程保险费用是按照工程（合同）的最终价值计算和收取的，如果合同变更和索

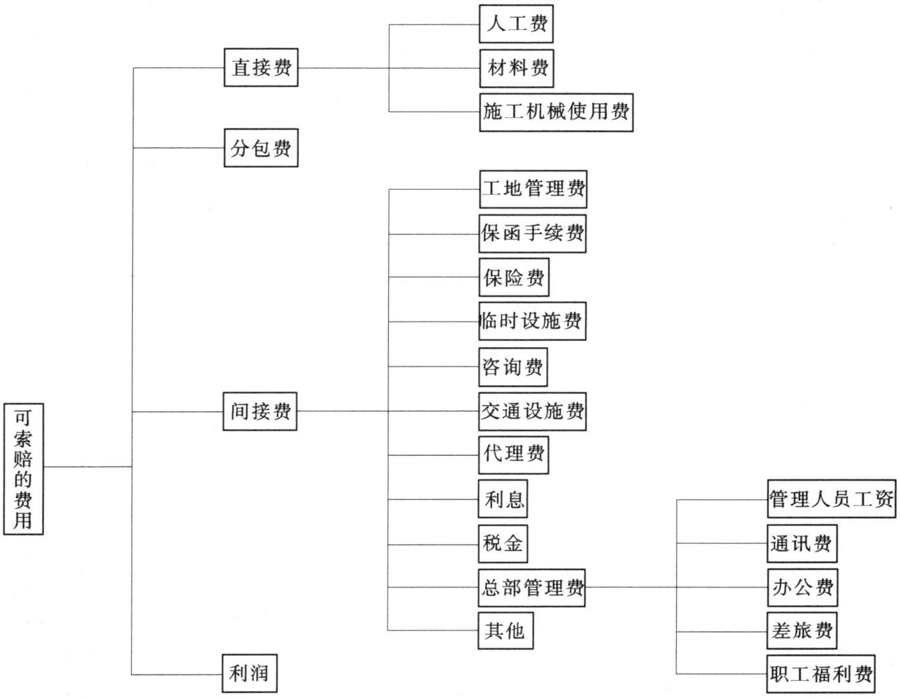

图 9-1 可索赔费用的组成图

赔的金额较大，就会造成承包人保险费用的增加。与索赔准备费用一样，这种保险费用也是作为现场管理费的一个组成部分得到补偿的，不允许单独索赔。当然，也有的合同会把工程保险费用作为一个单独的工作项目在工程量表中列出。在这种情况下，它就不包括在现场管理费中，可以单独索赔。

3. 因合同变更或索赔事项引起的工程计划调整、分包合同修改等费用

这类费用也是包括在现场管理费中得到补偿的，不允许单独索赔。

4. 因承包人的不适当行为而扩大的损失

如果发生了有关索赔事项，承包人应及时采取适当措施防止损失的扩大，如果没有及时采取措施而导致损失扩大的，承包人无权就扩大的损失要求赔偿。承包人负有采取措施减少损失的义务，这是一般的法律和合同的基本要求。这种措施可能包括保护未完工程、合理及时地重新采购器材、及时取消订货单、重新分配施工力量（人员和材料、设备）等。例如，某单位工程暂时停工时，承包人也许可以将该工程的施工力量调往其他工作项目。如果承包人能够做到而没有做，则他就不能对因此而闲置的人员和设备的费用进行索赔。当然，承包人可以要求业主对其“采取这种减少损失措施”本身产生的费用给予补偿。

5. 索赔金额在索赔处理期间的利息

索赔的处理总是有一个过程的，有时甚至是一个比较长的过程。一般合同中对索赔的处理时间没有严格的限制，但监理人作为公正的合同实施监督者，应该在合理的时间内作

出处理，不得有意拖延。在一般情况下，不允许对索赔额计算处理期间的利息，除非有证据证明业主或监理人恶意地拖延了对索赔的处理。除了上述索赔处理期间的利息外，还有从索赔事项的发生至承包人提出索赔期间的利息问题，以及如果对监理人的处理决定发生争议，并提交了仲裁后这一期间的利息问题。实际工作中，对这四个阶段的利息是否可以索赔，是业主（监理人）和承包人之间非常容易发生分歧的领域，要根据适用法律和仲裁规则等来确定。

（三）索赔费用的计算

索赔款额的计算方法很多，每个工程项目的索赔款计算方法也往往视具体情况而有所不同。但是，索赔款额的计算方法通常都沿用几种通用的原则。

1. 总费用法

总费用法即总成本法。它是在发生多次索赔事件以后，重新计算该工程的实际总费用，实际总费用减去投标报价时的估算总费用，即为索赔金额，即：

索赔金款＝实际总费用－投标报价估算费用

对这种计算原则，不少人持批评态度。因为实际发生的总费用中，可能包括了由于承包人的原因（如组织不善、工效太低，或材料浪费等）而增加了费用；同时，投标报价时的估算费用却因竞争得标而过低。因此，按照总费用法计算索赔款，往往遇到较多困难。

虽然如此，总费用法仍然在一定的条件下被采用着，在国际工程施工索赔中保留着它的地位。这是因为，对于某些特定的索赔事项，要精确地计算出索赔款额是很困难的，有时甚至是不可能的。在这种情况下，逐项核实已开支的实际总费用，取消其不合理部分，然后减去投标时的估算费用，仍可以比较合理地进行索赔支付。

概括地说，采用总费用法时，一般要有以下的条件：

（1）由于该项索赔在施工时的特殊性质，难于或不可能精确地计算出损失款额。

（2）承包人的该项报价估算费用是比较合理的。

（3）已开支的实际总费用经过逐项审核，认为是比较合理的。

（4）承包人对已发生的费用增加没有责任。

2. 修正总费用法

修正总费用法是对总费用法进行了相应的修改和调整，使其更合理。其修正事项主要是：

（1）计算索赔款的时段仅局限于受到外界影响的时期，而不是整个施工工期。

（2）只计算受影响时段内某项工作所受影响的损失，而不是计算该时段内所有施工工作所受的损失。

（3）在所影响时段内的受影响的某项施工中，使用的人工、设备、材料等资源均有可靠的记录资料，如监理人的监理日志、承包人的施工日志等现场施工记录。

（4）与该项工作无关的费用，不列入总费用中。

（5）对投标报价时估算费用重新进行核算；按受影响时段期间该项工作的实际单价进行计算，乘以实际完成的该项工作的工程量，得出调整后的报价费用。

根据上述调整、修正后的总费用基本上准确地反映出实际增加的费用，作为给承包人补偿的款额。

据此，按修正后的总费用法支付索赔金额的公式是：

索赔金额＝某项工作调整后的实际总费用－该项工作调整后报价费用

3. 实际费用法

实际费用法亦称实际成本法。它是以承包人为某项索赔工作所支付的实际开支为根据，分别分析计算索赔值的方法，故亦称分项法。

实际费用法是承包人以索赔事项的施工引起的附加开支为基础，加上应付的间接费和利润，向业主提出索赔款的数额。其特点是：

（1）比总费用法复杂，处理起来困难。

（2）反映实际情况，比较合理、科学。

（3）为索赔报告的进一步分析评价、审核，双方责任的划分，双方谈判和最终解决提供方便。

（4）应用面广，人们在逻辑上容易接受。

因此，实际费用法能客观地反映承包人的费用损失，为取得经济补偿提供可靠的依据，被国际工程界广泛采用。实际费用法计算索赔的依据是实际的成本记录或单据，包括工资单、工时记录、设备运转记录、材料消耗记录、工程进展表、工程量表、开支发票等一系列实际支出证据，系统地反映某项工作在施工过程中受非承包人责任的外界原因（如工程变更、不利的自然条件、业主拖延或违约等）所引起的附加开支。

六、工期索赔管理

（一）工期延误的分类

造成施工延误的原因是各式各样的，有时甚至是十分复杂的，如工程量改变、设计改变、新增工程项目、监理人指示干扰或延误、发包人的干扰、承包人管理不善、不利的自然因素或其他意外事件等。

在工程承包实践中，一般将工期拖延分为可原谅的和不可原谅的两大类。对可原谅的工期拖延，根据是否应补偿承包人因延误事件引起的派生费用，进一步将可原谅的拖期分成两种：可原谅并应给予补偿的拖期，可原谅但不给予补偿的拖期。现分别简述如下。

1. 可原谅的拖期

凡不是由于承包人一方的原因而引起的工程拖期，都属于可原谅的拖期。因此，发包人及监理人应该给承包人延长施工时间，即满足其工期索赔的要求。

造成可原谅的拖期的原因很多。《水利水电土建工程施工合同条件》（GF—2000—0208）通用条款第 20.1 款约定，在施工过程中，发生下列情况之一使关键项目的施工进度计划拖后而造成工期延误时，承包人可要求发包人延长合同规定的工期：

（1）增加合同中任何一项的工作内容。

（2）增加合同中关键项目的工程量超过专用合同条款第 39.1 款规定的百分比。

（3）增加额外的工程项目。

（4）改变合同中任何一项工作的标准或特性。

（5）本合同中涉及的由发包人责任引起的工期延误。

（6）异常恶劣的气候条件。

（7）非承包人原因造成的任何干扰或阻碍。

（8）其他可能发生的延误情况。

确定某项拖期是否属于可原谅的拖期，还有一个条件，就是该项工作是否在施工进度的关键路线上。因为只有处于关键路线上的关键施工项目的拖期，才能直接导致原定的竣工日期拖后。如果拖后的工作项目不在关键路线上，则不会影响完工日期，即不给予工期索赔。但是，往往有这样的情况，某项工作开始时不在关键路线上，但由于一再拖后，会影响到其他的工作项目的进度，而使这项工作变成关键性的部位了。因此，对每项承包工程的施工，尤其是工种繁多的大型水利工程，都应制定施工进度计划，以便于经常地跟踪关键路线。在施工管理中，对处于关键路线上的施工项目给予特殊的关注，及时解决出现的困难，以保证整个工程的竣工日期能按合同规定的竣工日期顺利实现。

2. 可原谅并应给予补偿的拖期

这种拖期的原因，纯属发包人造成。如发包人没有按时提供进场道路、场地、测量网点，或应由发包人提供的设备和材料到货拖延等。在这些情况下，发包人不仅应满足承包人的工期索赔要求，并应支付承包人合理的经济索赔要求。

3. 可原谅但不给予补偿的拖期

这种拖期的原因，责任不在承包合同的任何一方，而纯属自然灾难，如：人力不可抗拒的天灾，流行性传染病等。一般规定，对这种拖期，发包人只给承包人延长工期，一般不予经济赔偿。但在一些合同中，将这类拖期原因命名为“特别风险”，并规定这种风险造成的损失，其费用由发包人和承包人双方分别承担。

4. 不可原谅的拖期

这是指由于承包人的原因而引起的工期延误，如：施工组织协调不好，人力不足，设备晚进场（指规定由承包人提供的设备），劳动生产率低，工程质量不符合施工规程的要求而造成返工等。《水利水电土建工程施工合同条件》（GF—2000—0208）通用条款第20.1款约定：“由于承包人原因未能按合同进度计划完成预定工作，承包人应按第17.2款（2）项的规定采取赶工措施赶上进度。若采取赶工措施后仍未能按合同规定的完工日期完工，承包人除自行承担采取赶工措施所增加的费用外，还应支付逾期完工违约金。”

关于工期延误的分类及处理原则可归纳如表9－2所示。

表9－2　　工期延误的分类及索赔处理

索赔原因	是否可原谅	延误原因	责任者	处理原则
工程进度延误	可原谅索赔	（1）修改设计； （2）施工条件变化； （3）业主原因拖延； （4）监理原因拖延	业主	可给予工期延长； 可补偿经济损失
		（1）特殊的反常气候； （2）政治动乱； （3）天灾	客观原因	可给予工期延长； 不补经济损失
	不可原谅索赔	（1）工效不高； （2）施工组织不好； （3）设备、材料准备不足	承包商	不延长工期； 不补经济损失； 承担工期延误损害赔偿费

（二）工期延误影响分析

一个合同项目的进度延误，无论造成合同工期延误还是里程碑目标延误，发包人或承包人一般都会遭受一定的损失。

1. 工期延误对发包人的工程效益影响

对发包人而言，一旦工期延误，合同项目甚至整个工程不能按期完工，会使工程费用增加和工程运行收益减少，主要体现在下列方面：

（1）一旦工程项目不能按期投产，对经营性水利工程项目（如发电、供水）来说，会使投资效益损失巨大（如发电、供水等收益减少和销售合同性损失等）；对防洪、防凌、人畜饮水等公益性水利工程项目来说，由于工程不能按期发挥作用，可能会对人民生活安全与水平提高以及国民经济和社会发展造成相应的损失。

（2）即使只是某个合同项目的工期延误或里程碑目标延误，也往往影响到其他合同项目的正常开工或施工，可能使工程建设总体计划发生重大调整而增加工程费用，同时直接威胁到工程项目是否能够按计划投产。

（3）工期延长会引起发包人管理费用增加，资金积压而引起利息支出增加，临时占用或使用场地、通道等的期限延长而引起使用或租用费用增加，委托服务机构（如监理人、设计单位等）的服务期延长而引起服务费增加。

（4）工期延长带来市场风险，如人工、材料、设备、燃料动力等物价上涨，投产延误造成产品的市场机会损失等。

有时，工期延误引起的发包人损失情况可能更多，如政策性原因造成资金或其他损失、遭遇不利的自然、社会、经济等情况等。

显然，工期延误对发包人的影响很大。一方面，如果工期延误是由发包人原因引起的，损失由发包人承担；另一方面，如果工期延误是由承包人原因引起的，发包人有权要求承包人合理赔偿损失。

从理论上讲，应按照实际损失法计算出工期延误对发包人造成的损失，作为发包人要求承包人赔偿的基础，是十分合理的。但是，在工程实践中，合理地准确界定应予赔偿发包人损失的范围，证明损失的客观性与合理性，鉴别基础数据的真实性，确定损失计算的方法的公平性，是一项十分繁琐和复杂的工作，有时甚至是十分困难的，容易引起合同承发包双方的分歧或争议。因此，在工程承包合同中，经常采用约定工期延误赔偿金的方法。

2. 工期延误对承包人的工程费用影响

工期延误对承包人的工程费用影响因影响事件不同而有所差别，一般表现在下列方面：

（1）现场管理费用和总部管理费用增加。

（2）现场施工费用增加，包括人员费、材料费、施工机械费等。

（3）生产功效降低。

如果工期延误是由承包人自身原因引起的，承包人不仅遭受上述方面的损失外，还应按合同约定向发包人支付工期延误赔偿金；如果工期延误是由非承包人原因造成的，承包人不仅有权顺延完工期限，而且，对于发包人原因的工期延误，还有权向发包人提出工期和费用补偿。

（三）工期延误分析方法

1. 工期延误计算的计算依据

一般来说，承包人有权得到工期延误的赔偿，必须提供足以说明下列理由的支持性材料：

（1）发生了非承包人原因的工期延误影响事件，且这项或这些事件造成了工期延误的事实存在。

（2）所造成的工期延误损失是在承包人采取了合理的防范措施后所不可避免的。

工期延误计算的依据主要有：

（1）合同规定的完工时间。

（2）承包人呈报的经监理人同意的施工进度计划。

（3）合同双方共同认可的对工期的修改文件，如通知、指示等。

（4）受干扰实际工程进度记录，如施工日记、监理日记等。

（5）现场实际情况。

2. 工期延误计算的方法

干扰事件对工程工期影响的大小，直接影响着承包人在工期索赔中所能得到的利益补偿大小。无论发包人同意工期顺延还是采取加速施工措施来弥补已经损失的工期，都是以干扰事件对工程工期影响的大小为基础确定的。在此基础上，应区分承包人、发包人各承担的比例。发包人同意承包人工期可延长时间与承包商、发包人应承担的责任成反比。在实际工作中，工期延误的计算方法很多，大体上可分为两类：一类是基于 CPM 计划（计划具有明确的工作逻辑关系与时间安排）的计算方法，如动态更新分析法、影响事件插入法、若非实录进度分析法；另一类是非 CPM 计划或无进度计划情况下的计算方法，如平衡点法、比例法、同期实录进度分析法、时间—费用关系法等。

基于 CPM 计划的工期延误计算法概念清晰、计算准确，应尽量采用。其中，影响事件插入法是最简单、最基本的方法，本书只介绍这种方法。

影响事件插入法的基本思路为：在执行原网络计划的施工过程中，发生了一个或一些干扰事件，使网络中的某个或某些工作受到干扰而延长持续时间。将这些工作受干扰后的持续时间插入网络中，重新进行网络分析，得到新计划工期。则新计划工期与原计划工期之差即为总工期的影响。通常来说，如果受干扰的工作在关键路线上，则该工作的持续时间的延长即为总工期的延长值；如果该工作在非关键路线上，其作业时间的延长对工程工期的影响决定于这一延长超过其总时差的幅度。下面举例说明其计算方法。

【例 9－1】 某工程的合同实施中，由在包商提供经监理人同意的施工进度计划如图 9－2所示。经分析知计划的关键路线为 A—B—E—K—J—L 和 A—B—G—F—J—L，计划工期为 23 周。

在计划实施中受到外界干扰，产生如下变化：

工作 E 的进度拖延 2 周，即实际上占用 6 周时间完成；

工作 H 的进度拖延 3 周，即实际上占用 8 周时间完成。

经分析知，上述干扰事件的影响都不属于承包人的责任和风险，有理由向发包人提出

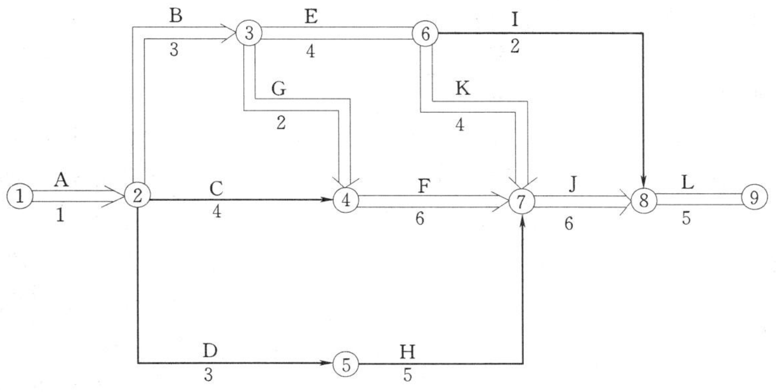

图 9-2　初始施工进度计划分析图

工期索赔要求。将这些变化纳入施工进度计划中重新得到新计划，如图 9-3 所示。经分析关键路线为 A—B—E—K—J—L，总工期为 25 周：即受到外界的干扰，总工期延长 2 周。这是承包人在索赔报告中有理由提出的工期延长。

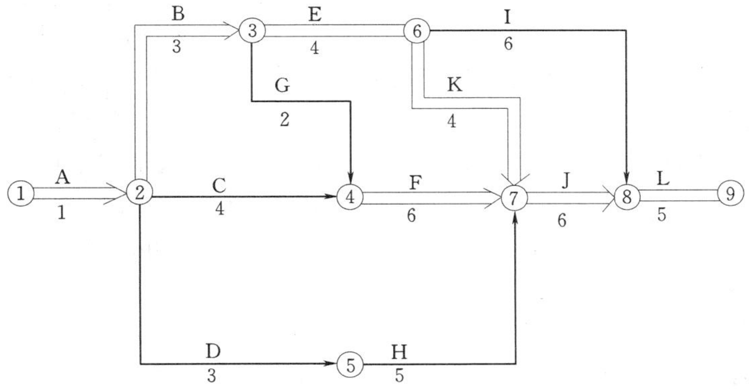

图 9-3　干扰后施工进度计划分析图

在使用网络分析法计算干扰事件对工程工期影响的计算时，应注意下列几点：

(1) 单项作业延误的索赔计算较为简单，若工作作业时间的延误没有超过其工作总时差，将不会引起工程工期延长；若工作作业时间延误超过其总时差，则工程工期延长应等于该工作作业时间的延误时间减去其工作总时差。但是，在一揽子索赔中，由于干扰事件比较多，许多因素综合在一起，影响较复杂。为了避免计算错误，可按对比影响前后网络进度计划的方法确定工期延长。

(2) 在工期索赔分析中，除了应用网络分析方法确定工期延长外，还应实行干扰事件影响前后计划资源需求及分配的对比分析，作为确定派生费用的依据。例如，在进行单项作业引起的索赔分析中，若该项工作的作业时间延长在其自由时差范围之内，则不会引起工程工期延长；同时，引起资源调整的可能性或程度也不太大；若该项工作的作业时间超过其自由时差，但在其总时差范围之内，虽不会引起工程工期延长，但一般会引起资源配置的变化；若该项工作的作业时间超过其总时差，则既引起工程工期延长，也会引起资源配置的变化。

七、施工索赔的预防和反索赔

对于业主来说，防止索赔事件发生或进行反索赔，是维护自身利益的手段。

(1) 防止索赔的措施。对非承包商的责任而蒙受的损失，承包商有权提出索赔，业主或监理工程师不得拒绝这种索赔。其他企图回避索赔或不允许承包商提出索赔的做法是不明智的，对双方均不利。业主和监理工程师比较主动的方法是防止索赔，即在没有出现问题之前进行控制，将索赔事件消灭在萌芽状态。通常防止索赔的措施有：

1) 编制好施工合同文件。施工合同文件是履行合同的基础和准则，施工合同文件中的缺陷或失误往往会导致施工索赔。因此，编制合同文件时要仔细，应考虑到在施工中可能产生的各种问题，使合同文件的规定符合实际情况，并注意各条款间的一致性。

2) 加强施工现场管理，做好现场情况记录工作。施工现场记录是处理索赔问题的主要依据。现场情况记录可以是照片、录像、日记、现场描述、会议记录等。有些承包商为了达到谋利目的，会不择手段，混淆是非，提出索赔。若备有工程照片、录像等原始资料，则这些资料是最有力的证据。

3) 加强施工现场协调，及时解决施工干扰。对于大型建设项目，经常有几家承包商在施工，施工干扰经常发生，若这种干扰得不到解决，可能会引起索赔事件。

4) 对承包商的索赔要求认真分析处理。处理索赔是一复杂的工作，一般情况下索赔既涉及到费用的增加，又会和工期延长有联系。此外，不同索赔事件之间可能也有联系。因此，监理工程师在处理索赔事件时，首先要将承包商的索赔证据和自己掌握的资料按发生的时间和原因进行分类，并进行综合分析。然后鉴别出哪些索赔是合理的，哪些是不合理的，他们对费用和工期的影响又有多大。在考虑对工期的影响时，还应分析该项工作是否在关键线路上，若不在关键线路上，还应考虑劳动力和设备可以调配使用等因素，最后确定应给予承包商的费用补偿款额和工期延长天数。

(2) 反索赔。反索赔是指由于承包商的违约，业主向承包商提出的索赔要求。

承包商的违约有各种形式，有时是全部或部分不履行合同，有时是没有按期履行合同，等等。承包商的违约大致有下列几种情况：

1) 承包商没有如约递交履约保函。

2) 由于承包商的责任延误了工期。如迟开工或施工组织不当拖工期，影响工程交付使用而使业主受损失。

3) 施工质量缺陷责任。施工质量缺陷常包括：建筑物出现倾斜、开裂和建筑材料不符合合同要求而危及建筑物安全等。对于施工质量缺陷，除了要求承包商自费对其修补外，还要求就其质量缺陷而给业主造成的损失进行补偿。

4) 其他原因。包括：①承包商运送自己的施工设备和材料时，损坏了沿途的公路或桥梁；②承包商的建筑材料或设备不符合合同要求而要重复检验时，所带来的费用开支；③由于承包商的原因造成工程拖期时，在超出计划工期的拖期时段内监理工程师的服务费用，业主要求由承包商承担等。

在施工中，业主向承包商索赔（反索赔）的目的有两方面：一是对索赔者的索赔要求进行评议或批评，指出其不符合合同条款的地方，或计算错误的地方，使其索赔要求被全部否定；二是利用合同条款赋予的权利，对承包商违约的地方提出索赔要求，维护自己的合法权益。但是通常的情况是，承包商提出施工索赔要求时，业主也提出反索赔，以与索赔者相抗衡。若承包商虽某些方面受了些损失，但不提出索赔要求时，业主也不会提出反索赔，当然业主也不会主动提出给承包商以一定经济补偿。若承包商受到重要损失，他有权提出索赔，这时，一般业主也会寻找反索赔事件。

纯粹由业主向承包商的索赔，一般在承包商的违约事件出现后，业主凭监理工程师证明，并与承包商取得一致意见，采用下列几种方法扣回承包商的违约金。

1）从应支付给承包商的进度款内扣除。

2）从滞纳金内扣除。

3）从履约保函内扣除或没收履约保证金。

4）除了上述各种扣除方法外，若承包商违反合同，给业主带来了各种扣除方法也不足以补偿损失的，业主还可以采用扣留承包商在施工现场的材料、施工设备、临时设施和财产的办法，以作为补偿。

八、施工索赔与工程变更的异同

施工索赔和工程变更是施工合同管理中经常面对的问题，它们既有相同点，也有很大的差别。

工程变更是对原工程设计作出任何方面的变更，而由监理工程师指令承包商实施。承包商完成变更工作后，业主应予以支付，它并不是工程量清单内的正常支付。从这个意义上讲，工程变更与索赔相类似，索赔也是工程量清单以外，业主对承包商的额外费用所进行的补偿。但是，二者是有区别的，主要表现在以下几个方面：

（1）起因与内容上不同。索赔是承包商为履行合同，由于不是承包商的原因或责任受到了额外的损失，而需求业主的补偿；而工程变更是承包商接受监理工程师的指令，完成与合同有关但又不是合同规定的额外工作，为此而取得业主的支付。

（2）处理与费用计算上的不同。一般说，工程变更是事先处理的，即监理工程师在下达工程变更指令时，通常已事先与业主、承包商就工期或金额的补偿问题进行过协商，而把协商结果包括在指令之内下达给承包商；而索赔则是事后处理，即承包商由于事件发生受到损失，因而提出要求，再经业主同意而取得补偿。再从承包商可得的费用来说，工程变更对承包商而言，意味着他可能要多做或少做了某些工作，当然多做工作多得支付，少做工作少得支付。当多做工作，其获得的补偿除了工程成本外还有应包括相应的利润；而承包商的索赔则纯属成本增加或受损失后的一种赔偿，其费用只计成本而不包括利润。

第三节 信 息 管 理

一、监理信息及其重要性

（一）监理信息的概念和特点

1. 信息的概念和特征

信息是内涵和外延不断变化、发展着的一个概念。人们对它下了很多的定义。一般认为，信息是以数据形式表达的客观事实，它是对数据的解释，反映着事物的客观状态和规律。数据是人们用来反映客观世界而记录下来的可鉴别的符号、数字、文字、字符串等，数据本身是一个符号，只有当它经过处理、解释，对外界产生影响时才成为信息。

为了深刻理解信息含义和充分利用信息资源，必须了解信息的特征。一般地说，信息具有以下特征：

（1）伸缩性，即扩充性和压缩性。任何一种物质和能量资源都是有限的，会越用越少，而信息资源绝大部分会在应用中得到不断地补充和扩展，永远不会耗尽用光。信息还可以进行浓缩，可以通过加工、整理、概括、归纳而使之精练。

（2）传输扩散性。信息与物质、能量不同，无论如何保密或封锁，总是可以通过各种传输形式到处扩散。

（3）可识别性。信息可以通过感官直接识别，也可以通过各种测试手段间接识别。不同的信息源有不同的识别方法。

（4）可转换存储。同一条信息可以转换成多种形态或载体而存在，如物质信息可以转换为语言文字、图像，还可以转换为计算机代码、广播、电视等信号。信息可以通过各种方法进行存储。

（5）共享性。信息转让和传播出去后，原持有者仍然没有失去，只是可以使第二者，或者更多的人享用同样的信息。

2. 监理信息的概念与特点

监理信息是在整个工程监理过程中发生的、反映工程建设的状态和规律的信息。它具有一般信息的特征，同时也有其本身的特点：

（1）来源广、信息量大。在工程监理制度下，工程建设是以监理工程师为中心，项目监理组织自然成为信息生成的中心、信息流入和流出的中心。监理信息来自两个方面：一是项目监理组织内部进行项目控制和管理而产生的信息；二是在实施监理的过程中，从项目监理组织外流入的信息。由于工程建设的长期性和复杂性，由于涉及的单位众多，使得从这两方面来的信息来源广，信息量大。

（2）动态性强。工程建设的过程是一个动态过程，监理工程师实施的控制也是动态控制，因而大量的监理信息都是动态的，这就需要及时地收集和处理。

（3）有一定的范围和层次。项目法人委托监理的范围不一样，监理信息也不一样。监理信息不等同于工程建设信息，工程建设过程中，会产生很多信息，这些信息并非都是监理信息，只有那些与监理工作有关的信息才是监理信息。不同的工程建设项目，所需的信息既有共性，又有个性。另外，不同的监理组织和监理组织的不同部门，所需的信息也不一样。

监理信息的这些特点，要求监理工程师必须加强信息管理，把信息管理作为工程监理的一项主要内容。

（二）监理信息的表现形式及内容

监理信息的表现形式就是信息内容的载体，也就是各种各样的数据。在工程监理过程中，各种情况层出不穷，这些情况包含了各种各样的数据。这些数据可以是文字，可以是数字，可以是各种表格，也可以是图形、图像和声音。

文字数据形式是监理信息的一种常见的表现形式。文件是最常见的用方案数据表现的信息。管理部门会下发很多文件；工程建设各方，通常规定以书面形式进行交流，即使是口头上的指令，也要在一定时间内形成书面的文字，这也会形成大量的文件。这些文件包括国家、地区、部门行业、国际组织颁布的有关工程建设的法律法规文件，如经济合同法、政府工程监理主管部门下发的通知和规定、行业主管部门下发的通知和规定等。还包括国际、国家和行业等制定的标准规范。如合同标准、设计及施工规范、材料标准、图形符号标准、产品分类及编码标准等。具体到每一个工程项目，还包括合同及招投标文件、工程承包（分包）单位的情况资料、会议纪要、监理月报、洽商及变更资料、监理通知、隐蔽及预检记录资料等。这些文件中包含了大量的信息。

数字数据也是监理信息的常见的一种表现形式。在工程建设中，监理工作的科学性要求“用数字说话”，为了准确地说明各种工程情况，必然有大量数字数据产生，各种计算成果和试验检测数据反映了工程项目的质量、投资和进度等情况。用数据表现的信息常见的有：设备与材料价格；工程概预算定额；调价指数；工期、劳动、机械台班的施工定额；地区地质数据；项目类型及专业和主材投资的单位指标；大宗主要材料的配合数据等。具体到每个工程项目，还包括：材料台账；设备台账；材料、设备检验数据；工程进度数据；进度工程量签证及付款签证数据；专业图纸数据；质量评定数据；施工人力和机械数据等。

各种报表是监理信息的另一种表现形式。工程建设各方都用这种直观的形式传播信息。承包商需要提供反映工程建设状况的多种报表。这些报表有：开工申请单、施工技术方案审报表、进场原材料报验单、进场设备报验单、施工放样报验单、分包申请单、合同外工程单价申报表、计日工单价申报表、合同工程月计量申报表、额外工程月计量申报表、人工与材料价格调整申报表、付款申请表、索赔申请书、索赔损失计算清单、延长工期申报表、复工申请、事故报告单、工程验收申请单、竣工报验单等。监理组织内部常采用规范化的表格来作为有效控制的手段。这类报表有：工程开工令、工程量清单支付月报表、暂定金额支付月报表、应扣款月报表、工程变更通知、额外增加工程通知单、工程暂停指令、复工指令、现场指令、工程验收证书、工程验收记录、竣工证书等。监理工程师向项目法人反映工程情况也往往用报表形式传递工程信息。这类报表有：工程质量月报表、项目月支付总表、工程进度月报表、进度计划与实际完成报表、施工计划与实际完成情况表、监理月报表、工程状况报告表等。

监理信息的形式还有图形、图像和声音等。这些信息包括工程项目立面、平面及功能布置图形、项目位置及项目所在区域环境实际图形或图像等，对每一个项目，还包括分专业隐蔽部位图形（数据）、分专业设备安装部位图形（数据）、分专业预留预埋部位图形（数据）、分专业管线平（立）面走向及跨越伸缩缝部位图形（数据）、分专业管线系统图形（数据）、质量问题和工程进度形象图像（数据），在施工中还有设计变更图等。图形、图像信息还包括工程录像、照片等，这些信息直观、形象地反映了工程情况，特别是能有效反映隐蔽工程的情况。声音信息主要包括会议录音、电话录音以及其他的讲话录音等。

以上这些只是监理信息的一些常见形式，而且监理信息往往是这些形式的组合。了解监理信息的各种形式及其特点，对收集、整理信息很有帮助。

（三）工程监理信息的分类

不同的监理范畴，需要不同的信息，可按照不同的标准将监理信息进行归类划分，来满足不同监理工作的信息需求，并有效地进行管理。

监理信息的分类方法通常有以下几种。

1. 按工程监理控制目标划分

工程监理的目的是对工程进行有效的控制，按控制目标将信息进行分类是一种重要的分类方法。按这种方法，可将监理信息划分如下：

（1）投资控制信息，是指与投资控制直接有关的信息。属于这类信息的有一些投资标准，如工程造价、物价指数、概算定额、预算定额等；有工程项目计划投资信息，如工程项目投资估算、设计概预算、合同价等；有项目进行中产生的实际投资信息，如施工阶段的支付账单、投资调整、原材料价格、机械设备台班费、人工费、运杂费等；还有对以上这些信息进行分析比较得出的信息，如投资分配信息、合同价格与投资分配的对比分析信息、实际投资与计划投资的动态比较信息、实际投资统计信息、项目投资变化预测信息等。

（2）质量控制信息，是指与质量控制直接有关的信息。属于这类信息的有与工程质量有关的标准信息，如国家有关的质量政策、质量法规、质量标准、工程项目建设标准等；有与计划工程质量有关的信息，如工程项目的合同标准信息、材料设备的合同质量信息、质量控制工作流程、质量控制的工作制度等；有项目进展中实际质量信息，如工程质量检验信息、材料的质量抽样检查信息、设备的质量检验信息、质量和安全事故信息。还有由这些信息加工后得到的信息，如质量目标的分解结果信息、质量控制的风险分析信息、工程质量统计信息、工程实际质量与质量要求及标准的对比分析信息、安全事故统计信息、安全事故预测信息等。

（3）进度控制信息，是指与进度控制直接有关的信息。这类信息有与工程进度有关的标准信息，如工程施工进度定额信息等；有与工程计划进度有关的信息，如工程项目总进度计划、进度控制的工作流程、进度控制的工作制度等；有项目进展中产生的实际进度信息；还有上述信息加工后产生的信息，如工程实际进度控制的风险分析、进度目标分解信息、实际进度与计划进度对比分析、实际进度与合同进度对比分析、实际进度统计分析、进度变化预测信息等。

2. 按照工程建设不同阶段分类

（1）项目建设前期的信息。项目建设前期的信息包括可行性研究报告提供的信息、设计任务书提供的信息、勘察与测量的信息、初步设计文件的信息、招投标方面的信息等，其中大量的信息与监理工作有关。

（2）工程施工中的信息。施工中由于参加的单位多，现场情况复杂，信息量最大。其中有从项目法人方来的信息。项目法人作为工程项目建设的负责人，对工程建设中的一些重大问题不时要表达意见和看法，下达某些指令；项目法人对合同规定由其供应的材料、设备，需提供品种、数量、质量、试验报告等资料。有承包商方面的信息，承包商作为施工的主体，必须收集和掌握施工现场大量的信息，其中包括经常向有关方面发出的各种文件，向监理工程师报送的各种文件、报告等。有设计方面来的信息，如设计合同、供图协议、施工图纸，在施工中根据实际情况对设计进行的修改和变更等。项目监理内部也会产生许多信息，有直接从施工现场获得有关投资、质量、进度和合同管理方面的信息，还有经过分析整理后对各种问题的处理意见等。还有来自其他部门如发包方政府、环保部门、交通部门等部门的信息。

(3) 工程竣工阶段的信息。在工程竣工阶段，需要大量的竣工验收资料，其中包含了大量的信息，这些信息一部分是在整个施工过程中，长期积累形成的，一部分是在竣工验收期间，根据积累的资料整理分析而形成的。

3. 按照监理信息的来源划分

(1) 来自工程项目监理组织的信息：如监理的记录、各种监理报表、工地会议纪要、各种指令、监理试验检测报告等。

(2) 来自承包商的信息：如开工申请报告、质量事故报告、形象进度报告、索赔报告等。

(3) 来自项目法人的信息：如项目法人对各种报告的批复意见。

(4) 来自其他部门的信息：如政府有关文件、市场价格、物价指数、气象资料等。

4. 其他的一些分类方法

(1) 按照信息范围的不同，把工程监理信息分为精细的信息和摘要的信息两类。

(2) 按照信息时间的不同，把工程监理信息分为历史性的信息和预测性的信息两类。

(3) 按照监理阶段的不同，把工程监理信息分为计划的、作业的、核算的及报告的信息。

(4) 按照对信息的期待性不同，把工程监理信息分为预知的和突发的信息两类。

(5) 按照信息的性质不同，把工程监理信息划分为生产信息、技术信息、经济信息和资源信息。

(6) 按照信息的稳定程度划分固定信息和流动信息等。

(四) 工程监理信息的作用

工程监理信息对监理工程师开展监理工作，对监理工程师进行决策具有重要的作用。

1. 信息是监理工程师开展监理工作的基础

(1) 工程监理信息是监理工程师实施目标控制的基础。工程监理的目标是按计划的投资、质量和进度完成工程项目建设。工程监理目标控制系统内部各要素之间、系统和环境之间都靠信息进行联系；信息贯穿在目标控制的环节性工作之中，投入过程包括信息的投入，转换过程是产生工程状况、环境变化等信息的过程，反馈过程则主要是这些信息的反馈，对比过程是将反馈的信息与已知的信息进行比较，并判断产生是否有偏差的信息，纠正过程则是信息的应用过程；主动控制和被动控制也都是以信息为基础；至于目标控制的前提工作——组织和规划，也离不开信息。

(2) 工程监理信息是监理工程师进行合同管理的基础。监理工程师的中心工作是进行合同管理。这就需要充分地掌握合同信息，熟悉合同内容，掌握合同双方所应承担的权力、义务和责任；为了掌握合同双方履行合同的情况，必须在监理工作时收集各种信息；对合同出现的争议，必须在大量的信息基础上作出判断和处理；对合同的索赔，需要审查判断索赔的依据，分清责任原因，确定索赔数额，这些工作都必须以自己掌握的大量准确的信息为基础。监理信息是合同管理的基础。

(3) 工程监理信息是监理工程师进行组织协调的基础。工程项目的建设是一个复杂和庞大的系统，涉及的单位很多，需要进行大量的协调工作，监理组织内部也要进行大量的协调工作。这都要依靠大量的信息。

协调一般包括人际关系的协调、组织关系的协调和资源需求关系的协调。人际关系的协调，需要了解人员专长、能力、性格方面的信息，需要岗位职责和目标的信息，需要全面工作绩效的信息；组织关系的协调，需要组织机构设置、目标职责、权限的信息，需要开工作例会、业务碰头会、发会议纪要、采用工作流程图来沟通信息，需要在全面掌握信息的基础上及时消除工作中的矛盾和冲突；需求关系的协调，需要掌握人员、材料、设备、能源动力等资源方面的计划信息、储备情况以及现场使用情况等信息。信息是协调的基础。

2. 信息是监理工程师决策的重要依据

监理工程师在开展监理工作时，要经常进行决策。决策是否正确，直接影响着工程项目建设总目标的实现及监理单位和监理工程师的信誉。监理工程师做出正确的决策，必须建立在及时准确的信息基础之上。没有可靠的、充分的信息作为依据，就不可能做出正确的决策。例如，监理工程师对工程质量行使否决权时，就必须对有质量问题的工程进行认真细致的调查、分析，还要进行相关的试验和检测，在掌握大量可靠信息基础时才能做出。

二、工程监理信息管理的内容

（一）信息资料的收集

1. 收集监理信息的作用

在工程建设中，每时每刻都产生着大量的信息。但是，要得到有价值的信息，只靠自发产生的信息是远远不够的，还必须根据需要进行有目的、有组织、有计划的收集，才能提高信息质量，充分发挥信息的作用。

收集信息是运用信息的前提。各种信息一经产生，就必然会受到传输条件、人们的思想意识及各种利益关系的影响。所以，信息有真假、虚实、有用无用之分。监理工程师要取得有用的信息。必须通过各种渠道，采取各种方法收集信息，然后经过加工、筛选，从中选择出对进行决策有用的信息，没有足够的信息作依据，决策就会产生失误。

收集信息是进行信息处理的基础。信息处理是包括对已经取得的原始信息，进行分类、筛选、分析、加工、评定、编码、存贮、检索、传递的全过程。不经收集就没有进行处理的对象，信息收集工作的好坏，直接决定着信息加工处理质量的高低。在一般情况下，如果收集到的信息时效性强、真实度高、价值大、全面系统，再经加工处理质量就更高，反之则低。

2. 收集监理信息的基本原则

（1）要主动及时。监理工程师要取得对工程控制的主动权，就必须积极主动地收集信息，善于及时发现、及时取得、及时加工各类工程信息。只有工作主动，获得信息才会及时。监理控制是一个动态控制的过程，水利工程建设具有投资大、工期长、项目分散、管理部门多、参与建设的单位多等特点，因此信息量大、时效性强，稍纵即逝，如果不能及时得到工程中大量发生的变化的数据，不能及时把不同的数据传递于需要相关数据的不同单位、部门，势必影响各部门工作，影响监理工程师作出正确的判断，影响监理的质量。

（2）要全面系统。监理信息贯穿在工程项目建设的各个阶段及全部过程。各类监理信息和每一条信息，都是监理内容的反映或表现。所以，收集监理信息不能挂一漏万，以点代面，把局部当成整体，或者不考虑事物之间的联系。同时，工程建设不是杂乱无章的，而是有着内在的联系。因此，收集信息不仅要注意全面性，而且还要注意系统性和连续性。全面系统就是要求收集到的信息具有完整性，以防决策失误。

（3）要真实可靠。收集信息的目的在于对工程项目进行有效的控制。由于工程建设中人们的经济利益关系、工程建设的复杂性，信息在传输过程中发生失真现象等主客观原因，难免产生不能真实反映工程建设实际情况的假信息。因此，必须严肃认真地进行收集工作，要将收集到的信息进行严格核实、检测、筛选，去伪存真。

（4）要重点选择。收集信息要全面系统和完整，不等于不分主次、缓急和价值大小。必须有针对性，坚持重点收集的原则。针对性首先是指有明确的目的性或目标；其次是指有明确的信息源和信息内容。还要做到适用，即所取信息符合监理工作的需要，能够应用并产生好的监理效果。所谓重点选择，就是根据监理工作的实际需要，根据监理的不同层次、不同部门、不同阶段对信息需求的侧重点，从大量的信息中选择使用价值大的主要信息。如项目法人委托施工阶段监理，则以施工阶段为重点进行收集。

3. 监理信息收集的基本方法

监理工程师主要通过各种方式的记录来收集监理信息，这些记录统称为监理记录，它是与工程项目监理相关的各种记录中资料的集合。通常可分为以下几类。

（1）现场记录。现场监理人员必须每天利用特定的表格或以日志的形式记录工地上所发生的事情。所有记录应始终保存在工地办公室内，供监理工程师及其他监理人员查阅。这类记录每月由专业监理工程师整理成书面资料上报监理工程师办公室。监理人员在现场遇到工程施工中不得不采取紧急措施而对承包商所发出的书面指令，应尽快通报上一级监理组织，以征得其确认或修改指令。

现场记录通常记录以下内容：

1）现场监理人员对所监理工程范围内的机械、劳力的配备和使用情况作详细记录。如承包人现场人员和设备的配备是否同计划所列的一致；工程质量和进度是否因某部门职员或某种设备不足而受到影响，受到影响的程度如何；是否缺乏专业施工人员或专业施工设备，承包商有无替代方案；承包商施工机械完好率和使用率是否令人满意；维修车间及设施情况如何，是否存储有足够的备件等。

2）记录气候及水文情况。记录每天的最高、最低气温，降雨和降雪量，风力，河流水位；记录有预报的雨、雪、台风及洪水到来之前对永久性或临时性工程所采取的保护措施；记录气候、水文的变化影响施工及造成损失的细节，如停工时间、救灾的措施和财产的损失等。

3）记录承包商每天工作范围，完成工程数量，以及开始和完成工作的时间，记录出现的技术问题，采取了怎样的措施进行处理，效果如何，能否达到技术规范的要求等。

4）对工程施工中每步工序完成后的情况作简单描述，如此工序是否已被认可，对缺陷的补救措施或变更情况等作详细记录。监理人员在现场对隐蔽工程应特别注意记录。

5）记录现场材料供应和储备情况。每一批材料的到达时间、来源、数量、质量、存储方式和材料的抽样检查情况等。

6）对于一些必须在现场进行的试验，现场监理人员进行记录并分类保存。

（2）会议记录。由监理人员所主持的会议应由专人记录，并且要形成纪要，由与会者签字确认，这些纪要将成为今后解决问题的重要依据。会议纪要应包括以下内容：会议地点及时间；出席者姓名、职务以及他们所代表的单位；会议中发言者的姓名及主要内容；形成的决议；决议由何人及何时执行等；未解决的问题及其原因。

（3）计量与支付记录。包括所有计量及付款资料。应清楚地记录哪些工程进行过计量，哪些工程没有进行计量，哪些工程已经进行了支付；已同意或确定的费率和价格变更等。

（4）试验记录。除正常的试验报告外，试验室应由专人每天以日志形式记录试验室工作情况，包括对承包商的试验的监督、数据分析等。记录内容包括：

1）工作内容的简单叙述。如做了哪些试验，监督承包商做了哪些试验，结果如何等。

2）承包人试验人员配备情况。试验人员配备与承包商计划所列是否一致，数量和素质是否满足工作需要，增减或更换试验人员之建议。

3）对承包商试验仪器、设备配备、使用和调动情况记录，需增加新设备的建议。

4）监理试验室与承包商试验室所做同一试验，其结果有无重大差异，原因如何。

（5）工程照片和录像。以下情况，可辅以工程照片和录像进行记录：

1）科学试验：重大试验，如桩的承载试验，板、梁的试验以及科学研究试验等；新工艺、新材料的原形及为新工艺、新材料的采用所做的试验等。

2）工程质量：能体现高水平的建筑物的总体或分部，能体现出建筑物的宏伟、精致、美观等特色的部位；对工程质量较差的项目，指令承包商返工或须补强的工程的前后对比；能体现不同施工阶段的建筑物照片；不合格原材料的现场和清除出现场的照片。

3）能证明或反证未来会引起索赔或工程延期的特征照片或录像；能向上级反映即将引起影响工程进展的照片。

4）工程试验、试验室操作及设备情况。

5）隐蔽工程：被覆盖前构造物的基础工程；重要项目钢筋绑扎、管道铺设的典型照片；混凝土桩的桩顶表面特征情况。

6）工程事故：工程事故处理现场及处理事故的状况；工程事故及处理和补强工艺，能证实保证了工程质量的照片。

7）监理工作：重要工序的旁站监督和验收；看现场监理工作实况；参与的工地会议及参与承包商的业务讨论会，班前、工后会议；被承包商采纳的建议，证明确有经济效益及提高了施工质量的实物。

拍照需要采用专门登记本标明序号、拍摄时间、拍摄内容、拍摄人员等。

（二）监理信息加工整理

1. 监理信息加工整理的作用和原则

监理信息的加工整理是对收集来的大量原始信息，进行筛选、分类、排序、压缩、分析、比较、计算等过程。

信息的加工整理作用很大。首先，通过加工，将信息聚同分类，使之标准化、系统化。收集来的信息，往往是原始的、零乱的和孤立的，信息资料的形式也可能不同，只有经过加工后，使之成为标准的、系统的信息资料，才能进入使用、存贮，以及提供检索和传递。其次，经过收集的资料，真实程度、准确程度都比较低，甚至还混有一些错误，经过对它们进行分析、比较、鉴别，乃至计算、校正，使获得的信息准确、真实。另外，原始状态的信息，一般不便于使用和存贮、检索、传递，经加工后，可以使信息浓缩，以便于进行以上操作。还有，信息在加工过程中，通过对信息的综合、分解、整理、增补，可以得到更多有价值的新信息。

信息加工整理要本着标准化、系统化、准确性、时间性和适用性等原则进行。为了适应信息用户的使用和交换，应当遵守已制定的标准，使来源和形态多样的各种各样信息标准化。要按监理信息的分类，系统、有序地加工整理，符合信息管理系统的需要。要对收集的监理信息进行校正、剔除，使之准确、真实地反映工程建设状况。要及时处理各种信息，特别是对那些时效性强的信息。要使加工后的监理信息，符合实际监理工作的需要。

2. 监理信息加工整理的成果——各种监理报告

监理工程师对信息进行加工整理，形成各种资料，如各种来往信函、来往文件、各种指令、会议纪要、备忘录或协议和各种工作报告等。工作报告是最主要的加工整理成果。这些报告有：

(1) 现场监理日报表。是现场监理人员根据每天的现场记录加工整理而成的报告。主要包括如下内容：当天的施工内容；当天参加施工的人员（工种、数量、施工单位等）；当天施工用的机械的名称和数量等；当天发现的施工质量问题；当天的施工进度和计划进度的比较，若发生进度拖延，应说明原因；当天天气综合评语；其他说明及应注意的事项等。

(2) 现场监理工程师周报。是现场监理工程师根据监理日报加工整理而成的报告，每周向项目总监理工程师汇报一周内所有发生的重大事件。

(3) 监理工程师月报。是集中反映工程实况和监理工作的重要文件。一般由项目总监理工程师组织编写，每月一次上报项目法人。大型项目的监理月报，往往由各合同段或子项目的总监理工程师代表组织编写，上报总监理工程师审阅后报项目法人。监理月报一般包括以下内容：

1) 工程进度。描述工程进度情况，工程形象进度和累计完成的比例。若拖延了计划，应分析其原因以及这种原因是否已经消除，就此问题承包商、监理人员所采取的补救措施等。

2) 工程质量。用具体的测试数据评价工程质量，如实反映工程质量的好坏，并分析原因。承包商和监理人员对质量较差项目的改进意见，如有责令承包商返工的项目，应说明其规模、原因以及返工后的质量情况。

3) 计量支付。示出本期支付、累计支付以及必要的分项工程的支付情况，形象地表达支付比例，实际支付与工程进度对照情况等；承包商是否因流动资金短缺而影响了工程进度，并分析造成资金短缺的原因（如是否未及时办理支付等）；有无延迟支票、价格调整等问题，说明其原因及由此而产生的增加费用。

4) 质量事故。质量事故发生的时间、地点、项目、原因、损失估计（经济损失、时间、损失、人员伤亡情况）等。事故发生后采取了哪些补救措施，在今后工作中避免类似事故发生的有效措施。由于事故的发生，影响了单项或整体工程进度情况。

5）工程变更。对每次工程变更应说明：引起变更设计的原因，批准机关，变更项目的规模，工程量增减数量、投资增减的估计等；是否因此变更影响了工程进展，承包商是否就此已提出或准备提出延期和索赔。

6）民事纠纷。说明民事纠纷产生的原因，哪些项目因此被迫停工，停工的时间，造成窝工的机械、人力情况等。承包商是否就此已提出或准备提出延期和索赔。

7）合同纠纷。合同纠纷情况及产生的原因，监理人员进行调解的措施；监理人员在解决纠纷中的体会；项目法人或承包商有无要求进一步处理的意向。

8）监理工作动态。描述本月的主要监理活动，如工地会议、现场重大监理活动、延期和索赔的处理、上级布置的有关工作的进展情况、监理工作中的困难等。

（三）监理信息的贮存和传递

1. 监理信息的贮存

经过加工处理后的监理信息，按照一定的规定，记录在相应的信息载体上，并把这些记录信息的载体，按照一定特征和内容性质，组织成为系统的、有机体系的、供人们检索的集合体，这个过程，称为监理信息的贮存。

信息的贮存，可汇集信息，建立信息库，有利于进行检索，可以实现监理信息资源的共享，促进监理信息的重复利用，便于信息的更新和剔除。

监理信息贮存的主要载体是文件、报告报表、图纸、音像材料等。监理信息的贮存，主要就是将这些材料按不同的类别，进行详细的登录、存放，建立资料归档系统。该系统应简单和易于保存，但内容应足够详细，以便很快查出任何已归档的资料。

监理资料归档，一般按以下几类进行：

（1）一般函件：与项目法人、承包商和其他有关部门来往的函件按日期归档；监理工程师主持或出席的所有会议记录按日期归档。

（2）监理报告：各种监理报告按次序归档。

（3）计量与支付资料：每月计量与支付证书，连同其所附资料每月按编号归档；监理人员每月提供的计量与支付有关的资料应按月份归档；物价指数的来源等资料按编号归档。

（4）合同管理资料：承包商对延期、索赔和分包的申请、批准的延期、索赔和分包文件按编号归档；变更设计的有关资料按编号归档；现场监理人员为应急发出的书面指令及最终指令应按项目归档。

（5）图纸：按分类编号存放归档。

（6）技术资料：现场监理人员每月汇总上报的现场记录及检验报表按月归档，承包商提供的竣工资料分项归档。

（7）试验资料：监理人员所完成的试验资料分类归档；承包商所报试验资料分类归档。

（8）工程照片：反映工程实际进度的照片按日期归档；反映现场监理工作的照片按日期归档；反映工程质量事故及处理情况的照片按日期归档；其他照片，如工地会议和重要监理活动的照片按日期归档。

以上资料在归档的同时，要进行登录，建立详细的目录表，以便随时调用、查寻。

2. 监理信息的传递

监理信息的传递，是指监理信息借助于一定的载体（如纸张、软盘等）从信息源传递到使用者的过程。

监理信息在传递过程中，形成各种信息流。信息流有以下几种：

(1) 自上而下的信息流，是指由上级管理机构向下级管理机构流动的信息，上级管理机构是信息源，下级管理机构是信息的接受者。它主要是有关政策法规、合同、各种批文、各种计划信息。

(2) 自下而上的信息流，是指由下一级管理机构向上一级管理机构流动的信息，它主要是有关工程项目总目标完成情况的信息，也即投资、进度、质量、合同完成情况的信息。其中有原始信息，如实际投资、实际进度、实际质量信息．也有经过加工、处理后的信息，如投资、进度、质量对比信息等。

(3) 内部横向信息流，是指在同一级管理机构之间流动的信息。由于工程监理是以三大控制为目标，以合同管理为核心的动态控制系统，在监理过程中，三大控制和合同管理分别由不同的组织进行，由此产生各自的信息，并且相互之间又要为监理的目标进行协作、传递信息。

(4) 外部环境信息流，是指在工程项目内部与外部环境之间流动的信息。外部环境指的是气象部门、环保部门等。

为了有效地传递信息，必须使上述各信息流畅通。

3. 信息流程设计

为了避免信息流通中的混乱、延误、中断或丢失而引起监理工作的失误，应在项目监理实施细则中明确信息流程。

如图 9-4 所示为一种信息流程图的参考形式。图中遵循了信息统一流入、流出通道管理的原则，即信息的流入流出必须经过监理办公室记录、存档，对于需批复的文件，监理办公室应负责送审，规定批复期限、接收批文、发出批示，对于紧急情况未经监理办公室的信息，应有事后补报制度。为简明起见，图 9-4 中未反映信息分级管理情况。对于信息分级管理的流程图，可在遵循信息流入、流出的原则下，扩展图 9-4 所示的信息流程图。

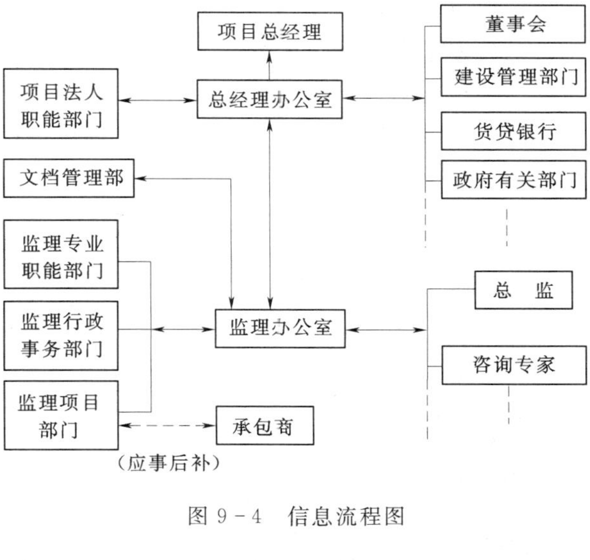

图 9-4 信息流程图

4. 信息分配计划

在执行计划前，必须制订参加工程项目管理的各级机构的信息分配计划。若大量的信息交织在一起，不分层次，不分部门，会使管理者淹没在所有出现的信息中，很难方便地找出他所关心的信息。下面以进度计划为例说明信息分配计划的编制。

（1）制定信息分配计划的原则。信息分配应按照组织管理机构形式进行。例如，最高层管理者宜根据关键路线、非关键工作的时差对进度计划进行分析。而对施工监督人员来说，有用的是他所监督的工作的最早开工时间与最早结束时间，因为他仅需要本身职责范围内的各种的信息。因此，信息分配首先按管理层次分类，然后按专业分类。另外，越是高层次的管理人员所收到的信息报告越应简要，而施工监督人员掌握的信息要详细具体。再有，在分配信息时，必须对信息概括、分类。否则，有些部门就会收到数量和质量上不合适的信息。

综上所述，制定信息分配计划原则和任务可归纳为如下三点：

1）根据不同层次，不同专业，对信息分类。

2）对信息进行概括。

3）识别选择参数。

（2）信息分配计划的表示。信息分配计划可用如表 9－3 所示的形式。

三、工程监理信息系统

（一）工程监理信息系统的概念与作用

1. 工程监理信息系统的概念

信息系统，是根据详细的计划，为预先给定的定义十分明确的目标传递信息的系统。一个信息系统，通常要确定以下主要参数：

（1）传递信息的类型和数量，信息流是由上而下还是由下而上或是横向的等。

（2）信息汇总的形成：如何加工处理信息，使信息浓缩或详细化。

（3）传递信息的时间频率：什么时间传递，多长时间间隔传递一次。

（4）传递时间的路线：哪些信息通过哪些部门等。

（5）信息表达的方式：书面的、口头的还是技术的。

表 9－3　　信息目录表

信息类型	时间	信息发出者	信息接受者							
			管理局	高级驻地监理工程师	进度控制部	质量控制部	投资控制部	合同管理部	信息管理部	承包商
周进度会备忘录	每周	进度控制部		×					×	
月协议会议备忘录	每月	监理办公室	×	×	×	×	×	×	×	×
附加会议备忘录	不定期	监理办公室	×	×	×	×	×	×	×	
现场情况报告	1 次/周	各工作面监理员		×	×	×	×			×
进度月报	每月	进度控制部		×			×	×		
质量月报	每月	质量控制部		×			×	×		
支付月报	每月	投资控制部		×			×	×		
合同执行月报	每月	合同管理部		×				×	×	
综合月报	每月	监理办公室	×	×	×	×	×	×		×

工程监理信息系统是以计算机为手段，以系统的思想为依据，收集、传递、处理、分

发、存储工程监理各类数据，产生信息的一个住处系统。它的目标是实现信息的系统管理与提供必要的决策支持。

工程监理信息系统为监理工程师提供标准化的、合理的数据来源，提供一定要求的、结构化的数据；提供预测、决策所需的信息以及数学、物理模型；提供编制计划、个性计划、计划调控的必要科学手段及应变程序；保证对随机性问题处理时，为监理工程师提供多个可供选择的方案。

2. 监理信息系统的作用

（1）规范监理工作行为，提高监理工作标准化水平。监理工作标准化是提高监理工作质量的必由之路，监理信息系统通常是按标准监理工作程序建立的，它带来了信息的规范化、标准化，使信息的收集和处理更及时、更完整、更准确、更统一。通过系统的应用，促使监理人员行为更规范。

（2）提高监理工作效率、工作质量和决策水平。监理信息系统实现办公自动化，使监理人员从简单繁琐的事务性作业中解脱出来，有更多的时间用在提高监理质量和效益方面；系统为监理人员提供有关监理工作的各项法律法规、监理案例、监理常识的咨询功能，能自动处理各种信息快速生成各种文件和报表；系统为监理单位及外部有关单位的各层次收集、传递、存储、处理和分发各类数据和信息，使得下情上报，上情下达，左右信息交流及时、畅通，沟通了与外界的联系渠道。这些都有益于提高监理工作效率、监理质量和监理水平。系统还提供了必要的决策及预测手段，有益于提高监理工程师的决策水平。

（3）便于积累监理工作经验。监理成果通过监理资料反映出来，监理信息系统能规范地存贮大量监理信息，便于监理人员随时查看工程信息资料，积累监理工作经验。

（二）监理信息系统的一般构成和功能

监理信息系统一般由两部分构成，一部分是决策支持系统，它主要完成借助知识库及模型库帮助，在数据库大量数据的支持下，运用知识和专家的经验来进行推理，提出监理各层次，特别是高层次决策时所需的决策方案及参考意见。另一部分是管理信息系统，它主要完成数据的收集、处理、使用及存储，产生信息提供给监理各层次、各部门和各个阶段，起沟通作用。

1. 决策支持系统的构成和功能

（1）决策支持系统的构成。决策支持系统一般由人—机对话系统、模型库管理系统、数据库管理系统、知识库管理系统和问题处理系统组成。

人—机对话系统主要是人与计算机之间交互的系统，把人们的问题变成抽象的符号，描述所要解决的问题，并把处理的结果转变成人们能接受的语言输出。

模型库系统给决策者提供的是推理、分析、解答问题的能力。模型库需要一个存储模型的库及相应的管理系统。模型则有专用模型和通用模型，提供业务性、战术性、战略性决策所需要的各种模型，同时也能随实际情况变化、修改、更新已有模型。

决策支持系统要求数据库有多重的来源，并经过必要的分类、归并、改变精度、数据量及一定的处理以提高信息含量。

知识库包括工程建设领域所需的一切相关决策的知识。它是人工智能的产物，主要提供问题求解的能力，知识库中的知识是可以共享的、独立的、系统的、并可以通过学习、授予等方法扩充及更新。

问题处理系统实际完成知识、数据、模型、方法的综合，并输出决策所必需的意见及方案。

(2) 决策支持系统的功能。决策支持系统的主要功能如下：

1) 识别问题：判断问题的合法性，发现问题及问题的含义。

2) 建立模型：建立描述问题的模型，通过模型库找到相关的标准模型或使用者在该问题基础上输入的新建模型。

3) 分析处理：根据数据库提供的数据或信息，根据模型库提供的模型及知识库提供的处理该类问题的相关知识及处理方法进行分析处理。

4) 模拟及择优：通过过程模拟找到决策的预期结果及多方案中的优化方案。

5) 人—机对话：提供人与计算机之间的交互式交流，一方面回答决策支持系统要求输入的补充信息及决策者主观要求；另一方面也输出决策方案及查询要求，以便作为最终决策时的参考。

6) 根据决策者最终决策导致的结果修改、补充模型库及知识库。

2. 监理管理信息系统的构成和功能

监理工程师的主要工作是控制工程建设的投资、进度和质量，进行工程建设合同管理，协调有关单位间的工作关系。监理管理信息系统的构成应当与这些主要的工作相对应。另外，每个工程项目都有大量的公文信函，作为一个信息系统，也应对这些内容进行辅助管理。因此，监理管理信息系统一般由文档管理子系统、合同管理子系统、组织协调子系统、投资控制子系统、质量控制子系统和进度控制子系统构成。各子系统的功能如下：

(1) 文档管理子系统。

1) 公文编辑、排版与打印。

2) 公文登录、查询与统计。

3) 档案的登录、修改、删除、查询与统计。

(2) 合同管理子系统。

1) 合同结构模式的提供和选用。

2) 合同文件的录入、修改、删除。

3) 合同文件的分类查询和统计。

4) 合同执行情况跟踪和处理过程的记录。

5) 工程变更指令的录入、修改、查询、删除。

6) 经济法规、规范标准、通用合同文本的查询。

(3) 组织协调子系统。

1) 工程建设相关单位查询。

2) 协调记录。

(4) 投资控制子系统。

1）原始数据的录入、修改、查询。

2）投资分配分析。

3）投资分配与项目概算及预算的对比分析。

4）合同价格与投资分配、概算、预算的对比分析；

5）实际投资支出的统计分析。

6）实际投资与计划投资（预算、合同价）的动态比较。

7）项目投资计划的调整。

8）项目结算与预算、合同价的对比分析。

9）各种投资报表。

（5）质量控制子系统。

1）质量标准的录入、修改、查询、删除。

2）已完工程质量与质量要求、标准的比较分析。

3）工程实际质量与质量要求、标准的比较分析。

4）已完工程质量验收记录的录入、查询、修改、删除。

5）质量安全事故记录的录入、查询、统计分析。

6）质量安全事故的预测分析。

7）各种工程质量报表。

（6）进度控制子系统。

1）原始数据的录入、修改、查询。

2）编制网络计划和多级网络计划。

3）各级网络间的协调分析。

4）绘制网络图及横道图。

5）工程实际进度的统计分析。

6）工程进度变化趋势预测。

7）计划进度的调整。

8）实际进度与计划进度的动态比较。

9）各种工程进度报表。

目前，国内外开发的各种计算机辅助项目管理软件系统，多以管理信息系统为主。

第四节 组 织 协 调

工程监理目标的实现，需要监理工程师有较强的专业知识和对监理程序的充分理解，还有一个重要方面，就是要有较强的组织协调能力。通过组织协调，使影响项目监理目标实现的各个方面处于统一体中，使项目系统结构均衡，使监理工作实施和运行过程顺利。

一、组织协调的概念

协调就是联结、联合、调和所有的活动及力量。协调的目的是力求得到各方面协助，促使各方协同一致，齐心协力，以实现自己的预定目标。协调作为一种管理方法贯穿于整个项目和项目管理过程中。

项目系统是由若干相互联系而又相互制约的要素有组织、有秩序地组成的具有特定功能和目标的一体。组织系统的各要素是该系统的子系统，项目系统就是一个由人员、物质、信息等构成的人为组织系统。用系统方法分析项目协调的一般原理有三大类：一是“人员/人员界面”；二是“系统/系统界面”；三是“系统/环境界面”。

项目组织是由各类人员组成的工作班子。由于每个人的性格、习惯、能力、岗位、任务、作用的不同，即使只有两个人在一起工作，也有潜在的人员矛盾或危机。这种人和人之间的间隔，就是所谓的“人员/人员界面”。

项目系统是由若干个项目组组成的完整体系，项目组即子系统。由于子系统的功能不同，目标不同，容易产生各自为政的趋势和相互推诿的现象。这种子系统和子系统之间的间隔，就是所谓的“系统/系统界面”。

项目系统是一个典型的开放系统。它具有环境适应性，能主动地向外部世界取得必要的能量、物质和信息。在“取”的过程中，不可能没有障碍和阻力。这种系统与环境之间的间隔，就是所谓的“系统/环境界面”。

工程项目建设协调管理就是在“人员/人员界面”、“系统/系统界面”、“系统/环境界面”之间，对所有的活动及力量进行联结、联合、调和的工作。系统方法强调，要把系统作为一个整体来研究和处理，因为总体的作用规模要比各子系统的作用规模之和大。为了顺利实现工程项目建设系统目标，必须重视协调管理，发挥系统整体功能。在工程项目监理中，要保证项目的参与各方面围绕项目开展工作，使项目目标顺利实现，组织协调最为重要、最为困难，也是监理工作是否成功的关键，只有通过积极的组织协调才能实现整个系统全面协调的目的。

二、组织协调工作内容

（一）监理组织内部的协调

1. 监理组织内部人际关系的协调

工程项目监理组织系统是由人组成的工作体系。工作效率很大程度上取决于人际关系的协调程度，总监理工程师应首先抓好人际关系的协调，激励监理组织成员。

（1）在人员安排上要量才录用。对监理组各种人员，要根据每个人的专长进行安排，做到人尽其才。人员的搭配应注意能力互补和性格互补，人员配置应尽可能少而精干，防止力不胜任和忙闲不均现象。

（2）在工作委任上要职责分明。对组织内的每一个岗位，都应订立明确的目标和岗位责任制，应通过职能清理，使管理职能不重不漏，做到事事有人管，人人有专责，同时明确岗位职权。

（3）在成绩评价上要实事求是。谁都希望自己的工作做出成绩，并得到组织肯定。但工作成绩的取得，不仅需要主观努力，而且需要一定工作条件和相互配合。要发扬民主作风，实事求是评价，以免于人员无功自傲或有功受屈，使每个人热爱自己的工作，并对工作充满信心和希望。

（4）在矛盾调解上要恰到好处。人员之间的矛盾总是存在的，一旦出现矛盾就应进行调解，要多听取项目组成员的意见和建议，及时沟通，使人员始终处于团结、和谐、热情高涨的工作气氛之中。

2. 项目监理系统内部组织关系的协调

项目监理系统是由若干子系统（专业组）组成的工作体系。每个专业组都有自己的目标和任务。如果每个子系统都从项目的整体利益出发，理解和履行自己的职责，则整个系统就会处于有序的良性状态，否则，整个系统便处于无序的紊乱状态，导致功能失调，效率下降。

组织关系的协调从以下几方面进行：

(1) 要在职能划分的基础上设置组织机构，根据工程对象及监理合同所规定的工作内容，确定职能划分，并相应设置配套的组织机构。

(2) 要明确规定每个机构的目标、职责和权限，最好以规章制度的形式作出明文规定。

(3) 要事先约定各个机构在工作中的相互关系。在工程项目建设中许多工作不是一个项目组可以完成的，其中有主办、牵头和协作、配合之分，事先约定，才不至于出现误事、脱节等延误工作的现象。

(4) 要建立信息沟通制度，如采用工作例会、业务碰头会、发会议纪要、采用工作流程图或信息传递卡等方式来沟通信息，这样可使局部了解全局，服从并适应全局需要。

(5) 及时消除工作中的矛盾或冲突。总监理工程师应采用民主的作风，注意从心理学、行为科学的角度激励各个成员的工作积极性；采用公开的信息政策，让大家了解项目实施情况、遇到的问题或危机；经常性地指导工作，和成员一起商讨遇到的问题，多倾听他们的意见、建议，鼓励大家同舟共济。

3. 项目系统内部需求关系的协调

工程项目监理实施中有人员需求、材料需求、试验设备需求等，而资源是有限的，因此，内部需求平衡至关重要。

需求关系的协调可从以下环节进行：

(1) 抓计划环节，平衡人、材、物的需求。项目监理开始时，要做好监理规划和监理实施细则的编写工作，提出合理的监理资源配置，要注意抓住期限上的及时性，规格上的明确性，数量上的准确性，质量上的规定性，这样才能体现计划的严肃性，发挥计划的指导作用。

(2) 对监理力量的平衡，要注意各专业监理工程师的配合，要抓住调度环节。一个工程包括多个分部工程和分项工程，复杂性和技术要求各不同，监理工程师就存在人员配备、衔接和调度问题。如土建工程的主体阶段，主要是钢筋混凝土工程和砌筑工程；装饰阶段，工种较多，新材料、新工艺和测试手段就不一样；还有设备安装工程等。监理力量的安排必须考虑到工程进展情况，作出合理的安排，以保证工程监理的质量和目标的实现。

(二) 与项目法人的协调

工程监理是受项目法人的委托而独立、公正进行的工程项目监理工作。监理实践证明，监理目标的顺利实现和与项目法人协调的好坏有很大的关系。

我国实行工程监理制度时间不长，工程建设各方对监理制度的认识还不够，还存在不少问题，尤其是一些项目法人的行为不规范。我国长期的计划经济体制使得项目法人合同意识较差，随意性大，主要体现在：一是沿袭计划经济时期的基建管理模式，搞“大统筹，小监理”，一个项目，往往是项目法人的管理人员要比监理人员多或管理层次多，对监理工作干涉多，并插手监理人员应做的具体工作；二是不把合同中规定的权力交给监理单位，致使总监理工程师有职无权，发挥不了作用；三是不讲究科学，项目科学管理意识差，在项目目标确定上压工期、压造价，在项目进行过程中变更多或时效不按要求，给监理工作的质量、进度、投资控制带来困难。因此，与项目法人的协调是监理工作的重点和难点。监理工程师应从以下几方面加强与项目法人的协调：

（1）监理工程师首先要理解项目总目标、理解项目法人的意图。对于未能参加项目决策过程的监理工程师，必须了解项目构思的基础、起因、出发点，了解决策背景，否则可能对监理目标及完成任务有不完整的理解，会给他的工作造成很大的困难，所以，必须花大力气来研究项目法人，研究项目目标。

（2）利用工作之便做好监理宣传工作，增进项目法人对监理工作的理解，特别是对项目管理各方职责及监理程序的理解；主动帮助项目法人处理项目中的事务性工作，以自己规范化、标准化、制度化的工作去影响和促进双方工作的协调一致。

（3）尊重项目法人，尊重项目法人代表，让项目法人一起投入项目全过程。尽管有预定的目标，但项目实施需要遵循项目法人的指令，使项目法人满意，对项目法人提出的某些不适当的要求，只要不属于原则问题，都可先行进行，然后利用适当时机，采取适当方式加以说明或解释；对于原则性问题，可采取书面报告等方式说明原委，尽量避免发生误解，以使项目进行顺利。

（三）与承包商的协调

监理目标的实现与承包商的工作密切相关。监理工程师对质量、进度和投资的控制都是通过承包商的工作来实现的。做好与承包商的协调工作是监理工程师组织协调工作的重要内容。监理工程师要依据工程监理合同对工程项目实施工程监理，对承包商的工程行为进行监督管理。

（1）坚持原则，实事求是，严格按规范、规程办事，讲究科学态度。监理工程师在观念上应该认为自己是提供监理服务，尽量少地对承包商行使处罚权，应强调各方面利益的一致性和项目总目标；监理工程师应鼓励承包商将项目实施状况、实施结果和遇到的困难和意见向他汇报，以寻找对目标控制可能的干扰，双方了解得越多越深刻，监理中的对抗和争执就越少。

（2）协调不仅是方法问题、技术问题，更多的是语言艺术、感情交流和用权适度问题。尽管协调意见是正确的，但由于方式或表达不妥，会激化矛盾。而高超的协调能力则往往起到事半功倍的效果，令各方面都满意。

（3）协调的形式可采取口头交流会议制度和监理书面通知等。监理内容包括旁站监理、事后监理验收工作，监理工程师应树立寓监于帮的观念，努力树立良好的监理形象，加强对施工方案的预先审核，对可能发生的问题和处罚可事前口头提醒，督促改进。工地会议是施工阶段组织协调工作的一种重要形式，监理工程师通过工地会议对工作进行协调检查，并落实下阶段的任务。因此，要充分利用工地会议形式。工地会议分第一次工地会议、常规的工地会议（或例会）、现场协调会三种形式。工地会议应由监理工程师主持，会议后应及时整理成纪要或备忘录。

（4）施工阶段的协调工作内容。施工阶段的协调工作，包括解决进度、质量、中间计量与支付的签证、合同纠纷等一系列问题。

1）与承包商项目经理关系的协调。从承包商项目经理及其工地工程师的角度来说，他们最希望监理工程师是公正的、通情达理并善解人意的。他们希望从监理工程师处得到明确而不是含糊的指示，并且能够对他们所询问的问题给予及时的答复。他们希望监理工程师的指示能够在他们工作之前发出，而不是在他们工作之后。这些心理现象，作为监理工程师来说，应该非常清楚。项目经理和他的工程师可能最为反感本本主义者以及工作方法僵硬的监理工程师。一个懂得坚持原则，又善于理解承包商项目经理的意见，工作方法灵活，随时可能提出或愿意接受变通办法的监理工程师肯定是受到欢迎的。

2）进度问题的协调。对于进度问题的协调，应考虑影响进度因素错综复杂，协调工作也十分复杂。实践证明，有两项协调工作很有效：一是项目法人和承包商双方共同商定一级网络计划，并由双方主要负责人签字，作为工程承包合同的附件；二是设立提前竣工奖，由监理工程师按一级网络计划节点考核，分期预付工程工期奖，如果整个工程最终不能保证工期，由项目法人从工程款中将预付工期奖扣回并按合同规定予以罚款。

3）质量问题的协调。质量控制是监理合同中最主要的工作内容，应实行监理工程师质量签字认可制度。对没有出厂证明、不符合使用要求的原材料、设备和构件，不准使用；对工序交接实行报验签证；对不合格的工程部位不予验收签字，也不予计算工程量，不予支付进度款。在工程项目进行过程中，设计变更或工程项目的增减是经常出现的，有些是合同签定时无法预料的和明确规定的。对于这种变更，监理工程师要仔细认真研究，合理计算价格，与有关部门充分协商，达成一致意见，并实行监理工程师签证制度。

4）关于对承包商的处罚。在施工现场，监理工程师对承包商的某些违约行为进行处罚是一件很慎重而又难免的事情。每当发现承包商采用一种不适当的方法进行施工，或是用了不符合合同规定的材料时，监理工程师除了立即给予制止外，可能还要采取相应的处理措施。遇到这种情况，监理工程师应该考虑的是自己的处罚意见是否是本身权限以内的，根据合同要求，自己应该怎么做等。对于施工承包合同中的处罚条款，监理工程师应该十分熟悉，这样当他签署一份指令时，便不会出现失误，给自己的工作造成被动。在发现缺陷并需要采取措施时，监理工程师必须立即通知承包商，监理工程师要有时间期限的概念，否则承包商有权认为监理工程师是满意或认可的。

监理工程师最担心的可能是工程总进度和质量受到影响。有时监理工程师会发现，承包商的项目经理或某个工地工程师是不称职的。可能由于他们的失职，监理工程师看着承包商耗费资金和时间，工程却没什么进展，而自己的建议并未得到采纳，此时明智的做法是继续观察一段时间，待掌握足够的证据时，总监理工程师可以正式向承包商发出警告。万不得已时，总监理工程师有权要求撤换项目经理或工地工程师。

5）合同争议的协调。对于工程中的合同纠纷，监理工程师应首先协商解决，协商不成时才向合同管理机关申请调解，只有当对方严重违约而使自己的利益受到重大损失而不能得到补偿时才采用仲裁或诉讼手段。如果遇到非常棘手的合同纠纷问题，不妨暂时搁置等待时机，另谋良策。

6）处理好人际关系。在监理过程中，监理工程师处于一种十分特殊的位置。一方面，项目法人希望得到真实、独立、专业的高质量服务；另一方面，承包商则希望监理单位能对合同条件有一个公正的解释。因此，监理工程师及其他工作人员必须善于处理各种人际关系，既要严格遵守职业道德，礼貌而坚决地拒收任何礼物、免费服务、减价物品等，以保证行为的公正性，也要利用各种机会增进与各方面人员的友谊与合作，以利于工程的进展。否则，稍有疏忽，便有可能引起项目法人或承包商对其可信赖程度的怀疑和动摇。

（四）与设计单位的协调

设计单位为工程项目建设提供图纸，作出工程概算，以及修改设计等工作，是工程项目主要相关单位之一。监理单位必须协调设计单位的工作，以加快工程进度，确保质量，降低消耗。

（1）真诚尊重设计单位的意见，例如组织设计单位向承包商介绍工程概况、设计意图、技术要求、施工难点等；在图纸会审时请设计单位交底，明确技术要求，把标准过高、设计遗漏、图纸差错等问题解决在施工之前；施工阶段，严格按图施工；结构工程验收、专业工程验收、竣工验收等工作，约请设计代表参加。若发生质量事故，认真听取设计单位的处理意见。

（2）主动向设计单位介绍工程进展情况，以便促使他们按合同规定或提前出图。施工中，发现设计问题，应及时主动向设计单位提出，以免造成大的直接损失；若监理单位掌握比原设计更先进的新技术、新工艺、新材料、新结构、新设备时，可主动向设计单位推荐；支持设计单位技术革新等。为使设计单位有修改设计的余地而不影响施工进度，可与设计单位达成协议，限定一个期限，争取设计单位、承包商的理解和配合，如果逾期，设计单位要负责由此而造成的经济损失。

（3）协调的结果要注意信息传递的及时性和程序性，通过监理工程师联系单、设计单位申报表或设计变更通知单传递，要按设计单位（经项目法人同意）→监理单位→承包商之间的方式进行。

这里要注意的是，监理单位与设计单位都是由项目法人委托进行工作的，两者间并没有合同关系，所以监理单位主要是和设计单位做好交流工作，协调要靠项目法人的支持。工程监理的核心任务之一是使工程的质量、安全得到保障，而设计单位应就其设计质量对项目法人负责，因此《建筑法》中指出：工程监理人员发现工程设计不符合建筑工程质量标准或者合同约定的质量要求的，应当报告项目法人要求设计单位改正。

（五）与政府部门及其他单位的协调

一个工程项目的开展还存在政府部门及其他单位的影响，如政府部门、金融组织、社会团体、服务单位、新闻媒介等，对工程项目起着一定的或决定性的控制、监督、支持、帮助作用，这层关系若协调不好，工程项目实施也可能严重受阻。

1. 与政府部门的协调

（1）工程质量监督站是由政府授权的工程质量监督的实施机构，对委托监理的工程，质量监督站主要是核查勘察设计、施工单位的资质和核定工程质量等级。监理单位在进行工程质量控制和质量问题处理时，要做好与工程质量监督站的交流和协调，工程质量等级认证应请工程质量监督站确认。

（2）重大质量、安全事故，在配合承包商采取急救、补救措施的同时，应敦促承包商立即向政府有关部门报告情况，接受检查和处理。

（3）工程合同直接送公证机关公证，并报政府建设管理部门备案；征地、拆迁、移民要争取政府有关部门支持和协调；现场消防设施的配置，宜请消防部门检查认可；施工中还要注意防止环境污染，特别是防止噪声污染，坚持做到文明施工，要敦促承包商和周围单位搞好协调。

2. 协调与社会团体的关系

一些大中型工程项目建成后，不仅会给项目法人带来效益．还会给该地区的经济发展带来好处，同时给当地人民生活带来方便，因此必然会引起社会各界关注。项目法人和监理单位应把握机会，争取社会各界对工程建设的关心和支持。这是一种争取良好社会环境的协调。

对本部分的协调工作，从组织协调的范围看是属于远外层的管理，监理单位有组织协调的主持权，但重要协调事项应当事先向项目法人报告。根据目前的工程监理实践，对外部环境协调，项目法人负责主持，监理单位主要是针对一些技术性工作协调。如项目法人和监理单位对此有分歧，可在监理委托合同中详细注明。

三、组织协调的方法

组织协调工作涉及面广，受主观和客观因素影响较大。所以监理工程师知识面要宽，要有较强的工作能力，能够因地制宜、因时制宜处理问题，这样才能保证监理工作顺利进行。组织协调的方法主要有以下内容：

（一）第一次工地会议

第一次工地会议由项目总监理工程师主持，项目法人、承包商的授权代表必须参加出席会议，各方将在工程项目中担任主要职务的负责人及高级人员也应参加。第一次工地会议很重要，是项目开展前的宣传通报会，总监理工程师阐述的要点有监理规划、监理程序、人员分工及项目法人、承包商和监理单位三方的关系等。具体任务如下。

1. 介绍各方人员及组织机构

（1）各方通报自己的单位正式名称、地址、通信方式。

（2）项目法人或项目法人代表介绍项目法人的办事机构、职责，主要人员名单，并就有关办公事项作出说明。

（3）总监理工程师宣布其授权的代表的职权，并将授权的有关文件交承包商与项目法人。并宣布监理机构、主要人员及职责范围，组织机构框图、职责范围及全体人员名单，并交项目法人与承包商。

（4）承包商应书面提出现场代表授权书、主要人员名单、职能机构框图、职责范围及有关人员的资质材料以获得监理工程师的批准。

2. 宣布承包商的进度计划

承包商的进度计划应在中标后，合同规定的时限提交监理工程师，监理工程师可于第一次工地会议对进度计划作出说明：

（1）进度计划将于何时批准，或哪些分项工程已获批准。

（2）根据批准或将要批准的进度计划，承包商何时可以开始进行哪些工程施工。

（3）有哪些重要或复杂的分项工程还应补充详细的进度计划。

3. 检查承包商的开工准备

（1）主要人员是否进场，并提交进场人员名单。

（2）用于工程的材料、机械、仪器和其他设施是否进场或何时进场，并提交清单。

（3）施工场地、临时工程建设进展情况。

（4）工地实验室及设备是否安装就绪，并提交试验人员及设备清单。

（5）施工测量的基础资料是否复核。

（6）履约保证金及各种保险是否已办理，并应提交已办手续的副本。

（7）为监理工程师提供的各种设施是否具备，并应提交清单。

（8）检查其他与开工条件有关的内容及事项。

4. 检查项目法人负责的开工条件，监理工程师应根据进度安排，提出建议和要求

5. 明确监理工作的例行程序，并提出有关表格和说明；确定工地例会的时间、地点及程序

6. 检查讨论其他与开工条件有关事项

（二）工地例会

项目实施期间应定期举行工地例会，会议由监理工程师主持，参加者有监理工程师代表及有关监理人员、承包商的授权代表及有关人员、项目法人或项目法人代表及其有关人员。工地例会召开的时间根据工程进展情况安排，一般有旬、半月和月度例会等几种。工程监理中的许多信息和决定是在工地会议上产生和决定的，协调工作大部分也是在此进行的，因此开好工地例会是工程监理的一项重要工作。

工地会议决定同其他发出的各种指令性文件一样，具有等效作用。因此，工地例会的会议纪要是一个很重要的文件。会议纪要是监理工作指令文件的一种，要求记录应真实、准确；当会议上对有关问题有不同意见时，监理工程师应站在公正的立场上作出决定；但对一些比较复杂的技术问题或难度较大的问题，不宜在工地例会上详细研究讨论，可以由监理工程师作出决定，另行安排专题会议研究。

工地例会由于定期召开，一般均按照一个标准的会议议程进行，主要是：对进度、质量、投资的执行情况进行全面检查，交流信息，并提出对有关问题的处理意见以及今后工作中应采取的措施。此外，还要讨论延期、索赔及其他事项。工地例会的具体议题可以有以下内容。

1. 对上次会议记录的确认

（1）主持人请所有出席者提出对上次会议记录不准确或不清楚的问题。

（2）对所有的修改意见均应讨论，如果意见合理，便应采纳并修改记录。

（3）这类修改应列入本次会议记录。

（4）未列入本次会议记录，则上次会议记录就被视为已经获取所有各方的同意与无误。

2. 工程进展情况

（1）审核所有主要工程部分的进展情况。

（2）影响工程进度的主要问题。
（3）对采取的措施进行分析。
3. 对下一个报告期的进度预测
（1）对进度计划进行预测。
（2）完成进度的主要措施。
4. 承包商投入的人力情况
（1）工地人员是否与计划相符。
（2）出勤情况分析，有无缺员而影响进度。
（3）各专业技术人员的配备是否充足。
（4）如果人员不足，承包商采取什么措施，这些措施能否满足要求。
5. 承包商投入的设备情况
（1）施工设备与承包商提供的技术方案或操作工艺方案要求是否相符。
（2）施工机械运转状态是否良好。
（3）设备维修设施能否适应需要。
（4）备用的配件是否充分，能否满足需要。
（5）设备能否满足工程进度要求。
（6）设备利用情况是否令人满意。
（7）如发现设备方面的问题，承包商采取什么措施，这些措施能否满足要求。
6. 材料质量与供应情况
（1）必需用材的质量与输送供应情况。
（2）材料质量令人满意的证据。
（3）材料的分类堆放与保管情况。
7. 技术事宜
（1）工程质量能否达到设计要求。
（2）工程测量问题。
（3）承包商所需的增补图纸。
（4）放线问题。
（5）是否同意所用的工程计量方法。
（6）额外工程的规范。
（7）预防天气变化的措施。
（8）施工中对公用设施干扰的处理措施。
（9）混凝土的拌和、试验。
（10）对承包商所遇到的技术性问题，如何采取补救方案。
8. 财务事宜
（1）月付款证书。
（2）工地材料预付款。
（3）价格调整的处理。
（4）工程计量记录与核实。

（5）工程变更令。

（6）计日工支付记录。

（7）现金周转问题。

（8）违约罚金。

9. 行政管理事项

（1）工地移交状况。

（2）与工地其他承包商的协调。

（3）监理工程师与承包商各层次的沟通，如要求检验、交工申请等。

（4）承包商的保险。

（5）与公共交通、公共设施部门的关系。

（6）安全状况。

（7）天气记录。

10. 索赔

（1）工期索赔的要求。

（2）费用索赔的要求。

（3）会议记录应记载：承包商是否打算提出索赔要求，已经提出哪些索赔要求，监理工程师答复了哪些等。

11. 对承包商的通知和指令

12. 其他事项

工地例会举行次数较多，要防止流于形式。监理工程师可根据工程进展情况确定分阶段的例会协调要点，保证监理目标控制的需要。对例会要点进行预先筹划，使会议内容丰富，针对性强，可以真正发挥协调的作用。

（三）专题现场协调会

对于一些工程中的重大问题，以及不宜在工地例会上解决的问题，根据工程施工需要，可召开有相关人员参加的现场协调会，如设计交底、施工方案或施工组织设计审查、材料供应、复杂技术问题的研讨、重大工程质量事故的分析和处理、工程延期、费用索赔等进行协调，提出解决办法，并要求各方及时落实。

专题会议一般由总监理工程师提出，或由承包商提出后，由总监理工程师确定。

参加专题会议的人员应根据会议的内容确定，除项目法人、承包商和监理单位的有关人员外，还可以邀请设计人员和有关部门人员参加。

由于专题会议研究的问题重大，又较复杂，因此会前应与有关单位一起，做好充分的准备，如进行调查、收集资料，以便介绍情况。有时为了使协调会达到更好的共识，避免在会议上形成冲突或僵局，或为了更快地达成一致，可以先将议程打印发给各位参加者，并可以就议程与一些主要人员进行预先磋商，这样才能在有限的时间内，让有关人员充分地研究并得出结论。会议过程中，主持人应能驾驭会议局势，防止不正常的干扰影响会议的正常秩序。应善于发现和抓住有价值的问题，集思广益，补充解决方案。应通过沟通和协调，使大家意见一致，使会议富有成效。会议的目的是使大家取得协调一致，同时要争取各方面心悦诚服地接受协调，并以积极的态度完成工作。对于专题会议，应有会议记录和会议纪要，并作为监理工程师发出的相关指令文件的附件或存档备查的文件。

（四）监理文件

监理工程师组织协调的方法除上述会议制度外，还可以通过一系列书面文件进行，监理书面文件形式可根据工程情况和监理要求制定。《水利工程建设项目施工监理规范》（SL 288—2003）为规范监理工程现场的工作行为，使监理工作逐步实行规范化、标准化、制度化的科学管理，制定了施工阶段监理现场用表示范表式。该表式分为两大类。一类表是承包单位就现场工作报请监理工程师核验的申报用表或告知监理工程师有关事项的报告用表。申报内容涉及到的各方人员需在规定或商定的时间内予以处理；另一类表是监理组织的自身工作用表，它包括对外用表和内部用表两大部分。

对以上监理表式，监理单位可结合工程实际进行适当补充或调整，使之满足监理组织协调和监理工作的需要。

思　考　题

1. 何谓合同？合同的内容包括哪几个方面？
2. 工程建设中有哪些主要合同关系？
3. 施工合同文件的内容有哪些？
4. 简述《水利水电工程标准施工招标文件》“通用合同条款”中质量、进度和投资控制的主要内容。
5. 工程变更与施工索赔管理的内容有哪些？
6. 常见的监理信息的表现形式及内容是什么？
7. 监理信息收集的基本方法包括哪些？
8. 监理信息管理系统的一般构成和功能包括哪些？
9. 何谓组织协调的概念？其范围及层次分别是什么？
10. 监理组织内部协调包括哪些内容？
11. 与项目法人的协调包括哪些内容？如何进行？
12. 与承包商的协调包括哪些内容？如何进行？
13. 组织协调的方法包括哪些？

第十章　工程验收与移交阶段的监理

第一节　工 程 验 收 概 述

工程验收是在工程质量评定的基础上，依据一个既定的验收标准，采取一定的手段来检验工程产品的特性是否满足验收标准的过程。

工程施工完成后都要经过验收。按照水利行业现行标准《水利水电建设工程验收规程》（SL 223—2008）的要求，水利水电建设工程验收按验收主持单位可分为法人验收和政府验收。法人验收应包括分部工程验收、单位工程验收、水电站（泵站）中间机组启动验收和合同工程完工验收等；政府验收应包括阶段验收、专项验收和竣工验收等。验收主持单位可根据工程建设需要增设验收的类别和具体要求。

工程验收工作的主要内容：

（1）检查工程是否按照批准的设计进行建设。

（2）检查已完工程在设计、施工、设备制造安装等方面的质量及相关资料的收集、整理和归档情况。

（3）检查工程是否具备运行或进行下一阶段建设的条件。

（4）检查工程投资控制和资金使用情况。

（5）对验收遗留问题提出处理意见。

（6）对工程建设做出评价和结论。

工程验收应以下列文件为主要依据：

（1）国家现行的有关法律、法规、规章和技术标准。

（2）有关主管部门的规定。

（3）经批准的工程立项文件、初步设计文件、调整概算文件。

（4）经批准的设计文件及相应的工程变更文件。

（5）施工图纸及主要设备技术说明书等。

（6）法人验收还应以施工合同为依据。

工程验收还应遵循以下基本规定：

（1）分部工程验收、阶段验收、单位工程验收和合同项目完工验收、竣工验收一般均以前阶段签证为基础、相互衔接、不重复进行。对已签证部分，除有特殊要求抽样复查外，一般也不再复验。

（2）政府验收应由验收主持单位组织成立的验收委员会负责；法人验收应由项目法人组织成立的验收工作组负责。验收委员会（工作组）由有关单位代表和有关专家组成。

验收的成果性文件是验收鉴定书，验收委员会（工作组）成员应在验收鉴定书上签字。对验收结论持有异议的，应将保留意见在验收鉴定书上明确记载并签字。

(3) 工程验收结论应经 2/3 以上验收委员会（工作组）成员同意。

验收过程中发现的问题，其处理原则应由验收委员会（工作组）协商确定。主任委员（组长）对争议问题有裁决权。若 1/2 以上的委员（组员）不同意裁决意见时，法人验收应报请验收监督管理机关决定；政府验收应报请竣工验收主持单位决定。

(4) 当工程具备验收条件时，应及时组织验收。未经验收或验收不合格的工程不得交付使用或进行后续工程施工。

(5) 工程验收应在施工质量检验与评定的基础上，对工程质量提出明确的结论意见。

(6) 验收资料制备由项目法人统一组织，有关单位应按要求及时完成并提交。项目法人应对提交的验收资料进行完整性、规范性检查。验收资料分为应提供的资料和需备查的资料。有关单位应保证其提交资料的真实性并承担相应责任。验收资料清单分别如表 10-1和表 10-2 所示。

(7) 法人验收监督管理机关应对工程的法人验收工作实施监督管理。工程验收监督管理的方式应包括现场检查、参加验收活动、对验收工作计划与验收成果性文件进行备案等。

工程验收监督管理应包括以下主要内容：验收工作是否及时；验收条件是否具备；验收人员组成是否符合规定；验收程序是否规范；验收资料是否齐全；验收结论是否明确。

工程项目中的建设征地补偿及移民安置可按国家有关规定单独组织验收，并由验收主持单位提前向该工程验收委员会提交建设征地补偿和移民安置验收工作报告。没有提交建设征地补偿和移民安置验收工作报告的，不予竣工验收。

一、分部工程验收

分部工程是指在一个建筑物内组合发挥一种功能的建筑安装工程，是组成单位工程的各个部分。单元工程是指分部工程中由几个工种施工的最小综合体，是日常质量考核的基本单位。

分部工程划分原则：

(1) 枢纽工程，土建部分按设计的主要组成部分划分。金属结构及启闭机安装工程和机电设备安装工程按组合功能划分。

(2) 堤防工程，按长度或功能划分。

(3) 引水（渠道）工程中的河（渠）道按施工部署或长度划分。大、中型建筑物按工程结构主要组成部分划分。

(4) 除险加固工程，按加固内容或部位划分。

(5) 同一单位工程中，各个分部工程的工程量（或投资）不宜相差太大，每个单位工程中的分部工程数目，不宜少于 5 个。

单元工程项目的划分应按下列原则确定：

(1) 按《水利水电基本建设工程单元工程质量等级评定标准（试行）》（SDJ 249.1～6～88，SL 38～92 及 SL 239—1999）规定进行划分。

（2）河（渠）道开挖、填筑及衬砌单元工程划分界限宜设在变形缝或结构缝处，长度一般不大于100m。同一分部工程中各单元工程的工程量（或投资）不宜相差太大。

（3）《单元工程评定标准》中未涉及的单元工程可依据工程结构、施工部署或质量考核要求，按层、块、段进行划分。

分部工程验收应由项目法人（或委托监理单位）主持。验收工作组应由项目法人、勘测、设计、监理、施工、主要设备制造（供应）商等单位的代表组成。质量监督机构宜派代表列席大型枢纽工程主要建筑物的分部工程验收会议。

大型工程分部工程验收工作组成员应具有中级及其以上技术职称或相应执业资格；其他工程的验收工作组成员应具有相应的专业知识或执业资格。参加分部工程验收的每个单位代表人数不宜超过2名。

分部工程具备验收条件时，施工单位应向项目法人提交验收申请报告。项目法人应在收到验收申请报告之日起10个工作日内决定是否同意进行验收。

分部工程验收应具备的条件是：所有单元工程已完成；已完单元工程施工质量经评定全部合格，有关质量缺陷已处理完毕或有监理机构批准的处理意见；合同约定的其他条件。

分部工程验收的主要内容是：检查工程是否达到设计标准或合同约定标准的要求；评定工程施工质量等级；对验收中发现的问题提出处理意见。

分部工程验收应按以下程序进行：

（1）听取施工单位工程建设和单元工程质量评定情况的汇报。

（2）现场检查工程完成情况和工程质量。

（3）检查单元工程质量评定及相关档案资料。

（4）讨论并通过分部工程验收鉴定书。

分部工程验收的成果是“分部工程验收鉴定书”。验收的图纸、资料和成果是竣工验收资料的组成部分，必须按竣工验收标准制备。

二、单位工程验收

单位工程是指具有独立发挥作用或独立施工条件的建筑物。单位工程项目的划分应按下列原则确定：

（1）枢纽工程，一般以每座独立的建筑物为一个单位工程。当工程规模大时，可将一个建筑物中具有独立施工条件的一部分划分为一个单位工程。

（2）堤防工程，按招标标段或工程结构划分单位工程。规模较大的交叉联结建筑物及管理设施以每座独立的建筑物为一个单位工程。

（3）引水（渠道）工程，按招标标段或工程结构划分单位工程。大、中型引水（渠道）建筑物以每座独立的建筑物为一个单位工程。

（4）除险加固工程，按招标标段或加固内容，并结合工程量划分单位工程。

单位工程验收应由项目法人主持。验收工作组由项目法人、勘测、设计、监理、施工、主要设备制造（供应）商、运行管理等单位的代表组成。必要时，可邀请上述单位以外的专家参加。验收工作组成员应具有中级及其以上技术职称或相应执业资格，每个单位代表人数不宜超过3名。

单位工程完工并具备验收条件时，施工单位应向项目法人提出验收申请报告。项目法人应在收到验收申请报告之日起10个工作日内决定是否同意进行验收。

项目法人组织单位工程验收时，应提前通知质量和安全监督机构。主要建筑物单位工程验收应通知法人验收监督管理机关。法人验收监督管理机关可视情况决定是否列席验收会议，质量和安全监督机构应派员列席验收会议。

单位工程验收应具备以下条件：

(1) 所有分部工程已建完并验收合格。

(2) 分部工程验收遗留问题已处理完毕并通过验收，未处理的遗留问题不影响单位工程质量评定并有处理意见。

(3) 合同约定的其他条件。

单位工程验收应包括以下主要内容：

(1) 检查工程是否按批准的设计内容完成。

(2) 评定工程施工质量等级。

(3) 检查分部工程验收遗留问题处理情况及相关记录。

(4) 对验收中发现的问题提出处理意见。

单位工程验收应按以下程序进行：

(1) 听取工程参建单位工程建设有关情况的汇报。

(2) 现场检查工程完成情况和工程质量。

(3) 检查分部工程验收有关文件及相关档案资料。

(4) 讨论并通过单位工程验收鉴定书。

需要提前投入使用的单位工程应进行单位工程投入使用验收。单位工程投入使用验收应由项目法人主持，根据工程具体情况，经竣工验收主持单位同意，单位工程投入使用验收也可由竣工验收主持单位或其委托的单位主持。

单位工程投入使用验收除满足单位工程验收应具备的一般条件外，还应满足以下条件：

工程投入使用后，不影响其他工程正常施工，且其他工程施工不影响该单位工程安全运行；已经初步具备运行管理条件，需移交运行管理单位的，项目法人与运行管理单位已签订提前使用协议书。验收中还应对工程是否具备安全运行条件进行检查。

单位工程验收的成果是“单位工程验收鉴定书”。自验收鉴定书通过之日起30个工作日内，由项目法人发送有关单位并报法人验收监督管理机关备案。

三、合同项目完工验收

施工合同约定的建设内容完成后，应进行合同工程完工验收。当合同工程仅包含一个单位工程（分部工程）时，宜将单位工程（分部工程）验收与合同工程完工验收一并进行，但应同时满足相应的验收条件。

合同工程完工验收应由项目法人主持。验收工作组由项目法人以及与合同工程有关的勘测、设计、监理、施工、主要设备制造（供应）商等单位的代表组成。

合同工程具备验收条件时，施工单位应向项目法人提出验收申请报告。项目法人应在收到验收申请报告之日起20个工作日内决定是否同意进行验收。

合同工程完工验收应具备以下条件：

（1）合同范围内的工程项目和工作已按合同约定完成。

（2）工程已按规定进行了有关验收。

（3）观测仪器和设备已测得初始值及施工期各项观测值。

（4）工程质量缺陷已按要求进行处理。

（5）工程完工结算已完成。

（6）施工现场已经进行清理。

（7）需移交项目法人的档案资料已按要求整理完毕。

（8）合同约定的其他条件。

合同工程完工验收应包括以下主要内容：

（1）检查合同范围内工程项目和工作完成情况。

（2）检查施工现场清理情况。

（3）检查已投入使用工程运行情况。

（4）检查验收资料整理情况。

（5）鉴定工程施工质量。

（6）检查工程完工结算情况。

（7）检查历次验收遗留问题的处理情况。

（8）对验收中发现的问题提出处理意见。

（9）确定合同工程完工日期。

（10）讨论并通过合同工程完工验收鉴定书。

合同工程完工验收的成果是“合同工程完工验收鉴定书”。正本数量可按参加验收单位、质量和安全监督机构以及归档所需要的份数确定。自验收鉴定书通过之日起30个工作日内，应由项目法人发送有关单位，并报送法人验收监督管理机关备案。

四、阶段验收

根据工程建设需要，当工程建设达到一定关键阶段时的验收，组织阶段验收是由水利工程的特殊性所决定的。阶段验收包括枢纽工程导（截）流验收、水库下闸蓄水验收、引（调）排水工程通水验收、水电站（泵站）首（末）台机组启动验收、部分工程投入使用验收以及竣工验收主持单位根据工程建设需要增加的其他验收。

阶段验收应由竣工验收主持单位或其委托的单位主持。阶段验收委员会应由验收主持单位、质量和安全监督机构、运行管理单位的代表以及有关专家组成；必要时，可邀请地方人民政府以及有关部门参加。工程参建单位应派代表参加阶段验收，并作为被验收单位在验收鉴定书上签字。

工程建设具备阶段验收条件时，项目法人应向竣工验收主持单位提出阶段验收申请报告。阶段验收申请报告应由法人验收监督管理机关审查后转报竣工验收主持单位，竣工验收主持单位应自收到申请报告之日起20个工作日内决定是否同意进行阶段验收。

阶段验收包括以下主要内容：

（1）检查已完工程的形象面貌和工程质量。

（2）检查在建工程的建设情况。

（3）检查未完工程的计划安排和主要技术措施落实情况，以及是否具备施工条件。

（4）检查拟投入使用工程是否具备运行条件。

（5）检查历次验收遗留问题的处理情况。

（6）鉴定已完工程施工质量。

（7）对验收中发现的问题提出处理意见。

（8）讨论并通过阶段验收鉴定书。

阶段验收的工作程序可参照竣工验收的规定进行。大型工程在阶段验收前，验收主持单位根据工程建设需要，可成立专家组先进行技术预验收。

阶段验收的成果是“阶段验收鉴定书”。数量按参加验收单位、法人验收监督管理机关、质量和安全监督机构各1份以及归档所需要的份数确定。自验收鉴定书通过之日起30个工作日内，由验收主持单位发送有关单位。

五、竣工验收

工程项目竣工验收是工程建设的一个主要阶段，是工程建设的最后一个程序，是全面检验工程建设是否符合设计要求和施工质量的重要环节；也是检查承包合同执行情况，促进建设项目及时投产和交付使用，发挥投资效果；同时，通过竣工验收，总结建设经验，全面考核建设成果，为今后的建设工作积累经验。它是建设投资效果转入生产和使用的标志。也是监理工程师的一项重要工作。

（一）一般规定

（1）竣工验收应在工程建设项目全部完成并满足一定运行条件后1年内进行。不能按期进行竣工验收的，经竣工验收主持单位同意，可适当延长期限，但最长不应超过6个月。一定运行条件是指：泵站工程经过一个排水或抽水期；河道疏浚工程完成后；其他工程经过6个月（经过一个汛期）至12个月。

（2）工程具备验收条件时，项目法人应提出竣工验收申请报告。竣工验收申请报告应由法人验收监督管理机关审查后转报竣工验收主持单位。

工程未能按期进行竣工验收的，项目法人应向竣工验收主持单位提出延期竣工验收专题申请报告。申请报告应包括延期竣工验收的主要原因及计划延长的时间等内容。

（3）项目法人编制完成竣工财务决算后，应报送竣工验收主持单位财务部门进行审查和审计部门进行竣工审计。审计部门应出具竣工审计意见。项目法人应对审计意见中提出的问题进行整改并提交整改报告。

（4）竣工验收分为竣工技术预验收和竣工验收两个阶段。

（5）大型水利工程在竣工技术预验收前，应按照有关规定进行竣工验收技术鉴定。中型水利工程，竣工验收主持单位可以根据需要决定是否进行竣工验收技术鉴定。

（6）竣工验收应具备以下条件：

1）工程已按批准设计全部完成。

2）工程重大设计变更已经有审批权的单位批准。

3）各单位工程能正常运行。

4）历次验收所发现的问题已基本处理完毕。

5）各专项验收已通过。

6）工程投资已全部到位。

7）竣工财务决算已通过竣工审计，审计意见中提出的问题已整改并提交了整改报告。

8）运行管理单位已明确，管理养护经费已基本落实。

9）质量和安全监督工作报告已提交，工程质量达到合格标准。

10）竣工验收资料已准备就绪。竣工验收主要工作报告格式及主要内容应符合《水利水电建设工程验收工程》的有关要求。

11）工程有少量建设内容未完成，但不影响工程正常运行，且能符合财务有关规定，项目法人已对尾工做出安排的，经竣工验收主持单位同意，可进行竣工验收。

（7）竣工验收应按以下程序进行：

1）项目法人组织进行竣工验收自查。

2）项目法人提交竣工验收申请报告。

3）竣工验收主持单位批复竣工验收申请报告。

4）进行竣工技术预验收。

5）召开竣工验收会议。

6）印发竣工验收鉴定书。

（二）竣工验收自查

竣工验收前，项目法人应组织竣工验收自查。自查工作由项目法人主持，勘测、设计、监理、施工、主要设备制造（供应）商以及运行管理等单位的代表参加。

项目法人组织工程竣工验收自查前，应提前10个工作日通知质量和安全监督机构，同时向法人验收监督管理机关报告。质量和安全监督机构应派员列席自查工作会议。

项目法人应在完成竣工验收自查工作之日起10个工作日内，将自查的工程项目质量结论和相关资料报质量监督机构。

参加竣工验收自查的人员应在自查工作报告上签字。项目法人应自竣工验收自查工作报告通过之日起30个工作日内，将自查报告报法人验收监督管理机关。

竣工验收自查应包括以下主要内容：

（1）检查有关单位的工作报告。

（2）检查工程建设情况，评定工程项目施工质量等级。

（3）检查历次验收、专项验收的遗留问题和工程初期运行所发现问题的处理情况。

（4）确定工程尾工内容及其完成期限和责任单位。

（5）对竣工验收前应完成的工作作出安排。

（6）讨论并通过竣工验收自查工作报告。

（三）工程质量抽样检测

根据竣工验收的需要，竣工验收主持单位可以委托具有相应资质的工程质量检测单位对工程质量进行抽样检测。项目法人应与工程质量检测单位签订工程质量检测合同。检测所需费用由项目法人列支，质量不合格工程所发生的检测费用由责任单位承担。

工程质量检测单位不应与参与工程建设的项目法人、设计、监理、施工、设备制造（供应）商等单位隶属同一经营实体。

根据竣工验收主持单位的要求和项目的具体情况，项目法人应负责提出工程质量抽样检测的项目、内容和数量，经质量监督机构审核后报竣工验收主持单位核定。

工程质量检测单位应按照有关技术标准对工程进行质量检测，按合同要求及时提出质量检测报告并对检测结论负责。对抽样检测中发现的质量问题，项目法人应及时组织有关单位研究处理。在影响工程安全运行以及使用功能的质量问题未处理完毕前，不应进行竣工验收。

（四）竣工技术预验收

竣工技术预验收应由竣工验收主持单位组织的专家组负责。技术预验收专家组成员应具有高级技术职称或相应执业资格，成员的 2/3 以上应来自工程非参建单位。工程参建单位的代表应参加技术预验收，负责回答专家组提出的问题。

竣工技术预验收专家组可下设专业工作组，并在各专业工作组检查意见的基础上形成竣工技术预验收工作报告。

竣工技术预验收应包括以下主要内容：

（1）检查工程是否按批准的设计完成。

（2）检查工程是否存在质量隐患和影响工程安全运行的问题。

（3）检查历次验收、专项验收的遗留问题和工程初期运行中所发现问题的处理情况。

（4）对工程重大技术问题做出评价。

（5）检查工程尾工安排情况。

（6）鉴定工程施工质量。

（7）检查工程投资、财务情况。

（8）对验收中发现的问题提出处理意见。

竣工技术预验收应按以下程序进行：

（1）现场检查工程建设情况并查阅有关工程建设资料。

（2）听取项目法人、设计、监理、施工、质量和安全监督机构、运行管理等单位工作报告。

（3）听取竣工验收技术鉴定报告和工程质量抽样检测报告。

（4）专业工作组讨论并形成各专业工作组意见。

（5）讨论并通过竣工技术预验收工作报告，竣工技术预验收工作报告应是竣工验收鉴定书的附件。

（6）讨论并形成竣工验收鉴定书初稿。

（五）竣工验收

竣工验收委员会可设主任委员 1 名，副主任委员以及委员若干名，主任委员应由验收主持单位代表担任。竣工验收委员会由竣工验收主持单位、有关地方人民政府和部门、有关水行政主管部门和流域管理机构、质量和安全监督机构、运行管理单位的代表以及有关专家组成。工程投资方代表可参加竣工验收委员会。

项目法人、勘测、设计、监理、施工和主要设备制造（供应）商等单位应派代表参加竣工验收，负责解答验收委员会提出的问题，并应作为被验收单位代表在验收鉴定书上签字。

工程项目质量达到合格以上等级的，竣工验收的质量结论意见应为合格。

竣工验收会议应包括以下主要内容和程序：

（1）现场检查工程建设情况及查阅有关资料。

（2）召开大会。

1）宣布验收委员会组成人员名单。

2）观看工程建设声像资料。

3）听取工程建设管理工作报告。

4）听取竣工技术预验收工作报告。

5）听取验收委员会确定的其他报告。

6）讨论并通过竣工验收鉴定书。

7）验收委员会委员和被验收单位代表在竣工验收鉴定书上签字。

竣工验收鉴定书的数量按验收委员会组成单位、工程主要参建单位各1份以及归档所需要份数确定。自鉴定书通过之日起30个工作日内，应由竣工验收主持单位发送有关单位。

（六）工程移交及遗留问题处理

1. 工程交接

通过合同工程完工验收或投入使用验收后，项目法人与施工单位应在30个工作日内组织专人负责工程的交接工作，交接过程应有完整的文字记录且有双方交接负责人签字。

项目法人与施工单位应在施工合同或验收鉴定书约定的时间内完成工程及其档案资料的交接工作。

工程办理具体交接手续的同时，施工单位应向项目法人递交工程质量保修书。保修书的内容应符合合同约定的条件。

工程质量保修期应从工程通过合同工程完工验收后开始计算，但合同另有约定的除外。

在施工单位递交了工程质量保修书、完成施工场地清理以及提交有关竣工资料后，项目法人应在30个工作日内向施工单位颁发合同工程完工证书。

2. 工程移交

工程通过投入使用验收后，项目法人宜及时将工程移交运行管理单位管理，并与其签订工程提前启用协议。

在竣工验收鉴定书印发后60个工作日内，项目法人与运行管理单位应完成工程移交手续。

工程移交应包括工程实体、其他固定资产和工程档案资料等，应按照初步设计等有关批准文件进行逐项清点，并办理移交手续。

办理工程移交，应有完整的文字记录和双方法定代表人签字。

3. 验收遗留问题和尾工的处理

有关验收成果性文件应对验收遗留问题有明确的记载。影响工程正常运行的，不应作为验收遗留问题处理。

验收遗留问题和尾工的处理应由项目法人负责。项目法人应按照竣工验收鉴定书、合同约定等要求，督促有关责任单位完成处理工作。

验收遗留问题和尾工处理完成后，有关单位应组织验收，并形成验收成果性文件。项目法人应参加验收并负责将验收成果性文件报竣工验收主持单位。

工程竣工验收后，应由项目法人负责处理的验收遗留问题，项目法人已撤销的，应由组建或批准组建项目法人的单位或其指定的单位处理完成。

4. 工程竣工证书颁发

工程竣工证书是项目法人全面完成工程项目建设管理任务的证书，也是工程参建单位完成相应工程建设任务的最终证明文件。工程质量保修期满以及验收遗留问题和尾工处理完成后，项目法人应向工程竣工验收主持单位申请领取竣工证书。申请报告应包括以下内容：

（1）工程移交情况。

（2）工程运行管理情况。

（3）验收遗留问题和尾工处理情况。

（4）工程质量保修期有关情况。

竣工验收主持单位应自收到项目法人申请报告后30个工作日内决定是否颁发工程竣工证书。颁发竣工证书应符合以下条件：

（1）竣工验收鉴定书已印发。

（2）工程遗留问题和尾工处理已完成并通过验收。

（3）工程已全面移交运行管理单位管理。

工程竣工证书数量应按正本3份和副本若干份颁发，正本应由项目法人、运行管理单位和档案部门保存，副本应由工程主要参建单位保存。

第二节　工程验收阶段的监理工作

一、工程验收阶段监理工作的主要职责

监理机构应按照国家和水利部的有关规定做好各时段工程验收的监理工作，其主要职责如下：

（1）协助发包人制定各时段验收工作计划。

（2）编写各时段工程验收的监理工作报告，整理监理机构应提交和提供的验收资料。

（3）参加或受发包人委托主持分部工程验收，参加阶段验收、单位工程验收、竣工验收。

（4）督促承包人提交验收报告和相关资料并协助发包人进行审核。

（5）督促承包人按照验收鉴定书中对遗留问题提出的处理意见完成处理工作。

（6）验收通过后及时签发工程移交证书。

二、工程验收各阶段监理机构的主要工作

1. 分部工程验收

（1）在承包人提出验收申请后，监理机构应组织检查分部工程的完成情况并审核承包

人提交的分部工程验收资料。监理机构应指示承包人对提供的资料中存在的问题进行补充、修正。

（2）监理机构应在分部工程的所有单元工程已经完建且质量全部合格、资料齐全时，提请发包人及时进行分部工程验收。

（3）监理机构应参加或受发包人委托主持分部工程验收工作，并在验收前准备应由其提交的验收资料和提供的验收备查资料。

（4）分部工程验收通过后，监理机构应签署或协助发包人签署《分部工程验收签证》，并督促承包人按照《分部工程验收签证》中提出的遗留问题及时进行完善和处理。

2. 阶段验收

（1）监理机构应在工程建设进展到基础处理完毕、截流、水库蓄水、机组启动、输水工程通水以及堤防工程汛前、除险加固工程过水等关键阶段之前，提请发包人进行阶段验收的准备工作。

（2）如需进行技术性初步验收，监理机构应参加并在验收时提交和提供阶段验收监理工作报告和相关资料。

（3）在初步验收前，监理机构应督促承包人按时提交阶段验收施工管理工作报告和相关资料，并进行审核，指示承包人对报告和资料中存在的问题进行补充、修正。

（4）根据初步验收中提出的遗留问题处理意见，监理机构应督促承包人及时进行处理，以满足验收的要求。

3. 单位工程验收

（1）监理机构应参加单位工程验收工作，并在验收前按规定提交和提供单位工程验收监理工作报告和相关资料。

（2）在单位工程验收前，监理机构应督促承包人提交单位工程验收施工管理工作报告和相关资料，并进行审核，指示承包人对报告和资料中存在的问题进行补充、修正。

（3）在单位工程验收前，监理机构应协助发包人检查单位工程验收应具备的条件，检验分部工程验收中提出的遗留问题的处理情况，并参加单位工程质量评定。

（4）对于投入使用的单位工程，在验收前，监理机构应审核承包人因验收前无法完成、但不影响工程投入使用而编制的尾工项目清单和已完工程存在的质量缺陷项目清单及其延期完工、修复期限和相应施工措施计划。

（5）督促承包人提交针对验收中提出的遗留问题的处理方案和实施计划，并进行审批。

（6）投入使用的单位工程验收通过后，监理机构应签发工程移交证书。

4. 合同项目完工验收

（1）当承包人按施工合同约定或监理指示完成所有施工工作时，监理机构应及时提请发包人组织合同项目完工验收。

（2）监理机构应在合同项目完工验收前，按规定整编资料，提交合同项目完工验收监理工作报告。

（3）监理机构应在合同项目完工验收前，检验前述验收后尾工项目的实施和质量缺陷的修补情况；审核拟在保修期实施的尾工项目清单；督促承包人按有关规定和施工合同约定汇总、整编全部合同项目的归档资料，并进行审核。

（4）督促承包人提交针对已完工程中存在质量缺陷和遗留问题的处理方案和实施计划，并进行审批。

（5）验收通过后，监理机构应按合同约定签发合同项目工程移交证书。

5. 竣工验收

（1）监理机构应参加工程项目竣工验收前的初步验收工作。

（2）作为被验收单位参加工程项目竣工验收，对验收委员会提出的问题做出解释。

第三节　保修期的监理工作

一、保修期的起算、延长和终止

（1）监理机构应按有关规定和施工合同约定，在工程移交证书中注明保修期的起算日期。

（2）若保修期满后仍存在施工期的施工质量缺陷未修复或有施工合同约定的其他事项时，监理机构应在征得发包人同意后，做出相关的工程项目保修期延长的决定。

（3）保修期或保修期延长期满，承包人提出保修期终止申请后，监理机构在检查承包人已经按照施工合同约定完成全部工作，且经检验合格后，应及时办理工程项目保修期终止事宜。

二、保修期监理主要工作

（1）建筑物完建后未通过完工验收正式移交发包人以前，监理机构应督促承包人负责管理和维护。对通过单位工程和阶段验收的工程项目，承包人仍然具有维护、照管、保修等合同责任，直至完工验收，在合同工程项目通过工程完工验收后，及时通知、办理并签发工程项目移交证书。工程项目移交证书颁发之后，管理工程的责任由发包人承担。

（2）保修期监理主要工作内容

1）对尾工项目实施监理，并为此办理支付签证。

2）监督承包人对已完建设工程项目中所存在的施工质量缺陷进行处理。若该质量缺陷是由发包人的使用或管理不周造成，监理机构应受理承包人提出的追加费用支付申请。在承包人未能执行监理工程师的指示或未能在合理时间内完成工作时，监理机构可建议发包人雇佣他人完成质量缺陷修复工作，并协助发包人处理由此所发生的费用。

3）协助发包人检查验收尾工项目，督促承包人按施工合同约定的时间和内容向发包人移交整编好的工程资料。

4）签发工程款最终支付凭证。

5）签发工程项目保修期终止证书。

6）若保修期满后仍存在施工期施工质量缺陷未修复，监理机构应继续指示承包人完成修复工作，并待修复工作完成且经检验合格后，再颁发项目工程保修期终止证书。

7）保修期间监理机构应适时予以调整，除保留必要的人员和设施外，其他人员和设施可撤离，或将设施移交发包人。

第四节　验收资料归档及监理档案资料管理

一、建立档案资料管理制度

监理机构应在合同工程项目开工前，建立档案资料管理制度（包括归档范围、要求以及档案资料的收集、整编、查阅、复制、利用、移交、保密等各项内容）。指定专人随工程施工和监理工作进展，及时做好监理资料的收集、整理和管理工作。

总监应定期对监理档案资料管理工作进行检查，督促承包人按合同规定做好工程档案资料管理工作。

监理机构应按国家、省或有关部门颁布的关于工程档案管理的规定、发包人要求和监理合同文件规定，做好包括合同文本文件、发包人指示文件、施工文件、设计文件和监理文件等必须归档的档案资料的分类建档和管理。监理工程师在验收承包人的档案时，应重点检查承包人的自检表格和报告的格式、签章、代码是否规范。

验收应提供的资料，如表 10－1 所示。

表 10－1　　验收应提供的资料

序号	资料名称	分部工程验收	单位工程验收	合同工程完工验收	机组启动验收	阶段验收	技术预验收	竣工验收	提供单位
1	工程建设管理工作报告		√	√	√	√	√	√	项目法人
2	工程建设大事记						√	√	项目法人
3	拟验工程清单、未完工程清单、未完工程的建设安排及完成时间		√	√	√	√	√	√	项目法人
4	技术预验收工作报告				*	*	√	√	专家组
5	验收鉴定书（初稿）				√	√	√	√	项目法人
6	度汛方案				*	√	√	√	项目法人
7	工程调度运用方案					√	√	√	项目法人
8	工程建设监理工作报告		√	√	√	√	√	√	监理机构
9	工程设计工作报告		√	√	√	√	√	√	设计单位
10	工程施工管理工作报告		√	√	√	√	√	√	施工单位
11	运行管理工作报告						√	√	运行管理单位
12	工程质量和安全监督报告				√	√	√	√	质安监督机构
13	竣工验收技术鉴定报告						*	*	技术鉴定单位
14	机组启动试运行计划文件				√				施工单位
15	机组试运行工作报告				√				施工单位
16	重大技术问题专题报告					*	*	*	项目法人

注　符号“√”表示“应提供”，符号“*”表示“宜提供”或“根据需要提供”。

验收应准备的备查资料，如表 10－2 所示。

表 10－2　　　　验收应准备的备查资料目录

序号	资料名称	分部工程验收	单位工程验收	合同工程完工验收	机组启动验收	阶段验收	技术预验收	竣工验收	提供单位
1	前期工作文件及批复文件		√	√	√	√	√	√	项目法人
2	主管部门批文		√	√	√	√	√	√	项目法人
3	招标投标文件		√	√	√	√	√	√	项目法人
4	合同文件		√	√	√	√	√	√	项目法人
5	工程项目划分资料	√	√	√	√	√	√	√	项目法人
6	单元工程质量评定资料	√	√	√	√	√	√	√	施工单位
7	分部工程质量评定资料		√	*	√	√	√	√	项目法人
8	单位工程质量评定资料		√	*			√	√	项目法人
9	工程外观质量评定资料		√				√	√	项目法人
10	工程质量管理有关文件	√	√	√	√	√	√	√	参建单位
11	工程安全管理有关文件	√	√	√	√	√	√	√	参建单位
12	工程施工质量检验文件	√	√	√	√	√	√	√	施工单位
13	工程监理资料	√	√	√	√	√	√	√	监理单位
14	施工图设计文件		√	√	√	√	√	√	设计单位
15	工程设计变更资料	√	√	√	√	√	√	√	设计单位
16	竣工图纸		√	√		√	√	√	施工单位
17	征地移民有关文件		√			√	√	√	承担单位
18	重要会议记录	√	√	√	√	√	√	√	项目法人
19	质量缺陷备案表	√	√	√	√	√	√	√	监理机构
20	安全、质量事故资料	√	√	√	√	√	√	√	项目法人
21	阶段验收鉴定书						√	√	项目法人
22	竣工决算及审计资料						√	√	项目法人
23	工程建设中使用的技术标准	√	√	√	√	√	√	√	参建单位
24	工程建设标准强制性条文	√	√	√	√	√	√	√	参建单位
25	专项验收有关文件						√	√	项目法人
26	安全、技术鉴定报告					√	√	√	项目法人
27	其他档案资料	根据需要由有关单位提供							

注　符号“√”表示“应提供”，符号“*”表示“宜提供”或“根据需要提供”。

二、工程监理资料主要归档内容

（1）监理规划及监理实施细则。

（2）分包单位资格报审表。

（3）进场通知。

（4）合同项目开工申请单。

（5）合同项目开工令。

（6）施工进度计划申报表。

（7）施工进场设备报验单。

（8）施工组织及人员计划。

（9）工程项目负责人申报表。

（10）施工质检员资质认证申报表。

（11）施工测量成果报审单。

（12）工程变更通知。

（13）监理通知。

（14）质量事故处理资料。

（15）会议纪要。

（16）监理日志、监理大事记。

（17）监理月报。

（18）施工设计图纸核查意见单。

（19）资金流计划申报表。

（20）相关其他表单。

三、工程监理工作报告的主要内容

在进行监理范围内各类工程验收时，监理机构应按规定提交相应的监理工作报告。监理工作报告应在验收工作开始前完成。

（1）验收工程概况。包括工程特性、合同目标、工程项目组成等。

（2）监理规划。包括监理制度的建立、组织机构的设置与主要工作人员、检测采用的方法和主要设备等。

（3）监理过程。包括监理合同履行情况和监理过程情况。

（4）监理效果。

1）质量控制监理工作成效及综合评价。

2）投资控制监理工作成效及综合评价。

3）进度控制监理工作成效及综合评价。

4）施工安全与环境保护监理工作成效及综合评价。

（5）经验与建议。

（6）其他需要说明或报告事项等。

（7）其他应提交的资料和说明事项等。

（8）附件。

1）监理机构的设置与主要工作人员情况表。

2）工程监理大事记。

四、工程监理工作总结报告的主要内容

监理工作结束后，监理机构应在以前各类监理报告的基础上编制全面反映所监理项目情况的监理工作总结报告。监理工作总结报告应在结清监理费用后56日内发出。

（1）监理工程项目概况。包括工程特性、合同目标、工程项目组成等。

（2）监理工作综述。包括监理机构设置与主要工作人员，监理工作内容、程序、方法，监理设备情况等。

(3) 监理规划执行、修定情况的总结评价。

(4) 监理合同履行情况和监理过程情况简述。

(5) 对质量控制的监理工作成效进行综合评价。

(6) 对投资控制的监理工作成效进行综合评价。

(7) 对进度控制的监理工作成效进行综合评价。

(8) 对施工安全与环境保护监理工作成效进行综合评价。

(9) 经验与建议。

(10) 工程监理大事记。

(11) 其他需要说明或报告事项。

(12) 其他应提交的资料和说明事项等。

五、监理档案的验收、移交和管理

(1) 由监理部总监负责组织监理资料的归档整理工作，并负责审核、签字验收。

(2) 由总监负责将监理档案资料按发包人要求规定，在委托监理的合同工程项目完成或监理服务期满后向发包人移交。

六、向监理公司上交的主要档案内容

(1) 监理合同。

(2) 监理规划及实施细则。

(3) 监理月报及考勤表。

(4) 工程监理工作报告。

(5) 监理业务考核手册。

(6) 监理相关的其他内容。

七、监理公司档案卷组的方法

(1) 以单位工程，按归档的内容进行组卷。

(2) 卷组文件应按专业和形成资料的时间排序编写卷内目录。

(3) 档案的规格、图纸的折叠与装订执行国家或地方标准（详见第五节）。

(4) 送交监理公司总工程师审阅，并与档案管理员办理交接手续。

第五节 水利工程建设档案资料的整编

一、单位工程资料整编内容（共五卷）

（一）工程开工建设卷

工程开工建设主要资料有：

(1) 可行性研究报告及有关单位批文。

(2) 地质、勘察、水文、气象等设计基础资料。

(3) 初步设计及批复，其他设计文件。

(4) 工程计划批准文件。

(5) 征用土地批准文件及附件。

（6）征地补偿和移民安置资料。

（7）工程招标文件（招投标书单附）。

（8）工程承发包合同及协议书。

1）设计合同。

2）施工合同。

3）监理合同。

4）监督书。

（9）开工报告批准文件。

（10）项目法人质量检查体系及施工单位质量保证体系登记文件。

（11）项目划分及批准文件。

（12）其他有关资料（由项目法人负责协调处理的相关事宜的材料）。

（二）工程管理及施工技术卷

工程管理及施工技术主要资料有：

（1）工程建设有关会议记录，记载重大事件的声像资料及文字说明。

（2）工程监理资料（监理指示、监理文件等）。

（3）施工图纸、设计变更、施工技术说明及要求、图纸会审记录或纪要、工程更改洽商单、通知单，材料、零部件、设备代用审批单（页数较多施工图可单附）。

（4）施工组织设计，施工计划、方案、工艺、措施。

（5）工程建设大事记。

（6）工程施工大事记。

（7）工程施工日记。

（8）重大事故处理记录。

（9）质量监督部门的检查处理记录。

（10）施工过程中的来往函件。

（11）其他有关资料（施工中涉及的技术资料）。

（12）工程运用和度汛方案。

（13）工程运用及调度方案。

（三）工程鉴定检测卷

工程鉴定检测主要资料有：

（1）设备产品出厂资料、图纸说明书、测绘验收、安装调试、性能鉴定及试运行等资料。

（2）施工定位测量、水工建筑物测试及沉陷、位移、变形等观测记录。

（3）各种原材料、构件质量鉴定、检查检测试验资料。

（4）各种试验报告单（含发包人试验单，抽检报告单）。

（5）其他相关检测资料。

（四）工程验收报告单卷

工程验收报告单主要有以下资料：

（1）拟验工程清单、未完工程清单、未完成工程建设安排及完成工期、存在的问题及解决建议。

(2) 工程建设管理工作报告。

(3) 工程监理工作报告。

(4) 工程设计工作报告。

(5) 工程施工管理工作报告。

(6) 重大技术问题专题报告。

(7) 工程运行管理准备工作报告。

(8) 工程建设征地补偿及移民安置工作报告。

(9) 工程竣工决算报告。

(10) 工程竣工审计资料。

(11) 竣工档案资料自查报告。

(12) 其他有关资料(验收中涉及的各类报告资料)。

(13) 竣工图纸(页数较多可单附)。

(14) 工程照片(发包人自存、验收主持单位两套资料必备，按照片档案要求整理、成册，单附)。

(五) 工程验收质量评定卷

工程验收质量评定主要有以下资料：

(1) 隐蔽工程验收记录。

(2) 单元工程质量评定资料(含各种单元资料)。

(3) 分部工程质量评定资料。

(4) 单位工程质量核定资料。

(六) 其他有关资料(验收涉及的相关资料)

二、工程资料整编要求

1. 卷内资料印制要求

(1) 资料由发包人存档的必须是原件，复印件无效。

(2) 分发有关单位的资料第五卷的1、2、3、4必须是原件，复印件无效。

(3) 资料较多时可分卷装订，但需用代号注明。

2. 卷内资料签字盖章要求

(1) 卷内资料签字及记录必须用碳素墨水、蓝黑墨水或油墨印刷，如用铅笔、圆珠笔、纯蓝墨水填写无效。

(2) 卷内资料由责任人签字部位必须由责任人签字或个人名章，如有空缺无效。

(3) 卷内资料由责任单位签字盖章部位必须由责任单位责任人签字并加盖单位公章，缺一无效。

(4) 卷内资料的填写必须全面真实，并注明日期。

3. 卷皮书写及装订要求

(1) 卷皮一律采取档案部门统一规格的牛皮纸卷皮，用线绳装订。

(2) 卷皮书写一律采用计算机打字，字体及型号应符合有关规定。

(3) 各卷装订完毕后，统一装入纸壳档案盒。档案盒封面名称用计算机白纸打字后粘贴，其书写字体及型号符合统一要求。

（4）归卷整理完整、干净、整齐。

4. 各种资料用纸规格要求统一为 A4 纸

（1）各卷内必须设全套（一～五卷）总目录。

（2）资料归档必须统一编排页码，用打号机打印。

5. 其他要求

（1）各种验收资料编写必须按照《水利水电建设工程验收规程》（SL 223—2008）要求执行。

（2）单位工程完工验收前，除单位工程质量核定意见，工程质量评定报告、单位工程验收鉴定书、竣工决算报告及审计报告、工程档案资料自查报告外，其他资料必须齐全，否则不能进行质量等级核定及完成验收。

（3）除单位工程质量评定报告、单位工程验收鉴定书外，其他相关资料，必须在工程竣工前准备完毕以备验收检查，其资料不完备，不予进行工程质量评定及竣工验收。

（4）整个工程项目完成后，对各阶段完成的单位工程资料，按照项目划分的构架或先后完成的时间，进行统一排序归档，工程项目归档设一总卷。总卷内目录要清晰、有条理，工程资料整编及归档要求，参照规定的各项要求。

6. 档案填写规则

（1）数字：用阿拉伯数字（1、2、3、…、9、0），单位使用国家法定计量单位，并以规定之符号表示（MPa、m、m^3、t 等）。

（2）合格率：用百分数表示，小数点后保留一位，如恰为整数，则小数后以 0 表示。例如：95.0%。

（3）改错：将错误用斜线划掉，在其右上方填写正确文字（或数字），禁止用改正液、贴纸重写、橡皮擦、刀片刮或用墨水涂黑等方法。

（4）表头填写：①单位工程、分部工程名称按项目划分确定名称填写；②单元工程名称、部位，填写该单元名称（中文名称或编号）、部位可用桩号、高程等表示；③承包人，填写与发包人签订承建合同的承包人全称；④单元工程量，填本单元主要工程量；⑤检验（评定）日期中，年，填写 4 位数，月，填定实际月份（1～12 月），日，填定实际日期（1～31 日）。

（5）质量标准中，凡有“符合设计要求”者，应注明设计具体要求（如内容较多，可附页说明）、凡有“符合规范要求”者，应标出所执行规范的名称及编号。

（6）检验记录：文字记录应真实、准确、简练。数字记录应准确、可靠、小数点后保留位数应符合有关规定。

（7）设计值按施工图填写，实测填写实际检测数据，而不是偏差值。当实测数据多时，可填写实测组数、实测值范围（最小值～最大值）、合格数。

（8）如实际工程无该项内容应在相应检验栏内用斜线“/”表示。

（9）单元（工序）工程表尾填写：①承包人由负责终检的人员签字，如果该工程由分包单位施工，则单元（工序）工程表尾由分包施工单位的终检人员签名，重要隐蔽工程、关键部位的单元工程，当分包单位自检合格后，总包单位应参加联合小组核定其质量等级；②建设、监理单位：由负责该项目的监理人员复核质量等级并签字；③表尾所有签字人员，必须同本人按照身份证上的姓名签字，不得使用化名，也不得由旁人代签名。

思　考　题

1. 水利水电工程验收一般分几个阶段？
2. 单位工程投入使用验收应具备哪些条件？
3. 竣工验收的作用有哪些？
4. 简述竣工验收的主要工作及程序。
5. 合同项目完工验收阶段监理工作的主要内容有哪些？
6. 工程验收阶段监理工作的主要职责有哪些？
7. 包修期监理主要工作内容有哪些？
8. 工程监理资料主要归档内容有哪些？

第十一章　案　例　分　析

案例题一

【背景】

某地区投资兴建中型水利枢纽工程，其中挡水坝工程、溢洪道工程两个施工标发包给一家施工企业，并签订了施工承包合同。为了方便管理，发包人将挡水坝工程、溢洪道工程委托了某监理公司承担施工监理任务，并签订了施工监理合同。监理合同中部分内容摘录如下：

（1）监理人应当按照监理规范的要求，采取旁站、巡视、跟踪检测和平行检测等方式实施监理，发现问题应当及时纠正、报告。

（2）发包人应当向监理人提供必要的工作条件，支持监理人独立开展监理业务，不得明示监理人违反法律法规和工程建设强制性标准，必要时发包人可以更改总监理工程师指令。

（3）监理人派出的总监理工程师负责全面履行施工合同约定的发包人职责，发布有关指令，签署项目文件，协调设计单位和承包人之间的关系。

（4）监理工程师在项目法人授权范围内开展监理工作，具体负责所承担的监理工作，并对项目法人负责。

（5）监理人应当将项目监理机构及其人员名单、监理工程师和监理员的授权范围书面通知施工单位。监理实施期间监理人员有变化的，应当及时通知被监理单位。

（6）监理人应当按照施工合同，组织设计单位等进行现场设计交底，检查并签发施工图。未经监理人员签字的本工程的全部图纸不得用于施工。

（7）监理人在监理实施工程中，发现设计中的错误或不符合水利工程质量标准的要求时，有权修改工程设计文件。

（8）监理人有义务协助承包人编制控制性总进度计划，并有权审查承包人编制的施工组织设计和进度计划，并督促其实施。

（9）监理人有义务按照监理合同约定，及时、足额支付监理单位报酬，不得无故削减或者拖延支付。

（10）监理人应当审查发包人和承包人提出的安全技术措施、专项施工方案和环境保护措施是否符合工程建设强制性标准和环境保护要求，并监督实施。

【问题】

请依据《水利工程建设监理规定》水利部 28 号令，分析判断监理合同中有无不妥之处？怎样才是正确的？

【答案】

第 1 条说法是正确的。符合《水利工程建设监理规定》水利部 28 号令第十五条规定。

第 2 条说法不妥。《水利工程建设监理规定》水利部 28 号令第十九条规定：项目法人应当向监理单位提供必要的工作条件，支持监理单位独立开展监理业务，不得明示或暗示监理单位违反法律法规和工程建设强制性标准，不得更改总监理工程师指令。

第 3 条说法不妥。《水利工程建设监理规定》水利部 28 号令第十二条规定：总监理工程师负责全面履行监理合同约定的监理单位职责，发布有关指令，签署监理文件，协调有关各方之间的关系。

第 4 条说法不妥。《水利工程建设监理规定》水利部 28 号令第十二条规定：监理工程师在总监理工程师授权范围内开展监理工作，具体负责所承担的监理工作，并对总监理工程师负责。

第 5 条说法是正确的。符合《水利工程建设监理规定》水利部 28 号令第十三条规定。

第 6 条说法不妥。《水利工程建设监理规定》水利部 28 号令第十四条规定：监理单位应当按照监理合同，组织设计单位等进行现场设计交底，核查并签发施工图。未经总监理工程师签字的施工图不得用于施工。

第 7 条说法不妥。《水利工程建设监理规定》水利部 28 号令第十四条规定：监理单位不得修改工程设计文件。

第 8 条说法不妥。《水利工程建设监理规定》水利部 28 号令第十六条规定：监理单位应当协助项目法人编制控制性总进度计划，审查被监理单位编制的施工组织设计和进度计划，并督促被监理单位实施。

第 9 条说法是正确的。符合《水利工程建设监理规定》水利部 28 号令第二十条规定。

第 10 条说法不妥。《水利工程建设监理规定》水利部 28 号令第十八条规定：监理单位应当审查被监理单位提出的安全技术措施、专项施工方案和环境保护措施是否符合工程建设强制性标准和环境保护要求，并监督实施。

案例题二

【背景】

某省大型堤防加固工程的施工监理项目，招标人按有关规定进行公开招标，并在《中国建设报》上发布了招标公告。资格预审后，于 2006 年 2 月 12 日发售了招标文件。为提高本地区的建设监理水平，招标文件规定外省的投标人须与本地符合资质条件的监理单位组成联合体方可投标；投标截止时间为 2006 年 4 月 28 日上午 9：00。

本施工监理项目招标投标过程中发生了如下事件：

事件 1：根据工程建设需要，该施工项目的加固长度由计划的 45km 增加到 50km，为此招标人于 2006 年 4 月 15 日向所有购买招标文件的投标人发出了紧急修改通知；

事件 2：投标人 A 在 4 月 26 日提交了投标文件后，由于正在监理的其他项目不能按期结束，故于 27 日撤回了投标文件；

事件 3：投标人 B 于 28 日上午 9：30 携带投标文件赶到开标现场，其他投标人的投标书未宣读完毕；

事件4：投标人C的法定代表人未出席开标会，拟在该项目上任总监理工程师的张某参加了开标会并向招标人提交了法定代表人授权其参加开标、签订合同的委托书；

事件5：为便于评标的公开、公正进行，招标人在开标结束后，现场公布了评标标准和评标委员会成员名单；

事件6：评标工作结束、招标人与中标人于5月23日签订监理合同后，招标人于28日之前退回了其他投标人的投标保函。

【问题】

(1) 根据《水利工程建设项目招标投标管理规定》，招标人除在《中国建设报》上发布招标公告外，还应同时在什么媒体上发布？

(2) 招标文件关于外省投标人组成联合体的要求是否合理？说明理由。

(3) 事件1中招标人的做法是否合理？说明理由。

(4) 事件2投标人A的做法是否合理？说明理由。

(5) 招标人是否接收投标人B的投标文件？说明理由。

(6) 收投标人C的投标文件是否有效？说明理由。

(7) 事件5中招标人的做法是否妥当？说明理由。

(8) 事件6中招标人的做法有无不妥之处？说明理由。

【答案】

(1) 根据《水利工程建设项目招标投标管理规定》，大型水利工程建设项目招标人还应同时在《中国水利报》发布招标公告。

(2) 不合理。理由：招标人不得强制投标人组成联合体共同投标。

(3) 不合理。理由：招标人对已发出的招标文件进行修改的，应当在招标文件要求提交投标截止时间至少15日前，以书面形式通知所有招标文件收受人。此次修改时间距投标截止时间不足15日。

(4) 合理。理由：投标人在招标文件要求提交投标文件的截止时间前，可以撤回已提交的投标文件。

(5) 不接受。理由：逾期送达的投标文件，招标人应拒收。

(6) 有效。理由：投标人的法定代表人的授权代表人也可参加开标会议。

(7) 不妥。理由：评标委员会成员的名单在中标结果确定前应当保密。

(8) 无不妥。理由：招标人与中标人签订合同后5个工作日内，应退还投标保证金。

案例题三

【背景】

某堤防工程投资5000万元，于2005年3月6日发售监理招标文件。现将其招标文件中的《投标人须知》的要点摘录如下：

2. 对投标人的要求

2.1 资格要求

2.1.1 具有独立法人资格。

2.1.2 投标人的资质等级：省内具有水利工程建设监理甲级资质的监理单位。

2.2　投标人的资格审查

（1）投标人的企业法人营业执照、资格证书及近三年审计报告。

（2）投标人监理过和正在监理的与本项目同类型项目的监理合同文件和能证明监理服务业绩的资料。

（3）投标人的组织机构、人员配备及执行本监理服务的主要人员和经历。

（4）近三年有无经济诉讼案件等证明材料。

2.3　本项目不允许联合投标。

5. 现场踏勘

5.1　招标人不统一组织现场踏勘工作，若投标人要求进行现场踏勘，可提前通知招标人，招标人将单独予以安排。但现场踏勘费用由投标人自行承担。

7. 招标文件的澄清与修改

要求澄清招标文件的投标人，应在投标截止时间 3 日以前按投标邀请书写明的地址以书面形式通知招标人。招标人将以书面形式在开标时间 2 日前答复所有获得招标文件的投标人。该澄清或修改的内容作为招标文件的组成部分。

8. 招标人间的修改

8.1　招标人在投标截止日 2 日前，可以对招标文件进行修改。这种修改可能是招标人主动作出的，也可能是为解答投标人要求澄清的问题而做出的。

8.2　修改将以书面形式发给所有获得招标文件的投标人，并作为招标文件的组成部分。投标人收到修改后，应立即以书面形式通知招标人，确认已经收到修改通知。

17. 招标截止日期

17.1　本次招标的投标截止日期和时间为 2005 年 6 月 8 日北京时间 18：00 时。

17.2　招标人有权按本须知第 8 条规定发出修改通知，延长投标文件递交的截止时间。在此情况下，招标人和投标人的权利和义务相应延长至新的投标截止时间。

18. 迟到的投标文件

招标人在本须知第 17 条所述的投标截止时间以后收到的任何投标文件，将退回投标人。

20. 开标

20.1　招标人将于 2005 年 6 月 9 日北京时间 9：00 时在×××会议室召开开标会。

【问题】

通过阅读上述内容，指出《投标人须知》中哪些规定不符合《中华人民共和国招标投标法》及其配套法规、规章的规定，并说明规定要点。

【答案】

（1）“2.1.2”对投标人资格要求限定在“省内”不符合《中华人民共和国招标投标法》规定。《中华人民共和国招标投标法》规定：“依法必须进行招标的项目，其招标投标活动不受地区或者部门的限制。任何单位和个人不得违法限制或者排斥本地区、本系统以外的法人或者其他组织参加投标。”

（2）“5.1”规定不符合《工程建设项目施工招标投标办法》（2003 年 5 月 1 日，国家发展计划委员会等 8 委部局令第 30 号）的规定：招标人不得单独或者分别组织任何一个投标人进行现场踏勘。

(3)“7”、“8.1”中有关招标文件的澄清、修改的截止时间规定不符合《中华人民共和国招标投标法》的规定。《中华人民共和国招标投标法》规定：“招标人对已发出的招标文件进行必要的澄清或者修改的，应当在招标文件要求提交投标文件截止时间至少十五日前。”

(4)“20.1”规定的开标时间比“17.1”规定的投标截止时间晚15个小时，不符合《中华人民共和国招标投标法》。《中华人民共和国招标投标法》规定：“投标截止时开标。”

案例题四

【背景】

某水利枢纽工程投资10000万元，其施工招标评标程序与标准要点如下；

第一步：对投标书的技术评审（总分30分）

投标书完全符合招标文件要求　得20分

投标书对招标文件要求存在微小偏差　得15分

投标文件对招标文件要求存在重大偏差　得10分

第二步：对投标报价的评审（总分30分）

按照招标人确定的标底，投标人报价超标底的5%或低于标底的10%，将按废标处理；其他报价情形的分值计算如下：

投标报价与标底相同者，得满分30分

投标报价每高于标底1%，从本项总分中扣6分，扣完为止

投标报价每低于标底1%，从本项总分中扣3分，扣完为止

第三步：对投标人业绩的评审（总分10分）

近5年内完成过一个类似工程的得2分，其中质量评定为优良的加1分。本项最高得分10分。

第四步：对投标书技术方案和质量保证体系的评审（满分10分）

评标委员可以根据投标书的技术方案和质量保证体系的水平和完善程度，在0～10分范围内综合评判，独立进行打分。

第五步：对投标人资信、资源评审（总分5分）

投标人资信、资源能满足招标项目要求　得5分

投标人资信、资源能基本满足招标项目要求　得3分

投标人资信、资源不能满足招标项目要求　得0分

评标委员应依据上述评审程序与标准，对每个投标人相应内容独立进行评审、打分，最后，按照投标人得分的高低顺序推荐前三名为候选中标人。

【问题】

(1) 你认为上述评标标准哪些地方不符合现行《中华人民共和国招标投标法》及有关法规规定？

(2) 上述评标程序是否合适？为什么？

(3) 招标人能否直接在评标委员会推荐的三名候选中标人以外确定中标人并签订合

同？请说明依据。

【答案】

（1）题中给出的评标标准不符合《中华人民共和国招标投标法》及有关法规规定的有：

1）对投标书技术评审部分的“投标文件对招标文件要求存在重大偏差得10分”不合法。依照《评标委员会和评标方法暂行规定》（国家发展计划委员会等7部委令第12号）规定，投标文件对招标文件要求存在重大偏差的标书应拒绝。

2）对投标报价评审中，以投标人报价超过标底的5%或低于标底的10%直接作为废标条件不合法，不符合招标投标法有标底的原则。

（2）题中的评标程序不合适。按照《评标委员会和评标方法暂行规定》（国家发展和改革委员会等7部委令第12号）规定，评标应按照初步评审和详细评审程序进行。

（3）招标人不能随意在评标委员会推荐的三名候选中标人以外直接确定中标人并签订合同。依照《工程建设项目施工招标投标办法》（2003年5月1日，国家发展和改革委员会等8委部局令第30号）规定，招标人应当接受评标委员会推荐的中标候选人，不得在评标委员会推荐的中标候选人之外确定中标人。

案例题五

【背景】

某大型综合利用水利枢纽工程，投资65480万元。其建设过程中的部分主要活动按发生时间顺序列举如下：

（1）按照有关审批权限规定，项目建议书于2001年2月10日经国家发展和改革委员会审批通过。

（2）于2001年3月正式成立项目法人。

（3）按照有关审批权限规定，项目可行性研究报告于2002年3月15日经国家发展和改革委员会审批通过。

（4）2002年4月5日，经项目法人研究决定直接委托设计单位。

（5）2002年4月10日组织施工用水、电、通信、路等工程招标，经项目法人研究决定采用议标形式。

（6）2002年8月6日组织导流洞施工招标，经项目法人研究决定采用邀请招标形式。

（7）按照有关审批权限规定，2002年10月10日，初步设计经水利部审批通过。

（8）项目主体工程大坝标、电站标、引水隧洞标、下游灌渠标于2002年12月20日通过公开招标签订施工合同，分别承包给承包人A、B、C、D。经项目法人研究决定，溢洪道闸门、启闭设备等于2002年12月30日直接委托生产厂家加工；水轮机、发电机、变压器等设备分别于2003年1月6日、9日、12日通过议标形式与厂家签订采购合同。

（9）2003年2月18日，通过公开招标委托一家监理单位并签订合同。

（10）A、B、C、D承包人分别于2003年2月10日、15日、18日、22日进场。

（11）监理人于2003年2月25日进场开展监理工作。

（12）为了改善水库运行方式，既保证水库安全又增加兴利效益，对原有溢洪道进行了设计修改。设计修改方案于2003年3月20日经项目法人组织设计单位，监理等单位以及权威专家举行专题会议论证通过，监理机构依据会议纪要于2003年3月21日签发变更指示，由承包人实施。

（13）下游灌渠标、引水隧洞标、大坝标、电站标分别于2004年3月20日、2004年3月30日、2004年4月1日、2004年4月20日通过完工并办理移交，2004年5月1日通过试运行，工程投入生产。

（14）该工程于2004年10月30日通过竣工验收，工程进入保修期。

（15）工程于2005年10月29日保修期终止后，及时正式成立工程管理单位，解散项目法人。

【问题】

（1）上述工程建设中的部分主要活动哪些地方违反了水利工程建设程序的有关规定？请简要说明理由。

（2）除了（1）中所述程序外，上述哪些活动内容本身构成违法或违规行为？

【答案】

（1）题中所述活动违反水利工程建设程序的有：

1）"(2)"所述成立项目法人的时间。按照1996年国家计委颁布的《关于实行建设项目法人责任制的暂行规定》，新建项目在项目建议书被批准后，应及时组建项目法人筹备组；在项目可行性研究报告经批准后，方可正式成立项目法人。

2）"（5）"、"（6）"所述工作属于项目施工准备阶段的工作，安排在初步设计批准前，违反了水利工程建设程序。

3）"(9)"所述委托监理单位应在"(8)"所述施工招标之前进行。根据《水利工程建设项目招标投标管理规定》，"监理单位已确定"是施工招标的条件。

4）"(11)"所述监理人进场时间晚于"施工承包人进场时间"不合适。根据工作的需要和合同条件的规定，监理人应比承包人提前进场，协助发包人检查承包人的进场条件；在发包人同意后签发开工通知；承包人进场后，组织有关发包人向承包人提供施工条件的移交工作。

5）"(14)"所述工程竣工验收后，保修期开始不合适。根据合同条件规定：保修期从移交证书中写明的完工之日起开始。

（2）除了（1）中所述程序外，题中所述活动内容本身违法或违规的有：

1）本工程为大型水利枢纽工程，"（4)"所述将设计任务直接委托设计单位，"（8)"所述溢洪道闸门、启闭设备直接委托生产厂家加工，均违反了有关设计招标、设备采购招标的法律法规规定。这些采购活动均应通过招标方式进行。

2）"（5)"所述施工用水、电、通信、路等工程招标，"（8)"所述水轮机、发电机、变压器等设备招标，均采用议标形式，违反了招标投标法的规定。

3）"（6)"所述导流洞施工招标，未按照规定审批程序与权限批准，仅由项目法人研究决定采用邀请招标形式，违反了有关邀请招标的法律法规规定。

4）"(12)"所述设计修改属于重大设计修改，未经原初步设计审批部门批准即行实施设计修改违反了水利工程建设程序。

5）“（15）”所述保修期终止后，及时正式成立工程管理单位，解散项目法人构成违规。根据《关于实行建设项目法人责任制的暂行规定》，项目法人对项目的策划、资金筹措、建设实施、生产经营、债务偿还和资产保值增值，实行全过负责。

案例题六

【背景】

某引水渠工程长5km，渠道断面为梯形开敞式，用浆砌石衬砌。采用单价合同发包给承包人A。合同条件采用《水利水电土建工程施工合同条件》（GF—2000—0208）。合同开工日期为3月1日。合同工程量清单中土方开挖工程量为10万m^3，单价为10元/m^3。合同规定工程量清单中项目的工程量增减变化超过20%时，属于变更。

在合同实施过程中发生下列要点事项：

（1）项目法人采用专家建议并通过专题会议论证，拟采用现浇混凝土板衬砌方案。承包人通过其他渠道得到信息后，在未得到监理人指示的情况下对现浇混凝土板衬砌方案进行了一定的准备工作，并对原有工作（如石料、运输、工人招聘等）进行了一定的调整。但是，由于其他原因现浇混凝土板衬砌方案最终未予正式采用实施。承包人在分析了由此造成的费用损失和工期延误基础上，向监理人提交了索赔报告。

（2）合同签订后，承包人按规定时间向监理人提交了施工总进度计划并得到监理人的批准。但是，由于6、7、8、9四个月为当地雨季，降雨造成了必要的停工、工效降低等，实际施工进度比原施工进度计划缓慢。为保证工程按照合同二期完工，承包人增加了挖掘、运输设备和衬砌工人。由此，承包人向监理人提交了索赔报告。

（3）渠线某段长500m为深槽明挖段。实际施工中发现，地下水位比招标资料提供的地下水位高3.10m（属于发包人提供资料不准），需要采取降水措施才能正常施工。据此，承包人提出了降低地下水位措施并按规定程序得到监理人的批准。同时，承包人提出了费用补偿要求，但未得到发包人的同意。发包人拒绝补偿的理由是：地下水位变化属于正常现象，属于承包人风险。在此情况下，承包人采取了暂停施工的做法。

（4）在合同实施中，承包人实际完成并经监理人签认的土方开挖工程量为12万m^3，经合同双方协商，对超过合同规定百分比的工程量按照调整单价11元/m^3结算。

【问题】

（1）“（1）”所述情况，监理人是否应同意承包人的索赔?

（2）“（2）”所述情况，监理人是否应同意承包人的索赔?

（3）“（3）”所述情况，承包人是否有权得到费用补偿？承包人的行为是否符合合同约定?

（4）“（4）”所述情况，承包人是否有权延长工期？承包人有权得到土方开挖多少价款?

【答案】

（1）“（1）”所述情况，监理人应拒绝承包人提出的索赔。合同条件规定，未经监理人指示，承包人不得进行任何变更。承包人自行安排造成工期延误和费用增加应由承包人承担。

（2）“（2）”所述情况，监理人应拒绝承包人提出的索赔。合同条件约定，非异常气候引起的工期延误属于承包人风险。

（3）“（3）”所述情况，属于发包人提供资料不准确造成的损失，承包人有权得到费用补偿。但是，承包人的行为不符合合同约定。依据合同原则，承包人不得因索赔处理未果而不履行合同义务。

（4）“（4）”所述情况，土方实际完成工程量 12 万 m^3，虽然比工程量清单中的估计工程量 10 万 m^3 多，但未超过（1+20%）×10 万 m^3。因此，不构成变更。所以，承包人无权延长工期。承包人有权得到土方开挖价款为：12×10=120 万元。

案例题七

【背景】

某大型引水工程，技术复杂、工程量大，分别由混凝土挡水坝、引水隧洞、明渠三个施工标段组成。各标段营地距离较远，且交通条件不太好，往返一次均在 6h 以上。拟选择一家监理单位承担该项监理任务。其主营地与建设单位营地计划一并设置在混凝土挡水坝下游附近，根据需要，工程沿线可安排下属监理机构。

【问题】

若你方单位独立承担该监理任务，请简要绘制监理组织机构图并说明该设置的主要理由。

【答案】

根据工程要点，采用直线一职能型监理组织模式，如图 11-1 所示。其优点为：既有直线组织模式权力集中、权责分明、决策效率高等优点，又兼有职能部门处理专业化问题能力强的优点。

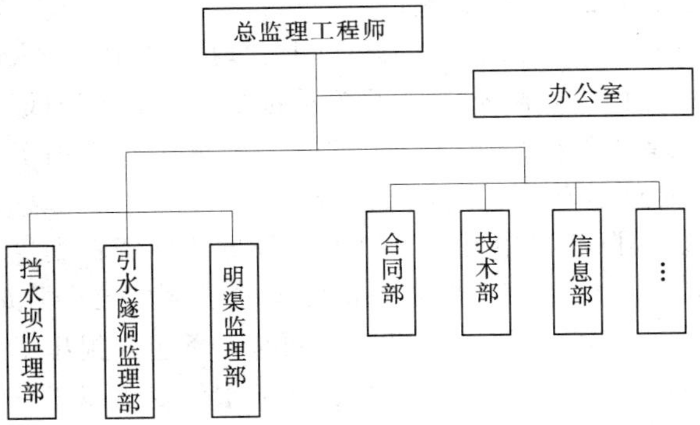

图 11-1　直线—职能型监理组织模式

交通往返一次需要 6h 以上，不宜设置矩阵模式。

案例题八

【背景】

某水利工程施工合同使用《水利水电土建工程施工合同条件》。合同规定：

（1）合同价 1000 万元。

（2）工程预付款为合同价的 10%，合同签订后一次支付承包人：工程预付款采用《水利水电土建工程施工合同条件》32.1 款规定的公式 $R=\frac{A}{(F_2-F_1)S}(C-F_1S)$ 扣还，并规定开始扣预付款的时间为累计完成工程款金额达到合同价格的 10%，当完成 90% 的合同价时扣完。

（3）永久工程材料预付款按发票值的 90% 与当月进度款一并支付，从付款的下一月开始扣，6 个月内扣完，每月扣还 1/6。

(4) 保留金扣留比率为 10%，总数达合同价 5%后不再扣留。

(5) 考虑到工期较短，不考虑物价波动引起的价格调整。

(6) 除完工结算外，月支付的最低限额为 100 万元。

合同工期为 8 个月，工程保修期一年。在合同实施过程中各月完成工程量清单中的项目价款、进场原材料发票面值如表 11-1 所示。

表 11-1　　完成工程款与进场原材料发票面值

月　　份	1	2	3	4	5	6	7	8
完成工程款（万元）	40	50	160	320	320	60	40	10
进场材料发票面值（万元）	120							

合同实施中未发生变更、索赔、法规变更等事件。

【问题】

(1) 按照合同规定，承包人具备什么条件，监理人方可出具工程预付款付款证书？

(2) 承包人具备什么条件，监理人可同意支付永久工程材料预付款？

(3) 计算 1～8 月各月承包人应得到的工程付款。

(4) 承包人应在什么时间提交完工付款申请单？应在什么时间提交最终付款申请单？

(5) 扣留的保留金如何退还？

【答案】

(1) 按照合同规定，承包人向发包人提交了经发包人认可的工程预付款保函后，监理人方可出具工程预付款付款证书。

(2) 承包人具备下列条件，监理人可同意支付永久工程材料预付款。

1) 材料的质量和储存条件符合合同要求。

2) 材料已到达工地，并经承包人和监理人共同验点入库。

3) 承包人按监理人的要求提交了材料的订货单、收据或价格证明文件。

本合同应扣保留金总额为：1000×5%=50 万元。

工程预付款起扣时应累计完成工程款：1000×10%=100 万元。

(3) 各月工程付款如下：

第一月：

1) 应付工程量清单中项目工程款：40 万元。

2) 应支付进场材料预付款：120×90%=108 万元。

3) 应扣保留金：40×10%=4 万元。

第一月应支付工程款：40+108-4=144 万元。

第二月：

1) 应付工程量清单中项目工程款：50 万元。

2) 应扣保留金：50×10%=5 万元。

3) 应扣材料预付款：108÷6=18 万元。

第二月应支付工程款：50－5－18＝27 万元 ＜100 万元（月支付最低金额），本月不支付，结转到下月。

第三月：

1）应付工程量清单中项目工程款：160 万元。

2）应扣保留金：160×10％＝16 万元。

3）应扣材料预付款：108÷6＝18 万元。

4）应扣工程预付款：

$$R=\frac{A}{(F_2-F_1)S}(C-F_1S)$$

$$=\frac{1000\times10\%}{(90\%-10\%)\times1000}(250-100)=18.75\text{ 万元}$$

第三月应支付工程款：160－16－18－18.75＝107.25 万元，加上上月未付款 27 万元，本月应付款：107.25＋27＝134.25 万元

第四月：

1）应付工程量清单中项目工程款：320 万元。

2）应扣保留金：按计算 320×10％＝32 万元，但保留金总额为 50 万元。因此，本月应扣保留金为：50－4－5－16＝25 万元。

3）应扣材料预付款：108÷6＝18 万元。

4）应扣工程预付款：

到本月底累计应扣：

$$R=\frac{A}{(F_2-F_1)S}(C-F_1S)$$

$$=\frac{1000\times10\%}{(90\%-10\%)\times1000}(570-100)=58.75\text{ 万元}$$

因此，本月应扣工程预付款：58.75－18.75＝40 万元。

第四月应支付工程款：320－25－18－40＝237 万元。

第五月：

1）应付工程量清单中项目工程款：320 万元。

2）保留金已扣足，本月不再扣留。

3）应扣材料预付款：108÷6＝18 万元。

4）应扣工程预付款：

到本月底累计应扣：

$$R=\frac{A}{(F_2-F_1)S}(C-F_1S)$$

$$=\frac{1000\times10\%}{(90\%-10\%)\times1000}(890-100)=98.75\text{ 万元}$$

因此，本月应扣工程预付款：98.75－58.75＝40 万元

第五月应支付工程款：320－18－40＝262 万元

第六月：

1）应付工程量清单中项目工程款：60 万元。

2）保留金已扣足，本月不再扣留。

3）应扣材料预付款：108÷6=18 万元。

应扣工程预付款：工程预付款扣完时，应累计完成的工程款为：

$$1000\times 90\% = 90 \text{ 万元}$$

本月底，已累计完成了工程款：890+60=950 万元。因此，工程预付款应全部扣回，本月应扣：1000×10%−98.75=1.25 万元。

第六月应支付工程款：60−18−1.25=40.75 万元 <100 万元（月支付最低限额），本月不支付，结转到下月。

第七月：

1）应付工程量清单中项目工程款：40 万元。

2）保留金已扣足，本月不再扣留。

3）应扣材料预付款：108÷6=18 万元。

4）工程预付款已扣完时，本月不再扣。

第七月应支付工程款：40−18=22 万元，加上上月末付款 40.75 万元，本月应支付工程款 22+40.75=62.75 万元 <100 万元（月支付最低限额），本月不支付，结转到下月。

第八月：

1）应支付工程量清单中项目工程款：10 万元。

2）保留金已扣足，本月不再扣留。

3）材料预付款已全部扣回，本月不再扣。

4）工程预付款已扣完时，本月不再扣。

第八月应支付工程款：10 万元+62.75 万元=72.75 万元。

（4）在工程移交证书颁发后的 28 天内，承包人应提交完工付款申请单。在接到保修责任终止证书后的 28 天内，承包人应提交最终付款申请单。

（5）扣留的保留金退还方式为：

1）在单位工程验收并签发移交证书后，将其相应得保留金总额的一半在月进度付款中支付承包人，在签发合同工程移交证书后 14 天内，由监理人出具保留金付款证书，发包人将保留金总额的一半支付给承包人。

2）监理人在合同全部工程保修期满时，出具为支付剩余保留金的付款证书。若保修期满时尚需承包人完成剩余工作，则监理人有权在付款证书中扣留与剩余工作所需金额相应得的保留金余额。

案例题九

【背景】

建设单位投资兴建一座水闸，通过公开招标的方式选定了施工承包人，双方经协商一致依法签订了施工合同。在签订合同时建设单位为了约束承包人能保证工程质量，要求承包人支付了 20 万元的定金作为担保。建设单位与承包人双方当事人在施工合同中对双方的权利、义务、责任等均作了具体的约定。

在施工合同履行中，发生了以下事件：基础开挖时，由于连续降大雨12天不能施工，影响了工程进度；主体工程施工过程中，施工设备出现故障，工程拖期工期8天。由于两次事件的发生，承包人均及时向监理人提出了延长工期20天的要求。

【问题】

(1) 施工招标时招标人对投标人的资格审查的内容主要有哪些?

(2) 定金与预付款的主要区别是什么?

(3) 承包人的索赔工期是否成立? 承包人要求延长20天工期是否合理? 作为监理工程师认为最多延长多少天合适?

【答案】

(1) 施工招标时招标人对投标人的资格审查的内容主要有：施工企业营业执照；施工企业资质证书；人员素质、施工设备和技术能力；工程经验；财务状况以及企业信誉。

(2) 定金与预付款的主要区别是：

1) 目的不同。定金的目的是为了证明合同的成立和确保合同的履行；而预付款是为了解决承包人工程与材料准备中的资金问题。

2) 性质不同。定金是担保形式，是一种法律行为；而预付款是一种惯例，不是法律行为。

3) 处理不同。定金视合同履行情况产生不同的法律后果；合同正常履行，定金返还；合同不履行，双方都有过错，定金返还；支付定金一方不履行合同，无权要求返还；收受定金一方不履行合同，应当双倍返还。而预付款应按合同约定在工程月进度款中按比例扣还的方式归还。

(3) 承包人提出的工期索赔，由于下雨延误工期属于可原谅的延误，索赔成立；而施工设备出现故障造成的工期延误属于不可原谅延误，索赔不成立。因此，承包人要求延长20天不合理。作为监理工程师按公正的原则批准延长8天即可。

案例题十

【背景】

某工程项目，发包人与承包人依据《水利水电土建工程施工合同条件》签订了施工承包合同，该工程的合同价汇总表，如表11-2所示。

表11-2　工程的合同价汇总表

项　目	金　额（元）	价格比例分析（%）	
		占直接费	占有效合同价
1. 人工费	5560666	31.35	24.57
2. 设备费	4688018	26.43	20.72
3. 材料费	7488698	42.22	33.09
直接费	17737272		
4. 工地管理费	2217159	占直接费的12.50	9.8

续表

项　　目	金　额（元）	价格比例分析（%）	
5. 总部管理费	1496582	占 1～4 项的 7.50	6.61
6. 利润	1179806	占 1～5 项的 5.50	5.21
7. 有效合同价	22630818		
8. 备用金	2500000		
总报价	25130818		

合同中规定：

（1）工程预付款的总额为合同价格的 10%，开工前由发包人一次付清；工程预付款按合同条件 32.1 款中的公式 $R=\frac{A}{(F_2-F_1)S}(C-F_1S)$ 扣还，其中 $F_1=20\%$，$F_2=90\%$。

（2）发包人从第一次支付工程进度款起按 10%的比例扣留保留金，直至保留金总额达到合同价的 5%为止。

（3）物价调整采用调价公式法。

合同执行过程中，由于发包人违约合同解除。合同解除时的情况为：

（1）承包人已完成合同金额 1200 万元。

（2）合同履行期间价格调整差额系数为 0.02。

（3）承包人为工程合理订购的某种材料尚有库存价值 50 万元。

（4）承包人为本工程订购的专用永久工程设备，已经签订了订货合同，合同价为 50 万元，并已支付合同定金 10 万元。

（5）承包人已完成一个合同内新增项目 100 万元（按当时市场价格计算的）。

（6）承包人已完成计日工 10 万元。

（7）承包人的全部设备撤回承包人基地的费用为 20 万元；由于部分设备用到承包人承包的其他工程上使用（合同中未规定），增加撤回费用 5 万元。

（8）承包人人员遣返总费用为 10 万元。

（9）承包人已完成的各类工程款和计日工的，发包人均已按合同规定支付。

（10）解除合同时，发包人与承包人协商确定：由于解除合同造成的承包人的进场费、设备撤回、人员遣返等费用损失，按未完成合同工程价款占合同价格的比例计算。

【问题】

（1）合同解除时，承包人已经得到多少工程款？

（2）合同解除时，发包人应总共支付承包人多少金额？（包括已经支付的和还应支付的）？

（3）合同解除时，发包人应进一步支付承包人多少金额？

【答案】

（1）合同解除时，承包人已经得到的工程款 1344.514 万元，具体算法如下：

发包人应支付的款项金额 1585.508 万元

1）承包人已完成的合同金额 1200 万元。

2）新增项目 100 万元。

3）计日工 10 万元。

4）价格调整差额（1200＋10）×0.02＝24.2 万元。

5）工程预付款 25130818×10％＝251.30818 万元。

发包人应扣款项的金额 240.994 万元。

1）工程预付款扣还。

累计扣回工程预付款：

$$R=\frac{2513.0818\times10\%}{(0.9-0.2)\times2513.0818}(1310-0.2\times2513.0818)=115.34\text{ 万元}$$

2）扣保留金：

$$1310\times10\%=131\text{ 万元}>2513.0818\times5\%=125.654\text{ 万元(保留金总额)}$$

故已扣保留金 125.654 万元

承包商已经得到的工程款为：

应支付的款项金额－应扣款项的金额＝1585.508－240.994＝1344.514 万元

（2）合同解除时，发包人应总共支付承包人金额 1463.949 万元

1）承包人已完成的合同金额 1200 万元。

2）新增项目 100 万元。

3）计日工 10 万元。

4）价格调整差额（1200＋10）×0.02＝24.20 万元。

5）承包人的库存材料 50 万元（一旦支付，材料归发包人所有）。

6）承包人订购设备定金 10 万元。

7）承包人设备、人员遣返费损失补偿：

$$(2513.0818-1310)/2513.0818\times(20+10)=14.362\text{ 万元}$$

8）利润损失补偿：

$$(2263.0818-1200)\times[5.5\%/(1-5.5\%)]=55.387\text{ 万元}$$

或

$$(2263.0818-1200)\times5.21\%=55.387$$

（3）合同解除时，发包人应进一步支付承包人金额：119.435 万元。

总共应支付承包人金额－承包人已经得到的工程款＝1463.949－1344.514＝119.435 万元。

案例题十一

【背景】

某堤防工程，发包人与承包人依据《水利水电土建施工合同条件》签订了施工承包合同，合同中的项目包括土方填筑和砌石护坡。其中土方填筑 200 万 m^3，单价为 10 元/m^3；砌石护坡 10 万 m^3，单价 40 元/m^3。合同规定：

（1）工程量清单中单项工程量的超过 20％时按变更处理。

（2）工程施工计划为先填筑，填筑全部完成后再砌石护坡。

(3) 发包人指定的采石场距工程现场10km，承包人的运输强度为500m³/天。

在土方施工中，由于以下原因引起停工：

(1) 合同规定发包人移交施工现场的时间为当年的10月3日，由于发包人的原因，实际移交时间延误到10月8日晚。

(2) 10月6～15日工地连降大雨，属于不利自然条件，在降雨期间全部暂停施工。

(3) 10月28日～11月2日，承包人的施工设备发生故障，主体施工发生施工暂停。

土方填筑实际完成了300万m³，经合同双方协商，对超过合同规定百分比的工程量，单价增加了3元/m³；土方填筑工程量的增加未延长填筑作业天数。

承包人填筑设备停产一天损失1万元，人工费8000元。

在工程施工中，承包人在发包人指定的采石场开采了5万m³后，该采石场再无石料可采，监理工程师指示承包人自行寻找采石场。

承包人另寻采石场发生合理费用5000元。

新采石场距工程现场30km，经合同双方协商，石料运输距离每增1km，运费增加1元/m³。

采石场变更后，由于运距增加，承包人的运输强度变为400m³/天；

采石场变更以后，造成施工设备利用率不足并延长了砌石护坡的工作天数，经合同双方协商，从使用新料场开始，按照2000元/天补偿承包人的损失。

工程延期中，承包人的管理费、保险费、保函费等损失为5000元/天。

【问题】

(1) 监理工程师应批准工程延期多少天?

(2) 土方填筑应结算的工程款是多少?

(3) 承包人应得到费用补偿为多少?

【答案】

(1) 应批准工期延期37天。

1) 因天气原因、移交场地延误等原因（属于不可抗力和发包人应承担的停工责任）造成从10月4～15日施工暂停，工期延误12天。

2) 由于料场变化，运输能力不足，影响填筑工程延长工期：

$$\frac{50000}{400}-\frac{50000}{500}=25(\text{天})$$

应批准工期延长：　　$12+25=37$（天）

(2) 土方填筑按原单价结算的工程量：

$$200\times(1+20\%)=240\text{ 万 m}^3$$

按新单价结算的工程量：

$$300-240=60\text{ 万 m}^3$$

土方填筑应结算的工程款：

$$240\times10+60\times(10+3)=3180\text{ 万元}$$

(3) 承包人应得到费用补偿。

1) 由于石料运输距离增加而增加的费用：

$$1元/m^3 \times (10万-5万)m^3 \times (30-10)km = 100万元$$

2）由于石料运输能力不足应给承包人的补偿：

$$2000元/天 \times (10万-5万)/400 = 25万元$$

3）发包人应负责的停工期间设备停产的损失：

10月4～15日的12天停工期间，10月4～5日（2天）由于发包人移交场地原因造成，属于应补偿费用的停工；

10月6～8日属于“共同性延误”，以先发生因素确定延误责任（发包人移交场地延误在前）；

10月9～15日，由于异常天气引起的停工，属于不予费用补偿的停工（7天）；因此，应予补偿费用的停工共计5天，补偿费为：

$$5 \times (1+0.8) = 9万元$$

4）工期延长后管理费、保险费、保函费等费用的损失补偿：

$$0.5 \times (5+25) = 15万元$$

5）承包人另寻采石场发生的合理费用0.5万元。

案例题十二

【背景】

某水电站工程项目项目承包合同采用《水利水电土建工程施工合同条件》。合同中对因人工、材料和设备等价格波动因素对合同价的影响，采用通用合同条款37.1款规定的调价公式。合同中规定的定值权重$A=0.15$，可调值因子的变值权重B_n、基本价格指数F_{tn}如表11-3所示。在合同实施过程中，某结算月完成工程量，按工程量清单中单价计，金额为100万元；该月完成了监理工程师指令的工程变更，并经检验合格，由于工程量清单中没有与此工程变更相同的或相近的项目，故根据实际情况协商结果，业主应支付变更项目金额为5万元；该月应支付材料预付款10万元；应扣保留金5万元。除此，无其他应扣或应支付款额。

【问题】

试计算该月应支付给承包方的款额。

表11-3　各可调值因子的现行价格指数

可调值因子序号	变值权重B_n	基本价格指数F_{on}	现行价格指数F_{tn}
1	0.45	100	120
2	0.25	150	168
3	0.15	130	156

【答案】

价格调整差额：

$$\Delta P = P_0\left(A + \sum B_n \frac{F_{tn}}{F_{on}} - 1\right)$$

$$=100\left(0.15+0.45\times\frac{120}{100}+0.25\times\frac{168}{150}+0.15\times\frac{156}{130}-1\right)$$
$$=100(0.15+0.54+0.28+0.18-1)$$
$$=15\text{ 万元}$$

该月应支付给承包方款项为：

工程量清单中项目调价后款额	100＋15＝115 万元
工程变更项目按现行价格支付款额	5 万元
材料预付款	10 万元
小计	130 万元

该月应扣款项：保留金 5 万元

综上，该月应支付承包商款额为 130－5＝125 万元

案例题十三

【背景】

拟建 3 台设备的基础工程，施工过程包括基础开挖、基础处理和混凝土浇筑。因型号与基础条件相同，为了缩短工期，监理人指示承包商分三个施工段组织专业流水施工（一项施工作业由一个专业队完成）。各施工作业在各施工段的施工时间（单位为月）如表 11－4 所示。

表 11－4　　施工作业在各施工段的施工时间

施工过程	施工段（月）		
	设备 A	设备 B	设备 C
基础开挖	3	3	3
基础处理	4	4	4
浇混凝土	2	2	2

【问题】

(1) 根据监理工程师的要求绘制双代号专业流水（水平交叉作业）施工网络进度计划图。

(2) 该网络计划的计算工期为多少？指出关键路线并在图上用粗线标出。

【答案】

(1) 网络图，双代号专业流水施工网络进度计划如图 11－2 所示。

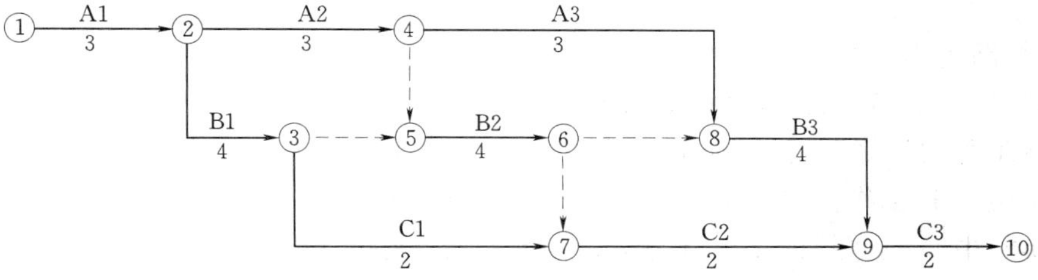

图 11－2　双代号专业流水施工网络进度计划图

(2) 计算工期为 17 个月。

关键路线为：①—②—③—④—⑤—⑥—⑧—⑨—⑩

案例题十四

【背景】

某工程网络计划如图 11-3 所示，(时间单位：月)

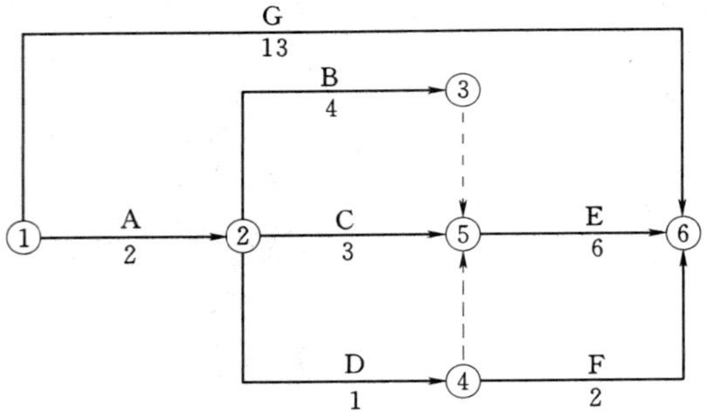

图 11-3 某工程网络计划图

【问题】

(1) 用“工作法”计算该网络计划的时间参数，并确定关键线路。

(2) 根据上面的计算情况，回答下列问题。(计划中各工作按最早时间安排下达；某工作的进度发生偏差时，认为其他工作是按计划进行的)。

1) 该工程的计算工期是多少?

2) 若该工程的计划工期等于计算工期，实施中 E 工作拖后 2 个月完成，对工期有何影响?

3) 若实施中 G 工作提前 2 个月完工，工期变为多少?

4) 若 D 工作拖延 1 个月完成，F 工作的总时差有何变化?

【答案】

(1) 计算网络计划的时间参数，并确定关键路线如图 11-4 所示。

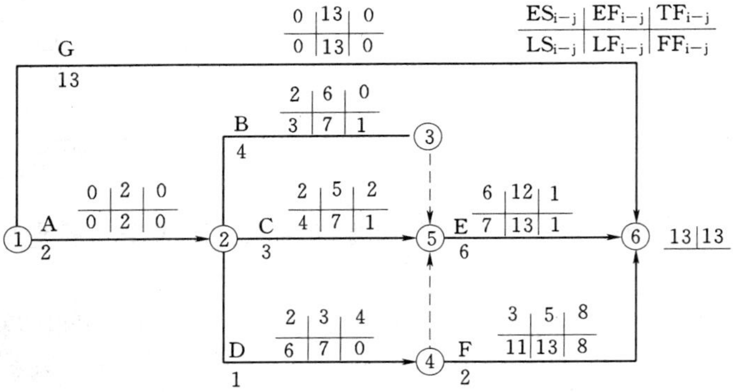

图 11-4 网络计划的时间参数

关键线路为①—⑥

(2) 根据 (1) 题的计算情况，可知：

1) 该工程的计算工期是 13 个月。

2) 实施中 E 工作拖后 2 个月完成，工程工期将延长 1 个月。

3) 实施中 G 工作提前 2 个月完工，工程工期将变为 12 个月。

4) 若 D 工作拖延 1 个月完成，F 的总时差由原有的 8 个月变为 7 个月。

案例题十五

【背景】

某工程双带号时标网络计划如图 11－5 所示。计划实施到第五月末时检查发现，A 工作已完成 1/2 工程量，B 工作已经完成 1/6 工作量，E 工作已经完成 2/5 工程量。

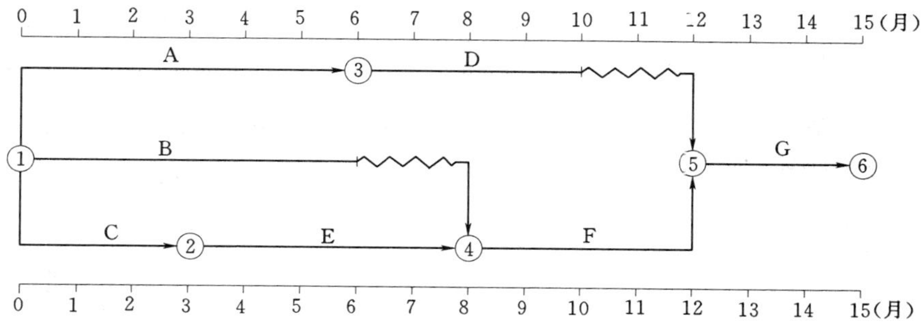

图 11－5　某工程双带号时标网络计划图

【问题】

(1) 在时标网络标出上述检查结果的实际进度前锋线。

(2) 把检查结果填入检查结果分析表中，如表 11－5 所示。

表 11－5　　检查结果分析表

工作代号	工作名称	检查时尚需作业时间（月）	到计划最迟完成时尚余时间（月）	原有总时差（月）	尚有总时差（月）	进度偏差影响	
						影响工期（月）	影响紧后工作最早开始时间

(3) 根据当前进度情况，如不作任何调整，工期将比原计划推迟多长时间？

【答案】

(1) 实际进度前锋线如图 11－6 所示。

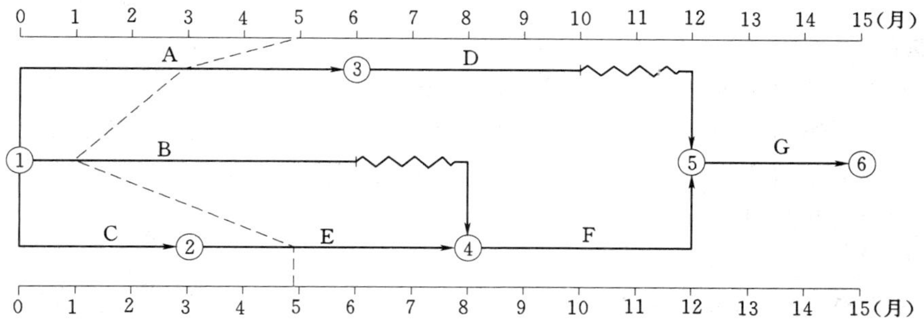

图 11－6　实际进度前锋线

(2) 检查结果分析成果如表 11－6 所示。

表 11-6　　检查结果分析成果

工作代号	工作名称	检查时尚需作业时间（月）	到计划最迟完成时尚余时间（月）	原有总时差（月）	尚有总时差（月）	进度偏差影响	
						影响工期（月）	影响紧后工作最早开始时间
1—3	A	6—3=3	(6+2) —5=3	2	3—3=0	无	D 工作推后 2 个月
1—4	B	6—1=5	(6+2) —5=3	2	3—5=—2	延长工期 2 个月	F 工作推后 2 个月
2—4	E	5—2=3	(8+0) —5=3	0	3—3=0	无	无

（3）从坚持结果分析表可知，就五月底的实际进度与原计划进度比较，由于工作 B 的拖后将使总工期延长 2 个月。

案例题十六

【背景】

某工程网络计划如图 11-7 所示，计划工期 16 个月。

各工作的时间—费用关系如表 11-7 所示。

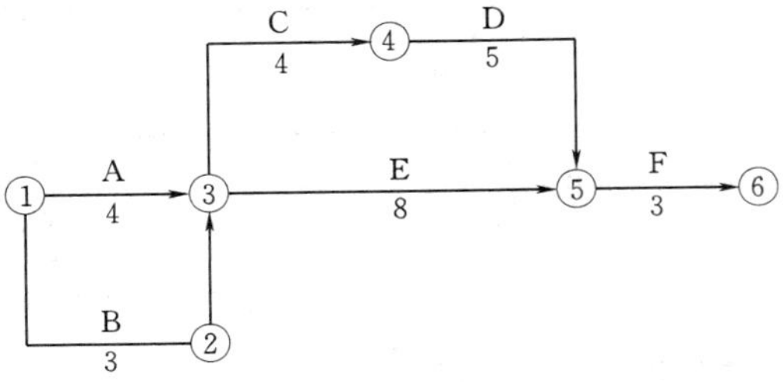

图 11-7　某工程网络计划图

表 11-7　　工作时间—费用关系表

工作	正常持续时间（月）	最短持续时间（月）	费用率（万元/月）
A	4	4	∞
B	3	3	∞
C	4	1	4
D	5	2	8
E	8	5	2
F	3	2	5

当计划实施到第 4 个月末时检查发现，工作 B 已经完成，工作 A 尚需 3 个月才能完成。

【问题】

（1）工作 A 的实际进度拖后对总工期有何影响？为什么？

（2）如果工作 A 的实际进度拖后对总工期产生影响，为保证该工程按原计划工期完成，在不改变工作间的逻辑关系的前提下，用费用优化的纯压缩法，给出直接费用增加最少的调整方案，并简要的写出调整过程。

【答案】

（1）工作 A 的实际进度比计划进度拖后 3 个月，将影响工期 3 个月，因为它是关键工作。

（2）用切割法编制的第四个月末的剩余网络计划如图 11-8 所示。

关键路线为：①—②—③—④—⑤

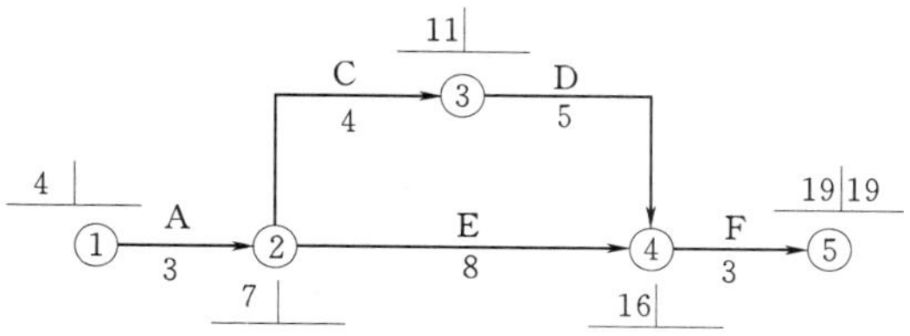

图 11-8　剩余网络计划图

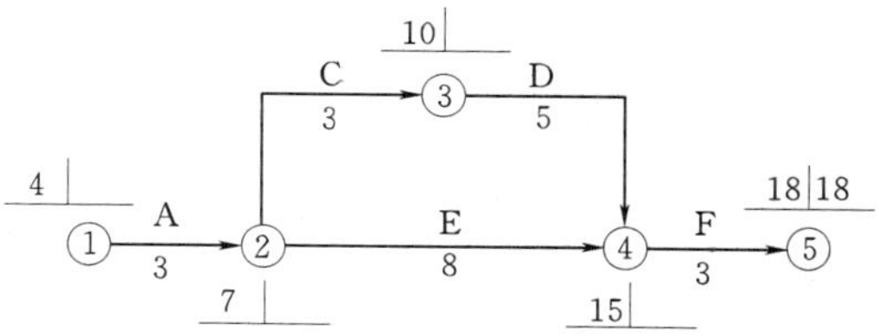

图 11-9　第一次优化结果图

按费用优化的纯压缩法的准则，选择费用率最低的关键工作进行压缩。

第一次优化：在第四个月末的剩余网络计划中，可压缩的关键工作有 C、D、F。选费用最低的工作 C 进行压缩，将其压缩 1 个月，增加费用 4 万，计算工期为 18 个月。

关键路线变为两条：①—②—③—④—⑤和①—②—④—⑤，如图 11-9 所示。

第二次优化：在第一次优化的基础上，再压缩。可压缩的关键工作有 C、D、E、F。经比较，工作 F 的费用最低，将其压缩 1 个月增加费用 5 万，计算工期为 17 个月。

此时关键路线仍为：①—②—③—④—⑤和①—②—④—⑤如图 11-10 所示。

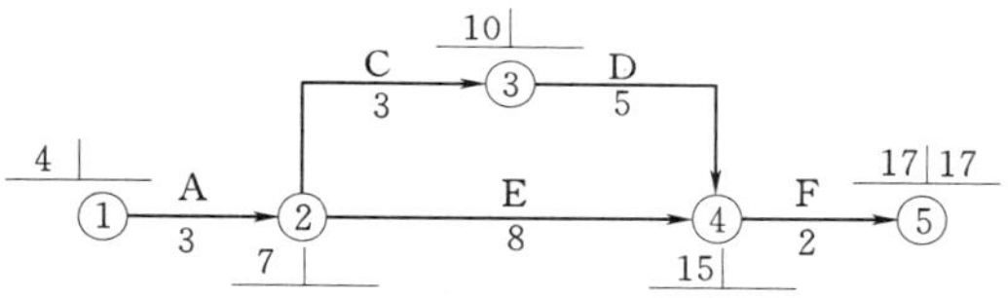

图 11-10　第二次优化结果图

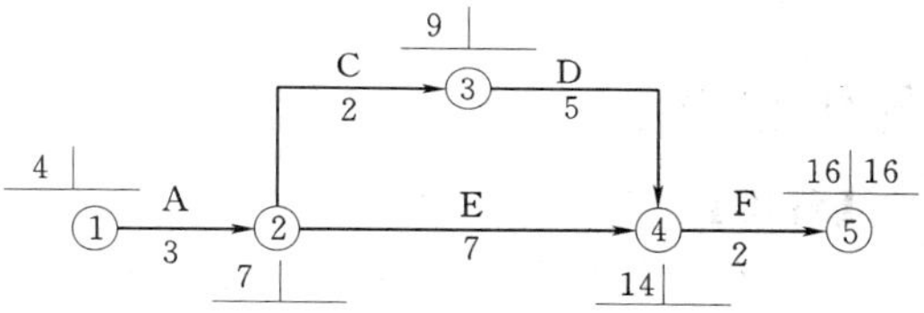

图 11-11　第三次优化结果图

第三次优化：在第二次优化基础上，再压缩。可压缩的关键工作有 C、D、E。经比较，工作 C 和工作 E 的组合费用最低，将工作 C 和 E 各压缩 1 个月增加费用 6 万，计算工期为 16 个月已满足原计划工期要求。费用增加最少的调整方案如图 11-11 所示。

案例题十七

【背景】

某工程网络计划如图 11-12 所示。

【问题】

(1) 该工程的计算工期为多少天?

(2) 在施工过程中发现，工作 D 由于施工质量问题造成返工，致使该工作延长 6 天。工作 F 因业主提供的材料不合格，致使承包商停工待料 7 天。结果，施工承包单位提出延长工期 13 天的要求，试分析此问题，监理工程师应批准承包单位延长工期几天?

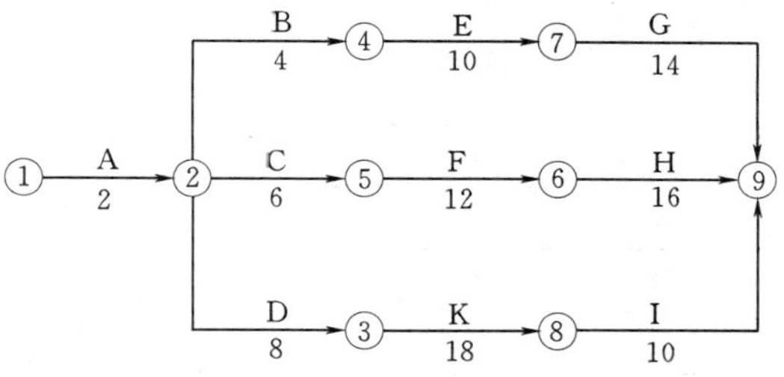

图 11-12　某工程网络计划

【答案】

(1) 确定网络计划的关键路线及计算工期，如图 11-13 所示。

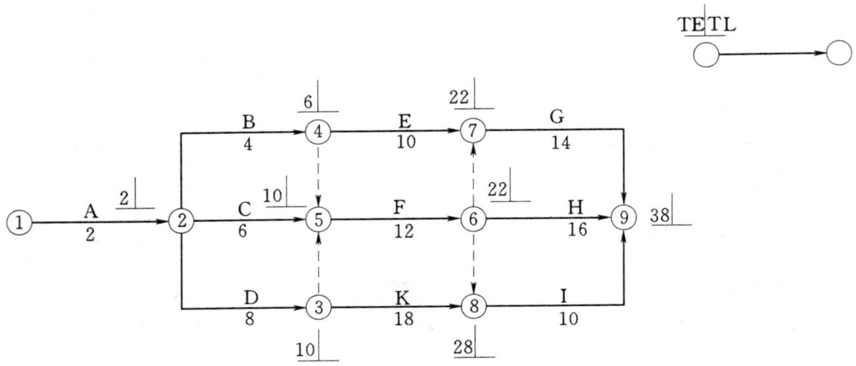

图 11-13 网络计划的关键路线图

计算工期 T_c=38 天

关键路线为：①—②—③—⑤—⑥—⑧和①—②—③—⑧—⑨

(2) 施工单位施工质量有问题造成返工而拖延的时间不予考虑。F 工作为关键工作，由于业主原因导致该工作拖延 7 天，所以监理工程师应批准施工承包单位延长工期 7 天。

案例题十八

【背景】

某工程建设项目，网络计划如图 11-14 所示。在施工过程中，由于业主原因，不可抗力因素和施工单位原因，对各项工作的持续时间产生一定的影响，其结果如表 11-8 所示（正数为延长工作天数，负数为缩短工作天数）。由于工作的持续时间变化，该工程的实际工期为 66 天。

表 11-8　　各项工作持续时间及延长时间

工作代号	业主原因	不可抗力	施工单位原因	延长时间
A	0	2	0	2
B	1	0	1	2
C	1	0	−1	0
D	2	0	2	4
E	0	2	−2	0
F	3	2	0	5
G	0	2	0	2
H	3	0	2	5
I	0	0	0	0
合计	10	8	2	20

【问题】

(1) 因业主和不可抗力因素致使各项工作持续时间增加之和为 18 天，所以承包商要求延长合同工期 18 天，是否合理？为什么？

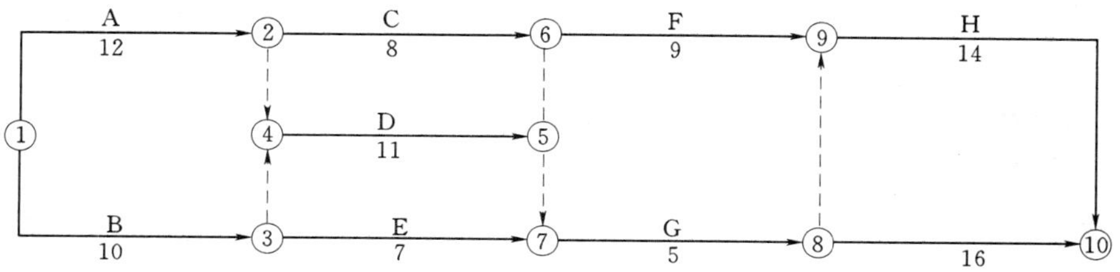

图 11－14　某工程建设项目网络计划图

（2）原计划工期为 46 天，实际工期 60 天。若承包商提出要求延长合同工期 14 天是否合理？为什么？监理工程师应签证延长合同工期几天？

【答案】

（1）要求延长工期 18 天不合理，因业主原因和不可抗力因素对工作持续时间的影响不是都在关键路线上。

（2）要求延长工期 14 天也不合理，因其中包含了施工单位自身原因所造成的工作持续时间的延长和缩短。

由于承包人自己造成的工期延长不给予延期；由发包人和不可抗力造成的工期延长并且对影响工期时应给予延期。所以只考虑发包人和不可抗力造成的工期延长。

由网络图计算可知：关键路线是：①－②－④－⑤－⑥－⑨－⑩

由发包人和不可抗力因素引起工作 B、C、E 的拖期不影响工期，不予以考虑。

只考虑工作 A、D、F、H 由发包人和不可抗力引起的工程延期，共影响工期 12 天。所以应该给予工程延期 12 天。

案例题十九

【背景】

某工程主体结构混凝土质量等级为 C20，对其现场混凝土搅拌系统近期抽样统计结果显示，配制同一品种混凝土标准偏差 $\sigma=4.0\text{MPa}$。按要求强度配制的混凝土用到工程主体结构后，第一批抽取了 58 组样本，数据统计如表 11－9 所示。

表 11－9　　现场混凝土搅拌系统近期抽样统计结果

组　号	组 区 间 值	组　中　值	组　数 f
1	18.79～21.81	20.53	3
2	21.81～24.83	23.55	7
3	24.83～27.85	26.57	13
4	27.85～30.87	29.59	21
5	30.87～33.89	32.61	8
6	33.89～36.91	35.63	5
7	36.91～39.93	38.65	1
			58

经过计算，这58组数据的平均值 $\overline{x}=28.7$MPa，样本标准差 $S=3.99$MPa。

【问题】

(1) 画出直方图，并判断生产过程是否正常。

(2) 对于直方图，如果出现绝壁形是由于什么原因引起的？

(3) 简要说明直方图的用途。

【答案】

绘制出直方图如图11-15所示。

(1) 判断所绘直方图是正常型的。因为该直方图为：左右基本对称的单峰型，实际分布范围为 $39.9-18.8=21.1<6S=23.94$。

(2) 如果直方图出现绝壁形可能是由于人为剔除了不合格的数据或收集数据不全造成的。

(3) 直方图的用途包括：

1) 观察、分析和掌握质量分布规律。

2) 判断生产过程是否正常。

3) 估计工序不合格品率的高低。

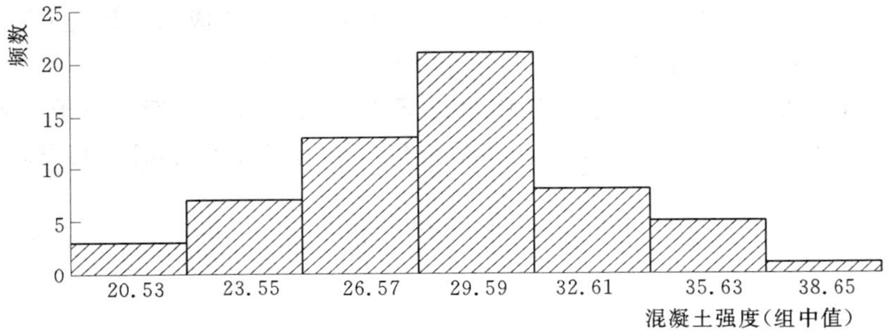

图11-15 直方图

案例题二十

【背景】

某单位工程进行质量评定时，检验结果如下：

(1) 检查全部质量保证资料29项，均符合要求；

(2) 该单位工程有9个分部工程，主要分部工程为优良，且从未发生过事故；其余8个分部工程，5个优良，3个合格。

(3) 观感质量评定项目为12项，总计得分率为88.9%。

总承包人首先进行了自评，并且整理了完工资料，提请进行验收。但是监理人检查后，发现尾工项目未提供施工措施计划。

【问题】

(1) 监理人进行复核该单位工程质量等级时，应评定为哪个等级？“单位工程中的分部工程质量全部合格，则该单位工程质量就合格”的说法正确吗？为什么？

(2) 根据实际情况能否进行完工验收？按照合同规定完工验收的条件是什么？

(3) 在保修期内，承包人的主要质量责任是什么？处理质量问题的费用是怎么规定的？

【答案】

(1) 应评为优良。

(2) 不正确。单位合同合格的标准是：①所含分部工程质量全部合格；②质量事故已按要求进行处理；③外观质量的得分率要达到70%以上；④单位工程施工质量检验与评定资料基本齐全；⑤工程施工期及试运行期，观测资料分析结果符合国家和行业技术标准以及合同约定标准要求。

(3) 不能进行完工验收。不能满足完工验收条件中关于完工资料的要求。

完工验收的条件是：

1) 已经完成了合同范围内的全部单位工程以及有关的工作项目，但经监理人同意列入保修期内的尾工项目除外。

2) 已经按完工资料的规定备齐了符合合同要求的完工资料

3) 已按监理人的要求编制了再保修期内实施的尾工工程项目清单和未修补的缺陷项目清单以及相应的施工措施计划。

(4) 承包商应对保修期内应由他承担责任的工程缺陷就行修补、修复或重建，以使工程符合合同要求。

如果承包商进行此种修补、修复或重建，则由此产生的费用由承担质量责任的单位承担。

如果承包商不进行或未能进行此种修补、修复或重建，则业主有权雇佣其他施工承包商完成以上修补、修复或重建工作，并付给报酬。由此产生或伴随产生的全部费用应在第二部分保留金或从业主付给承包商的其他款项内扣除。

案例题二十一

【背景】

某工程在进行质量检查时，对检查出来的质量问题汇总如表11-10所示。

表11-10　质量问题汇总表

序　号	缺陷原因	缺陷数	频率(%)	累计频率
1	操作问题	75	50	
2	材料质量问题	45	30	
3	图纸差错	15	10	
4	机具故障	9	6	
5	环境因素影响	6	4	
合计		150	100	

【问题】

(1) 在上表累计频率列表中填上正确的数，并且画出排列图。

（2）找出引起质量问题主要因素和一般因素。

（3）如果质量不合格，你认为应从哪些因素进行分析？

【答案】

（1）图中累积频率一列应该填的数据从上到下，应该是：50%，80%，90%，96%，100%。

根据上面的数据画出排列图，如图 11－16 所示。

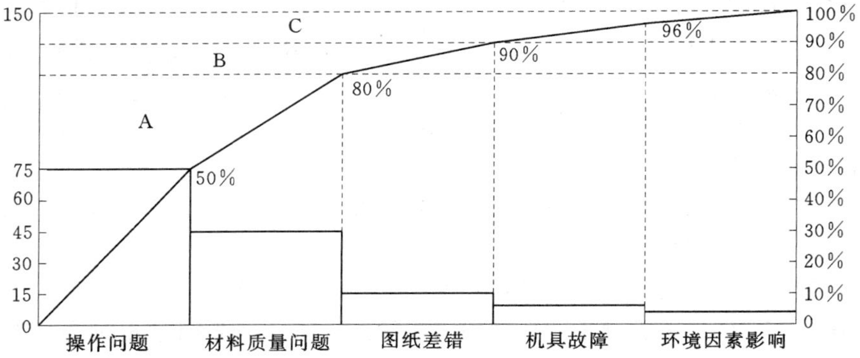

图 11－16 混凝土质量问题排列图

（2）根据排列图的判断规则，从上图可以看出，影响质量的主要因素是 0～80%的区域，也就是操作问题和材料质量问题。影响质量的一般因素为 80%～90%的区域，即图纸差错和机具故障。

（3）对于一般情况，影响质量的主要因素为：人员，施工机械，施工方法，材料，环境。当发生质量问题，可以从以上几个方面进行分析。

案例题二十二

【背景】

某工程在施工过程中，为了控制混凝土的质量，监理人对承包人上报的数据及时进行了分析。第一次总共取了 16 组数据，数据汇总如表 11－11 所示。

表 11－11 混凝土质量数据汇总表

组 号	1	2	3	4	5	6	7	8
强度平均值	28.6	27.8	27.9	29.5	30.1	29.9	28.9	26.3
组 号	9	10	11	12	13	14	15	16
强度平均值	29.4	27.8	28.0	28.2	28.6	29.0	25.7	29.1

经过计算，控制上限为 31.6MPa，控制下限为 25.2MPa，中心线为 28.4MPa。

【问题】

（1）绘制出控制图，并判断生产过程是否正常。

（2）假如说，规范规定的技术下限是 18MPa，试判断该分析控制图，能否转化成控制用控制图？

（3）前述技术界限和控制界限有什么区别？

【答案】

（1）绘制控制图如图 11－17 所示。

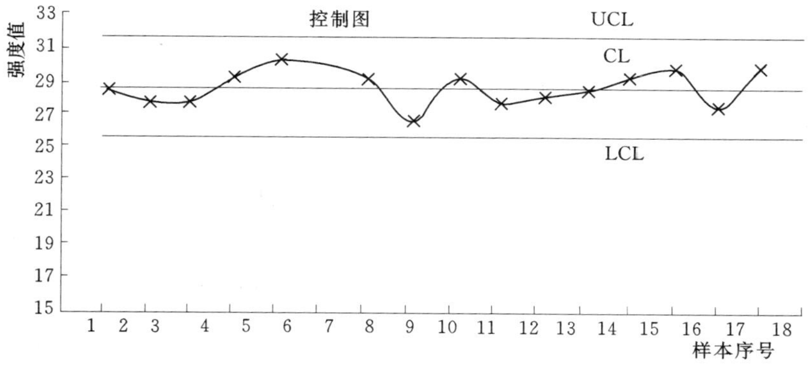

图 11－17　混凝土质量控制图

从上图可以看出，生产过程是正常。

（2）如果技术下限是 18MPa，控制下限在给定的范围内，可以转化成控制用控制图。

（3）控制界限是一个概率界限，是通过数据计算出来的，主要用于判断生产过程是否正常；而技术界限是规范给定的，主要用于判断产品是否合格。

案例题二十三

【背景】

某工程建设项目，项目法人确定采用邀请招标方式选择施工单位。招标前经监理单位测算，该工程建设项目标底为 4000 万元人民币，定额工期为 30 个月。经过考察和研究确定，邀请 4 家具备承包工程相应资质等级的施工单位参加投标。

招标小组研究确定，采用综合评分法进行评标，其评标原则为：

（1）评价的项目中各项评分的权重分别是：报价占 40%，工期为 20%，施工组织设计占 20%，企业信誉占 10%，施工经验占 10%。

（2）各单位评分时，满分均按 100 分计，计算分值时取小数点后一位数。

（3）报价项的评分原则为：在标底值的±5%范围内为合理报价，超过此范围则认为是不合理报价。计分为标底标价为 100 分，标价每偏差－1%扣 10 分，偏差＋1%扣 15 分。

（4）工期项的评分原则为：以定额工期为准，提前 15%为满分 100 分，依此每延后 5%扣 10 分，超过定额工期者淘汰。

（5）企业信誉项的评分原则为：以企业近 3 年工程优良率为标准，优良率 100%为满分 100 分，依此类推。

（6）施工经验项的评分原则为：按企业近 3 年承建类似工程占全部工程项目的百分比计，100%为满分 100 分。

（7）施工组织设计由专家评分决定。

经审查，4家投标的施工单位的上述各项指标汇总如表11-12所示。

表11-12　　指标汇总表

投标单位	报价（万元）	工期（月）	近3年工程优良率（%）	近3年承建类似工程（%）	施工组织设计专家打分
A	3960	36	50	30	95
B	4040	37	40	30	87
C	3920	34	55	40	93
D	4080	38	40	50	85

【问题】

（1）根据上述评分原则和各投标单位情况，对各投标单位的各评价项目推算出各项指标的应得分是多少？

（2）按综合评分法确定各投标单位的综合分数值。

（3）优选出综合条件最好的投标单位作为中标单位。

【答案】

（1）根据评分原则，确定各投标单位各项评价指标应得分。

1）报价得分：

A施工单位：偏离标底值 $\Delta 1=(3960-4000)/4000=-1\%$，应得分为 $100-10=90$

B施工单位：偏离标底值 $\Delta 1=(4040-4000)/4000=+1\%$，应得分为 $100-15=85$

C施工单位：偏离标底值 $\Delta 1=(3920-4000)/4000=-2\%$，应得分为 $100-20=80$

D施工单位：偏离标底值 $\Delta 1=(4080-4000)/4000=+2\%$，应得分为 $100-30=70$

2）工期得分：

A施工单位：偏离定额工期 $\Delta 2=(40-36)/40=10\%$，比15%延后5%，得分 $100-10=90$

B施工单位：偏离定额工期 $\Delta 2=(40-37)/40=7.5\%$，比15%延后7.5%，得分 $100-15=85$

C施工单位：偏离定额工期 $\Delta 2=(40-34)/40=15\%$，与满分标准相同，得分 $100-0=100$

D施工单位：偏离定额工期 $\Delta 2=(40-38)/40=5\%$，比15%延后10%，得分 $100-20=80$

3）企业信誉得分：

若施工单位近3年的工程优良率为 $N\%$，则其信誉得分以 N 计。据此，各投标单位的信誉得分如表11-13所示。

表11-13　　投标单位信誉得分表

投标单位名称	A	B	C	D
企业信誉得分	50	40	55	40

4）施工经验得分：

若施工单位近 3 年承建与工程项目类似的工程占全部工程总数的比例为 $M\%$，则其施工经验得分为 M 分。据此，各投标单位的施工经验得分如表 11－14 所示。

表 11－14　　施工经验得分表

投标单位名称	A	B	C	D
施工经验	30	30	40	50

（2）各投标单位的综合分数值如表 11－15 所示。

表 11－15　　加权综合得分表

项目	各项加权得分计算式	A 投标单位	B 投标单位	C 投标单位	D 投标单位
1	标价得分×权重（40%）	90×0.4＝36	85×0.4＝36	80×0.4＝32	70×0.4＝28
2	工期得分×权重（20%）	90×0.2＝18	85×0.2＝17	100×0.2＝20	80×0.2＝16
3	信誉得分×权重（10%）	50×0.1＝5	40 ×0.1＝4	55×0.1＝5.5	40×0.1＝4
4	施工经验得分× 权重（10%）	30×0.1＝3	30×0.1＝3	40×0.1＝4	50×0.1＝5
5	施工组织设计得分×权重（20%）	95×0.2＝19	87×0.2＝17.4	93×0.2＝18.6	85×0.2＝19
6	评标综合得分	Σ＝81	Σ＝75.4	Σ＝80.1	Σ＝70

（3）根据上表中的计算结果，综合分值最高的 A 施工单位被选为中标单位。

案例题二十四

【背景】

某工程项目施工采用了包工包全部材料的固定价格合同。工程招标文件参考资料中提供的用砂地点距工地 4km。但是开工后，检查该砂质量不符合要求，承包商只得从另一距工地 20km 的供砂地点采购。而在一个关键工作面上又发生了几种原因造成的临时停工；5 月 20 日至 5 月 26 日承包商的施工设备出现了从未出现过的故障；应于 5 月 24 日交给承包商的后续图纸直到 6 月 10 日才交给承包商；6 月 7 日至 6 月 12 日施工现场下了罕见的特大暴雨，造成了 6 月 11 日到 6 月 14 日的该地区的供电全面中断。

【问题】

（1）承包商的索赔要求成立的条件是什么？

（2）由于供砂距离的增大，必然引起费用的增加，承包商经过仔细认真计算后，在项目法人指令下达的第 3 天，向项目法人的造价工程师提交了将原用砂单价每吨提高 5 元人民币的索赔要求。作为一名造价工程师批准该索赔要求吗？为什么？

（3）若承包商对因项目法人原因造成窝工损失进行索赔时，要求设备窝工损失按台班计算，人工的窝工损失按日工资标准计算是否合理？如不合理应怎样计算？

（4）由于几种情况的暂时停工，承包商在 6 月 25 日向项目法人的造价工程师提出延长工期 26 天，成本损失费人民币 2 万元/天（此费率已经造价工程师核准）和利润损失费人民币 2000 元/天的索赔要求，共计索赔款 57.2 万元。作为一名造价工程师批准延长工期多少天？索赔款额多少万元？

（5）本例题中应该在项目法人支付给承包商的工程进度款中扣除因设备故障引起的竣

工拖期违约损失赔偿金吗？为什么？

【答案】

（1）承包商的索赔要求成立必须同时具备如下4个条件：

1）与合同相比较，已造成了实际的额外费用或工期损失。

2）造成费用增加或工期损失的原因不是由于承包商的过失。

3）造成费用增加或工期损失不是应由承包商承担的风险。

4）承包商在事件发生后的规定时间内提出了索赔的书面意向通知和索赔报告。

（2）因砂场地点的变化提出的索赔不能被批准，原因是：

1）承包商应对自己就招标文件的解释负责。

2）承包商应对自己报价的正确性与完备性负责。

3）作为一个有经验的承包商可以通过现场踏勘确认招标文件参考资料中提供的用砂质量是否合格，若承包商没有通过现场踏勘发现用砂质量问题，其相关风险应由承包商承担。

（3）不合理。因窝工闲置的设备应按折旧费或租赁费计算，不包括运转费部分；人工费损失应考虑这部分工作的工人调作其他工作时工效降低的损失费用；一般用工日单价乘以一个测算的降效系数计算这一部分损失，而且只按成本费用计算，不包括利润。

（4）可以批准的延长工期为19天，费用索赔额为32万元人民币。原因是：

1）5月20～26日出现的设备故障，属于承包商应承担的风险，不应考虑承包商的延长工期和费用索赔要求。

2）5月24日～6月10日是由于项目法人迟交图纸引起的，为项目法人应承担的风险，应延长工期为14天。成本损失索赔额为14天×2万元/天＝28万元，但不应考虑承包商的利润要求。

3）6月10～12日的特大暴雨属于双方共同的风险，应延长工期为3天。但不应考虑承包商的费用索赔要求。

4）6月13～14日的停电属于有经验的承包商无法预见的自然条件变化，为项目法人应承担的风险，应延长工期为2天，索赔额为2天×2万元/天：4万元。但不应考虑承包商的利润要求。

（5）项目法人不应在支付给承包商的工程进度款中扣除竣工拖期违约损失赔偿金。因为设备故障引起的工程进度拖延不等于竣工工期的延误。如果承包商能够通过施工方案的调整将延误的工期补回，不会造成工期延误。如果承包商不能通过施工方案的调整将延误的工期补回，将会造成工期延误。所以，工期提前奖励或拖期罚款应在竣工时处理。

参　考　文　献

［1］ 水利工程设计概（估）算编制规定．郑州：黄河水利出版社，2002.
［2］ 水利水电土建工程施工合同示范文本（GF—2000—0208）．北京：中国水利水电出版社，2000.
［3］ 水利工程建设安全管理生产管理规定. 水利部令第 26 号，2005.
［4］ 水利工程建设监理规定. 水利部令第 28 号，2006.
［5］ 水利工程建设监理单位资质管理办法. 水利部令第 40 号，2010.
［6］ 水利工程建设监理人员资格管理办法. 中水协［2007］3 号.
［7］ 水利工程建设监理工程师注册管理办法. 水建管［2006］600 号.
［8］ 水利工程建设档案管理规定. 水办［2008］366 号.
［9］ 水利工程建设项目招标投标管理规定. 水利部令第 14 号，2001.
［10］ 水利工程建设项目监理招标投标管理办法. 水建管［2002］587 号.
［11］ 建设工程监理与相关服务收费管理规定. 发改价格［2007］670 号.
［12］ 水利工程质量事故处理暂行规定. 水利部令第 9 号，1999.
［13］ 水利水电建设工程验收规程 SL 223—2008. 北京：中国水利水电出版社，2008.
［14］ 水利工程建设项目施工监理规范 SL 288—2003. 北京：中国水利水电出版社，2003.
［15］ 水利工程施工监理招标文件示范文本．大连：大连理工大学出版社，2007.
［16］ 水利工程施工监理合同示范文本（GF—2007—0211）．北京：中国水利水电出版社，2007.
［17］ 李惠强．建设工程监理．北京：中国建筑工业出版社，2003.
［18］ 李清立．工程建设监理［M］. 北京：北方交通大学，2003.
［19］ 梁世连．工程项目管理学［M］．大连：东北财经大学出版社，2002.
［20］ 刘长滨．全国造价工程师职业资格考试案例分析模拟试题集［M］．北京：中国建筑工业出版社，2003.
［21］ 全国监理工程师培训教材编委会．工程建设监理概论［M］．北京：中国建筑工业出版社，2003.
［22］ 水利部建设与管理司，中国水利工程协会．水利工程建设注册监理工程师必读．北京：中国水利水电出版社，2009.
［23］ 王立权．水利工程建设项目施工监理实用手册［M］．北京：中国水利水电出版社，2004.
［24］ 张华．水利工程监理［M］. 北京：中国水利水电出版社，2004.
［25］ 方朝阳．水利工程施工监理［M］. 武汉：武汉大学出版社 2007.
［26］ 周宜红．水利水电工程建设监理概论［M］．武汉：武汉大学出版社，2003.
［27］ 姜国辉．水利工程监理［M］．北京：中国水利水电出版社，2005.